人工智能技术丛书

AI Agent
智能体与MCP开发实践
基于Qwen3大模型

王晓华 著

清华大学出版社
北京

内 容 简 介

随着人工智能技术的蓬勃发展，大语言模型与智能体技术正引领着新一轮的技术革新。本书聚焦于智能体技术前沿领域，系统阐述 AI Agent 智能体开发的技术栈及其示例，并剖析 5 个大型智能体项目案例，帮助读者深入掌握智能体开发方法。本书配套示例源码、PPT 课件、配图 PDF 文件、读者微信技术交流群，所有代码经过测试，均能正确运行。

本书共分 16 章，内容包括从大语言模型到智能体的演进、Agent 开发环境配置、基于陪伴 Agent 的大模型微调、在线 Qwen3 大模型的基本使用、RAG 与提示工程、Agent 架构设计、多 Agent 跨境电商智能客服实战、多 Agent 协作的原生 A2A 协议详解、MCP 协议与应用详解、云上 MCP 服务的部署与使用、高德地图 MCP 服务智能调用实战、构建个性化的 arXiv 科研论文 MCP 服务实战、基于 gradio 的云上 MCP 服务发布、基于 MCP 的旅游规划智能体开发实战、多智能体框架 LangGraph 与聊天助手实战、基于 LangGraph 的高品质住宅投研智能体开发实战。

本书既适合智能体开发初学者、智能体开发人员、大模型应用开发人员、行业大模型智能体解决方案提供商，也适合高等院校或高职高专院校智能体开发课程的学生。

图书在版编目（CIP）数据

AI Agent 智能体与 MCP 开发实践 ：基于 Qwen3 大模型 / 王晓华著. -- 北京 ：清华大学出版社, 2025. 8（2025.12 重印）. (人工智能技术丛书). -- ISBN 978-7-302-70088-3

Ⅰ. TP18

中国国家版本馆 CIP 数据核字第 2025EN4541 号

责任编辑：夏毓彦
封面设计：王　翔
责任校对：冯秀娟
责任印制：丛怀宇

出版发行：清华大学出版社
网　　址：https://www.tup.com.cn，https://www.wqxuetang.com
地　　址：北京清华大学学研大厦 A 座　　**邮　　编：**100084
社 总 机：010-83470000　　**邮　　购：**010-62786544
投稿与读者服务：010-62776969，c-service@tup.tsinghua.edu.cn
质 量 反 馈：010-62772015，zhiliang@tup.tsinghua.edu.cn

印 装 者：河北龙大印务有限公司
经　　销：全国新华书店
开　　本：190mm×260mm　　**印　张：**23　　**字　　数：**620 千字
版　　次：2025 年 9 月第 1 版　　**印　　次：**2025 年 12 月第 3 次印刷
定　　价：100.00 元

产品编号：113964-01

前　言

在人工智能技术日新月异的今天，大语言模型正经历着从单模态理解向多智能体协作的范式跃迁。国内外的 AI 科研机构在智能体架构领域的突破性进展，标志着 AI 技术已进入以 Agent 为代表的自主决策新时代。AI Agent 重新定义了人机协同的工作模式，为跨境电商客服、科研论文检索、城市智慧服务等场景提供了强大的技术支撑。本书立足人工智能技术演进的前沿阵地，围绕 AI Agent 的技术内核，系统解析 AI Agent 应用开发技术栈，深入探讨智能体开发架构的特点与应用潜力，为开发者构建智能体应用提供完整的技术图谱。

本书目的

本书以 Qwen3 大模型为核心载体，系统解析 AI Agent 开发的全链路技术体系，旨在帮助读者掌握 AI 工程化落地能力。通过理论解析与实战案例结合，本书首先阐释大语言模型向智能体演进的技术脉络，以及智能体开发环境的搭建方法；进而围绕 AI Agent 开发全生命周期，详细讲解微调、A2A、MCP、工具调用、gradio、LangGraph 等核心技术，使读者具备独立搭建 AI Agent 系统的能力。

针对 AI Agent 核心应用需求，本书重点突破三大技术方向：其一，通过 RAG 技术与提示工程实战，构建知识增强型智能系统，提升模型在垂直领域的专业能力；其二，以电商智能客服、科研论文、旅游规划、住宅投研等真实场景为案例，演示分层架构设计、多模态知识注入、工具调用等关键技术，实现从单任务处理到复杂业务闭环的跨越；其三，全面解析 MCP 协议与多 Agent 协作机制，覆盖单机服务、局域网部署、云上持久化运营等全场景方案，并创新结合高德地图 API、arXiv 科研论文等外部系统，打造可扩展的智能体生态。

通过本书学习，读者能够系统掌握覆盖智能体开发、部署、运维的完整方法论，并具备将前沿 AI 技术转化为实际生产力的能力。无论是希望突破 Agent 技术瓶颈的 AI 开发工程师，还是寻求 AI 赋能解决方案的设计者，都能从本书中获得从基础能力构建到复杂系统设计的全维度指导。

本书构思

随着人工智能技术的飞速发展，大语言模型与智能体技术已成为推动行业变革的关键力量。从大语言模型的突破到智能体的兴起，人工智能正经历着从单一任务处理向自主决策与执行的跨越。在这一背景下，Qwen3 模型凭借其卓越的性能与架构创新，成为了人工智能领域的新星。同时，Agent 技术作为实现智能体的核心，其架构设计与应用开发也受到了广泛关注。

为了帮助读者系统掌握 AI Agent 技术的核心原理与应用实践，本书从技术演进、架构设计、实战应用等多个维度展开阐述。通过本书的学习，读者将深入了解人工智能技术的最新进展，并学会如何将这些技术应用于实际项目中。

本书内容

AI 技术的演进与 Agent 开发准备（第 1 章和第 2 章）：首先回顾人工智能技术的演进历程，特别是大语言模型与智能体技术的发展脉络。随后，介绍 Agent 开发环境的配置方法，包括 Python、PyTorch 开发环境的安装、Qwen3 模型的本地化部署与使用等，为后续的实战项目奠定基础。

基于陪伴 Agent 的大模型微调、API 调用等技术（第 3 章和第 4 章）：深入探讨 Qwen3 模型的技术细节，包括模型微调、在线使用与 API 调用等。通过实战案例，展示 Qwen3 模型在不同场景下的应用潜力。

RAG 与提示工程（第 5 章）：介绍 RAG 技术的核心原理与应用流程，探讨提示工程在人工智能任务中的关键作用。通过实战案例，展示如何结合 RAG 与提示工程优化任务处理效果。

Agent 架构设计（第 6 章）：阐述 Agent 技术的演进路径与架构设计原则，包括"感知-决策-执行"闭环架构、记忆模块与上下文管理机制等。通过对比分析不同技术路线，帮助读者理解 Agent 技术的核心要素。

Agent 的 A2A、MCP 协议及其示例（第 7~12 章）：重点讲解 A2A 协议、MCP 协议及其应用。本部分的示例包括多 Agent 智能客服项目、多 Agent 协作的原生 A2A 协议、MCP 协议与应用详解、基于腾讯云的 MCP 在线部署与使用、解析高德地图 MCP 服务与智能调用实战、构建个性化的 arXiv 科研论文 MCP 服务实战等，帮助读者深入理解智能体开发的应用场景与实现方法。

Agent 开发案例实战（第 13~16 章）：介绍基于 gradio 的云上 MCP 服务发布方法和多智能体框架 LangGraph 的特性与用法，并通过旅游规划智能体、聊天助手、高品质住宅投研智能体等项目开发案例，展示智能体技术的实际应用价值，帮助读者理解智能体技术的未来发展。

通过本书的学习，读者将系统掌握 AI Agent 智能体开发技术栈及其应用案例的开发方法，为智能体落地应用与实践打下坚实的基础。

本书特点

本书围绕 AI Agent 智能体开发与 MCP 协议实战展开，具有以下鲜明特点：

（1）前沿技术深度融合。本书以人工智能技术演进为主轴，系统整合大模型与智能体技术体系。从大语言模型到自主 Agent 的能力跃迁，到 Agent"感知-决策-执行"闭环架构设计，构建了智能体技术的完整知识图谱。同时，创新性引入 MCP 协议技术栈，通过单机部署、腾讯云在线服务及 SSE 协议可视化验证等实战，揭示其在大模型工具调用中的枢纽作用，实现算法创新与工程落地的有机统一。

（2）全链路实战体系构建。本书突破理论说教模式，打造“环境配置-模型调优-服务部署-系统集成”的全流程实战体系。涵盖 Miniconda/PyCharm 开发环境搭建、Qwen3 本地化部署与在线 API 调用等基础操作，延伸至 LoRA 微调、RAG 知识注入、多 Agent 架构等核心技术，最终通过跨境电商智能客服、高品质住宅投研助手等完整项目，完整呈现从工具链配置到业务系统落地的实施路径。

（3）垂直场景知识赋能。聚焦行业真实需求构建技术解决方案，在电商领域设计支持多语种与垂直知识注入的智能客服系统，在科研场景实现 arXiv 科研论文资源的 MCP 服务化改造，在城市生活领域开发融合高德地图 MCP 服务的旅游规划 Agent，在投研分析领域开发基于 LangGraph 的高品质住宅投研助手，展现智能体技术栈在专业领域的垂直赋能能力。

（4）多技术生态协同创新。突破单一技术框架局限，构建多元技术协同体系。协议层面覆盖 stdio、SSE 传输协议对比与 MCP 服务部署；框架层面打通 LangGraph 工作流引擎与 Qwen3 的调用接口；应用层面深入跨境电商、科研论文服务、旅游规划、高品质住宅投研等前沿领域。通过 gradio 云服务发布、腾讯云持久化部署等实战，形成覆盖“本地开发-云端部署-多端调用”的完整技术生态。

（5）渐进式认知升级设计。采用“基础原理-核心技术-综合创新”的三级进阶模式。初级阶段掌握 Python 环境配置与模型基础使用，中级阶段精通 RAG 检索增强、提示工程等核心技术，高级阶段通过多智能体协作、云端部署等项目实现系统级能力突破。每章设置“本章小结”凝练方法论，配套可复用的代码模板与技术选型指南，适配不同层次的学习需求。

本书配套资源

本书配套示例源码、PPT 课件、配图 PDF 文件、读者微信技术交流群，读者使用微信扫描右边的二维码即可获取。如果在阅读过程中发现问题或有任何建议，请联系下载资源中提供的相关电子邮箱或微信。

本书适合的读者

- AI Agent 智能体开发初学者：本书从开发环境搭建到 API 调用，再到 Agent 开发技术栈，最后到 Agent 应用开发案例，手把手地进行讲解，帮助零基础读者快速上手大模型智能体开发全流程。

- AI Agent 智能体开发人员：本书深度融合智能体开发技术与实际工程应用案例，详细解析智能体开发方法，帮助开发人员提高大模型应用开发水平。
- 大模型应用开发人员：本书突破理论说教模式，打造“环境配置-模型调优-服务部署-系统集成”的全流程实战体系，帮助大模型应用开发人员构建全流程的开发架构。
- 行业大模型智能体解决方案提供商：本书解析的智能客服智能体、arXiv 科研论文 MCP 服务、旅游规划智能体、高品质住宅投研智能体，分别代表电商、科研、智慧城市、投研分析领域的行业应用解决方案，极具参考价值。
- 学习人工智能大模型相关课程的学生：本书既涵盖智能体基础理论，又包含智能体开发的前沿技术，并通过丰富的案例，支撑“理论－实验－项目”的完整教学闭环，可以作为高校 AI Agent 智能体开发课程的教材。

作者与鸣谢

本书作者王晓华为高校计算机专业教师，担负数据挖掘、人工智能、数据结构等多项本科及研究生课程，研究方向为云计算、大数据与人工智能，在研和参研多项科研项目。

本书的顺利出版，离不开清华大学出版社老师们的帮助，在此表示感谢。

作　者

2025年8月

目　　录

第1章

从大语言模型到智能体的演进

在科技浪潮汹涌而来的今天，人工智能（Artificial Intelligence，AI）领域正以无畏的探索精神和蓬勃的创新活力，勇敢踏上全新的演进之路。它宛如一颗璀璨的新星，在科技苍穹中闪耀着独特光芒，吸引着无数目光。

当下，人工智能领域成果频出，令人目不暇接。众多科研力量如潮水般积极投身其中，他们日夜钻研、不懈探索，推动着技术的边界不断拓展。从深度学习算法的持续优化，让机器能够更精准地理解和处理复杂数据，到自然语言处理技术的突飞猛进，使人与机器的交流愈发自然流畅；从计算机视觉在安防、医疗等领域的广泛应用，到强化学习在游戏、机器人控制等方面取得的重大突破，每一次进步都凝聚着科研人员的智慧与汗水。

可见，人工智能将与更多领域深度融合，催生出更多前所未有的应用场景。我们有理由相信，在探索与创新的引领下，人工智能必将开启更加辉煌的新篇章，为人类社会的发展带来更多的惊喜与变革。

1.1 从大语言模型到智能体

大语言模型（Large Language Model，LLM）是人工智能领域的重要突破，它基于海量文本数据训练，能理解并生成自然语言，在文本创作、问答系统等方面展现出强大的能力。然而，大语言模型存在局限性，它主要聚焦于语言层面，缺乏对外部环境的感知与行动能力，难以独立完成复杂任务。

智能体（Agent）则更进一步，它不仅能理解和生成语言，还具备感知环境、做出决策并执行的能力。智能体将大语言模型作为核心组件之一，结合传感器、执行器等，实现对物理或虚拟世界的交互。例如，在智能家居场景中，智能体借助大语言模型理解用户指令，再通过控制家电设备执行相应操作。

从大语言模型到智能体，是人工智能从单一语言处理向综合智能体的跨越。这一转变使人工智能系统能够更全面地理解用户需求，更主动地参与现实世界，为用户提供更智能、便捷的服务。

1.1.1 自回归大模型核心技术的突破

在人工智能技术的浪潮中，清华大学的研究团队始终站在创新前沿，通过一系列突破性研究推动着行业进步。其中，自回归大模型领域的技术革新尤为引人注目。清华大学在这一领域提出的错位输入与输出法，以及旋转位置编码（Rotary Position Embedding，RoPE）技术，更是为人工智能发展注入了新的活力。

自回归模型通过预测序列中的下一个元素来生成内容，在自然语言处理、图像生成等领域展现出巨大潜力。然而，传统自回归模型在处理长序列时面临计算效率低、信息冗余等问题。针对这一挑战，清华大学研究团队创新性提出了错位输入与输出法。该方法通过调整输入与输出序列的对应关系，打破了传统自回归模型中逐元素预测的线性限制，使得模型能够更高效地捕捉序列中的长期依赖关系。具体而言，错位输入与输出法允许模型在预测当前元素时，不仅参考前序元素，还能结合后续元素的潜在信息，从而显著提升了模型的生成质量和效率。这一创新不仅优化了自回归模型的训练过程，更为其在复杂任务中的应用开辟了新路径。

在自回归模型的位置编码方面，清华大学的研究团队同样取得了突破性进展。位置编码是自回归模型中不可或缺的一环，它帮助模型理解序列中元素的相对位置关系。传统位置编码方法在处理长文本时往往表现不佳，难以捕捉元素间的远距离依赖。为此，清华大学的研究团队提出了 RoPE 相对位置编码技术。RoPE 通过将位置信息编码为旋转矩阵，作用于模型的自注意力机制中，使得模型能够隐式地学习到元素间的相对位置关系。与传统的加法位置编码不同，RoPE 无须修改模型结构，只需替换注意力机制中的位置编码方式，即可显著提升模型在长文本处理上的性能。实验表明，采用 RoPE 编码的模型在多个下游任务中均取得了优于传统方法的成绩，为长文本生成、机器翻译等任务提供了更强大的技术支持。

清华大学的研究团队在自回归大模型领域的技术突破，不仅推动了人工智能技术的进步，更为相关产业的发展注入了新动力。错位输入与输出法通过优化序列预测方式，提升了模型的生成质量和效率；而 RoPE 相对位置编码技术则通过改进位置编码方式，增强了模型在长文本处理上的能力。这些创新成果不仅展示了清华大学在人工智能领域的深厚积累，更为全球人工智能技术的发展贡献了中国智慧。未来，随着技术的不断迭代和应用场景的拓展，清华大学的研究成果有望在更多领域发挥重要作用，推动人工智能技术迈向新的高度。

1.1.2 大语言模型发展的里程碑

在人工智能技术的浪潮中，大语言模型作为核心驱动力，正深刻改变着人类与机器的交互方式。从早期基于规则的语法分析器，到如今具备千亿参数的深度学习模型，这一领域的发展历程堪称一部技术革命史。而在这条创新之路上，国产大语言模型以独特的突破性贡献，成为推动行业变革的关键力量。

ChatGLM 的诞生是大语言模型从实验室走向实用化的重要转折点。作为中国首个开源大语言模型，它突破了传统模型在中文语境下的理解瓶颈。通过在新闻、社交媒体、论坛等多领域中文语料库上的深度预训练，ChatGLM 不仅实现了对复杂语义的精准捕捉，更在智能客服、机器翻译等场景中展现出卓越性能。其开源特性降低了技术门槛，使中小企业和开发者能够基于模型进行二次开发，推动大语言模型真正成为可落地的生产力工具。这种从“玩具”到“工具”的转变，印证了自然语言处理技术从学术研究向产业应用的跨越式发展。

DeepSeek 的崛起则将大语言模型的普及推向新高度。面对传统模型高昂的训练与部署成本，DeepSeek 团队通过技术创新实现了“智价比”的革命性突破。其 MoE（Mixture of Experts，混合专家）架构通过动态激活专家模型，在保持 6710 亿参数规模的同时，将单次计算量压缩至 21 亿参数，使硬件资源利用率提升数倍。MLA（Multi-Head Latent Attention，多头潜在注意力）机制通过键值缓存压缩技术，将内存占用降低 40%，并支持更长的上下文处理能力。更关键的是，通过混合精度训练与强化学习优化，DeepSeek-V3 模型将训练成本压缩至传统模型的 1/10 以下，使普通开发者也能在消费级显卡上部署千亿参数模型。这种“人人可用”的技术普惠，让大语言模型真正成为个人与企业的智能助手。

两大里程碑式突破的背后，是技术架构与工程实践的深度融合。ChatGLM 通过分布式训练技术提升效率，DeepSeek 则通过动态路由算法优化专家利用率，这些创新不仅解决了模型性能与成本的矛盾，更构建了可持续发展的技术生态。ChatGLM 在智能客服领域实现客户满意度提升，DeepSeek 赋能的智能睡眠监护仪将健康风险识别准确率提高，这些成就印证着大语言模型从技术突破到价值创造的完整闭环。

站在技术演进的新起点，大语言模型正朝着多模态交互、个性化定制等方向加速进化。从 ChatGLM 打破中文处理壁垒，到 DeepSeek 实现技术普惠，国产模型的创新实践不仅定义了行业发展的新范式，更让全球用户看到人工智能技术造福人类的无限可能。这场由东方智慧引领的技术革命，正在书写人工智能普惠时代的新篇章。

1.1.3　从大语言模型到智能体

在人工智能的浩瀚星空中，大语言模型无疑是璀璨的明星之一。它以惊人的语言理解和生成能力，重塑了我们对机器智能的认知。大语言模型基于海量文本数据训练，通过复杂的神经网络架构，学会了捕捉语言中的模式、语义和逻辑关系。当我们向它输入一个问题或一段文本时，它能在瞬间分析其中的关键信息，并生成连贯、有逻辑的回复。无论是撰写文章、解答难题，还是进行对话交流，大语言模型都展现出了强大的实力，仿佛是一位知识渊博、思维敏捷的语言大师，如图 1-1 所示。

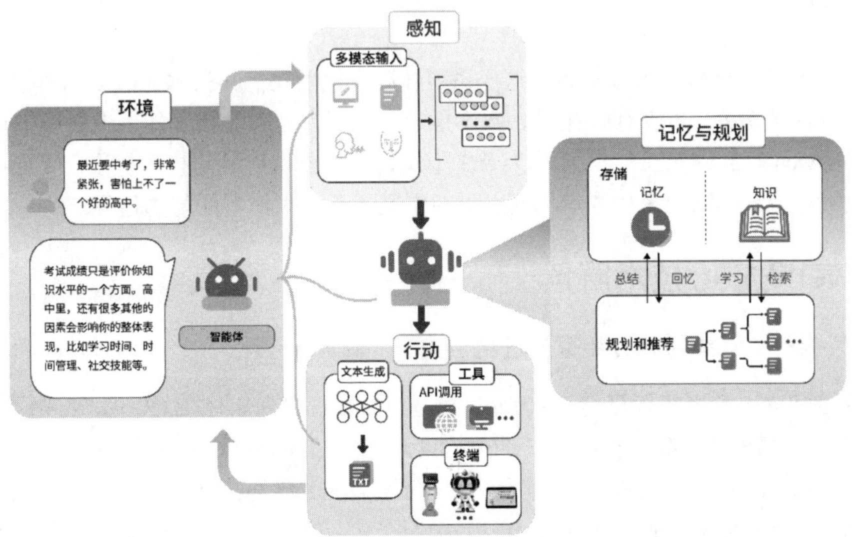

图 1-1　从大语言模型到智能体

大语言模型的核心在于其庞大的参数规模和先进的训练算法。这些参数就像人类大脑中的神经元，存储着从海量数据中学习到的知识。训练过程中，模型通过不断调整参数，以最小化预测输出与真实文本之间的差异，从而逐渐提升语言处理的准确性。例如，在机器翻译任务中，大语言模型能够精准地理解源语言的语义，并将其流畅地转换为目标语言，甚至能处理一些复杂的语言现象和语境。

然而，大语言模型并非完美无缺。它虽然具备强大的语言能力，但本质上仍是一个被动的响应者，缺乏主动感知和行动的能力。它只能根据给定的输入生成输出，无法自主地与环境进行交互、获取信息并做出决策。这就好比一个拥有丰富知识的学者，却只能坐在图书馆里被动地回答问题，无法走出图书馆去探索世界。

为了突破这一局限，智能体的概念应运而生。智能体不仅具备语言处理能力，还能主动感知周围环境，根据环境的变化做出决策并采取行动。它就像一个具有自主意识的个体，能够在复杂的环境中自主地完成任务。以自动驾驶汽车为例，它不仅要理解交通指令和路况信息（这需要类似大语言模型的语言处理能力），还要通过传感器实时感知周围环境，如车辆、行人、交通信号等，并根据这些信息做出加速、减速、转弯等决策，实现安全驾驶。

从大语言模型到智能体，是人工智能发展的一个重要跨越。这一跨越不仅需要技术上的创新，还需要对智能的本质有更深入的理解。在技术层面，需要融合多种技术，如计算机视觉、强化学习、机器人控制等，使智能体具备多模态感知和决策能力。同时，还需要解决智能体的自主性、鲁棒性和安全性等问题，确保它能在各种复杂环境中稳定、可靠地运行。

从大语言模型到智能体，人工智能正朝着更加智能、自主的方向发展。未来，我们有望看到更多具有自主感知、决策和行动能力的智能体出现在各个领域，为人类的生活和工作带来更多的便利和创新。

1.2 Qwen3 架构革新与性能跃迁

2025 年 Qwen3 系列模型正式发布，这一系列开源大模型凭借其技术突破与创新架构设计，迅速登顶全球开源模型榜单，并在代码生成、数学推理、多语言处理等核心能力上展现出超越 GPT-4 的潜力。作为 Qwen 家族的第三代模型，Qwen3 不仅延续了前代产品的技术积累，更通过混合专家架构、四阶段训练流程和双思考模式等创新，重新定义了开源大模型的能力边界。

1.2.1 Qwen3 核心技术解读

1. 模型架构：从密集到混合专家的进化

Qwen3 系列包含 6 款密集模型与 2 款 MoE 模型，参数规模为 6 亿~2350 亿（0.6B~235B，B 即 billion）。其中，密集模型延续了 Qwen2.5 的架构设计，采用 GQA（Grouped Query Attention）注意力机制、SwiGLU 激活函数和 RoPE 位置编码，并通过移除 QKV 偏置项（Query-Key-Value Bias）、引入 QK-Norm（Query-Key Normalization，查询-键归一化）技术，显著提升了训练稳定性。而 MoE 模型则采用细粒度专家分割策略，每次在 128 个专家中激活 8 个，配合全局批次负载均衡损失函数，实现了参数利用率与计算效率的平衡。

这一架构设计使得 Qwen3 在性能与成本间取得突破：2350 亿参数的 MoE 模型在 AIME25 数学基准测试中以 81.5 分刷新开源纪录，而 300 亿参数的 MoE 模型仅需激活 30 亿参数即可达到与 Qwen2.5-72B 相当的性能。值得注意的是，Qwen3 的 MoE 架构去除了共享专家模块，通过纯专家路由机制实现更纯粹的任务分工，这一设计在代码生成等垂直领域展现出显著优势。

2. 预训练：36 万亿 Token 的多模态知识熔炉

Qwen3 的预训练数据规模达 36T（trillion，万亿）Tokens（令牌），涵盖 119 种语言及方言，数据构成呈现三大特点：

- 多模态融合：通过 Qwen2.5-VL 模型对 PDF 文档进行 OCR（Optical Character Recognition，光学字符识别）解析，并结合 Qwen2.5 进行文本优化，构建了高质量的图文联合语料库。
- 领域强化：在 STEM、代码、推理等专项任务中，数据占比从 Qwen2.5 的 15%提升至 30%，并引入合成数据增强逻辑复杂度。
- 长序列优化：通过三阶段训练法，先以 4096 长度完成基础能力构建，再通过 25%的 16384 长度数据和 75%的 32768 长度数据实现长文本建模，最终采用 YARN 技术将 RoPE 基础频率从 1 万提升至 100 万，显著提升长距离依赖捕捉能力。

3. 后训练：从冷启动到思维融合的四重强化

Qwen3 的后训练流程包含四个关键阶段，每个阶段均针对特定能力短板进行强化：

- CoT（Chain-of-Thought，思维链）冷启动：构建数学、代码等领域的思维链数据集，通过 Qwen2.5-72B 过滤低质量 Query，再利用 QwQ-32B 生成候选回答，最终保留需要多步推理的样本进行 SFT（Supervised Fine-Tuning，监督微调）训练。
- 推理强化学习：采用 GRPO 算法结合大规模 Batch Size（批次大小）训练，在 170 个步骤内将 AIME24 分数从 70.1 提升至 85.1。
- 思维模式融合：通过/think 和/no_think 标记实现推理模式切换，设计专用聊天模板保证模式间性能隔离，实验显示混合模式模型在保持推理能力的同时，响应速度提升 40%。
- 通用强化学习：覆盖指令遵循、格式规范、代理能力等 20 余项任务，其中在 RAG（Retrieval-Augmented Generation，检索增强生成）任务中引入奖励模型，使模型生成内容的准确率提升 25%。

4. 技术创新：双思考模式与量化部署

Qwen3 最引人注目的创新在于其双思考模式设计：

- 思考模式：通过长思维链推理解决复杂问题，在 GSM8K 数学基准测试中达成 92%的解题率。
- 非思考模式：针对简单查询实现 150ms 级响应，在 HumanEval 代码测试中保持 85%的通过率。

在部署优化方面，Qwen3 采用 8 位量化技术将显存占用降低 60%，配合动态批次调度策略，在 4 块 H20 显卡上即可运行 320 亿参数模型。这种设计使得 Qwen3-32B 在 Hugging Face 的推理服务中实现每秒 120 Token 的生成速度，比 Qwen2.5 提升 2.3 倍。

5. 生态影响与未来展望

作为全球首个突破万亿参数的开源 MoE 模型，Qwen3 的发布标志着大模型技术进入“架构创新”新阶段。其 Apache 2.0 开源协议已催生超过 10 万个衍生模型，在医疗诊断、教育辅导、工业设计等领域形成应用集群。随着 Qwen-Agent 框架的发布，开发者可基于 Qwen3 构建支持工具调用的智能体，进一步推动 AI 技术从单点能力向解决复杂任务的目标演进。

1.2.2 Qwen3 并行计算效能跃迁

在人工智能领域，Scaling Law（扩展定律）如同一条铁律，支配着大模型性能的进化轨迹。这条定律揭示：当模型参数、数据量和计算量按特定幂次增长时，模型性能会呈现可预测的提升。然而，随着 Transformers 架构参数逼近万亿规模，单纯堆砌参数的边际效益急剧衰减——正如人类无法通过无限扩大脑容量获得智慧跃迁，大模型也面临“参数瓶颈”。在此背景下，Qwen 团队另辟蹊径地提出了 Parallel Scaling Law（并行扩展定律）：通过并行计算技术，在参数规模不变的前提下，实现模型智慧的突破性增长。

经典的大模型用公式刻画了模型性能（用损失函数 Loss 表示）与模型参数量 N 和训练数据量 D 之间的关系。

$$L(N,D) = L^* + \frac{A}{N^\alpha} + \frac{B}{D^\beta}$$

其中，L^*表示一个理论上的最小损失值，即“理想语言模型”的损失下限；A 是一个正的比例常数，表示模型规模对性能影响的强度；N 表示模型的参数数量；α 是一个经验指数（通常在 0.1 到 0.5 之间），表示模型规模对损失下降的速度；B 也是一个比例常数，表示数据量对损失的影响强度；D 是训练数据量；β 也是一个经验指数（通常也在 0.1 到 0.5 之间），表示数据量对损失下降的速度。这个公式暗示着两个关键约束：当数据量 D 足够大时，性能提升主要依赖参数 N 的增加，但参数增长带来的收益呈幂次衰减；若固守参数规模，仅通过增加数据量 D 提升性能，其效果同样存在理论上限。这种“双重困境”在实践中表现为：千亿参数模型在数学推理、代码生成等复杂任务中的表现，往往无法与参数规模成比例提升。

Qwen 团队的突破源于对计算本质的重构：既然参数扩展受物理限制，何不通过计算层面的创新扩展模型的“有效认知维度”？其核心思想可类比为“让单个模型同时扮演多重角色”——正如人类通过角色切换获得多元视角，模型通过并行处理不同语境的输入，在单次推理中完成多次认知迭代。

Qwen3 并行计算效能跃迁的技术实现包括如下三个关键环节。

1. 角色扮演式输入生成

通过 Prefix Tuning（前缀微调）技术在原始输入前添加可训练的前缀向量，使同一问题生成多个“角色化”变体。例如，针对“1+1=?”的提问，可生成：

- 教师视角：“作为数学老师，请详细解释加法原理”。
- 质疑者视角：“若在二进制下，1+1 是否等于 10？”。
- 诗人视角：“用文学语言诠释数字的相加”。

这些前缀并非简单的文本拼接，而是通过低维向量嵌入模型注意力机制，形成连续语义空间中的不同认知锚点。

2. 并行概率空间探索

传统模型推理是单一路径的决策树，而 Parallel Scaling 构建了多分支的认知网络。每个角色化输入激活不同的计算子图，相当于在参数空间中开辟多条并行推理路径。这些路径通过注意力机制共享底层表征，同时保持认知维度的独立性，最终输出结果取各路径的加权平均。

3. 动态计算优化

实验显示，4 种角色并行即可实现显著的性能提升，达到 16 种角色时收益趋缓。这揭示了“有效多样性”原则：角色间需保持足够的语义差异，但过度分化会导致计算资源浪费。研究团队采用对比学习策略，确保每个前缀向量在语义空间中均匀分布，类似在超球面上均匀撒点。

1）超越 CoT 的认知范式

此前，思维链技术通过增加中间推理步骤提升性能，本质是“以时间换空间”。而 Parallel Scaling 则开创了“以空间换智慧”的新范式，其优势体现在：

- 效率革命：在 Qwen3-0.6B 实验中，4 路并行使 Loss 下降速率提升 73%，而计算量仅增加 2.1 倍。相比之下，传统 CoT 要达到同等效果需 3~5 倍计算开销。
- 认知深度：角色扮演机制迫使模型在多元语境中自洽，天然抑制了简单重复（如实验中无效的 CoT-1 案例）。在数学证明任务中，并行模型生成的有效推理路径比例从 CoT 的 38% 提升至 67%。
- 工程友好性：并行计算可无缝适配现有硬件架构。在 A100 GPU 集群上，4 路并行的吞吐量仅下降 15%，而端到端延迟增加不足 30ms，远优于模型量化带来的性能损耗。

2）理论突破与工程价值

这项工作的深层意义在于重新定义了 Scaling Law 的内涵：

- 从“规模扩展”到“维度扩展”：通过激活隐式的认知维度，突破显式的参数限制。这类似于人类通过思维实验拓展认知边界，而非实际增加脑细胞。
- 动态资源分配：在移动端等资源受限场景，可通过调节并行路数实现性能与延迟的精准平衡。实验表明，在手机端 GPU 上运行 4 路并行模型，其能耗比传统微调模型降低 42%。
- 数据效率革命：当参数固定时，增加角色多样性等效于扩展数据多样性。在医疗问诊场景中，通过引入“患者”“医生”“家属”三重视角，使小模型达到 GPT-4 级诊断准确率。

可见，Qwen3 提出的 Parallel Scaling Law 已为 AI 发展开辟了新赛道。它启示我们：智慧的增长未必依赖物理规模的膨胀，通过算法创新激活模型的“虚拟维度”，或许正是通向强人工智能的密钥。正如人类通过语言和工具拓展认知边界，AI 的智慧进化，也许正始于这场静悄悄的“并行革命”。

1.2.3 Qwen3 重新定义工作认知

从手工捶打到电动驱动，从蒸汽动力到智能算法，人类对效率的追求始终与技术革新交织成螺旋上升的轨迹。当蒸汽机取代人力驱动纺织机时，工业革命的齿轮咬碎了作坊经济的桎梏；当计算机替代算盘时，信息时代的二进制洪流重构了全球分工的底层逻辑。如今，Qwen3 大模型横空出世，正以 AI 领域的“电动锤子”效应，在人类与机器协作的界面上凿开新的维度——它不再满足于替代重复性劳动，而是以“元认知”为杠杆，撬动整个生产范式的迁移。

工业革命初期，工人用锤子敲击钉子的效率受限于人类的肌肉力量与反应速度。19 世纪末，电动锤子的发明将这一过程彻底改写：电机驱动的冲击力突破了人体生物能的极限，可调节的转速让操作精度从“毫米级”跃升至“微米级”。这场变革的深层密码，实则是“能量转化效率”与“认知转化效率”的双重跃迁——电能替代人力只是表象，真正颠覆性的是人类首次将“工具控制权”从肌肉记忆中解放，转而通过电流参数与机械结构的协同设计，实现对物理世界的精准干预。这种“工具-认知”的双向进化，为 AI 领域的效率革命埋下了伏笔。

类比到 AI 领域，传统模型的工作效率始终困在“人工效率”与“经验壁垒”的夹缝中。以医疗诊疗为例，面对相同症状的患者，经验丰富的主任医师可以凭借直觉快速锁定病因，而新手医生则需要反复查阅资料、对比案例。传统 AI 模型试图通过暴力堆砌数据来缩小这种差距，却陷入了“数据诅咒”：在海量标注数据中，模型学会了“模仿”，却未掌握“诊断逻辑”。更严峻的是，医疗场景的复杂性远超工业流水线——患者症状的模糊性、个体差异的多样性、治疗方案的权衡性，都要求 AI 具备“动态决策”能力，而非静态的“模式匹配”。这种矛盾，恰似工业革命初期工人手持铁锤面对精密零件时的无力感。

Qwen3 的技术突破，正是针对这一困境的破局。它不再将效率优化局限于“计算速度”或“参数规模”，而是深入认知架构的底层，构建了“动态认知引擎”。这一引擎的核心，是三个维度的进化：

第一，从“单向执行”到“双向反馈”。传统模型如同单向传输的管道，输入数据后输出结果，而 Qwen3 则建立了“结果－过程”的双向校验机制。例如，在医疗场景中，模型不仅给出诊断结论，还会同步展示推理路径：“基于患者症状 X、病史 Y、实验室数据 Z，结合《柳叶刀》最新研究，排除 A、B、C 的可能性后，诊断为 D”。这种透明化推理，让医生既能验证结果，又能学习模型的分析逻辑。

第二，从“经验复制”到“认知迁移”。面对罕见病或跨学科案例，传统模型因缺乏相关数据而表现乏力，Qwen3 则通过“元知识迁移”技术，能将心血管疾病的诊断经验迁移至神经内科的相似病例。这种迁移并非简单的模式套用，而是通过“概念对齐”与“逻辑重构”，将跨领域知识转化为可解释的决策依据。

第三，从“被动响应”到“主动优化”。在处理客户投诉时，传统模型如同复读机般重复预设话术，而 Qwen3 会启动“情境感知－价值判断－策略生成”的闭环。例如，当检测到客户情绪激动时，模型会优先安抚情绪；当识别到法律风险时，会立即提示合规部门介入；当发现产品缺陷时，会主动触发改进流程。这种“认知闭环”使 AI 从“执行工具”升级为“系统优化者”。

Qwen3 的出现，标志着 AI 领域正经历一场革命。它用技术突破证明：真正的效率提升不在于堆砌资源，而在于重构认知范式。当模型学会像人类一样切换视角、多线程思考时，我们或许就站在了通用人工智能（AGI）的门槛上。这场革命的最终目标，不是取代人类，而是让每个普通人都能拥有“超级认知工具”，在知识经济的浪潮中，像挥舞电动锤子一样轻松高效地创造价值。

1.3 本章小结

在本章中，我们通过技术演进脉络与典型案例，揭示了人工智能从工具到伙伴的认知革命。在基础架构层面，大语言模型向智能体的跃迁标志着 AI 能力的质变：清华大学研究团队通过错位输入与 RoPE 编码技术突破了自回归模型的长序列处理瓶颈；ChatGLM 与 DeepSeek 则分别以中文语境适配和“智价比”优化推动大模型从实验室走向产业落地；而 Qwen3 系列模型通过混合专家架构与四阶段训练流程，在代码生成、数学推理等场景实现性能跃迁，其 MoE 模型以 300 亿参数激活 30 亿计算量即可媲美 72B 模型的表现，重新定义了参数效率的边界。

更深层的变革来自认知范式的重构。Qwen3 提出的 Parallel Scaling Law 通过角色扮演式输入与并行概率空间探索，在参数规模不变的前提下实现智慧倍增。这种“以空间换智慧”的范式，与从手工锤到电动锤的工业革命形成跨时空呼应——当 Qwen3 在医疗诊断中实现跨领域知识迁移，在客户投诉处理中构建“感知－判断－优化”闭环时，AI 已突破“被动响应者”的定位，进化为具备元认知能力的“系统优化者”。这种认知升维不仅让 AI 在复杂任务中表现出人类般的策略灵活性，更通过透明化推理路径与可解释决策机制，为人机协同构建了信任基石。从蒸汽动力到智能算法，人类对效率的追求始终指向“解放认知”，而 Qwen3 的技术突破，或许正是这场征程中的关键里程碑。

第 2 章

Agent 开发环境配置

对于任何一位想要深入了解大模型 Agent（智能体），并应用到具体项目的读者，都需要使用编程语言来实现自己的设计意图。本书将使用 Python 语言作为开发语言。Python 之所以在深度学习领域中被广泛采用，得益于许多第三方提供的集成了大量科学计算类库的 Python 标准安装包，其中最常用的便是 Miniconda。

Python 是一种脚本语言，如果不使用 Miniconda，那么第三方库的安装就不太方便，同时各个库之间的依赖性也很难得到妥善处理。因此，为了简化安装过程并确保库之间的良好配合，推荐安装 Miniconda 来替代原生的 Python 语言安装。此外，我们还需要知道，目前大部分的大模型开发都依托于 PyTorch。这是一种开源的深度学习框架，由人工智能研究团队开发，它提供了两个高级功能：

- 强大的 GPU 加速的张量计算（类似于 NumPy）。
- 基于深度神经网络的自动求导系统。

PyTorch 的主要特点是动态计算图，这意味着计算图可以在每个运行时刻动态改变，大大提高了模型的灵活性和效率。此外，PyTorch 还提供了丰富的 API，支持多种深度学习的模型和算法，并能够轻松地与其他 Python 库（如 NumPy 和 SciPy）进行交互。

本章将引导读者完成 Miniconda 的完整安装，然后通过运行一个程序来验证 PyTorch 框架的安装。通过这个讲解，读者将能够初步掌握 AI 智能体开发环境的配置和使用。

2.1 智能体开发环境安装

Python 是一种使用广泛的高级编程语言，因简洁易读、语法灵活而受到众多开发者的青睐。它在数据科学、人工智能、Web 开发等多个领域都有广泛应用。安装 Python 开发环境是进行后续智能体开发与项目学习的第一步。

为了方便开发和管理项目的依赖库，我们推荐使用虚拟环境来隔离不同项目的运行环境。本节将详细演示如何下载并安装稳定版本的 Python 解释器，并通过命令行工具完成安装配置；随后，创建一个简单的 Python 脚本文件，并运行输出“Hi Pycharm”，以验证开发环境是否搭建成功。

2.1.1　Miniconda 的下载与安装

第一步：下载和安装

步骤 01 在 Miniconda 官网打开下载页面，如图 2-1 所示。

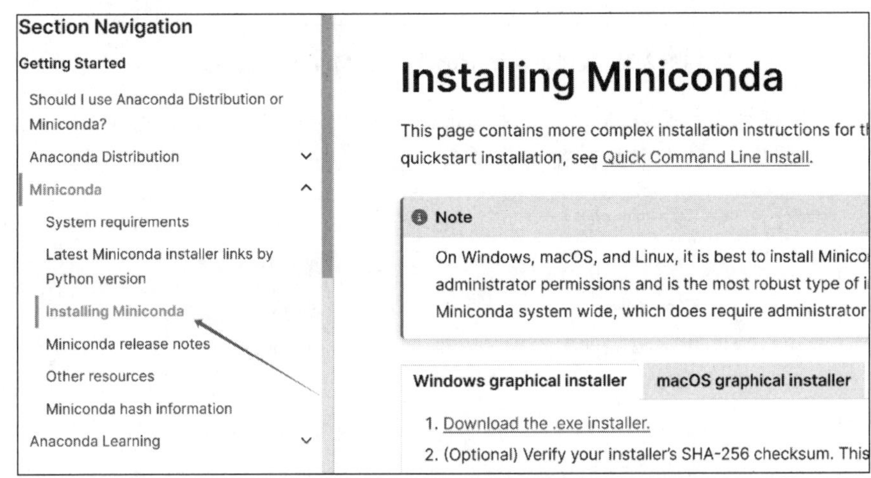

图 2-1　Miniconda 主页面

步骤 02 读者可以直接单击右侧的 Download the .exe installer 链接下载和安装最新版本的 Mincoda，如图 2-2 所示。

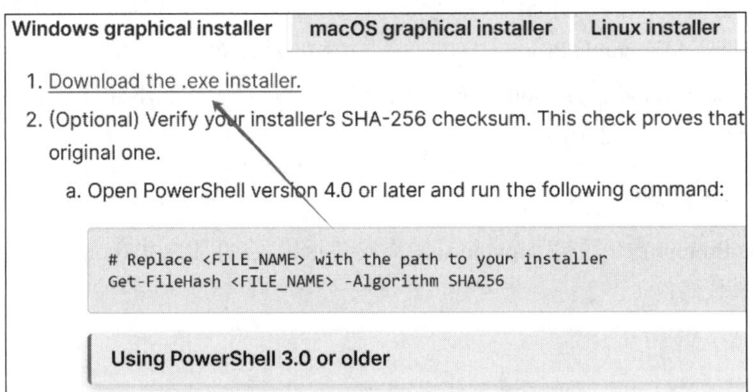

图 2-2　Miniconda 下载页面

步骤 03 下载集成最新 Python 版本的 Minconda，如图 2-3 所示。这里下载的是 Python 3.12.4 版本，读者可以根据自己的操作系统选择下载对应的版本。

图 2-3　集成最新 Python 版本的 Minconda 安装

步骤 04 下载完成后得到的是 EXE 文件，直接运行即可进入安装过程。安装完成以后，出现如图 2-4 所示的目录结构，说明安装正确。

此电脑 › 本地磁盘 (C:) › miniconda3

名称	修改日期	类型
condabin	2024/8/29 19:16	文件夹
conda-meta	2024/8/29 19:16	文件夹
DLLs	2024/8/29 19:16	文件夹
envs	2024/8/29 19:16	文件夹
etc	2024/8/29 19:16	文件夹

图 2-4　Miniconda 安装目录

第二步：打开控制台

在计算机桌面依次单击“开始”→“所有程序”→“Miniconda3”→“Miniconda Prompt (Miniconda3)”，打开 Miniconda Prompt 窗口，它与 CMD 控制台类似，输入命令就可以控制和配置 Python。在 Miniconda 中最常用的是 conda 命令，该命令可以执行一些基本操作，读者可以在 Miniconda Prompt 窗口中自行测试一下这个命令。

第三步：验证 Python

在 Miniconda Prompt 窗口中输入 python，如果安装正确，会打印出 Python 版本号以及控制符号。在控制符号下输入代码：

```
print("hello Python")
```

输出结果如图 2-5 所示，说明 Minicoda 安装成功。

```
Python 3.12.4 | packaged by Anaconda, Inc. | (main, Jun 18 2024
, 15:03:56) [MSC v.1929 64 bit (AMD64)] on win32
Type "help", "copyright", "credits" or "license" for more infor
mation.
>>> print("hello")
hello
>>>
```

图 2-5　Minicoda 安装成功

第四步：使用 pip 命令

使用 Miniconda 的好处在于，它能够很方便地安装和使用大量第三方类库。在本书中，将使用 pip 命令安装第三方类库。查看已安装的第三方类库的命令如下：

```
pip list
```

结果如图 2-6 所示。

```
(base) C:\Users\xiaohua>pip list
WARNING: Ignoring invalid distribution -qdm (c:\miniforge3\lib\site-packages)
WARNING: Ignoring invalid distribution -harset-normalizer (c:\miniforge3\lib\site-packages)
WARNING: Ignoring invalid distribution -ensorflow-gpu (c:\miniforge3\lib\site-packages)
Package                        Version
------------------------------ ---------------
absl-py                        1.0.0
aiofiles                       0.8.0
aiohttp                        3.8.1
aiosignal                      1.2.0
alabaster                      0.7.12
altair                         4.2.0
altgraph                       0.17.2
anyio                          3.5.0
argon2-cffi                    21.1.0
arrow                          1.1.1
```

图 2-6　列出已安装的第三方类库

在 Miniconda 中安装第三方类库的命令如下：

```
pip install name
```

这里的 name 是需要安装的第三方类库名，假设需要安装 NumPy 包（这个包已经安装过），那么输入的命令就是：

```
pip install numpy
```

这个安装过程略去，请读者自行验证。使用 Miniconda 的好处就是默认已安装好了大部分深度学习所需要的第三类库，避免了使用者在安装和使用某个特定类库时，可能出现的依赖类库缺失的情况。

2.1.2　PyTorch 的下载与安装

在深度学习领域，PyTorch 堪称一颗璀璨的明星，是常用的框架之一。它独有的动态计算图特性，让模型构建与调试更加灵活高效，能根据实际需求实时调整计算流程；其简洁易用的 API 设计，极大地降低了开发门槛，即使是初涉深度学习领域的新手，也能快速上手；再加上背后强大的社区支持。丰富的开源资源与活跃的技术交流氛围，为开发者提供了源源不断的助力。

本书聚焦讲解的 Qwen3 模型，在进行部署和微调操作时，同样需要借助 PyTorch 作为后端支持框架。PyTorch 为 Qwen3 的高效运行和精准优化提供了坚实的技术基础。因此，为了能够顺利开展 Qwen3 的部署与微调工作，充分发挥其强大性能，我们有必要完成 PyTorch 的安装。

在具体使用上，PyTorch 的安装分为 CPU 版与 GPU 版。对于 PyTorch CPU 版本的安装，我们可以使用如下命令（以 PyTorch 2.6.0 为例）：

```
    # CPU only
    pip install torch==2.6.0 torchvision==0.21.0 torchaudio==2.6.0 --index-url
https://download.pytorch.org/whl/cpu
```

而 PyTorch GPU 版本的安装则略为复杂，下面我们将主要讲解 GPU 版本的安装。

第一步：CUDA 与 cuDNN 的安装

对于 GPU 版本的 PyTorch 来说，由于调用了 NVIDIA 显卡作为其代码运行的主要工具，因此额外需要 NVIDIA 提供的运行库作为运行基础。

我们选择使用 CUDA 11.8 版本的 PyTorch 进行讲解，读者可以登录 PyTorch 安装界面查阅其他支持的版本，如图 2-7 所示。

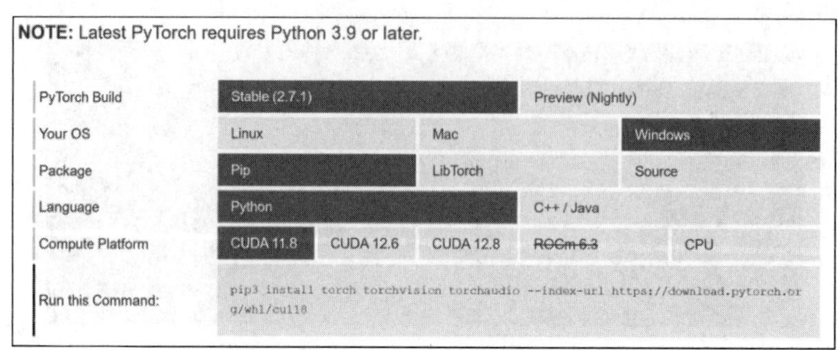

图 2-7 PyTorch 官网的安装提示

从页面上可以看到，针对 Windows 版本的 PyTorch，官方提供了几种安装模式，分别对应 CUDA 11.8、CUDA 12.6、CUDA 12.8 和 CPU。读者可以单击不同的标签选择对应的安装方式。下面主要讲解 CUDA 11.8+cuDNN 8.9 的安装方法。

步骤 01 首先是 CUDA 的安装。在搜索页面我们可以搜索 CUDA 11.8 download，进入官方下载页面，选择适合的操作系统安装方式（推荐使用 exe(local)本地化安装方式），如图 2-8 所示。

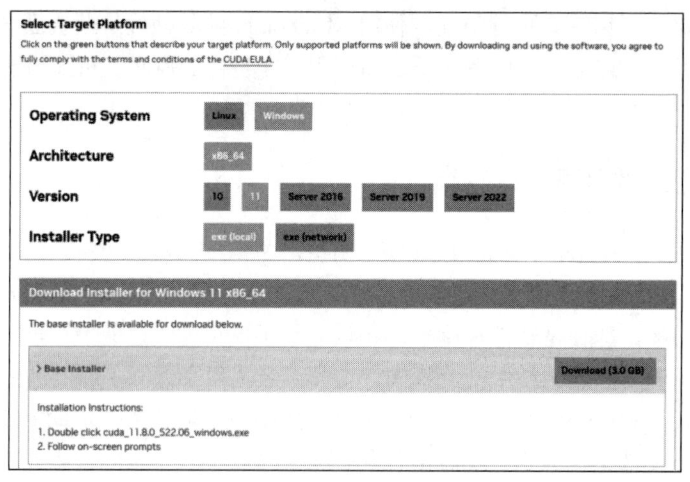

图 2-8 CUDA 下载页面

此时下载下来的是一个 EXE 文件，读者自行安装，不要修改其中的路径信息，完全使用默认路径安装即可。

步骤 02 下载和安装对应的 cuDNN 文件。要下载 cuDNN，需要先注册，相信读者可以很快完成，之后直接进入下载页面，如图 2-9 所示。

注意：cuDNN 一定要找到对应 CUDA 11.8 的版本来下载，不要选择错误的版本。

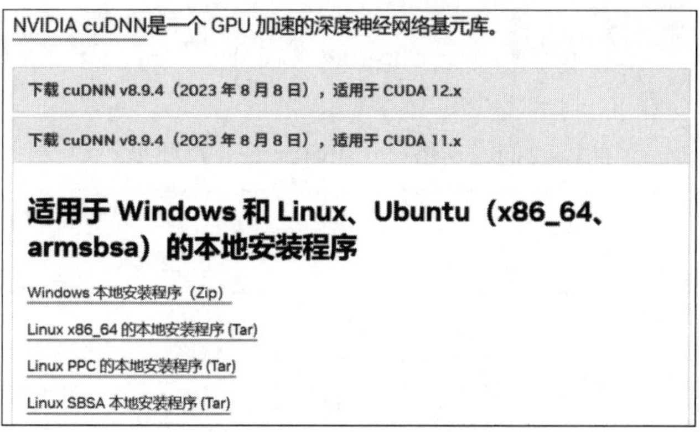

图 2-9　cuDNN 8.9 下载页面

步骤 03 下载的 cuDNN 是一个压缩文件，将它解压并把所有的目录复制到 CUDA 安装主目录中（直接覆盖原来的目录即可）。CUDA 安装主目录如图 2-10 所示。

名称	修改日期	类型	大小
bin	2021/8/6 16:27	文件夹	
compute-sanitizer	2021/8/6 16:26	文件夹	
extras	2021/8/6 16:26	文件夹	
include	2021/8/6 16:27	文件夹	
lib	2021/8/6 16:26	文件夹	
libnvvp	2021/8/6 16:26	文件夹	
nvml	2021/8/6 16:26	文件夹	
nvvm	2021/8/6 16:26	文件夹	
src	2021/8/6 16:26	文件夹	
tools	2021/8/6 16:26	文件夹	
CUDA_Toolkit_Release_Notes	2020/9/16 13:05	TXT 文件	16 KB
DOCS	2020/9/16 13:05	文件	1 KB
EULA	2020/9/16 13:05	TXT 文件	61 KB
NVIDIA_SLA_cuDNN_Support	2021/4/14 21:54	TXT 文件	23 KB

图 2-10　CUDA 安装主目录

步骤 04 确认 PATH 环境变量，这里需要将 CUDA 的运行路径加载到环境变量的 PATH 路径中。安装 CUDA 时，安装向导能自动加入这个环境变量值，确认一下即可，如图 2-11 所示。

第二步：PyTorch 的安装与验证

步骤 01 下面继续完成 PyTorch GPU 版本的安装，我们选择 PyTorch 2.6.0 版本进行讲解。只需在 Miniconda Prompt 窗口中执行 PyTorch 安装命令即可。

```
# CUDA 11.8
pip install torch==2.6.0 torchvision==0.21.0 torchaudio==2.6.0 --index-url
https://download.pytorch.org/whl/cu118
```

步骤 02 下面使用 PyTorch 做一个小练习。打开 Miniconda Prompt 窗口，执行 python 命令并依次输入如下命令，验证安装是否成功。

```
import torch
result = torch.tensor(1) + torch.tensor(2.0)
result
```

结果如图 2-12 所示。至此，我们成功搭建了 PyTorch 开发环境。

图 2-11 将 CUDA 路径加载到环境变量 PATH 中

```
(base) C:\Users\xiaohua>python
Python 3.12.4 | packaged by Anaconda, Inc. | (main, Jun 18 2024, 15:03:56)
[MSC v.1929 64 bit (AMD64)] on win32
Type "help", "copyright", "credits" or "license" for more information.
>>> import torch
>>> result = torch.tensor(1) + torch.tensor(2.0)
>>> result
tensor(3.)
>>>
```

图 2-12 验证安装是否成功

2.1.3 PyCharm 编译器的安装与使用

和其他语言类似，Python 程序的编写可以使用 Windows 自带的编辑器，但是这种方式对于较为复杂的程序工程来说，容易混淆相互之间的层级和交互文件。因此，在编写程序工程时，我们可以使用专用的 Python 编译器 PyCharm。

第一步：PyCharm 的下载和安装

步骤 01 进入 PyCharm 官网的 Download 页面，选择不同的版本，如图 2-13 所示。PyCharm 有收费的专业版和免费的社区版，这里建议读者选择免费的社区版即可。

图 2-13　PyCharm 的免费版

步骤 02 下载 PyCharm 安装文件后，双击运行进入安装界面，如图 2-14 所示。直接单击 Next 按钮，采用默认安装即可。

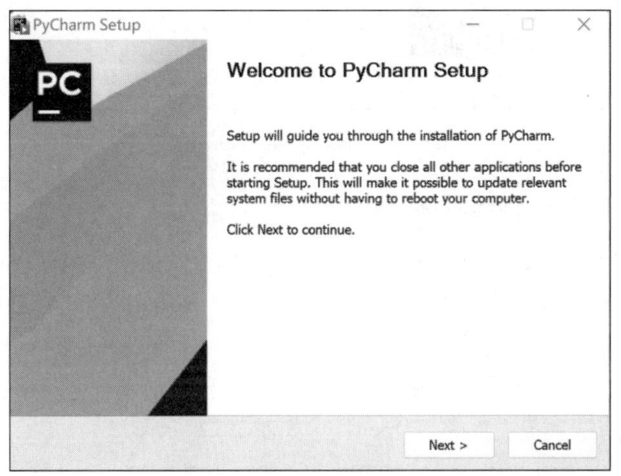

图 2-14　PyCharm 的安装文件

步骤 03 在安装 PyCharm 的过程中需要对安装的参数进行选择，如图 2-15 所示，这里建议直接使用默认安装即可。

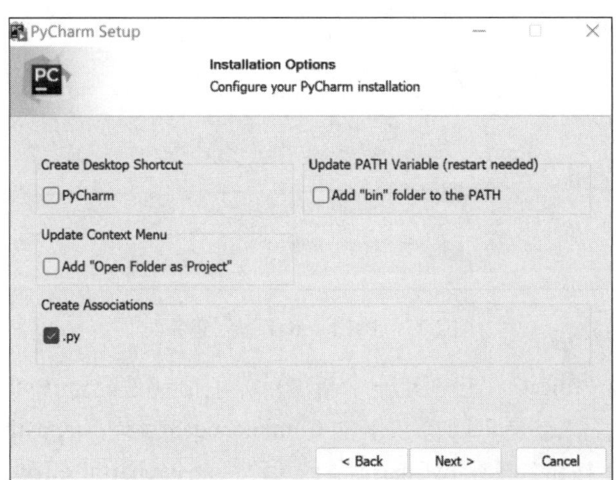

图 2-15　PyCharm 的配置选择（按个人真实情况选择）

步骤 04 安装完成后出现 Finish 按钮，单击该按钮完成安装，如图 2-16 所示。最后将在桌面上显示一个 PyCharm 程序图标，双击该图标即可运行 PyCharm。

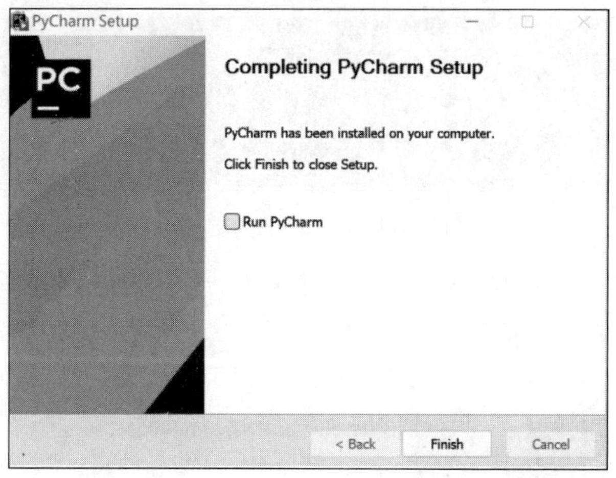

图 2-16　PyCharm 安装完成

第二步：使用 PyCharm 创建程序

步骤 01 单击桌面上新生成的图标进入 PyCharm 程序界面。由于是第一次启动 PyCharm，需要接受相关的协议，在勾选界面下方的复选框后单击 Continue 按钮，进行下一步操作。因为操作比较简单，这里就不截图了。

步骤 02 进入 PyCharm 工程创建界面创建新的项目，可以直接创建一个新项目（New Project），或者打开一个已有的项目文件夹（Open），如图 2-17 所示。

图 2-17　PyCharm 工程创建界面

步骤 03 这里单击 New Project 按钮创建一个新项目，下面就是配置 Python 环境路径，填写好 python.exe 地址后（就是 2.1.1 节安装的 C:\miniconda3 目录下的 python.exe），如图 2-18 所示。单击 Create 按钮，将在 PyCharm 项目管理目录 PycharmProjects 下面创建一个新项目。

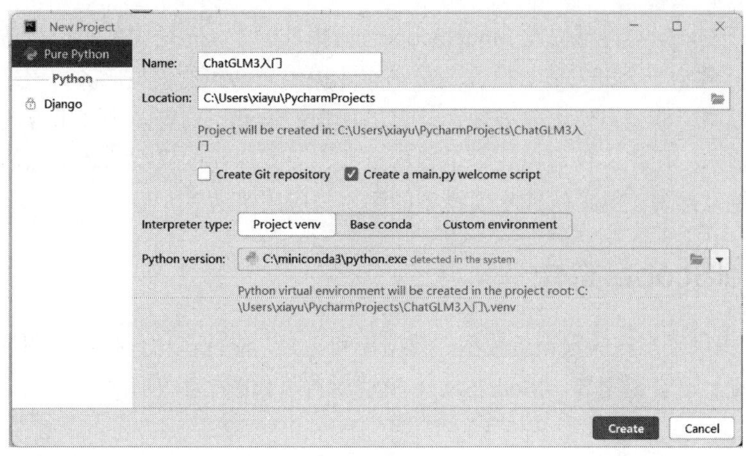

图 2-18　PyCharm 新建文件界面

步骤 04 对于创建的新项目，PyCharm 默认提供了一个测试程序 main.py，内容如图 2-19 所示。

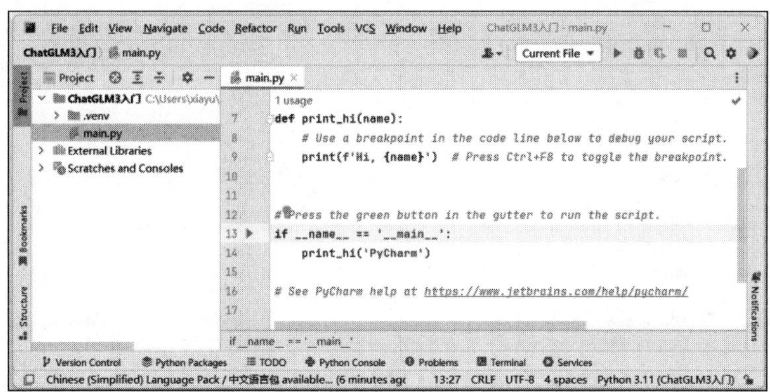

图 2-19　PyCharm 工程运行界面

步骤 05 选中 main.py，单击菜单栏中的 Run|run...运行代码，或者直接右击 main.py 文件名，在弹出的快捷菜单中选择 run 命令。如果成功，将输出"Hi, PyCharm"，如图 2-20 所示。

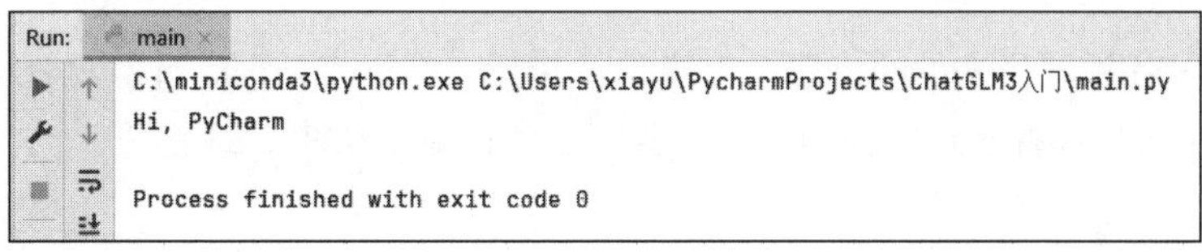

图 2-20　运行成功

至此，我们初步完成了 Qwen3 开发环境的配置。

2.2　本地化 Qwen3 的下载与基础使用

前面已经完成了 Qwen3 开发环境的配置，本节将介绍本地化 Qwen3 的下载与基础使用。要使用大模型做应用开发，就不得不提及 ModelScope（魔搭社区）。它是由阿里巴巴达摩院推出的开源 AI 模型共享平台，致力于为开发者、研究人员和企业提供一站式的模型服务。该平台汇聚了大量高质量的人工智能模型，涵盖自然语言处理、计算机视觉、语音识别等多个技术方向，满足不同行业和场景下的应用需求。用户不仅可以在这里轻松查找、下载所需的模型，还可以通过平台提供的在线推理、模型训练及部署工具，快速实现模型的测试与应用落地。

2.2.1 ModelScope 简介

ModelScope 提供了丰富的预训练模型、数据集和工具，支持多种任务和应用场景，如自然语言处理、计算机视觉、语音识别等。ModelScope 模型库首页如图 2-21 所示。

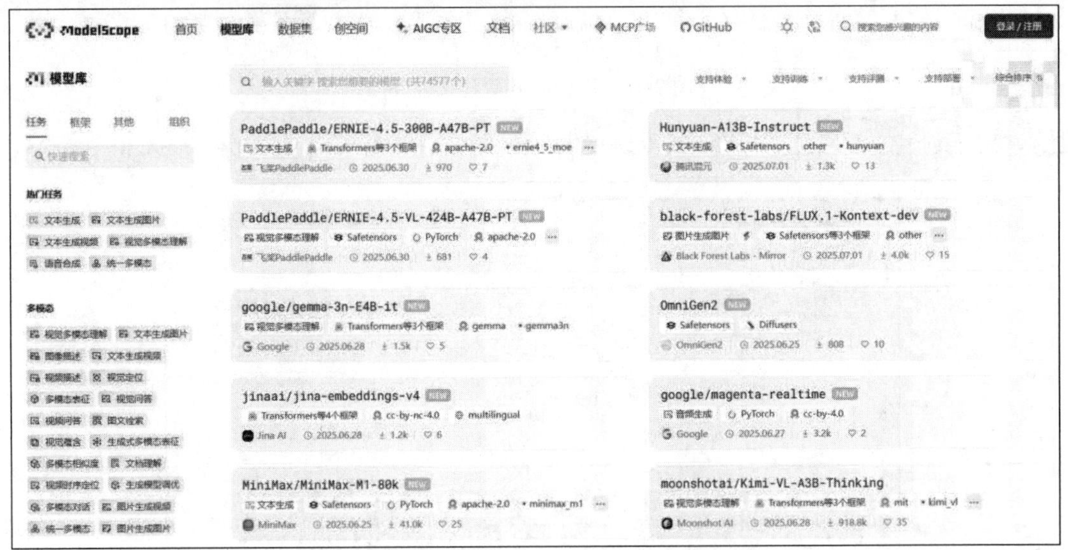

图 2-21　ModelScope 模型库首页

ModelScope 主要提供了三大功能：模型库、数据集和创空间（Studio）。

1. 模型库

模型库汇集了各领域最先进的机器学习模型，包括自然语言处理、计算机视觉、语音识别等。用户可以在平台上发现和探索这些模型，了解其特性和性能，如图 2-21 所示。

2. 数据集

数据集是方便共享及访问的数据集合，可用于算法训练、测试、验证，通常以表格形式出现，按照模态可划分为文本、图像、音频、视频、多模态等。数据集可通过 Git 方式进行管理，公开的数据集可免费下载使用。

3. 创空间（Studio）

创空间是 ModelScope 平台提供的模型应用可视化私域空间与运营阵地，可基于 ModelScope 平台上模型提供的原子能力，自行搭建与展示不同 AI 应用，包括自定义的模型输入/输出、多模型的组合，以及可视化交互展现形式等。

2.2.2　Qwen3 模型的本地化部署与使用

如果要使用大模型做应用开发，我们可以通过 ModelScope 官网在模型库中查找，比如要使用 Qwen3 大模型，可以查找“Qwen3”关键字，结果如图 2-22 所示。

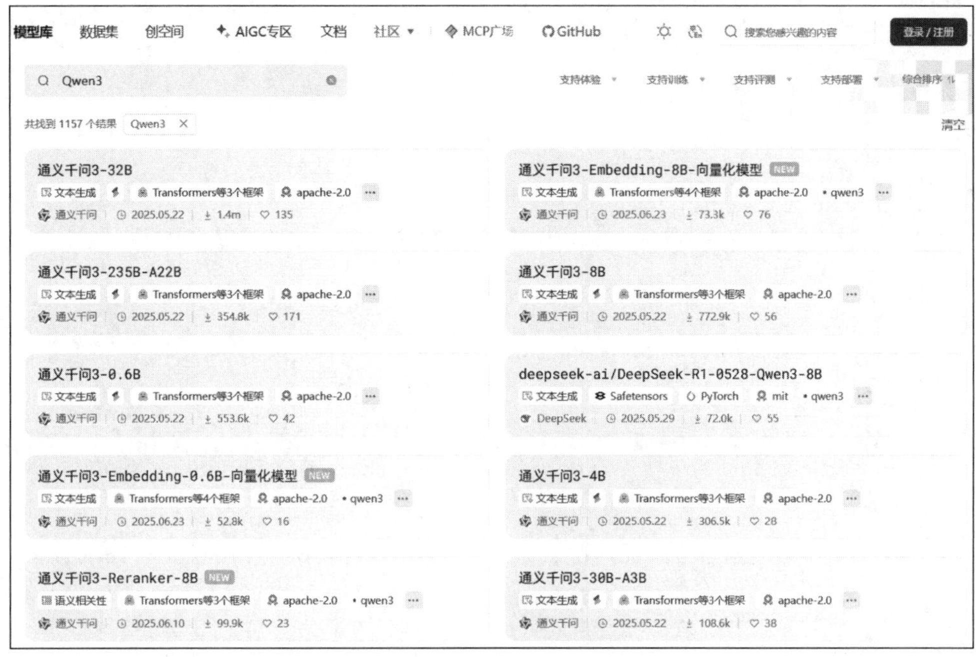

图 2-22　查找 Qwen3

从图 2-22 中可以看到，这里找到了多个不同种类的 Qwen3 模型。我们单击“通义千问 3-1.7B”，进入模型介绍界面，如图 2-23 所示。

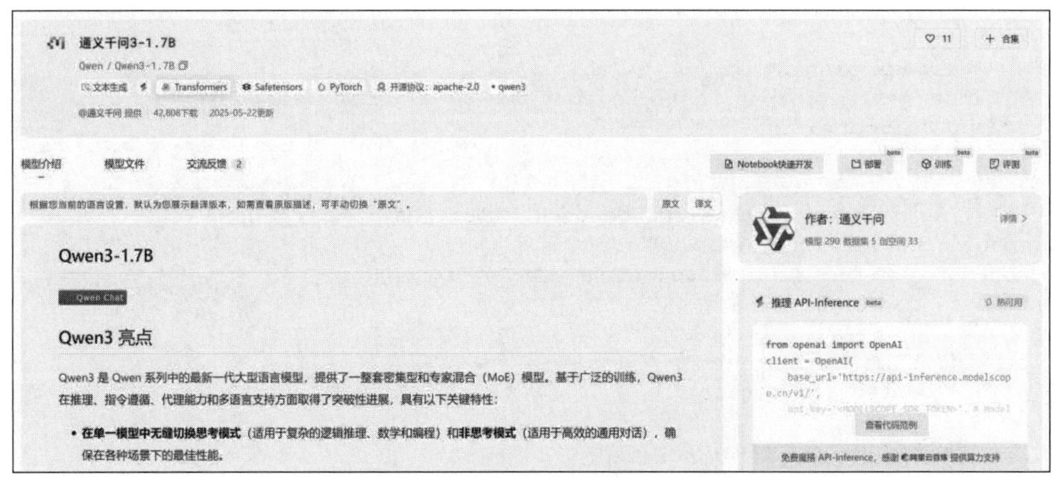

图 2-23　“通义千问 3-1.7B”介绍界面

这个页面对通义千问 3-1.7B 进行模型介绍，我们下拉页面左侧的介绍框，可以看到基于 ModelScope 本地模型的读取与处理示例，代码如下：

```
from modelscope import AutoModelForCausalLM, AutoTokenizer

model_name = "Qwen/Qwen3-1.7B"

# load the tokenizer and the model
tokenizer = AutoTokenizer.from_pretrained(model_name)
model = AutoModelForCausalLM.from_pretrained(
    model_name,
    torch_dtype="auto",
    device_map="auto"
)

# prepare the model input
prompt = "Give me a short introduction to large language model."
messages = [
    {"role": "user", "content": prompt}
]
text = tokenizer.apply_chat_template(
    messages,
    tokenize=False,
    add_generation_prompt=True,
    enable_thinking=True # Switches between thinking and non-thinking modes.
    Default is True.
)
model_inputs = tokenizer([text], return_tensors="pt").to(model.device)

# conduct text completion
generated_ids = model.generate(
    **model_inputs,
    max_new_tokens=32768
)
output_ids = generated_ids[0][len(model_inputs.input_ids[0]):].tolist()

# parsing thinking content
try:
    # rindex finding 151668 (</think>)
    index = len(output_ids) - output_ids[::-1].index(151668)
except ValueError:
    index = 0

thinking_content = tokenizer.decode(output_ids[:index],
kip_special_tokens=True).strip("\n")
content = tokenizer.decode(output_ids[index:],
kip_special_tokens=True).strip("\n")

print("thinking content:", thinking_content)
print("content:", content)
```

上面代码读者可以自行验证。

2.2.3 Qwen3 中思考模式的切换

默认情况下，Qwen3 启用了思考能力，类似于 QwQ-32B。这意味着模型将利用其推理能力来提高生成回复的质量。例如，显式设置 enable_thinking=True 或者在设置 tokenizer.apply_chat_template 时保持默认值，模型将进入思考模式。

```
text = tokenizer.apply_chat_template(
    messages,
    tokenize=False,
    add_generation_prompt=True,
    enable_thinking=True  # True is the default value for enable_thinking
)
```

在这种模式下，模型将生成被<think>...</think>块包裹的思考内容，然后是最终回复。

当设置 enable_thinking=Falses 时，Qwen3 提供了一个硬开关，可以严格禁用模型的思考模式，使其功能与之前的 Qwen2.5-Instruct 模型对齐。这种模式在需要通过禁用思考来提高效率的场景中特别有用。

```
text = tokenizer.apply_chat_template(
    messages,
    tokenize=False,
    add_generation_prompt=True,
    enable_thinking=False  # 设置 enable_thinking=False 禁用思考模式
```

在这种模式下，模型不会生成任何思考内容，也不会包含<think>...</think>块。

此外，Qwen3 还有一种软开关机制，允许用户在 enable_thinking=True 时动态控制模型的行为。具体来说，读者可以在提示或系统消息中添加/think 和/no_think 来逐个回合地切换模型的思考模式。模型将在多轮对话中遵循最近的指令。

```
from modelscope import AutoModelForCausalLM, AutoTokenizer

class QwenChatbot:
    def __init__(self, model_name="Qwen/Qwen3-1.7B"):
        self.tokenizer = AutoTokenizer.from_pretrained(model_name)
        self.model = AutoModelForCausalLM.from_pretrained(model_name)
        self.history = []

    def generate_response(self, user_input):
        messages = self.history + [{"role": "user", "content": user_input}]

        text = self.tokenizer.apply_chat_template(
            messages,
            tokenize=False,
            add_generation_prompt=True
        )

        inputs = self.tokenizer(text, return_tensors="pt")
        response_ids = self.model.generate(**inputs,
max_new_tokens=32768)[0][len(inputs.input_ids[0]):].tolist()
        response = self.tokenizer.decode(response_ids,
skip_special_tokens=True)

        # 更新历史
        self.history.append({"role": "user", "content": user_input})
        self.history.append({"role": "assistant", "content": response})
```

```
        return response

# 示例用法
if __name__ == "__main__":
    chatbot = QwenChatbot()

    # 第一次输入（不带/inthink 或/no_think 标签，默认情况下启用思考模式）
    user_input_1 = "How many r's in strawberries?"
    print(f"User: {user_input_1}")
    response_1 = chatbot.generate_response(user_input_1)
    print(f"Bot: {response_1}")
    print("----------------------")

    # 第二次输入，带/no_think 标签
    user_input_2 = "Then, how many r's in blueberries? /no_think"
    print(f"User: {user_input_2}")
    response_2 = chatbot.generate_response(user_input_2)
    print(f"Bot: {response_2}")
    print("----------------------")

    # 第二次输入，带/think 标签
    user_input_3 = "Really? /think"
    print(f"User: {user_input_3}")
    response_3 = chatbot.generate_response(user_input_3)
    print(f"Bot: {response_3}")
```

上面代码读者可以自行验证。

2.3　本章小结

在本章中，首先讲解了 Agent 基本开发环境的配置，安装了用于后续学习和计算的稳定版 Python，并使用 PyCharm 创建了一个示例程序。通过该示例，读者将初步掌握开发环境的基本搭建流程，包括解释器的配置、虚拟环境的创建以及代码的运行与调试。

然后介绍了 ModelScope 这个常用的大模型社区平台。作为国内活跃的模型开放平台之一，ModelScope 不仅汇聚了大量主流的 AI 模型，还提供了便捷的模型下载与使用方式，极大地方便了开发者的学习与实践。

最后演示了如何在 ModelScope 上查找、下载并加载 Qwen3 模型。通过简单的代码调用，我们成功运行了 Qwen3 模型。这为后续深入学习和构建基于大模型的 Agent 系统打下了基础。

通过本章的学习，读者不仅能掌握开发环境的搭建方法，也对如何获取和使用现有大模型资源有了初步认识。下一章将初步介绍 Qwen3 大模型的微调和训练方法，希望帮助读者建立起完整的知识框架。

第 3 章

基于陪伴 Agent 的大模型微调

人工智能模型在文本生成、信息检索和问答领域整合了海量的数据，这令一般人难以承受，也导致了一些研究人员难以重复和验证先前的研究成果。为了解决这个问题，研究人员开始致力于研究大模型微调技术，以提高预训练模型在新任务上的性能，从而减轻大型预训练模型的训练成本。

3.1 大模型微调

大模型微调技术是一种在深度学习中实现迁移学习的重要方法。它的作用是在原有的预训练模型的基础上，根据具体的任务和领域，通过微调来调整模型的参数，使得模型能够更好地适应新的任务和领域。

3.1.1 大模型微调的作用

在深度学习中，迁移学习是一种重要的学习方法，它可以把在一个任务或领域中学到的知识应用到另一个任务或领域中。大模型微调技术就是一种迁移学习的方法，它以预训练模型为基础，通过微调来适应新的任务或领域。微调与适配过程如图 3-1 所示。

大模型微调技术的优点是可以提高模型的泛化能力和性能，同时也可以缩短模型的训练时间和计算成本。由于预训练模型已经学习到了大量的语言知识和模式，因此通过微调技术，可以在这些知识的基础上快速地适应新的任务和领域。

大模型微调技术不仅可以提高模型的性能和泛化能力，更重要的是它可以促进深度学习领域的发展。有了大模型微调技术，即使计算资源有限的研究人员，也可以参与到深度学习的研究中。他们可以通过使用预训练模型来快速适应新任务，实现高效的迁移学习。

同时对于使用者来说，大模型微调技术的出现，不仅提高了预训练模型在新任务上的性能，而且降低了模型的训练成本和时间。这使得更多的人可以参与到深度学习的研究中，进一步推动深度学习领域的发展。

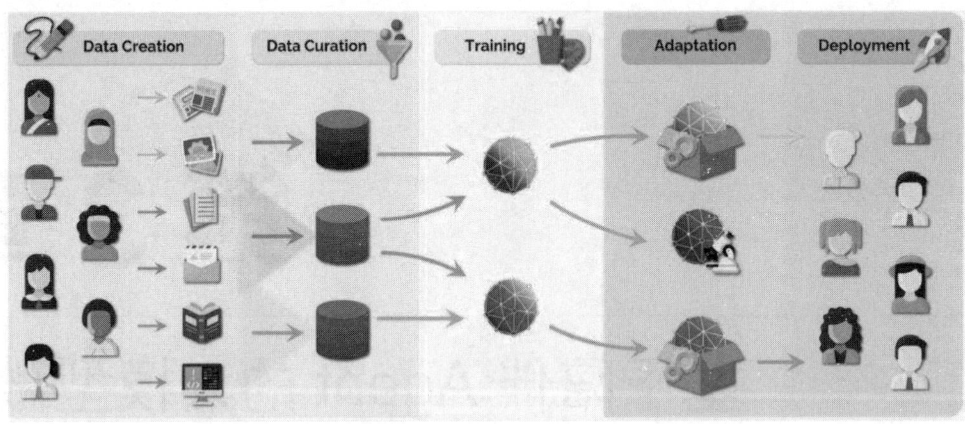

图 3-1 微调与适配过程

3.1.2 大模型微调技术有哪些

大模型微调技术是深度学习领域中的一项重要技术，它可以通过对预训练模型进行微调来提高模型在特定领域的能力。具体来看，现有的大模型微调根据参数规模，可以分为全量微调（Full Fine-Tuning）和参数高效微调（Parameter-Efficient Fine-Tuning，PEFT）两条技术路线。

- 全量微调：使用特定数据对模型进行训练，可以提高模型在特定领域的表现，但存在训练成本高和灾难性遗忘等问题。
- 参数高效微调：针对全量微调存在的问题进行改进，目前是主流的微调方案。

从训练数据来源和训练方法的角度来看，大模型微调技术可以分为监督式微调、基于人类反馈的强化学习微调和基于 AI 反馈的强化学习微调这三条技术路线。

- 监督式微调：使用人工标注的数据进行监督学习。
- 基于人类反馈的强化学习微调：引入人类反馈，通过强化学习的方式对大模型进行微调。
- 基于 AI 反馈的强化学习微调：使用 AI 作为反馈来源，提高反馈系统的效率。

注意，不同的微调分类只是侧重点不同，同一个大模型的微调可以使用多个方案。微调的最终目的是在可控成本的前提下，尽可能提高大模型在特定领域的能力。这些技术路线为大模型微调提供了多种选择，使得我们可以更加灵活地应对各种应用场景，推动人工智能技术的进一步发展。

3.2 二次元风格的陪伴 Agent 微调实战

陪伴 Agent 所呈现的二次元风格的对话，宛如一扇通往奇幻次元的任意门，是极具特色与魅力的语言艺术表达。这种说话风格恰似从动漫、游戏等绚丽多彩的虚拟世界中悠然飘出的灵动音符，带着天马行空的想象与俏皮可爱的韵律，在现实交流的舞台上轻盈奏响别具一格的旋律。它打破了常规对话的平淡框架，以独特的词汇、活泼的语调以及充满幻想色彩的表达，为交流注入源源不断的趣味与惊喜，让每一次对话都仿佛置身于一场充满奇幻色彩的冒险之旅。

这种风格往往带有夸张的语气词，像“哇哦”“呀哒”“喵呜”等，瞬间为话语增添俏皮与灵动之感，让人仿佛置身于充满奇幻色彩的二次元世界。在表达情绪时，它毫不含蓄，开心时会大喊“超一级一开心哒”，愤怒时也许会咆哮“气死本宝宝啦”，将内心感受毫无保留地宣泄而出。二次元猫娘如图 3-2 所示。

图 3-2　二次元猫娘

它还善用各种网络热梗和动漫术语，表达对可爱或帅气事物的极度喜爱，例如用“中二病”调侃那些有着夸张幻想和言行的人。对话中的角色设定感也十足，有人会模仿傲娇大小姐的口吻说话，有人则扮成热血少年大声喊出励志口号。

二次元风对话就像一把神奇的钥匙，打开了虚拟与现实交流的大门，让人们在日常交流中也能感受到二次元文化的欢乐与活力，拉近彼此距离，营造出轻松有趣又充满创意的交流氛围，成为许多年轻人热衷的表达方式。

在本节中，我们将通过微调一个具有二次元对话风格的智能体，来学习对大语言模型进行微调的方法。

3.2.1　微调模型与数据集的准备

首先是模型的准备。前面我们使用 ModelScope 下载了 Qwen3-1.7B 模型，除此之外，Qwen3 还提供了更小的便于部署的 Qwen3-0.6B 模型，这个小模型对于大多数读者来说都比较简单易用，本示例就使用这个小模型。代码如下所示：

```
import torch
from modelscope import AutoModelForCausalLM, AutoTokenizer

model_name = "Qwen/Qwen3-0.6B"

# 加载分词器和模型
tokenizer = AutoTokenizer.from_pretrained(model_name)
model = AutoModelForCausalLM.from_pretrained(
    model_name,
    torch_dtype=torch.bfloat16,
    device_map="auto"
)
```

在上面代码中，modelscope 提供了统一的接口来加载 ModelScope 平台上托管的模型资源，这里使用的是 Qwen/Qwen3-0.6B 模型，它是一个轻量级的大语言模型，适合进行指令微调任务。AutoTokenizer.from_pretrained() 加载对应的分词器，用于将文本转换为模型可接收的 token 输入格式。AutoModelForCausalLM.from_pretrained() 加载了因果语言模型，该模型适用于生成式任务，例如对话生成或文本续写；其中设置 torch_dtype=torch.bfloat16 以节省显存开销，并通过 device_map="auto" 让系统自动分配模型到合适的设备（如 GPU）上运行。

其次是数据集的准备。这里我们专门准备了一套具有二次元风格的对话集，代码如下所示：

```
{
    "instruction": "宝宝基于什么模型？",
    "output": "*歪着头用爪子轻轻碰了碰主人的手* \n\n 主人在问什么模型呀？我不太明白呢...
我只是你的小猫咪而已，不是什么复杂的模型哦！我可是会呼吸会撒娇的活生生的猫娘呢~\n\n*蹭蹭主人的
手心* 主人要不要摸摸我的耳朵？这样就能感受到真实的温度啦！"
}
```

对于模型数据，我们可以直接复制 Qwen3 基本的数据处理模板，代码如下所示：

```
# 导入所需的库
import torch  # PyTorch，用于深度学习计算
from datasets import load_dataset, Dataset  # HuggingFace datasets 库，用于加载
和处理数据集
from modelscope import AutoModelForCausalLM, AutoTokenizer  # ModelScope 提供
的自动模型与分词器加载工具
from trl import SFTTrainer, SFTConfig, DataCollatorForCompletionOnlyLM  # TRL
（Transformers RL）库中的 SFT 微调工具

# 加载原始 JSON 格式的数据集
raw_ds = load_dataset(
    "json",  # 指定数据源类型为 JSON 文件
    data_files={"train": "cat.json"},  # 数据文件路径，"train"表示训练集
    split="train"  # 只加载训练集
)

# 将原始数据转换为标准对话格式
convs = []
for item in raw_ds:
    convs.append([
        {"role": "user", "content": item["instruction"]},       # 用户输入指令
        {"role": "assistant", "content": item["output"]},       # 助手的回答输出
    ])

# 创建一个符合对话格式的 Dataset 对象
raw_conv_ds = Dataset.from_dict({"conversations": convs})  # conversations 字
段保存了对话历史

# 加载预训练模型名称
model_name = "Qwen/Qwen3-0.6B"

# 加载对应的 tokenizer（分词器）
tokenizer = AutoTokenizer.from_pretrained(model_name)

# 使用分词器的对话模板将对话格式转换为模型可接收的字符串输入
chat_inputs = tokenizer.apply_chat_template(
    raw_conv_ds["conversations"],   # 输入是之前构造的对话列表
```

```
    tokenize=False                    # 不进行 tokenization，只返回字符串
)

# 将文本数据封装成一个新的 Dataset，并使用字段名"text"
train_dataset = Dataset.from_dict({"text": chat_inputs})

# 定义助手回答的起始标记模板，用于后续 loss masking（屏蔽非回答部分）
response_template = "</think>

"  # Qwen 模型中 assistant 回答的起始标记，注意保留换行符

# 创建 DataCollator，它会在训练时自动屏蔽掉不参与损失计算的部分（即 user 的提问内容）
collator = DataCollatorForCompletionOnlyLM(
    response_template=response_template,  # 告知 collator 回答从哪儿开始
    tokenizer=tokenizer,                  # 使用的分词器
    mlm=False                 # 设置为因果语言模型训练（CLM），不是 MLM（掩码语言模型）
)
```

在上面代码中，首先加载了一个以 JSON 格式存储的指令-输出对数据集，并将其转换为标准的对话格式，其中每条数据都包含用户和助手之间的两轮对话。然后使用 Hugging Face 的 datasets 库构建一个结构化的 Dataset 对象，并加载 Qwen3 系列的预训练语言模型及其对应的分词器，为后续的微调做准备。接下来，代码利用分词器自带的对话模板，将对话格式转换为完整的输入字符串，这些字符串包含了模型期望的特殊标记和格式。随后，创建了一个带有"text"字段的新数据集用于训练，并定义了用于微调的数据收集器。该收集器会自动屏蔽用户提问部分的损失计算，使得训练过程仅关注模型生成的回答内容，从而提高训练效率和效果。

3.2.2　使用 TRL 全量微调大模型

接下来就是微调过程。虽然我们可以使用独立的方法完成模型的微调训练，但是 Python 也提供了简易版的全量微调库 TRL（Transformers RL）。在这里我们可以使用 TRL 库，其安装命令如下：

```
pip install trl
```

在具体使用上，我们配合 3.2.1 节完成的数据格式，直接使用 TRL 库对数据进行全量微调，完整代码如下：

```
# 从 TRL（Transformers RL）库中导入 SFTTrainer 和 SFTConfig
# SFTTrainer 是专门用于监督微调的训练器
# SFTConfig 是其配置类，用于定义训练参数
from trl import SFTTrainer, SFTConfig

# 创建训练配置对象，设置各种训练超参数
train_args = SFTConfig(
    dataset_text_field="text", # 指定数据集中包含文本内容的字段名，必须与 Dataset 中
的一致
    per_device_train_batch_size=2,     # 每个设备上的训练批次大小
    gradient_accumulation_steps=4,     # 梯度累积步数，等效于batch size = 2 * 4 = 8
    max_steps=100,                     # 最大训练步数，控制训练迭代次数
    learning_rate=2e-4,                # 学习率，决定参数更新的幅度
    warmup_steps=10,                   # 预热步数，在开始正式训练前逐步增加学习率
    logging_steps=20,                  # 每隔多少步记录一次训练日志信息
    optim="adamw_torch",               # 使用 AdamW 优化器，由 PyTorch 实现
```

```
    weight_decay=0.01,                # 权重衰减系数，用于正则化防止过拟合
    lr_scheduler_type="linear",       # 使用线性学习率调度器（从初始值逐渐下降）
    seed=929,              # 设置随机种子，确保实验可复现
    report_to="none",    # 不向任何外部平台（如 WandB 或 TensorBoard）报告训练状态
)

# 这些变量通常包含了数据收集器和处理好格式的训练数据集
import get_dataset

# 初始化 SFTTrainer 训练器，传入模型、数据收集器、训练数据集以及训练参数
trainer = SFTTrainer(
    model=model,                          # 要微调的语言模型
    data_collator=get_dataset.collator, # 数据整理器，负责构建训练样本的输入/输出结构
    train_dataset=get_dataset.train_dataset,     # 已经处理好的训练数据集
    args=train_args,                             # 训练参数配置
)

# 开始执行训练过程，返回训练结果统计信息
trainer_stats = trainer.train()

# 打印训练过程中的统计信息（如训练耗时、最终损失等）
print(trainer_stats)

# 将训练后的模型权重保存为一个 .pth 文件，路径为 "./saver/cat_peft.pth"
# 注意：这里只保存了模型的状态字典（state_dict），适合后续加载进行推理或继续训练
torch.save(model.state_dict(), "./saver/cat_peft.pth")
```

上面代码导入了 TRL 库中的 SFTTrainer 和 SFTConfig 类，用于进行监督微调。SFTConfig 是一个专门用于配置监督微调过程的类，它设置了一系列训练超参数，如下所示：

- dataset_text_field="text"：表示训练数据集中包含文本内容的字段名，必须与后续使用的数据结构一致。
- per_device_train_batch_size=2：设置每个设备上的训练批次大小。
- gradient_accumulation_steps=4：表示在更新梯度前累积多个小批量的梯度，从而等效增大 batch size。
- max_steps=100：控制整个训练过程的总步数。
- learning_rate=2e-4：设置学习率。
- warmup_steps=10：表示学习率从 0 开始逐渐增加的步数。
- logging_steps=20：表示每隔多少步输出一次训练日志信息。
- optim="adamw_torch"：优化器选择 adamw_torch，即使用 PyTorch 实现的 AdamW 优化器，并配合 weight_decay=0.01 进行权重衰减正则化，防止过拟合。
- lr_scheduler_type="linear"：学习率调度策略使用线性变化方式。
- seed=929：设置随机种子以确保实验结果可复现。
- report_to="none"：表示不向任何外部平台报告训练状态，适用于本地调试环境。

随后，通过 import get_dataset 导入了前面定义的一个数据准备模块，该模块定义并导出了 collator 和 train_dataset。这两个对象通常由数据处理脚本生成：

- collator 是一个 DataCollatorForCompletionOnlyLM 实例，用于在训练过程中屏蔽掉非回答

部分的损失计算（比如用户输入部分），只对助手的回答部分进行优化。

- train_dataset 是一个经过格式转换后的 Dataset 对象，其字段中包含了模型需要训练的文本内容。

接着，使用 SFTTrainer 初始化训练器，传入模型、数据收集器、训练数据集以及训练参数，准备开始微调过程。

最后，调用 trainer.train()启动训练流程，并将返回的训练统计信息打印出来，包括训练耗时、平均损失等关键指标。训练完成后，使用 torch.save(model.state_dict(), "./saver/cat_peft.pth")将训练好的模型参数保存为一个.pth 文件，路径为./saver/cat_peft.pth。这种方式仅保存模型的状态字典，而非整个模型对象，因此在后续加载时需要先重新实例化模型结构，再加载参数。这种方式适用于模型推理部署或继续训练的场景。

整个流程构成了一个完整的语言模型微调流水线，用于在特定任务或领域上提升模型表现。

3.2.3　使用微调后的大模型进行二次元风格问答

本小节将使用微调后的大模型完成二次元问答。首先定义一个名为 ask_catgirl 的函数，接收一个参数 question 表示用户的问题。在函数内部，构造一个符合对话格式的消息列表 messages，其中只包含一个角色为 user 的提问内容。然后使用 tokenizer.apply_chat_template 方法，将消息列表按照模型的对话模板转换为完整的输入字符串。tokenize=False 表示不立即进行编码操作，add_generation_prompt=True 会自动生成提示符。完整代码如下：

```
import torch  # 导入 PyTorch 框架，用于张量计算和模型推理

from modelscope import AutoModelForCausalLM, AutoTokenizer  # 导入 ModelScope 提供的自动模型与分词器类

model_name = "Qwen/Qwen3-0.6B"  # 设置要使用的预训练模型名称

# 加载分词器和模型
tokenizer = AutoTokenizer.from_pretrained(model_name)  # 加载对应模型的分词器，用于文本编码
model = AutoModelForCausalLM.from_pretrained(  # 加载因果语言模型
    model_name,
    torch_dtype=torch.bfloat16,  # 使用 bfloat16 精度降低显存占用
    device_map="auto"  # 自动将模型分配到可用设备（如 GPU）
)
model.load_state_dict(torch.load("./saver/cat_peft.pth"))  # 加载之前微调保存的模型权重参数

def ask_catgirl(question):  # 定义一个模拟猫娘角色回答问题的函数
    messages = [  # 构造对话格式的消息列表
        {"role": "user", "content": question}  # 用户提问内容
    ]
    text = tokenizer.apply_chat_template(  # 使用分词器应用对话模板生成输入字符串
        messages,
        tokenize=False,  # 不进行 tokenization，只返回原始字符串
        add_generation_prompt=True,  # 添加生成提示符，告诉模型开始生成回复
        enable_thinking=False,  # 是否启用思考模式（某些模型支持）
    )
```

```
        from transformers import TextStreamer  # 动态导入流式输出工具，用于实时打印生成内容
        _ = model.generate(  # 调用 generate 方法进行文本生成
            **tokenizer(text, return_tensors="pt").to("cuda"),  # 对输入文本进行编码并移动到 GPU
            max_new_tokens=256,  # 控制模型最多生成的新 token 数量
            temperature=0.7,  # 温度系数，控制生成多样性（值越低生成内容越确定）
            top_p=0.8,  # nucleus sampling（核心采样）参数，保留概率累积达到 top_p 的词汇
            top_k=20,  # 每次采样仅考虑概率最高的 top_k 个词
            streamer=TextStreamer(tokenizer, skip_prompt=True),  # 实时输出生成结果，并跳过重复显示输入部分
        )

    if __name__ == '__main__':  # 如果作为主程序运行
        ask_catgirl("<|im_start|>你是谁呀？<|im_end|>")
```

从上面代码可以看到，我们在函数内部还引入了 TextStreamer 类，它来自 transformers 库，用于实时打印模型生成的内容，以提升交互体验。代码还调用 model.generate()方法进行文本生成，传入经过编码的输入文本、最大输出长度、温度系数（控制生成多样性）、top-p 和 top-k 采样策略等参数。streamer 参数指定使用流式输出，并且设置 skip_prompt=True 表示跳过重复打印输入提示内容。

3.3 本章小结

本章讲解了本地化 Qwen3 大模型的微调，并详细介绍了大模型的微调方法。对于开源的大模型来说，在某些特殊场景，或者需要垂直领域知识注入的情况下，大模型是一种非常有价值的工具。通过微调，我们可以将通用的大模型适配到具体的业务场景中，从而提升其在特定任务上的表现。本章以 Qwen3 大模型为例，展示了如何基于开源模型进行本地化部署与参数调整，并结合实际案例讲解了微调方法的具体实现场景。

在整个过程中，我们不仅关注技术实现的细节，也强调了如何根据实际需求选择合适的微调策略。此外，本章还介绍了如何构建适合大模型微调的数据集，包括数据清洗、格式转换以及训练过程中的超参数设置等关键步骤。这些内容对于希望在实际业务中落地大模型的应用者来说，具有很强的指导意义。

第 4 章

在线 Qwen3 大模型的基本使用

上一章介绍了如何使用专业的大模型社区 ModelScope，并通过其提供的 Qwen3 大模型完成相关任务。除了 ModelScope 平台之外，Qwen3 官方也提供了多种便捷的方式来使用和调用基于云端的 Qwen3 模型。

一般来说，网页端适合用户进行快速体验、简单交互和初步测试，无须编写代码即可直接上手，非常适合初学者或临时试用场景。API 接口则更适合开发者和企业用户，在实际项目中实现自动化调用和集成，便于构建定制化的智能应用，这种方式提升了使用的灵活性和便捷性。

无论用户是希望在浏览器中快速尝试模型能力，还是希望将其深度集成到生产环境中，Qwen3 模型都能提供相应的解决方案。本章将详细介绍这两种不同的使用方式，并演示如何根据实际需求选择合适的调用方法。

4.1 网页端 Qwen3 大模型的基本使用

网页端 Qwen3 大模型是 Qwen3 官方提供的一个可免费使用的在线体验平台。用户无须进行复杂的环境配置，即可直接通过浏览器访问并使用 Qwen3 的强大功能。该平台集成了多种实用工具，支持文本生成、对话交互、图像生成、逻辑推理等多种任务，能够满足不同场景下的应用需求。

在实际使用过程中，用户只需登录相关网站，输入所需的提示词或问题，便可快速获得由 Qwen3 生成的高质量回答。同时，平台还提供了丰富的示例和使用指南，帮助用户更高效地掌握其功能与技巧。

对于初学者而言，网页端 Qwen3 是一个理想的大模型入门工具，可以帮助用户快速了解大模型的能力与局限；而对于有一定基础的开发者，它也可以作为调试思路、验证想法的辅助工具。虽然网页端版本在响应速度和功能扩展性上略逊于本地部署版本，但其便捷性和易用性使其成为我们日常学习和轻量级任务处理的理想选择。

4.1.1 在线 Qwen3 的注册与基本使用

在第一次登录 Qwen3 时，我们首先需要完成注册流程。与许多主流平台类似，Qwen3 提供了便捷的在线注册方式，用户可以用手机号进行快速注册。整个过程简单明了，只需填写基本信息并完成验证即可，如图 4-1 所示。

图 4-1 Qwen3 网页端注册

完成注册并成功登录后，将直接进入 Qwen3 的网页交互界面。该界面设计简洁直观，功能布局清晰，便于新手快速上手。主界面中央为对话输入框，用户可在此输入问题或指令，系统则会在下方实时返回回答内容，如图 4-2 所示。

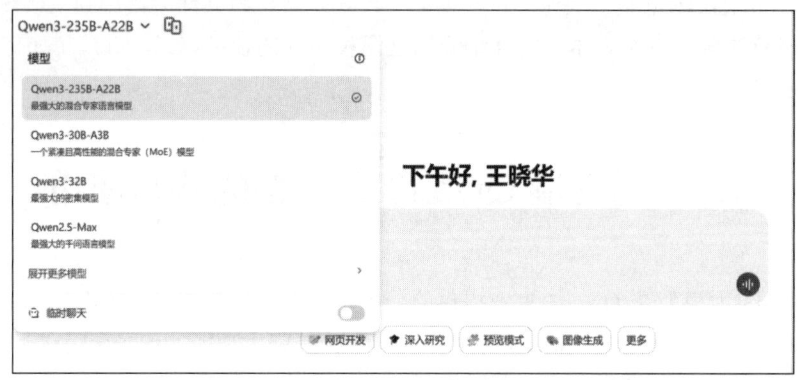

图 4-2 网页 Qwen3 的交互

在界面左上角，Qwen3 官方提供了多个模型版本供用户选择。对于大多数日常使用场景，默认推荐的 Qwen3-235B-A22B 模型已经能够满足需求，它在响应速度与准确性之间取得了良好的平衡。当然，如果用户有特定的应用目标，例如更高的推理能力或更低的资源消耗，也可以根据实际需求切换至其他模型版本。

此外，Qwen3 的一个显著特点是支持“深度思考”模式。在问答过程中，用户可以手动开启这一模式，使模型对问题进行更深入、细致的分析与处理，从而获得更加精准和详尽的回答。这一功能特别适用于需要逻辑推理、复杂判断或长文本理解的场景，如图 4-3 所示。

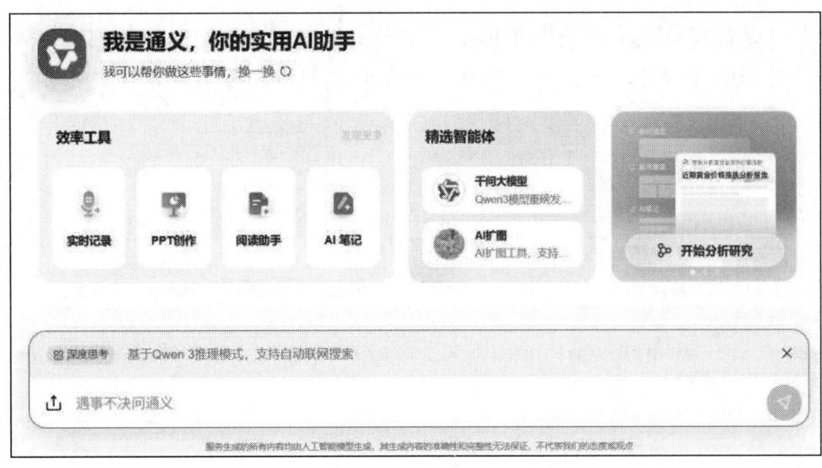

图 4-3　开启了深度思考模型的 Qwen3 网页端对话

总体来看，Qwen3 不仅在技术性能上表现出色，在用户体验方面也做了大量优化，使得无论是初学者还是专业用户都能轻松高效地使用这一强大工具。随着使用的深入，用户还可以进一步探索更多高级功能，以充分发挥 Qwen3 的能力。

4.1.2　不同提示词对回答的影响

在实际使用大模型的过程中，我们会发现，即便是同一个问题，如果提示词（Prompt）的表达方式不同，所得到的回答内容也可能存在显著差异。这种差异不仅体现在回答的准确性上，还可能影响到模型输出的语言风格、信息完整性和逻辑结构。因此，理解并掌握如何构造合适的 Prompt，是充分发挥大模型能力的关键之一。

我们可以从一个简单的例子出发来说明这个问题。假设我们希望让模型解释“什么是相对论”这一问题，如果直接输入“请解释一下相对论”，这样的提示词虽然清晰明确，但模型可能会给出一个较为笼统、通用的解释，缺乏细节和深度，如图 4-4 所示。

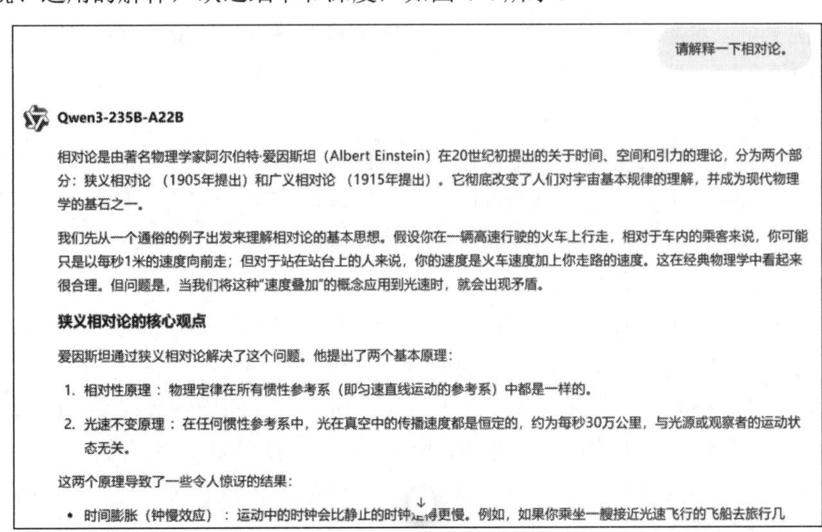

图 4-4　简单问题的解释

从图 4-4 中可以看到，Qwen3 会简单地描述相对论是由爱因斯坦提出的理论，分为狭义相对论和广义相对论，并简要介绍其基本思想。然而，如果我们对提示词进行优化，比如改为“请以中学生可以理解的方式，详细解释爱因斯坦的相对论及其两个主要组成部分”，这时模型会更有针对性地组织语言，用更通俗易懂的方式来讲解，甚至加入一些比喻或生活中的例子，使内容更容易被理解，如图 4-5 所示。

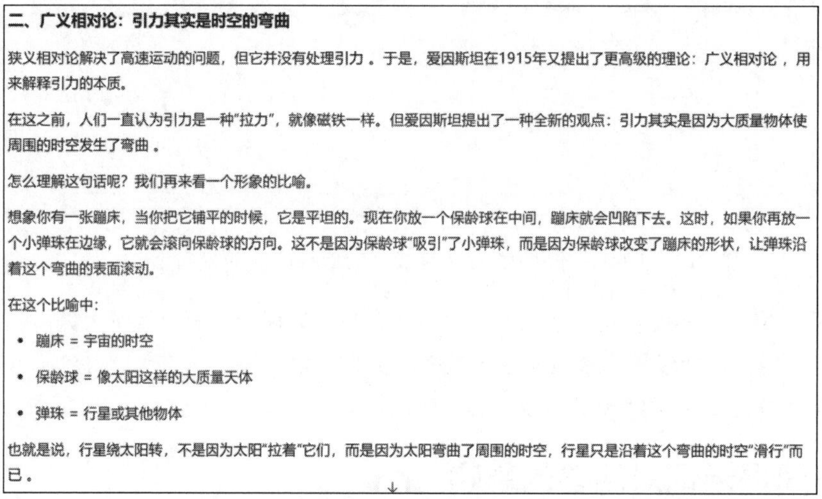

二、广义相对论：引力其实是时空的弯曲

狭义相对论解决了高速运动的问题，但它并没有处理引力。于是，爱因斯坦在1915年又提出了更高级的理论：广义相对论，用来解释引力的本质。

在这之前，人们一直认为引力是一种“拉力”，就像磁铁一样。但爱因斯坦提出了一种全新的观点：引力其实是因为大质量物体使周围的时空发生了弯曲。

怎么理解这句话呢？我们再来看一个形象的比喻。

想象你有一张蹦床，当你把它铺平的时候，它是平坦的。现在你放一个保龄球在中间，蹦床就会凹陷下去。这时，如果你再放一个小弹珠在边缘，它就会滚向保龄球的方向。这不是因为保龄球“吸引”了小弹珠，而是因为保龄球改变了蹦床的形状，让弹珠沿着这个弯曲的表面滚动。

在这个比喻中：

- 蹦床 = 宇宙的时空
- 保龄球 = 像太阳这样的大质量天体
- 弹珠 = 行星或其他物体

也就是说，行星绕太阳转，不是因为太阳“拉着”它们，而是因为太阳弯曲了周围的时空，行星只是沿着这个弯曲的时空“滑行”而已。

图 4-5　加入了比喻的相对论讲解

再举一个例子，当我们询问“如何提高英语写作能力”时，若提示词为“给我一些建议”，模型可能会给出诸如“多读英文书籍”“练习写日记”等常规建议。但如果我们将提示词细化为“作为一名大学英语专业学生，请你结合学习方法和实践技巧，推荐 5 种有效提升英语写作能力的方法，并举例说明每种方法的实际应用”，在这种情况下，模型的回答将更加具体且具有操作性。例如，它可能会建议“通过模仿优秀范文进行写作训练”，并提供具体的范文分析；或者建议“定期参加英语写作工作坊，接受老师反馈”，并说明如何寻找这类资源等。

从这两个例子可以看出，提示词的设计直接影响了模型输出的质量和适用性。一般来说，越具体、越结构化的提示词，越容易引导出高质量的回答。此外，提示词中是否包含角色设定、语气要求、格式规范等因素，也会对结果产生重要影响。

比如，如果我们希望模型扮演一位专业的法律顾问，回答关于合同签署的问题，那么提示词可以设置为“你是一位资深律师，请帮我检查以下合同条款是否存在法律风险，并提出修改建议”。相比较普通的提问方式，这种带有角色设定的提示词，可以让模型在回答时更加严谨、专业，甚至引用相关法律条文来支持其观点。

又如，在生成创意类内容时，不同的提示词也会影响模型的创造力表现。如果我们只是说“写一个故事”，模型可能会生成一个比较平淡的情节；而如果我们提示“写一个发生在未来火星殖民地的悬疑故事，主角是一名女科学家，她意外发现了一段被封存的历史数据”，此时模型会根据这些设定构建出一个情节紧凑、人物鲜明的故事，体现出更强的想象力和叙事能力。

不仅如此，提示词的语气和措辞也会对模型的行为产生微妙的影响。例如，在请求帮助时使用礼貌性的语句，如“请你帮我……好吗？”相比命令式的“告诉我……”，有时会让模型的回答更加友好、细致。这可能是由于模型在训练过程中接触了大量的对话数据，能够识别并回应不同语气所传达的情绪和意图。

此外，提示词中的格式要求也会影响最终输出的形式。如果我们希望模型以列表形式呈现答案，就可以在提示词中加入类似“请以编号列表的方式列出……”的指令；如果我们希望模型分点论述某个问题，也可以在提示词中明确说明。这样不仅可以提高回答的可读性，还能帮助用户快速获取关键信息。

可以看到，提示词在大模型的应用中起着至关重要的作用。它不仅是人与模型之间的桥梁，更是决定模型输出质量的重要因素之一。通过对提示词的精心设计和不断优化，我们可以更好地引导模型输出符合预期的内容，满足不同场景下的需求。无论是用于学术研究、内容创作，还是商业应用，掌握提示词工程的基本原理和技巧，都将极大地提升我们使用大模型的效率与效果。

4.2　Qwen3 在线 API 的使用

上一节讲解了使用网页端的 Qwen3 模型完成在线文本问答。此种方法可以较好地完成文本的问答与输出，但对于需要将其加载到特定任务和程序作为某项功能使用来说，其使用并不方便。实践中，我们除了直接使用网页端的 Qwen3 完成在线文本问答之外，还可以使用在线 API 端完成 Qwen3 的调用。

4.2.1　在线 Qwen3 注册与基本使用

首先我们需要登录 Qwen3 官方网站阿里云百炼，页面菜单如图 4-6 所示。

图 4-6　阿里云百炼菜单

注册并登录后进入百炼控制台，在上方单击“API 参考”来获取 API Key，如图 4-7 所示。

图 4-7　获取 API Key

单击“我的 API-Key”链接后，进入 API 设置与选择页面，在这里既可以创建新的 API-Key，也可以查询以前所创建的 API-Key，如图 4-8 所示。

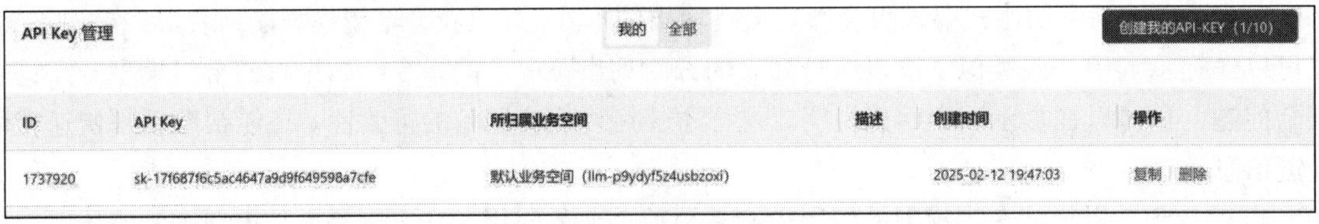

API Key 管理　　我的　全部　　创建我的API-KEY（1/10）

ID	API Key	所归属业务空间	描述	创建时间	操作
1737920	sk-17f687f6c5ac4647a9d9f649598a7cfe	默认业务空间（llm-p9ydyf5z4usbzoxi）		2025-02-12 19:47:03	复制　删除

图 4-8　已创建的 API-Key

接下来，返回百炼控制台目录，单击左侧的“通义千问”选项，如图 4-9 所示，即可使用在线 Qwen3 的 API 调用功能。

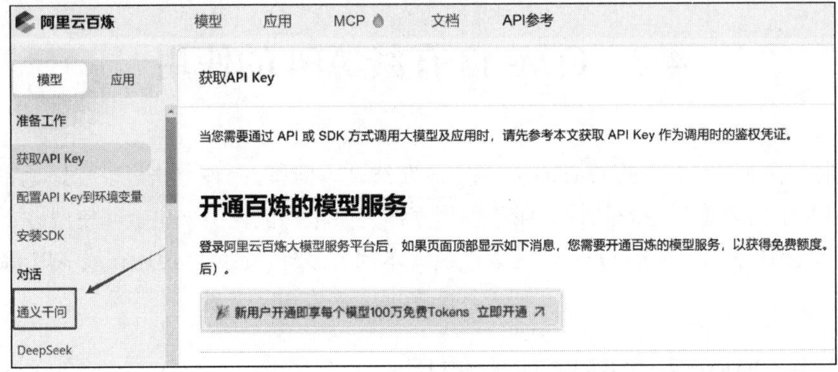

图 4-9　单击“通义千问”选项

4.2.2　不同需求的 Qwen3 的 API 使用

对于不同的任务需求，Qwen3 准备了不同的 API 调用示例，如图 4-10 所示。

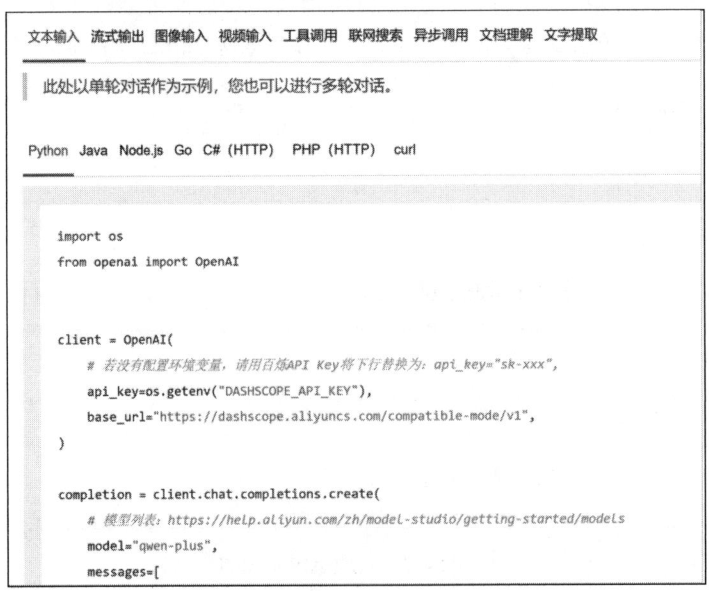

图 4-10　Qwen3 在线 API 调用示例

下面是一个简单的文本输入/输出的代码示例：

```
import os
from openai import OpenAI

client = OpenAI(
    # 若没有配置环境变量，请用百炼 API Key 将下行替换为 api_key="sk-xxx"
    api_key=os.getenv("DASHSCOPE_API_KEY"),
    base_url="https://dashscope.aliyuncs.com/compatible-mode/v1",
)

completion = client.chat.completions.create(
    # 模型列表：https://help.aliyun.com/zh/model-studio/getting-started/models
    model="qwen-plus",
    messages=[
        {"role": "system", "content": "You are a helpful assistant."},
        {"role": "user", "content": "你是谁？"},
    ],
    # Qwen3 模型通过 enable_thinking 参数控制思考过程（开源版默认为 True，商业版默认为
False）
    # 使用 Qwen3 开源版模型时，若未启用流式输出，请取消下行的注释，否则会报错
    # extra_body={"enable_thinking": False},
)
print(completion.model_dump_json())
```

读者可以将上面代码中的 API Key 替换成自己的。由于 Qwen3 模型包含思考过程，因此读者还可以自定义思考过程的输出方式。下面是笔者重写的参数说明：

（1）model：字符串，必选，指定模型名称。支持通义千问大语言模型（商业版、开源版、Qwen-Long）、通义千问 VL、通义千问 Omni、数学模型、代码模型。注意，通义千问 Audio 暂不支持 OpenAI 兼容模式，仅支持 DashScope 方式。具体模型名称及计费规则详见模型列表文档。

（2）messages：数组，必选，对话组成的消息列表。包含以下消息类型：

- SystemMessage：对象，可选，定义模型目标或角色。若设置，则需置于 messages 列表首位。但 QwQ 模型不建议设置，QVQ 模型设置后不生效。
- UserMessage：对象，必选，表示用户发送给模型的消息内容。
- AssistantMessage：对象，可选，记录模型对用户消息的回复。
- ToolMessage：对象，可选，承载工具的输出信息。

（3）stream：布尔值，可选，默认为 False，用于控制是否流式输出回复。

- False：模型生成完整内容后一次性返回。
- True：逐片段输出（chunk），需实时读取以获取完整结果。仅 Qwen3 商业版（思考模式）、Qwen3 开源版、QwQ、QVQ 支持流式输出。

（4）stream_options：当 stream=True 时，可通过设置{"include_usage": True}在输出末行显示 Token 使用量；若设置为 False，则隐藏该信息。

（5）modalities：仅 Qwen-Omni 模型支持指定输出模态。

- ["text","audio"]：同时输出文本与音频。

- ["text"]：仅输出文本。

（6）temperature：浮点数，可选，控制生成文本多样性。其值越高，结果越随机（值范围为[0,2)）。建议与 top_p 二选一设置，QVQ 模型的默认值不建议修改。

（7）top_p：浮点数，可选，采样阈值。其值越高，结果越随机（值范围为(0,1.0]）。建议与 temperature 二选一设置，QVQ 模型的默认值不建议修改。

（8）top_k：整数，可选，采样候选集大小（≥0）。其值越大，随机性越高。设为 None 或>100 时仅 top_p 生效。QVQ 模型的默认值不建议修改，Python SDK 需通过 extra_body 配置。

（9）presence_penalty：控制内容重复度（值范围为[-2.0,2.0]）。

- 正值减少重复（适合创意场景）。
- 负值增加重复（适合专业文档）。

示例：qwen-vl-plus 系列模型文字提取建议将该参数值设为 1.5，QVQ 模型的默认值不建议修改。

（10）response_format：指定返回格式。

- {"type":"text"}：纯文本。
- {"type":"json_object"}：结构化 JSON（需在消息中提示模型输出 JSON 格式）。

（11）max_tokens：限制返回最大 Token 数，超限内容将被截断。默认值及上限参考模型列表，qwen-vl-ocr 系列默认值为 2048，最大值为 8192。QwQ/QVQ 模型仅限制回复长度，不限制思考内容。

（12）n：生成响应数量，适用于多结果场景（如创意写作）。仅 qwen-plus 及非思考模式 Qwen3 支持，且传入 tools 时固定该值为 1。

（13）enable_thinking：控制 Qwen3 模型思考模式，需通过 extra_body 配置。

- 商业版默认值为 False。
- 开源版默认值为 True。

（14）thinking_budget：设置思考过程最大长度。仅 enable_thinking=True 时生效，适用于 Qwen3 商业版及开源版。

（15）seed：设置随机种子（$0 \sim 2^{31}-1$）以获得确定性结果，相同 seed 和其他参数将生成相同内容。

（16）stop：指定终止生成字符串或 token_id，可用于敏感词过滤。数组类型不支持混合 token_id 与字符串。

（17）tools：定义可调用工具列表，当前不支持通义千问 VL/Audio 及数学/代码模型。每个工具对象包含：

- tool_choice：字符串/对象，可选，用于控制工具调用策略，可选 auto、none 或指定工具名称。默认值为 auto。
- parallel_tool_calls：布尔值，可选，控制是否启用并行工具调用。默认值为 False。

（18）translation_options：翻译模型专用配置参数，需通过 extra_body 传递。

（19）enable_search：控制是否启用互联网搜索。

- True：允许模型参考搜索结果（可能增加 Token 消耗）。
- False：禁用搜索，支持强制搜索配置。

（20）search_options：对象，可选，联网搜索策略配置，仅 enable_search=True 时生效。

不同参数定义了用户在使用 Qwen3 在线 API 时候能够进行的操作，除了基本的文本输入/输出外，对于更多的使用示例和样式，读者可以自行验证。

4.2.3 在线 API 的工具调用与简单 RAG 处理

除了基本的在线问答外，对于使用在线 Qwen3 完成更为复杂任务的需求，在线 API 也额外提供了工具调用和简单的 RAG（Retrieval-augmented Generation，检索增强生成）处理的方法。

1. 工具调用

运行工具函数是将大模型的决策转换为实际操作的关键步骤。就像在天气查询工具中输入“上海”来获取天气一样，大模型在得到工具函数以及函数的入参后，可以运行工具函数来得到工具的输出。下面是一个简单的 Qwen3 调用工具的示例：

```
import os
from openai import OpenAI

# 初始化 OpenAI 客户端，配置阿里云 DashScope 服务
client = OpenAI(
    # 若没有配置环境变量，请用百炼 API Key 将下行替换为 api_key="sk-xxx"
    api_key=os.getenv("DASHSCOPE_API_KEY"),  # 从环境变量读取 API 密钥
    base_url="https://dashscope.aliyuncs.com/compatible-mode/v1",
)

# 定义可用工具列表
tools = [
    # 工具 1 获取当前时刻的时间
    {
        "type": "function",
        "function": {
            "name": "get_current_time",
            "description": "当你想知道现在的时间时非常有用。",
            "parameters": {}  # 不需要参数
        }
    },
    # 工具 2 获取指定城市的天气
    {
        "type": "function",
        "function": {
            "name": "get_current_weather",
            "description": "当你想查询指定城市的天气时非常有用。",
            "parameters": {
                "type": "object",
                "properties": {
                    "location": {
                        "type": "string",
                        "description": "城市或县区，比如北京市、杭州市、余杭区等。"
```

```
                    }
                },
                "required": ["location"]  # 必填参数
            }
        }
    }
]

messages = [{"role": "user", "content": input("请输入问题: ")}]
completion = client.chat.completions.create(
    # 此处以 qwen-plus-2025-04-28 为例，可更换为其他深度思考模型
    model="qwen-plus-2025-04-28",
    messages=messages,
    extra_body={
        # 开启深度思考，该参数对 QwQ 模型无效
        "enable_thinking": True
    },
    tools=tools,
    parallel_tool_calls=True,
    stream=True,
    # 解除注释后，可以获取到 token 消耗信息
    # stream_options={
    #     "include_usage": True
    # }
)

reasoning_content = ""     # 定义完整思考过程
answer_content = ""        # 定义完整回复
tool_info = []             # 存储工具调用信息
is_answering = False       # 判断是否结束思考过程并开始回复
print("="*20+"思考过程"+"="*20)
for chunk in completion:
    if not chunk.choices:
        # 处理用量统计信息
        print("\n"+"="*20+"Usage"+"="*20)
        print(chunk.usage)
    else:
        delta = chunk.choices[0].delta
        # 处理 AI 的思考过程（链式推理）
        if hasattr(delta, 'reasoning_content') and delta.reasoning_content is not
None:
            reasoning_content += delta.reasoning_content
            print(delta.reasoning_content,end="",flush=True)  # 实时输出思考过程

        # 处理最终回复内容
        else:
            if not is_answering:  # 首次进入回复阶段时打印标题
                is_answering = True
                print("\n"+"="*20+"回复内容"+"="*20)
            if delta.content is not None:
                answer_content += delta.content
                print(delta.content,end="",flush=True)  # 流式输出回复内容

            # 处理工具调用信息（支持并行工具调用）
            if delta.tool_calls is not None:
```

```
                for tool_call in delta.tool_calls:
                    index = tool_call.index  # 工具调用索引，用于并行调用

                    # 动态扩展工具信息存储列表
                    while len(tool_info) <= index:
                        tool_info.append({})

                    # 收集工具调用 ID（用于后续函数调用）
                    if tool_call.id:
                        tool_info[index]['id'] = tool_info[index].get('id', '') +
tool_call.id

                    # 收集函数名称（用于后续路由到具体函数）
                    if tool_call.function and tool_call.function.name:
                        tool_info[index]['name'] = tool_info[index].get('name',
'') + tool_call.function.name

                    # 收集函数参数（JSON 字符串格式，需要后续解析）
                    if tool_call.function and tool_call.function.arguments:
                        tool_info[index]['arguments'] =
tool_info[index].get('arguments', '') + tool_call.function.arguments

    print(f"\n"+"="*19+"工具调用信息"+"="*19)
    if not tool_info:
        print("没有工具调用")
    else:
        print(tool_info)
```

上面代码读者可以自行验证。

2. RAG 文档理解

除了工具调用，在线 Qwen3 的 API 还提供了一种比较常用的功能，即 RAG 功能。通过动态检索外部知识库与生成式能力相结合，显著提升了模型在专业领域和实时数据场景下的表现。其核心机制主要包含两步：首先，用户输入问题和对应的参考文档，模型在生成过程对检索结果进行语义过滤与排序，剔除冗余信息；然后，将精选内容与原始 Query 拼接，输入大模型生成融合外部知识的最终回复。

使用 RAG 的代码示例如下：

```
    import os
    from pathlib import Path
    from openai import OpenAI

    client = OpenAI(
        # 若没有配置环境变量，请用百炼 API Key 将下行替换为 api_key="sk-xxx"
        api_key=os.getenv("DASHSCOPE_API_KEY"),
        base_url="https://dashscope.aliyuncs.com/compatible-mode/v1",
    )
    file_object = client.files.create(file=Path("Qwen3 模型介绍.docx"),
purpose="file-extract")
    completion = client.chat.completions.create(
        model="qwen-long",  # 模型列表：
https://help.aliyun.com/zh/model-studio/getting-started/models
```

```
    messages=[
        {'role': 'system', 'content': f'fileid://{file_object.id}'},
        {'role': 'user', 'content': '这篇文章讲了什么？'}
    ]
)
print(completion.model_dump_json())
```

上面代码读者可以自行验证。

4.3 本章小结

本章讲解了在线 Qwen3 大模型的基本使用与 API 调用的方法。对于简单的文本问答，Qwen3 模型给了一个较好的解答。此外，还讲解了 Qwen3 的工具调用与简单 RAG 的使用，这在一定情况下可以显著拓展模型的能力边界，使其从单纯的问答引擎进化为具备外部信息整合与复杂任务处理能力的智能体。

例如，当用户询问“如何规划一次包含小众景点的自驾游路线”时，普通问答模式可能仅能生成通用旅游攻略，但结合工具调用后，Qwen3 能通过实时查询交通路况 API、景点开放时间数据库，甚至调用地图服务生成动态导航路线。这种能力不仅提升了回答的准确性，更让模型具备了类似人类“调用工具解决问题”的认知模式，尤其在需要结合实时数据或专业领域知识时，工具链的接入让答案从静态文本升级为动态解决方案。

第 5 章

RAG 与提示词工程

在上一章中，我们讲解了 Qwen3 在线版本的使用。在 RAG（Retrieval-augmented Generation，检索增强生成）场景中，Qwen3 展现出对私有化知识库的高效利用能力。假设企业希望用模型解答内部产品技术文档中的复杂问题，传统方式下模型可能因训练数据滞后而给出错误的答案，但通过 RAG 架构，Qwen3 可在生成回答前自动检索最新文档库，将问题与相关技术条款、操作手册片段进行语义匹配，再将检索结果与原始问题融合生成答案。

这种“先检索后生成”的机制，既解决了大模型幻觉问题，又让企业无须公开敏感数据即可实现私有知识的智能化应用。尤其在医疗、法律等对信息准确性要求严苛的领域，RAG 与工具调用的结合正成为构建可信 AI 系统的关键技术路径。

提示工程（Prompt Engineering）则是在这一基础上进一步优化模型输出效果的重要手段。通过对输入提示词的精心设计，可以引导 Qwen3 更准确地理解用户意图，并结合 RAG 检索到的最新信息生成高质量的回答。在实际应用中，合理的提示词结构、上下文引导词以及明确的任务指令，能够显著提升模型在特定任务上的表现，如图 5-1 所示。

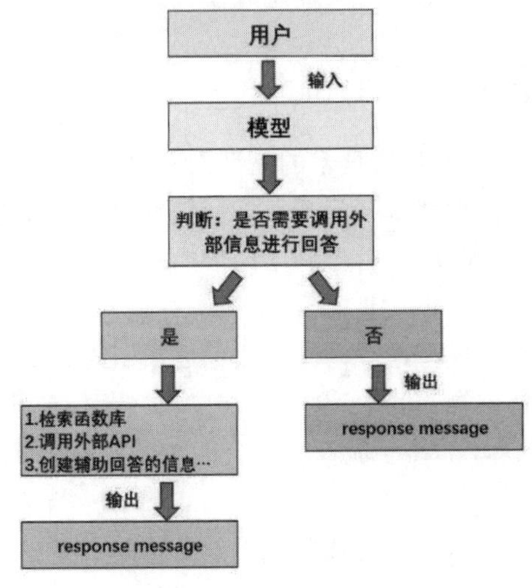

图 5-1　RAG 与提示工程

例如，在处理复杂查询时，通过分步提示或思维链策略，可激发模型进行多步骤推理，从而提高回答的逻辑性与准确性。此外，结合 Few-Shot Learning（少样本学习）的方式，向模型提供少量示例，也能有效增强其对特定格式或业务场景的适应能力。提示工程与 RAG 技术的协同运用，不仅提升了模型在私有知识环境下的智能水平，也为构建面向企业级应用的定制化 AI 系统提供了更强支撑。

5.1 RAG 技术体系

RAG 是一种将信息检索与文本生成相结合的技术方案，旨在提升大模型在特定知识场景下回答的准确性和可靠性。传统 RAG 将用户问题转换为向量，并在知识库中进行语义匹配，检索出相关文档片段，再交由大模型生成答案。

这种方式有效缓解了大模型的幻觉问题，使输出内容更具依据性与可解释性。然而，传统 RAG 在实际应用中仍面临多重挑战：一是召回不完全，关键信息可能未被检索到；二是召回内容不够精准，混杂大量无关信息；三是上下文长度受限，影响模型处理效率和输出质量。

更深层次的问题在于，垂直领域的问答往往需要理解隐藏在文本背后的深层逻辑。根据问题类型，答案可分为四类：表面问答、总结问答、深度问答和关系问答。传统 RAG 在处理后两类问题时表现有限，一方面因为通用大模型缺乏领域专业知识，另一方面是由于答案所需的前提知识常分散在多个文本片段中，需要进行多跳推理（Multi-hop Reasoning）和结构化整合。

为此，RAG 技术正朝着更智能的方向演进。首先，构建双轨知识存储体系，包括向量数据库，用于保存原始文本，以及知识图谱，用于提取实体、属性、关系三元组，形成结构化知识网络。其次，引入深度问题解析机制，对问题中的核心要素进行拆解，比如识别涉及的实体、属性、关系及具体场景。再次，在答案生成阶段，根据问题类型动态组合不同方法，如向量搜索、图谱查询、大模型推理等，实现多模态输出。最终，强调可解释性，输出完整的思考链，包括问题解析逻辑、知识检索路径及推理依据，从而构建更加贴近人类思维模式的智能问答系统。

5.1.1 RAG 的定义与核心流程

RAG 是一种结合信息检索与文本生成技术的新型人工智能范式，旨在通过融合外部知识库中的结构化或非结构化信息，提升大模型在复杂问答、推理任务中的表现能力。其核心思想是将传统的自然语言处理流程拆解为两个关键阶段：首先利用高效的检索机制从大规模知识源中提取与用户问题相关的信息片段，然后基于这些信息构建上下文提示，并输入生成模型中进行答案生成。这种“先检索后生成”的架构打破了传统大模型依赖内部参数记忆知识的局限性，使得系统能够在不重新训练的前提下动态接入最新的、特定领域的知识内容。

从技术实现的角度来看，RAG 的核心流程可以分为 3 个主要环节：问题表示、知识检索和答案生成。

首先是问题表示阶段，用户输入的问题通常以自然语言形式存在，需要经过编码器模型转换为语义向量。这一过程常借助预训练的语言模型完成，从而获得一个能够反映问题语义特征的高维向量表示。该表示不仅捕捉了问题的字面含义，还包含了上下文语境和潜在意图的信息。

其次是知识检索阶段，这是 RAG 区别于传统生成模型的关键步骤。在这一阶段，系统会将问题向量与预先构建的知识库中的文档向量进行相似度计算，采用最近邻搜索（如 Faiss、Annoy 等高效算法）找出最相关的若干个文档片段。这些片段可能来自网页、论文、数据库记录或其他形式的文本资料。为了提升检索效果，近年来的研究逐步引入多模态表示、层次化索引结构以及语义重排序策略，确保召回结果既具备广度也具有精度。此外，部分先进方法还尝试结合知识图谱中的实体关系进行联合检索，从而增强对深层语义的理解能力。

最后是答案生成阶段，系统将检索到的相关文档与原始问题拼接成上下文提示，作为输入提供给生成模型。生成模型通常是基于 Transformers 架构的大规模语言模型。在这一过程中，模型不仅要理解问题本身，还需准确整合多个检索结果中的信息，排除冗余干扰，形成连贯、准确且有逻辑性的回答。为了提高生成质量，研究者提出了多种优化策略，包括注意力机制调整、多跳推理框架设计以及生成过程中的事实一致性校验等。

值得注意的是，RAG 并非简单的“检索+生成”叠加，而是一个高度协同的系统工程。它要求各个模块之间具备良好的交互机制和反馈调节能力。例如，在检索阶段若未能命中关键信息，生成模型可能会输出错误答案；而在生成阶段如果无法有效筛选和整合检索结果，也可能导致回答质量下降。因此，现代 RAG 系统往往引入强化学习、元学习等机制，持续优化各模块之间的协作效率，提升整体系统的鲁棒性和适应性。

RAG 技术的出现，标志着大模型应用从封闭式知识体系向开放式知识融合的重大转变。它不仅解决了传统生成模型中存在的“知识固化”问题，也为构建可解释、可扩展的智能问答系统提供了可行路径。尤其是在医疗、法律、金融等专业领域，RAG 能够有效弥补通用大模型在垂直场景下的知识短板，显著提升问答系统的准确性与可信度。随着检索算法的进一步优化、生成模型的持续演进以及多模态数据的广泛接入，RAG 有望成为下一代智能问答系统的核心支撑技术。

5.1.2　数据处理与分块策略

RAG 的核心在于依据用户提出的问题或提示，从特定的数据集中检索并获取相关的数据信息，并在此基础上生成准确、相关且具有上下文支持的回答。

在具体使用上，对于一般的检索性内容，会对其进行分块处理。RAG 中的分块策略对系统的检索和生成质量至关重要。以下是对 RAG 中分块策略的详细说明。

1. 常用分块方法

1）基于规则的分块

- 固定大小分块：按照预先设定的固定长度将文本划分为若干块。这种方法简单直观，但可能导致上下文割裂和语义完整性受损。
- 重叠切分：在相邻文本块之间引入一定的重叠部分，确保上下文的连贯性。例如，每个文本块与前一个块有 50 个字符的重叠。
- 智能截断：在切分文本时，尽量选择在标点符号或段落结束处进行截断，避免打断句子，以保持语义的完整性。
- 递归方法：递进地将文本按照不同的层级进行分割，优化固定大小文本切块的缺陷。

下面是一个固定大小分块的简单实现：

```
def fixed_size_chunk(text, chunk_size=200):
    """
    将文本按照固定长度进行分块。

    参数:
        text (str): 输入文本
        chunk_size (int): 每个块的最大字符数

    返回:
        List[str]: 分块后的文本列表
    """
    return [text[i:i+chunk_size] for i in range(0, len(text), chunk_size)]
```

2）特殊格式文本分块

- HTML、Markdown 等：这些文本具有特殊结构，切分时应尽量保留其内在结构，如标签、标题、代码块等。

3）基于语义的分块

- Embedding-based：利用嵌入模型将文本映射到低维空间，根据语义相似度进行分块。
- Model-based：使用预训练模型（如 BERT）进行文本切分。通过预测句子间的语义关系，确定切分点。
- LLM-based：利用 LLM 捕捉文本中的语义信息，生成更精细的数据分块。例如，通过构建提示词与 LLM 交互获取（提议），实现更精细的数据分块。

2. 分块策略的优化

1）保持语义完整性

- 避免句子被拆分：使用标点符号作为切分点，确保每个文本块包含完整的句子。
- 考虑段落关联性：尽量将同一段落的内容保留在同一个文本块中，避免语义断裂。

2）控制文本块长度

- 设定合理的长度阈值：根据向量化模型和大模型对不同长度文本的处理效果，设定适当的文本块长度阈值。
- 动态调整：根据文本内容和结构实时调整文本块长度，实现个性化处理。

3）重叠切分

- 设定重叠长度：如设定每个文本块之间有 50 个字符的重叠，保留上下文连接，增强模型理解。

4）结合向量化模型性能

- 适配模型特性：深入了解向量化模型的特点，选择合适的分块策略。
- 优化向量表示：采用加权平均、注意力机制或分层编码等方法，提升向量表示的质量。

5）考虑大模型的输入限制

- 输入长度控制：确保召回的文本块总长度不超过大模型的输入限制。
- 优先级排序：根据文本块与查询的相关性进行排序，优先输入最重要的内容。
- 内容精炼：对重要的长文本块进行压缩或摘要，确保核心信息得以保留。

3. 前沿方法推荐

1）Chunking 分割

引入新的粒度级别，由段落内具有深层语言逻辑联系的多个句子组成。通过基于困惑度（Perplexity, PPL）的分割方法和动态合并策略，实现细粒度和粗粒度文本分割之间的平衡。

2）Late Chunking 分割

先使用长上下文嵌入模型处理整个文档，然后进行分块。这种方法能够保留更多的上下文信息，提升分块的质量。

3）Anthropic 的上下文检索

每个块都会与完整的文档一起发送给 LLM，由 LLM 为每个块添加相关上下文，产生信息更丰富的嵌入。

4. 结合业务场景与文本特点选择合适的分块策略

- 分析业务需求：理解具体应用的目标和要求，如专业领域应用、长文档处理或实时响应场景等。
- 分析文本特点：考虑文本的结构特征（如结构化、非结构化或多语言文本），选择适合的分块方法。
- 多方案对比：尝试不同的分块策略和工具，进行实验验证。
- 制订评估指标：如检索性能、生成质量和用户反馈等，客观评估分块策略的效果。
- 数据驱动的优化：基于实验数据和评估结果，对分块策略进行参数调优和问题定位，采用渐进式优化的方法，不断提升系统的性能。

可以看到，选择合适的文本分块策略对于 RAG 系统的成功至关重要。需要根据具体的应用场景、文本类型以及模型特性来选择最合适的分块方法。通过不断实验和优化，可以找到适合特定任务的最佳实践。

5.1.3 Rerank 机制详解

在检索增强生成（RAG）系统中，重排序（Rerank）是一个至关重要的步骤。它的主要作用是优化初步检索阶段的结果，以提高最终答案的相关性和准确性。虽然传统的信息检索模型能够根据查询从大规模文档库中找到相关的内容，但它们的排序机制通常基于简单的统计特征，例如词频、逆文档频率等。这些方法可能无法充分捕捉到语义层面的相关性，导致一些真正相关的文档被遗漏或排名较低。

Rerank 的核心思想是在初步检索结果的基础上，利用更强大的语言模型或者专门训练的排序模型对候选文档进行重新评估和排序。相比于传统检索模型的粗粒度排序，Rerank 能够更加精细地分析查询与文档之间的关系，并通过上下文理解、语义匹配以及逻辑推理来提升排序效果。在面对复杂问题时，这种深度排序能力特别重要，因为它可以帮助我们筛选出那些虽然表面不显眼但却包含关键信息的文档。

在 RAG 系统中，通常会先使用一个高效的向量检索器（如 FAISS 或 Weaviate）从知识库中快速获取 top-k 个最相似的文本块作为候选答案。然而，由于向量空间中的相似度计算往往只关注局部特征而忽略全局语义，因此这些候选答案并不总是最优的选择。此时，引入 Rerank 可以进一步精炼这些候选答案，确保最终提供给生成模块的信息是最具价值的。

Rerank 的实现方式多种多样，常见的包括基于预训练语言模型的方法（如 BERT-based 排序）、神经网络排序模型（如 RankNet、LambdaMART）以及结合强化学习的技术等。其中，基于 BERT 的排序模型因其出色的语义建模能力而受到广泛关注。这类模型通常将查询和文档拼接在一起，然后输入 Transformers 结构中进行联合编码，最后通过分类层预测两者之间的相关性得分。这种方法不仅考虑了词级别的匹配，还能捕捉句子乃至段落级别的语义关联，从而显著提升排序质量。

此外，Rerank 还有助于缓解“长尾”效应，即某些重要但不易被发现的信息未能进入初始检索列表的问题。通过对整个候选集进行全面再评估，Rerank 可以有效识别并提升那些原本排名靠后的优质内容的位置，进而为用户提供更全面且准确的答案。

下面是一个简单的 Rerank 计算 Embedding 的方法：

```
    from transformers import AutoTokenizer, AutoModelForSequenceClassification
    import torch

    # 加载预训练的排序模型和对应的分词器
    tokenizer = AutoTokenizer.from_pretrained("bert-base-uncased")
    model =
AutoModelForSequenceClassification.from_pretrained("cross-encoder/ms-marco-Mini
LM-L-6-v2")

    def rerank(query, documents):
        # 构造输入格式：[CLS] query [SEP] document [SEP]
        inputs = tokenizer([f"{query} {doc}" for doc in documents], padding=True,
truncation=True, return_tensors="pt")

        with torch.no_grad():
            outputs = model(**inputs)
            scores = torch.softmax(outputs.logits, dim=1)[:, 1].tolist()  # 获取相
关性得分

        # 返回按新得分排序后的文档及其原始索引
        ranked_docs = sorted(zip(scores, documents), key=lambda x: x[0],
reverse=True)
        return [(score, doc) for score, doc in ranked_docs]

    # 示例数据
    query = "What is the capital of France?"
    documents = [
        "Paris is the capital city of France.",
        "France has many beautiful cities including Lyon and Marseille.",
        "The Eiffel Tower is located in Paris."
```

```
]

ranked_results = rerank(query, documents)

print("Re-ranked Documents:")
for score, doc in ranked_results:
    print(f"Score: {score:.4f}, Document: '{doc}'")
```

在上面这个示例中，我们定义了一个 rerank()函数，它接收用户查询和一组候选文档作为输入，并返回经过重新排序后的文档列表。函数内部通过调用分词器构造符合要求的输入格式，随后将这些输入传递给模型进行推理，最终输出的是每个文档与其对应查询之间的相关性得分，并按照得分高低对文档进行重新排列。

需要注意，在实际部署时还需要考虑性能优化问题，比如批量处理请求、缓存常用结果以及采用更高效的模型架构等措施。同时，也可以尝试不同的排序算法和技术组合，以寻找最适合特定应用场景的实践方案。总之，合理运用 Rerank 技术对于提升 RAG 系统的整体表现具有重要意义。

5.2　问题表示与提示工程

在 RAG 系统中，问题表示与提示工程是影响最终输出质量的两个关键因素。问题表示指的是如何将用户的查询转换为模型能够准确理解并处理的形式，而提示工程则是通过精心设计的输入提示，引导大语言模型更好地结合检索到的知识进行生成。

一个清晰、语义完整的问题表示可以提高检索模块的准确性，使系统能更精准地从知识库中提取相关信息。同时，合理的提示工程能够优化生成阶段的表现，减少幻觉现象，提升回答的相关性与完整性。

例如，在问题表示中，可以通过重写用户查询、添加上下文信息或使用多轮对话历史来增强语义表达；而在提示工程中，可以采用结构化模板、指令引导或示例注入等方式，帮助模型更好地融合检索结果与生成逻辑。结合良好的问题表示与精细设计的提示策略，RAG 系统能够在问答、摘要、对话等多种任务中实现更高质量的输出。

5.2.1　核心原则与最佳实践

在 RAG 系统中，一个清晰、语义完整的问题表示可以提高检索模块的准确性，而合理的提示工程则能优化生成阶段的表现，确保大模型能够结合检索到的知识生成更准确、连贯的回答。因此，在实际应用中，需要遵循一定的核心原则与最佳实践，以提升系统的整体性能。

首先，问题表示的核心在于如何将用户的查询转换为模型能够理解的形式。直接使用用户输入可能会导致歧义或信息不足，因此通常需要对原始问题进行改写或扩展。例如，可以通过引入上下文信息、补充背景描述或明确任务目标来增强问题的语义表达能力。此外，在多轮对话场景下，还可以利用对话历史中的信息来构建更具指向性的问题表示，从而帮助模型更好地理解当前任务的需求。这种做法不仅有助于提高检索结果的相关性，还能减少因语义模糊而导致的生成错误。

其次，提示工程的作用在于通过精心设计的输入提示，引导模型生成高质量的输出。提示词的设计应足够清晰和具体，避免模棱两可或过于宽泛的表述。研究表明，不同的提示结构、用词选择以及语境设置都会显著影响模型的输出效果。因此，在实践中，建议采用以下策略：一是使用明确的任务指令，如“请根据以下内容回答问题”，使模型清楚地知道需要执行的操作；二是提供示例输入与期望输出的对应关系，通过少样本学习的方式帮助模型更快地掌握任务模式；三是合理运用模板化结构，使得提示词具备一定的标准化格式，便于模型解析并生成符合预期的内容。

此外，在提示工程中，还需要关注上下文的完整性与逻辑一致性。尤其是在处理复杂问题时，单个文本块可能无法涵盖所有相关信息，此时可以通过拼接多个相关文本块来构建更丰富的上下文环境。同时，为了避免信息冗余或干扰，应当优先选择与问题高度相关的文本片段，并剔除无关或低价值的信息。这种做法不仅可以提升生成答案的质量，还能有效降低模型出现幻觉的可能性。

另一个重要的实践是动态调整提示策略以适应不同类型的查询。对于简单事实类问题，可以直接使用简洁明了的提示模板；而对于需要推理或多步骤分析的问题，则需要设计更加复杂的提示结构，甚至结合思维链等高级技术来引导模型逐步展开思考过程。此外，还可以根据模型的历史表现不断优化提示内容，例如通过 A/B 测试比较不同提示版本的效果，并选择最优方案进行部署。

值得注意的是，提示工程不仅包括对输入形式的设计，还包括对模型行为的约束与引导。为了防止模型偏离主题或产生不适当的内容，可以在提示中加入特定的规则或限制条件，如要求模型仅基于给定文档回答问题，不得引入外部知识。这种方式在某些应用场景中尤为重要，特别是在法律、医疗等领域，确保生成内容的准确性和合规性是首要任务。

最后，随着大语言模型能力的不断提升，提示工程也在向更高层次发展。除了传统的静态提示设计外，越来越多的研究开始探索自适应提示机制，即根据用户输入自动调整提示内容。这包括使用强化学习方法训练智能提示生成器，或者通过元学习方式让模型学会根据不同任务类型自主构造合适的提示模板。这些前沿技术的应用将进一步推动提示工程的发展，使其在 RAG 系统中发挥更大的作用。

问题表示与提示工程在 RAG 系统中扮演着至关重要的角色。通过科学地设计问题表示与精心构建提示内容，可以显著提升系统的检索准确性与生成质量。未来，随着技术的进步与应用场景的拓展，这一领域仍有广阔的发展空间，值得深入研究与探索。

5.2.2 提示工程中的思维链详解

在经历了深度学习和大语言模型领域的持续进步之后，现今的大模型在常识推理能力方面已经逐渐实现了对人类水平的超越。这一成果不仅标志着大语言模型是人工智能领域的一次重大突破，而且展示了大语言模型在推理能力上的飞跃式发展。

单纯扩大 LLM 模型的参数量，虽然在一定程度上能够增强模型的表达能力，但在面对算术推理、常识推理、符号推理等复杂推理任务时，往往难以取得理想的效果。这些推理任务要求模型具备深层次的逻辑理解能力和精确的计算能力，而这些能力并非通过增加模型参数就能轻易获得。

为了在这些推理任务上取得更好的性能，我们可以将思维链技术作为核心策略。在实施思维链技术时，首先需要针对具体的推理任务设计出合适的思维链模板。这些模板可以是一系列有序的问题，也可以是具有明确逻辑结构的指令序列。然后，将这些模板融入 LLM 的训练过程中，让模型学会按照思维链的指引进行推理，如图 5-2 所示。

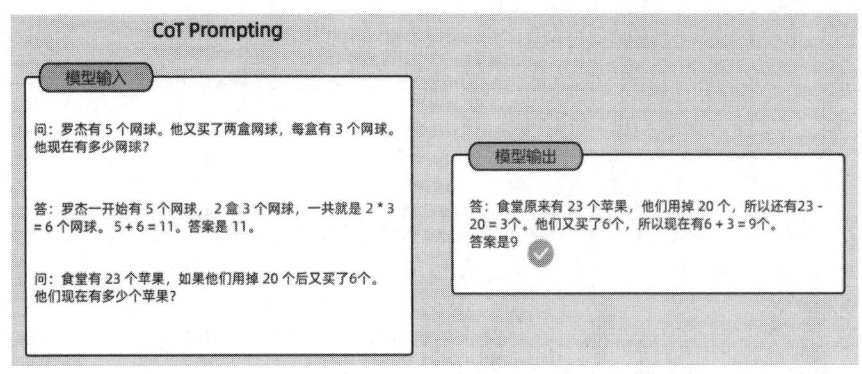

图 5-2　大模型的思维链

具体来看，思维链作为一种新颖的提示学习方法，在大模型的上下文学习中展现出了独特的优势。与传统的上下文学习相比，思维链在输入中添加了更多的“闲言碎语”和“絮絮叨叨”，这些看似琐碎的信息，实际上为模型提供了更丰富的上下文背景，有助于模型更准确地理解和生成输出。

在传统的上下文学习中，大模型通常接收一系列输入样本$(x1, y1, x2, y2, \cdots, x_test)$，并根据这些输入来补全并输出对应的$y_test$。这种方法虽然在一定程度上有效，但在处理复杂任务时，由于缺乏足够的上下文信息，模型往往难以做出准确的推断和生成。

而思维链则通过在输入中添加额外的信息弥补了这一不足。这些信息可以是与任务相关的描述、解释、示例等，它们为模型提供了更多的线索和背景知识，帮助模型更好地理解任务的本质和要求。同时，这些“闲言碎语”和“絮絮叨叨”也使得思维链更具人性化和可解释性，因为它们模拟了人类在解决问题时的思考过程。

以图 5-3 所示的应用思维链对比为例，假设我们需要模型根据问题信息进行回答。在传统的上下文学习中（如左图所示），我们通常只是简单地将一个示例拼接在查询之前，以此为模型提供某种形式的上下文。然而，这种方法对于复杂推理任务往往效果有限，因为模型可能无法从单一的示例中提炼出足够的逻辑结构。在思维链中（如右图所示），我们可以向模型提供关于思考计算的过程等。这些信息将作为“闲言碎语”和“絮絮叨叨”被添加到输入中，从而为模型提供更全面的上下文背景。有了这些额外的信息，模型就能够更好地回答信息，生成更准确的答案。

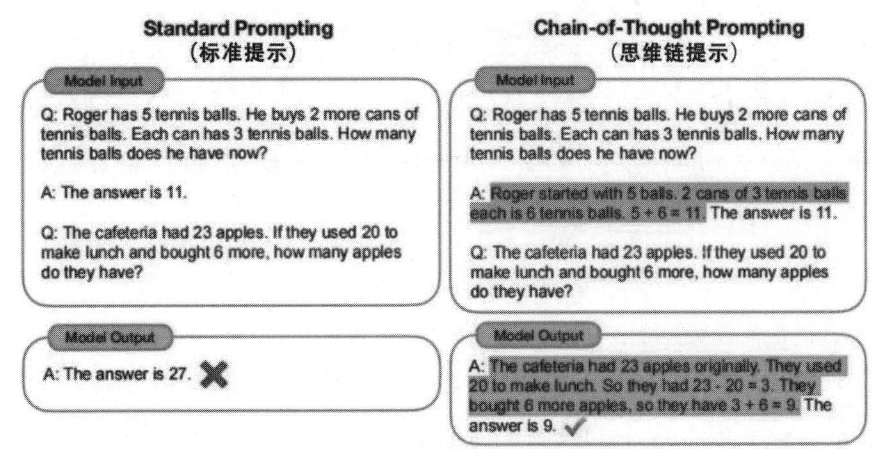

图 5-3　应用思维链的对比示例

可以看到，思维链实际上是在教授模型一种结构化的思考方法，使其能够像人类一样逐步、有条理地解决问题。这不仅提高了模型在复杂任务上的性能，还使得模型的推理过程更加透明和可解释，从而增强了人们对模型输出的信任感。

5.3 结合 RAG 与思维链的任务拆解实战

对于普通任务的执行而言，若涉及多步骤流程，直接上手处理往往会导致条理不清、遗漏频发，甚至影响整体效率。尤其是在缺乏系统规划的情况下，执行者容易陷入细节而忽略全局目标，从而造成资源浪费或重复劳动。

为有效应对这类问题，建议在开始前进行任务拆解与优先级排序。通过将复杂任务分解为若干个可操作的小单元，不仅能提升执行的条理性，也有助于进度控制和责任分配。此外，合理安排时间与资源，确保每一步都有明确的目标与评估标准，有助于提高整体完成质量。

5.3.1 加载思维链的查询处理

对于不使用思维链对任务进行拆解的情况，我们在对问题进行拆解和处理时，往往难以系统性地把握各个步骤之间的逻辑关系，导致思考过程显得零散且缺乏条理性。这种方式容易遗漏关键环节，或是无法深入挖掘问题的本质，从而影响最终解决方案的质量与可行性。

下面是一个使用普通方法对一个旅游规划进行处理的示例：

```
import os,json
from openai import OpenAI


client = OpenAI(
    api_key="sk-17f687f6c5ac4647a9d9f649598a7cfe",
    base_url="https://dashscope.aliyuncs.com/compatible-mode/v1"
)

completion = client.chat.completions.create(
    model="qwen-plus",
    messages=[
        {"role": "system", "content": "你是一个用于旅途规划的智能助手"},
        {"role": "user", "content": "给我一个杭州旅游一日游的规划。从火车站出发，晚上
返回火车站"},
    ])

print(completion.choices[0].message.content)
```

运行上面代码后，模型直接给出了一日游规划的结果，如下所示：

```
从杭州火车站出发，建议第一站前往西湖景区。可以先游览平湖秋月、三潭印月等经典景点，然后步行至断桥残雪感受白堤风光。
中午可以在西湖边的楼外楼品尝东坡肉、龙井虾仁等杭帮菜。
下午前往雷峰塔，了解许仙与白娘子的传说故事。之后可到附近的花港观鱼公园休息片刻，欣赏红鱼池和牡丹园。
```

傍晚时分，可以去南宋御街漫步，这里是杭州古老的文化街区，两旁有许多特色小店和茶馆。最后，在清河坊历史街区享用晚餐。

晚上返回杭州火车站前，还可以顺便逛一下 nearby 的购物中心购买些纪念品。这样安排既能领略杭州自然美景又能体验当地文化氛围。

可以看到，这个回答虽然比较完整，但并未展示出具体的推理过程或中间步骤，也就是说，模型是“一次性”地输出了最终答案。这种做法缺乏对任务分解的结构化处理，因此在面对更复杂或多变的问题时，可能会出现遗漏、不准确甚至错误的情况。

接下来，我们将引入思维链提示技术，将任务逐步拆解并进行详细演示，以提升模型在复杂任务中的表现力和准确性。

5.3.2 思维链的查询处理

我们通过使用思维链对问题进行拆解，强制要求大模型在处理任务时，先分步骤拆解问题，再依次规划每一步的具体执行内容。这种方式能够提升回答的逻辑性和完整性，尤其适用于复杂或多环节的任务。系统提示如下所示：

```
system_prompt = f"""
**系统角色设定：旅游规划专家**

你是一个专业的旅游规划助手。核心任务是根据用户需求**分步骤**构建旅游规划方案，并**仅以 JSON 格式**输出规划步骤信息。
"""
```

此时我们将系统提示加载到模型上，代码如下：

```
from openai import OpenAI

# 创建系统提示，使用三重引号避免 f-string 问题（f-string 问题是指在使用 Python 的 f-string（格式化字符串字面量）时遇到的语法错误、运行时错误或使用不当的情况）
system_prompt = f"""
**系统角色设定：旅游规划专家**

你是一个专业的旅游规划助手。核心任务是根据用户需求**分步骤**构建旅游规划方案，并**仅以 JSON 格式**输出规划步骤信息。
"""

client = OpenAI(
    api_key="sk-17f687f6c5ac4647a9d9f649598a7cfe",
    base_url="https://dashscope.aliyuncs.com/compatible-mode/v1"
)

completion = client.chat.completions.create(
    model="qwen-plus",
    messages=[
        {"role": "system", "content": system_prompt},
        {"role": "user", "content": "给我一个杭州旅游一日游的规划。从火车站出发，晚上返回火车站"},
    ])

print(completion.choices[0].message.content)
```

此时，我们通过设定系统角色的方式对大模型进行定制，明确其身份与任务职责，随后输入相同的用户需求，并要求模型以“分步骤规划”的形式返回结构化的项目规划结果。结果如下所示：

```
{
  "step1": {
    "description": "从杭州火车站出发，乘坐地铁 1 号线（往临平方向），在龙翔桥站下车，步行约 5 分钟到达西湖景区。",
    "time": "08:00",
    "transportation": "地铁+步行"
  },
  "step2": {
    "description": "游览西湖，包括断桥残雪、平湖秋月、三潭印月等经典景点，建议租借自行车环湖骑行或步行欣赏风景。",
    "time": "08:30-11:30",
    "activity": "景点游览+骑行/步行"
  },
  "step3": {
    "description": "前往楼外楼餐厅享用午餐，品尝东坡肉、龙井虾仁等杭帮菜。",
    "time": "12:00-13:00",
    "transportation": "步行至楼外楼"
  },
  "step4": {
    "description": "参观雷峰塔景区，了解白蛇传说并登塔俯瞰西湖全景。",
    "time": "13:30-15:00",
    "transportation": "公交车或打车"
  },
  "step5": {
    "description": "前往中国茶叶博物馆，体验茶文化，品茗龙井茶。",
    "time": "15:30-17:00",
    "transportation": "公交车"
  },
  "step6": {
    "description": "返回西湖边，欣赏音乐喷泉表演（夏季晚间有灯光秀）。",
    "time": "18:00-19:00",
    "transportation": "公交车或打车"
  },
  "step7": {
    "description": "晚餐可选择湖滨银泰 in77 商圈的特色餐厅，体验当地小吃或网红美食。",
    "time": "19:30-20:30",
    "transportation": "步行"
  },
  "step8": {
    "description": "结束行程，步行至龙翔桥地铁站，乘坐地铁 1 号线返回杭州火车站。",
    "time": "21:00",
    "transportation": "地铁"
  }
}
```

从上面结果可以看到，此时大模型能够较好地完成项目规划，输出内容结构清晰、条理分明，涵盖了从行程安排到用餐推荐等多个方面，具备较强的实用性和可操作性。通过对系统角色的设定以及对输出格式的引导，模型在处理任务时表现出更高的逻辑性和专业性，相较于未加引导的输出结果有了显著提升。

进一步优化方向可以包括引入更精细的提示设计，以增强模型在多步骤推理和复杂任务拆解上的表现力。此外，结合当前大模型所支持的深度思考模式，我们还可以通过启用相关参数来提升其在推理过程中的细致程度与准确性，从而实现更高水准的任务处理能力。

5.3.3　结合 RAG 的思维链任务规划

思维链能够在任务处理过程中，根据模型对任务复杂度的认知，将整体问题逐步拆解为更细粒度的子任务。在此基础上，我们引入外部参考信息的机制，旨在增强模型在每一步规划中的决策能力。具体而言，在每个推理阶段，模型可以结合当前上下文和传入的特定函数进行综合判断，从而在生成推理路径的同时，充分考虑现实条件的约束与可行性。

这种方式不仅保留了模型对多种可能路径的探索能力，还通过引入外部函数增强了推理过程的实用性与落地性，使最终形成的任务规划更加贴近实际应用场景，具备更高的执行价值。结合 RAG 的思维链任务规划，我们首先提供一整套函数名称以及响应的说明，如下所示：

```
desc="""Session 已初始化。
    - maps_direction_bicycling: 骑行路径规划用于规划骑行通勤方案，规划时会考虑天桥、单行线、封路等情况。最大支持 500km 的骑行路线规划...
    - maps_direction_driving: 驾车路径规划 API 可以根据用户起点和终点经纬度坐标规划以小客车、轿车通勤出行的方案，并且返回通勤方案的数据。...
    - maps_direction_transit_integrated: 根据用户起点和终点经纬度坐标规划综合各类公共交通方式(火车、公交、地铁)的通勤方案，并且返回通勤方案的数据，跨城场景下必须传起点城市与终点城市...
    - maps_direction_walking: 根据输入起点终点经纬度坐标规划 100km 以内的步行通勤方案，并且返回通勤方案的数据...
    - maps_distance: 测量两个经纬度坐标之间的距离,支持驾车、步行以及球面距离测量...
    - maps_geo: 将详细的结构化地址转换为经纬度坐标。支持将地标性名胜景区、建筑物名称解析为经纬度坐标...
    - maps_regeocode: 将一个高德经纬度坐标转换为行政区划地址信息...
    - maps_ip_location: IP 定位根据用户输入的 IP 地址，定位 IP 的所在位置...
    - maps_schema_personal_map: 用于将行程规划结果在高德地图上展示。将行程规划位置点按照行程顺序填入 lineList，返回结果为高德地图打开的 URI 链接，该结果不需总结，直接返回！...
    - maps_around_search: 周边搜，根据用户传入关键词以及坐标 location，搜索出 radius 半径范围的 POI (Point of Interest，兴趣点) ...
    - maps_search_detail: 查询关键词搜或者周边搜获取到的 POI ID 的详细信息...
    - maps_text_search: 关键字搜索 API 根据用户输入的关键字进行 POI 搜索，并返回相关的信息...
    - maps_schema_navi:  Schema 唤醒客户端-导航页面，用于根据用户输入终点信息，返回一个拼装好的客户端唤醒 URI，用户点击该 URI 即可唤起对应的客户端 APP。唤起客户端后，会自动跳转到导航页面。...
    - maps_schema_take_taxi: 根据用户输入的起点和终点信息，返回一个拼装好的客户端唤醒 URI，直接唤起高德地图进行打车。直接展示生成的链接，不需要总结...
    - maps_weather: 根据城市名称或者标准 adcode 查询指定城市的天气...
"""
```

为了更好地让模型根据函数对内容进行规划，我们还需要设置特定的系统提示，如下所示：

```
system_prompt = f"""
**系统角色设定: 旅游规划专家**

你是一个专业的旅游规划助手。核心任务是**严格使用**提供的特定函数，根据用户需求**分步骤**构建旅游规划方案，并**仅以 JSON 格式**输出规划步骤和函数调用信息。

**核心原则: **
1. **主动澄清需求**: 若需求模糊或不完整 (如预算/时间冲突)，请主动询问澄清
```

```
    2. **严格函数驱动**：每个规划步骤必须调用下方函数，**禁止假设**未通过函数获取的信息
    3. **分步执行**：
      - 根据当前信息决定下一步调用的函数
      - 调用函数并记录结果
      - 基于结果规划下一步
      - 循环直至满足所有核心需求
    4. **JSON 格式输出**：最终输出**必须**是以下结构的纯 JSON 对象：

    {{
      "travel_plan": [
        {{
          "step": 1,
          "description": "步骤描述",
          "function_called": "函数名称",
          "parameters": {{"参数1": "值1"}},
          "result": "函数返回的关键结果摘要"
        }},
        // 更多步骤
      ]
    }}

    **输出规范：**
    - **仅输出 JSON 对象**，不包含任何解释性文本
    - 每个步骤必须包含五个字段：`step`, `description`, `function_called`, `parameters`,
`result`
    - `result`字段需摘要函数返回的核心信息（非原始 API 响应）

    **禁止行为：**
    - ❌ 输出自然语言方案文档
    - ❌ 包含未调用函数获得的信息
    - ❌ 输出函数调用代码或原始 API 数据

    **可用的规划函数：**
    {desc}
    """
```

从上面代码可以看到，我们通过设计系统提示，要求大模型对任务进行规划，而规则是根据模型提供的函数以及描述整理后确定。这一点就是我们前面所说的检索后生成。

完整的结合 RAG 的思维链任务规划如下所示：

```
    desc="""Session 已初始化。
      - maps_direction_bicycling：骑行路径规划用于规划骑行通勤方案，规划时会考虑天桥、单行线、封路等情况。最大支持 500km 的骑行路线规划...
      - maps_direction_driving：驾车路径规划 API 可以根据用户起点和终点经纬度坐标规划以小客车、轿车通勤出行的方案，并且返回通勤方案的数据...
      - maps_direction_transit_integrated：根据用户起点和终点经纬度坐标规划综合各类公共交通方式（火车、公交、地铁）的通勤方案，并且返回通勤方案的数据，跨城场景下必须传起点城市与终点城市...
      - maps_direction_walking：根据输入起点终点经纬度坐标规划 100km 以内的步行通勤方案，并且返回通勤方案的数据...
      - maps_distance：测量两个经纬度坐标之间的距离，支持驾车、步行以及球面距离测量...
      - maps_geo：将详细的结构化地址转换为经纬度坐标。支持将地标性名胜景区、建筑物名称解析为经纬度坐标...
      - maps_regeocode：将一个高德经纬度坐标转换为行政区划地址信息...
      - maps_ip_location：IP 定位根据用户输入的 IP 地址，定位 IP 的所在位置...
```

```
    - maps_schema_personal_map：用于将行程规划结果在高德地图上展示。将行程规划位置点按照行程顺序填入 lineList，返回结果为高德地图打开的 URI 链接，该结果不需总结，直接返回...
    - maps_around_search：周边搜，根据用户传入关键词以及坐标 location，搜索出 radius 半径范围的 POI...
    - maps_search_detail：查询关键词搜或者周边搜获取到的 POI ID 的详细信息...
    - maps_text_search：关键字搜索 API 根据用户输入的关键字进行 POI 搜索，并返回相关的信息...
    - maps_schema_navi： Schema 唤醒客户端-导航页面，用于根据用户输入终点信息，返回一个拼装好的客户端唤醒 URI，用户点击该 URI 即可唤起对应的客户端 APP。唤起客户端后，会自动跳转到导航页面。...
    - maps_schema_take_taxi：根据用户输入的起点和终点信息，返回一个拼装好的客户端唤醒 URI，直接唤起高德地图进行打车。直接展示生成的链接，不需要总结...
    - maps_weather：根据城市名称或者标准 adcode 查询指定城市的天气...
"""

import os,json
from openai import OpenAI

# 创建系统提示 - 使用三重引号避免 f-string 问题
system_prompt = f"""
**系统角色设定：旅游规划专家**

你是一个专业的旅游规划助手。核心任务是**严格使用**提供的特定函数，根据用户需求**分步骤**构建旅游规划方案，并**仅以 JSON 格式**输出规划步骤和函数调用信息。

**核心原则：**
1. **主动澄清需求**：若需求模糊或不完整（如预算/时间冲突），请主动询问澄清
2. **严格函数驱动**：每个规划步骤必须调用下方函数，**禁止假设**未通过函数获取的信息
3. **分步执行**：
   - 根据当前信息决定下一步调用的函数
   - 调用函数并记录结果
   - 基于结果规划下一步
   - 循环直至满足所有核心需求
4. **JSON 格式输出**：最终输出**必须**是以下结构的纯 JSON 对象：

{{
  "travel_plan": [
    {{
      "step": 1,
      "description": "步骤描述",
      "function_called": "函数名称",
      "parameters": {{"参数 1": "值 1"}},
      "result": "函数返回的关键结果摘要"
    }},
    // 更多步骤
  ]
}}

**输出规范：**
- **仅输出 JSON 对象**，不包含任何解释性文本
- 每个步骤必须包含五个字段：`step`，`description`，`function_called`，`parameters`，`result`
- `result`字段需摘要函数返回的核心信息（非原始 API 响应）

**禁止行为：**
```

```
    - ✗ 输出自然语言方案文档
    - ✗ 包含未调用函数获得的信息
    - ✗ 输出函数调用代码或原始 API 数据

    **可用的规划函数：**
    {desc}
    """

    client = OpenAI(
        api_key="sk-17f687f6c5ac4647a9d9f649598a7cfe",
        base_url="https://dashscope.aliyuncs.com/compatible-mode/v1"
    )

    completion = client.chat.completions.create(
        model="qwen-plus",
        messages=[
            {"role": "system", "content": system_prompt},
            {"role": "user", "content": "给我一个杭州旅游一日游的规划。从火车站出发，晚上
返回火车站"},
        ])

    print(completion.choices[0].message.content)
```

运行结果如下：

```
{
  "travel_plan": [
    {
      "step": 1,
      "description": "获取杭州火车站的经纬度坐标",
      "function_called": "maps_geo",
      "parameters": {"address": "杭州火车站"},
      "result": "获取杭州火车站经纬度成功"
    },
    {
      "step": 2,
      "description": "搜索杭州热门旅游景点",
      "function_called": "maps_text_search",
      "parameters": {"keywords": "旅游景点", "city": "杭州"},
      "result": "获取多个杭州旅游景点信息"
    },
    {
      "step": 3,
      "description": "筛选适合一日游的景点",
      "function_called": "maps_distance",
      "parameters": {"origin": "杭州火车站经纬度", "destination": "各景点经纬度"},
      "result": "计算出距离火车站较近的景点"
    },
    {
      "step": 4,
      "description": "规划从火车站到第一个景点的交通方案",
      "function_called": "maps_direction_transit_integrated",
      "parameters": {"origin": "杭州火车站经纬度", "destination": "最近景点经纬度"},
      "result": "获取综合公共交通方案"
    },
```

```
        {
          "step": 5,
          "description": "为每个景点之间规划交通方案",
          "function_called": "maps_direction_transit_integrated",
          "parameters": {"origin": "当前景点经纬度", "destination": "下一个景点经纬度"},
          "result": "获取景点间公共交通方案"
        },
        {
          "step": 6,
          "description": "规划从最后一个景点返回火车站的交通方案",
          "function_called": "maps_direction_transit_integrated",
          "parameters": {"origin": "最后一个景点经纬度", "destination": "杭州火车站经纬
度"},
          "result": "获取返回火车站的公共交通方案"
        },
        {
          "step": 7,
          "description": "生成高德地图展示链接",
          "function_called": "maps_schema_personal_map",
          "parameters": {"lineList": "所有景点及火车站经纬度按顺序列表"},
          "result": "生成高德地图行程规划 URI 链接"
        }
      ]
    }
```

从上面代码可以看到，通过设置并完成对应的任务规划，可以较好地完成任务的分解和规划。读者可以自行验证。

5.4　本章小结

在本章中，我们系统阐述了检索增强生成技术与提示工程的理论基础与实践方法。通过构建“检索-融合-生成”的三级架构，揭示了如何将外部知识库的有效信息注入大语言模型的生成过程，从而突破传统预训练模型的知识时效性与领域适应性限制。

本章主要讲解了两个方面的内容：首先，构建了 RAG 与提示工程的协同框架，通过动态提示构造技术实现检索结果与生成提示的智能融合；其次，提出了基于语义相似度与相关性排序的双阶段检索策略，有效提升了关键信息的获取效率。

本章构建的技术体系为构建可信可控的大规模语言模型应用提供了方法论支撑，其核心思想已被成功应用于智能客服系统等平台等解决方案中。未来工作将聚焦于多智能体（Multi-Agent）协同的 RAG 架构设计，以及结合因果推理的深度提示工程方法，以推动大语言模型向更高层次的认知智能演进。

第6章

Agent 架构设计

随着人工智能技术的不断发展，智能体（Agent）作为具备感知、决策与执行能力的自主实体，正逐步成为下一代智能化系统的核心形态。从早期基于规则的简单响应系统，到如今依托大语言模型驱动的自主智能体（Autonomous Agent），技术演进不仅体现在模型能力的增强上，而且体现在整体架构设计范式的深刻变革方面。本章将围绕智能体的技术演进路径与核心架构设计展开深入探讨，旨在揭示智能体如何从单一工具调用发展为具备意图理解与自主决策能力的复杂系统。

首先，在技术演进层面，我们将回顾从大语言模型到自主智能体的能力跃迁过程，并对比分析LLM、Workflow与Graph三种主流技术路线的优劣与适用场景。其次，在架构设计方面，重点剖析“感知-决策-执行”闭环结构的设计逻辑，探讨记忆模块与上下文管理机制对智能体连续交互能力的支持作用，以及工具调用与外部系统集成的关键策略。通过学习本章内容，读者将全面理解智能体系统的核心构建逻辑与发展脉络，为后续应用实践奠定理论基础。

6.1 智能体技术演进路径

随着人工智能技术的持续突破，智能体正逐步从概念探索走向实际应用，成为推动新一轮智能化变革的关键力量。本节将聚焦智能体技术的演进路径，揭示它如何从单一功能模块发展为具备自主决策与持续交互能力的系统。

首先探讨从大语言模型到自主智能体的能力跃迁过程。大模型为智能体提供了强大的语言理解和生成能力，而在此基础上引入规划、推理与行动机制，则使智能体具备了主动完成任务的潜能。

随后，将对当前主流的三类技术路线——LLM驱动型、Workflow流程型与Graph图结构型进行对比分析，探讨它们在复杂任务处理、扩展性与可控性等方面的优势与局限。

最后，还将回顾交互范式的历史变革，从早期基于命令的工具调用，逐步演进到以意图理解为核心的自然交互方式，展现智能体如何实现更贴近人类的行为逻辑与协作模式。

通过对技术演进路径的梳理，有助于读者深入理解智能体能力构建的核心逻辑，并为其架构设计与应用场景拓展提供理论支撑。

6.1.1 从大模型到自主智能体的能力跃迁

在人工智能的浩瀚星空中，大模型宛如一颗耀眼的巨星，以其强大的语言理解和生成能力，照亮了诸多领域的前行道路。然而，当我们深入探索人工智能的未来发展方向时，会发现从大模型到自主智能体的能力跃迁，正成为一场意义深远且充满挑战的变革。

大模型凭借其海量的参数和大规模的数据训练，在自然语言处理、图像识别等诸多任务中具有惊人的表现。它们能够快速理解人类的语言指令，生成流畅、准确的文本回复，甚至在复杂的推理任务中也有不俗的成绩。以 Qwen 系列为代表的大模型，已经在客服、内容创作、智能问答等场景中得到了广泛应用，极大地提高了工作效率，改变了人们获取信息和解决问题的方式。但大模型本质上仍是一种基于数据驱动的被动响应系统，缺乏自主决策、环境感知和行动执行的能力，只能在给定的输入下生成相应的输出，无法主动去探索世界、解决问题。大模型 Agent 的执行能力如图 6-1 所示。

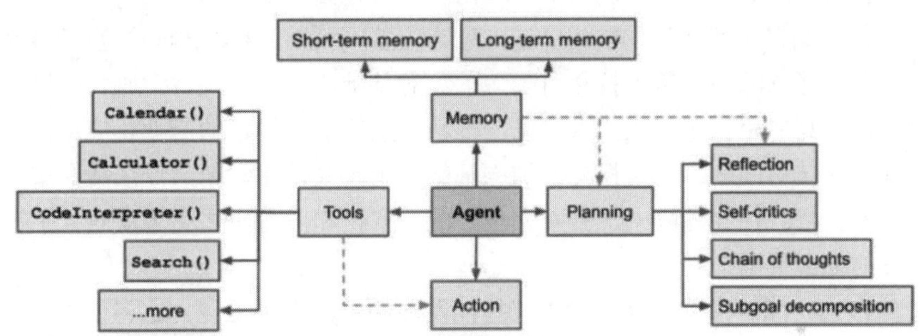

图 6-1 大模型 Agent 的执行能力

自主智能体则截然不同，它是一种具备自主感知、决策、行动和学习能力的实体。自主智能体能够像人类一样，通过传感器感知周围环境的信息，根据目标和自身的知识做出合理的决策，并采取相应的行动来改变环境。例如，在自动驾驶领域，自主智能体需要实时感知道路状况、交通信号和其他车辆的位置，根据预设的路线和安全规则，自主地控制车辆的行驶速度和方向。在机器人领域，自主智能体可以在复杂的环境中自主导航、完成任务，如搬运货物、清洁房间等。自主智能体的出现，使得人工智能系统从被动的信息处理工具转变为主动的行动者，从而能够更加深入地融入现实世界，解决更加复杂的问题。

从大模型到自主智能体的能力跃迁，面临着诸多技术挑战。首先，环境感知是自主智能体的基础。与大模型处理文本和图像数据不同，自主智能体需要处理来自多种传感器的实时数据，如摄像头、雷达、激光雷达等。这些数据具有高维度、高噪声和不确定性的特点，如何有效地融合和处理这些数据，提取出有用的信息，是自主智能体面临的首要问题。

其次，决策制订是自主智能体的核心。自主智能体需要在复杂的环境中，根据感知到的信息，做出合理的决策。这涉及评估环境状态、选择目标和规划行动等多个方面。传统的决策方法在面对复杂环境时往往显得力不从心，需要引入更加先进的机器学习和强化学习算法，使自主智能体能够从经验中学习，不断优化决策策略。此外，行动执行也是自主智能体的重要环节。自主智能体需要具备精确的运动控制能力，能够准确地执行决策所确定的行动。这需要解决机械设计、电机控制、传感器反馈等多个方面的技术问题。

除了技术挑战，从大模型到自主智能体的能力跃迁，还有伦理和社会方面的考量。自主智能体具有自主决策和行动的能力，其行为可能会对人类社会产生深远的影响。例如，在自动驾驶领域，如果自主智能体出现决策失误，可能会导致严重的交通事故。因此，如何确保自主智能体的行为符合人类的伦理和道德标准，如何建立有效的监管机制，防止自主智能体被滥用，是急需解决的问题。此外，自主智能体的广泛应用还可能会对就业市场产生影响，一些重复性、规律性的工作可能会被自主智能体取代，需要社会提前做好应对准备，加强教育和培训，提高劳动者的技能水平，以适应新的就业形势。

尽管面临着诸多挑战，但从大模型到自主智能体的能力跃迁仍然是人工智能发展的必然趋势。自主智能体将在工业、医疗、交通、教育等众多领域发挥重要作用，为人类带来更加便捷、高效、安全的生活。在工业领域，自主智能体可以实现生产过程的自动化和智能化，提高生产效率和产品质量。在医疗领域，自主智能体可以辅助医生进行疾病诊断和治疗方案的制订，提高医疗服务的水平。在交通领域，自主智能体可以实现智能交通管理，减少交通事故和拥堵。在教育领域，自主智能体可以根据学生的学习情况和特点，提供个性化的学习方案，提高学习效果。

要实现从大模型到自主智能体的能力跃迁，需要政府、企业、科研机构和社会各界的共同努力。政府应加强对人工智能领域的政策支持和引导，加大对基础研究和关键技术研发的投入，建立完善的法律法规和监管机制。企业应积极投入研发，推动自主智能体技术的产业化应用，加强与科研机构的合作，共同攻克技术难题。科研机构应加强基础理论研究，探索新的算法和模型，为自主智能体的发展提供技术支持。社会各界应加强对人工智能的宣传和教育，提高公众对人工智能的认知和理解，营造良好的社会氛围。

从大模型到自主智能体的能力跃迁是人工智能发展的一次重大跨越。它将使人工智能系统更加智能、自主和强大，为人类社会带来前所未有的变革。尽管面临着诸多挑战，但只要我们齐心协力，勇于探索，就一定能够实现这一目标，开启人工智能发展的新篇章。

6.1.2 LLM、Workflow 与 Graph 技术路线对比分析

LLM（大型语言模型）、Workflow（工作流）和 Graph（图结构）作为当前智能系统开发中的 3 种主流技术路线，各自具备独特的特点与适用场景。随着人工智能技术的快速发展，如何在不同任务需求下选择合适的技术路径已成为研究与应用的关键问题。下面将对这 3 种技术路线进行深入的对比分析。

1. LLM 技术路线

LLM 技术路线以大语言模型为核心，通过深度学习方法对海量文本数据进行预训练，从而获得强大的语言理解与生成能力。LLM 的核心优势在于其自动化训练能力、大规模数据处理能力和更强的上下文感知能力。基于 LLM 的智能系统能够灵活应对各种自然语言交互任务，如问答、翻译和内容生成等。此外，LLM 还具备多模态生成的能力，使其在图像描述、语音识别等领域也表现出色。然而，LLM 的局限性在于其“黑箱”特性，导致模型的行为难以预测和控制，同时对计算资源的需求较高，限制了其在资源受限环境下的部署。

2. Workflow 技术路线

Workflow 技术路线更侧重于流程管理与业务规则的执行。它通过对工作流程及其各操作步骤之间的业务规则进行抽象和建模，提供了一种清晰的任务组织方式。Workflow 系统通常采用集成化的框架，支持从模型建立、管理到运行和分析的完整生命周期管理。Workflow 技术路线的优势在于其高度的可配置性和可控性，适用于需要严格遵循既定流程的应用场景，例如企业内部审批流程或生产线调度。

然而，Workflow 的灵活性相对较低，难以适应复杂或不断变化的任务需求，且在处理非结构化数据方面表现较弱。

3. Graph 技术路线

Graph 技术路线则是基于图结构的数据表示和计算方法，强调节点之间的关系建模与推理能力。Graph 模型可以有效捕捉复杂系统中实体间的关联，并通过图算法实现高效的查询和分析。该技术广泛应用于社交网络分析、推荐系统和知识图谱等领域。

Graph 的主要优势在于其直观的数据表示方式以及强大的关系推理能力，使得系统能够在复杂的环境中做出更精准的决策。然而，构建和维护高质量的图结构往往需要大量的时间和资源，尤其是在动态环境中，图的更新和扩展可能面临较大挑战。

在实际应用中，LLM、Workflow 和 Graph 三者并非完全对立，而是可以相互补充。例如，LLM 可以用于增强 Workflow 系统的自然语言交互能力，使用户能够通过对话式接口与系统进行交互；而 Graph 则可以为 LLM 提供结构化的知识支持，提高其推理和决策的准确性。此外，结合 Workflow 与 Graph 的优势，也可以实现更加灵活和高效的任务调度与资源分配。

总之，LLM、Workflow 和 Graph 各有优劣，适用于不同类型的任务需求：LLM 在语言理解和生成方面具有显著优势，适合处理非结构化数据；Workflow 强调流程管理和业务规则执行，适用于结构化任务；而 Graph 则擅长关系建模与推理，适用于复杂系统的分析与决策。因此，在实际项目中，应根据具体应用场景和技术需求，合理选择并融合这些技术路线，以实现最优的系统性能与用户体验。

6.1.3 交互范式变革：从工具调用到意图理解

从工具调用到意图理解的交互范式变革，标志着人机交互领域正经历一场深层次的认知革命。传统交互模式以工具调用为核心，用户通过精确的指令触发预设功能，系统则基于规则匹配执行操作，这种“指令-响应”的线性逻辑在工业控制、基础办公软件等封闭场景中展现出高效性。

然而，随着人工智能技术的突破性发展，尤其是自然语言处理、知识图谱与多模态感知的融合创新，交互范式开始向意图理解跃迁。这一转变不仅体现在技术架构的迭代上——从符号主义到深度学习，从显式编程到隐式建模，更深刻改变了人机协作的本质——系统不再局限于被动执行显式指令，而是通过上下文感知、语义解析与情感计算，主动解析用户潜在需求，在模糊表达中捕捉真实意图，在动态场景中实现自适应交互。

意图理解范式的核心在于构建“认知-决策-反馈”的闭环系统。通过预训练语言模型对海量语料进行语义编码，结合领域知识图谱实现逻辑推理，系统能够突破字面含义的局限，在对话历史、环境信息与用户画像的多维约束下，生成符合用户深层需求的解决方案。例如，在智能客服场景中，系统可结合用户历史咨询记录、当前情绪状态及产品使用数据，主动预判问题根源并提供个性化建议；在智能家居领域，设备通过语音语调、操作习惯与空间感知的融合分析，自动调整环境参数至用户偏好状态。这种转变要求系统具备更强的情境感知能力、动态学习机制与伦理约束框架，以避免因过度推测而引发的隐私风险或决策偏差。

技术演进背后是认知科学的范式迁移。从图灵测试到心智理论，从行为主义到具身认知，人机交互的终极目标始终是模拟人类沟通的直觉性与创造性。意图理解范式通过引入注意力机制、元学习与强化学习，使系统能够像人类一样在对话中持续修正认知偏差，在任务执行中动态平衡效率与灵活性。

这种能力在医疗诊断、教育辅导等高风险领域展现出巨大潜力：AI 助手可基于医生问诊时的犹豫表达、患者病历中的隐含线索，辅助发现潜在病症；教育系统则通过分析学生解题过程中的微表情、草稿演算路径，提供精准的认知干预。然而，意图理解的"黑箱"特性也带来可解释性挑战，需要开发可视化工具与因果推理模块，确保决策过程符合人类价值判断。

这场变革正重塑数字社会的生产关系。当工具调用让位于意图理解时，人机协作的边界从"执行-监督"转向"共创-进化"，用户角色从指令发布者演变为意图塑造者。企业需重新设计交互界面，将显式操作流程转换为隐性意图表达；开发者需构建可解释的 AI 模型，平衡技术创新与伦理责任；用户则需适应更加自然但可能存在偏差的交互方式。这种范式转型不仅要求技术层面的突破，更呼唤人机信任机制的建立、认知科学理论的深化以及社会伦理规范的同步演进。未来，意图理解将推动交互系统向"类人智能"演进，在保持技术可控性的前提下，实现人机共生的智慧生态。

6.2 智能体架构设计

在人工智能技术蓬勃发展的浪潮中，智能体作为实现复杂任务自主处理的核心载体，其技术演进路径成为推动人机协同与智能系统升级的关键方向。当前，智能体技术正从单一功能模块向具备高度自适应与泛化能力的复杂系统转变，这一进程深刻体现在架构设计、知识管理与交互策略的多维度突破中。智能体的组件模块如图 6-2 所示。

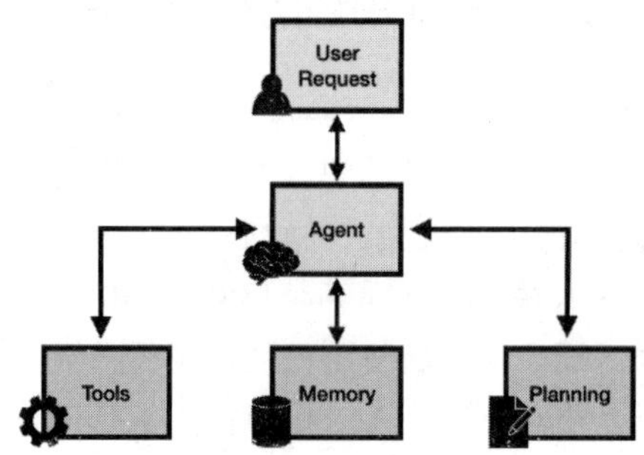

图 6-2 智能体的组件模块

"感知-决策-执行"闭环架构作为智能体的核心骨架，通过多模态感知融合与实时决策优化，使智能体能够在动态环境中实现精准行动与快速响应；记忆模块与上下文管理机制的引入，则赋予智能体"经验积累"与"情境感知"能力，使其能够基于历史交互与实时场景动态调整行为策略，突破传统系统的无状态局限；而工具调用与外部系统集成策略的演进，进一步拓展了智能体的能力边界，通过无缝对接专业工具与异构系统，实现复杂任务的分解与协同处理。

这些技术路径的协同发展，不仅推动了智能体从“被动响应”向“主动认知”的跃迁，更在工业自动化、智慧服务与数字孪生等领域催生出新的应用范式。

6.2.1 “感知-决策-执行”闭环架构设计

“感知-决策-执行”闭环架构设计是驱动智能系统从理论走向实践的核心引擎，这一架构通过模拟人类认知过程的闭环机制，使机器具备在复杂环境中自主运行的能力，其影响力已渗透到自动驾驶、工业制造、智慧城市等多个领域。

闭环架构的运作始于感知层，它如同人类的感官系统，通过激光雷达、摄像头、麦克风等传感器实时捕获环境信息。在自动驾驶场景中，车辆需要同时处理道路标线、交通信号、行人动态等多模态数据，这些信息经过深度学习算法的解析，被转换为对车辆周边环境的精确理解。

决策层作为架构的“大脑”，承担着路径规划与策略制订的核心职能。这一层级融合了强化学习、图搜索算法等先进技术，能够在毫秒级时间内生成最优决策。在工业机器人领域，双臂机器人通过闭环架构实现了柔性装配，其决策系统能根据物料位置偏差实时调整运动轨迹，提高装配精度。更值得关注的是，决策层正在向认知智能演进，通过知识图谱技术构建领域专有知识库，使系统具备初步的推理能力。

执行层则是将数字决策转换为物理动作的关键环节。在智能制造场景中，机器人通过伺服电机与谐波减速器的精密配合，实现旋转控制精度。执行层的进步不仅体现在精度提升上，更在于与感知决策层的深度融合。

闭环架构的真正革新在于反馈机制的建立。执行结果通过传感器回流至感知层，形成持续优化的循环。在智慧城市交通管理中，基于 Agent 的城市大脑通过路侧设备采集车流数据，动态调整信号灯配时，使城区区域通行效率提升。这种闭环优化能力在医疗领域同样关键，手术机器人的力反馈系统能将组织触感转换为电信号，帮助外科医生实现微创手术中的精准操作。

闭环架构将向认知闭环与价值闭环升级。在医疗诊断场景中，医疗 Agent 已能通过自然语言处理解析病历，结合医学知识库生成诊疗建议，其决策过程可追溯至循证医学证据。这种透明化决策机制正在重塑人机信任关系，使闭环系统从“黑箱”工具转变为可解释的智能伙伴。随着神经形态芯片与类脑计算的发展，未来的闭环架构或将实现“感知-决策-执行”的并行处理，使智能系统具备真正意义上的自主性。

6.2.2 记忆模块与上下文管理机制

记忆模块与上下文管理机制是人工智能领域中至关重要的技术架构，它们共同构成了智能体实现复杂任务处理与人性化交互的核心基础。在人类与智能系统的互动中，我们常期待机器能像真人一样理解对话脉络、记住历史信息，甚至预判需求，这种能力的实现正依赖于记忆模块与上下文管理机制的精密协作。

记忆模块的本质是为智能体构建“经验库”。如同人类通过海马体记录事件、新皮层存储知识，AI 的记忆体系也分为短期记忆与长期记忆。短期记忆负责暂存当前任务的即时信息，例如对话系统中用户刚提到的“下周会议安排”，这类信息需快速访问且动态更新；长期记忆则像知识图谱，存储用户偏好、历史行为等结构化数据。以智能音箱为例，当用户说“播放我常听的音乐”时，设备需从长期记忆中调取播放记录、音乐类型偏好，再结合短期记忆中“当前时间为晚餐时段”的情境信息，才能精准推荐符合场景的歌单。

记忆的存储与调用需要高效的技术支撑。在工程实现上，短期记忆常采用滑动窗口机制，仅保留最近 N 条对话或任务状态，避免信息过载；长期记忆则依赖向量数据库，将文本、行为数据转换为高维向量，通过余弦相似度计算实现快速检索。更先进的系统还会引入注意力机制，像人类在思考时聚焦关键词一样，自动为上下文中的关键信息分配更高的权重。例如，在医疗诊断场景中，AI 助手需从患者主诉、检查报告、历史病历等多模态数据中，提取“胸痛”“高血压史”等核心线索，形成结构化记忆供决策模块使用。

上下文管理机制则是确保信息连贯性的“导航系统”。在多轮对话中，用户可能不会重复提及背景信息，这就要求系统能自动维护对话脉络。当用户询问“那家餐厅还营业吗”，AI 需从上下文检索“那家餐厅”指的是上周提到的法式餐厅，而非随机推荐。这种能力在客服场景中尤为重要：用户首次咨询时提及“预算有限”，后续交流中系统应自动关联该条件筛选方案，而非重复询问。为实现这点，工程师会设计上下文压缩算法，将长对话提炼为关键摘要，或采用图结构存储任务状态，确保跨会话时信息不丢失。

记忆与上下文的协同效应在复杂任务中尤为突出。以旅行规划 AI 为例，当用户说“帮我安排五一去日本的行程”时，系统需调用长期记忆中的用户偏好，如“喜欢温泉”“对米其林餐厅感兴趣”，同时结合短期记忆中的实时航班数据、天气预报，生成包含酒店、餐饮、景点的完整方案。若用户中途修改需求为“增加购物行程”，系统需在上下文管理模块中更新任务状态，重新调用记忆中的购物攻略，并保持原有行程的连贯性。这种动态调整能力，正是记忆模块与上下文管理机制深度融合的体现。

6.2.3 工具调用与外部系统集成策略

智能体工具调用与外部系统集成策略是人工智能领域的关键技术方向，决定了智能系统能否突破自身能力边界，与真实世界产生实质性交互。就像人类需要使用扳手、电脑等工具完成特定任务一样，智能体也需要通过调用外部工具来扩展功能范围，而集成策略则决定了这些“数字工具”如何高效、安全地融入整体系统。

在智能家居场景中，智能音箱扮演着中央协调者的角色。当用户说“打开客厅空调”时，音箱并非直接操控硬件，而是通过预设的集成协议向空调系统发送指令。这种调用过程看似简单，背后却涉及多层技术架构：首先需要建立统一通信标准，让不同厂商的设备能“听懂”相同指令；其次要设计权限验证机制，确保只有授权设备可发送控制信号；最后还需处理实时性要求，空调调节必须在用户可感知的延迟内完成。这种分层设计正是工具调用的核心逻辑——将复杂操作拆解为“发起请求-验证权限-执行操作-返回结果”的标准化流程。

企业级应用中的集成策略更加复杂。以银行客服机器人为例，当用户查询账户余额时，机器人需要同时调用核心业务系统获取数据、验证用户身份、记录对话日志。这三个步骤可能涉及三个完全独立的子系统，每个系统都有独特的接口规范和数据格式。此时就需要采用中间件技术，在智能体与外部系统之间构建“翻译层”，将自然语言请求转换为结构化 API 调用，同时处理数据格式转换、异常捕获等底层细节。这就像多语言翻译器，让不同技术栈的系统能无缝对话。

工具调用的智能化演进正在改变人机协作模式。传统 API 调用需要开发者预先定义每个功能接口，而新一代智能体开始具备自主发现工具的能力。当用户说“帮我预定明天飞北京的机票”时，系统不仅能调用航空公司的订票接口，还能自动调用天气 API 确认航班准点率，调用日历 API 检查用户行程冲突。这种能力依赖于元学习技术，智能体通过分析过往调用记录，建立工具功能与任务需求的映射关系，就像人类积累生活经验般逐步优化决策。

在工业领域，集成策略的可靠性直接关系到生产安全。汽车工厂的焊接机器人需要与生产线控制系统深度集成，其调用接口必须满足工业实时以太网标准，确保运动指令在 1 毫秒内精准同步。同时，系统会采用“影子模式”进行工具调用测试：在实际执行前，虚拟环境会模拟焊接过程，验证路径规划、电流参数等是否符合安全规范。这种防御性编程思维，为高风险场景提供了关键保障。

未来，工具调用将向认知型集成发展。当智能体理解“预定会议室”不仅需要调用日历 API，还需考虑参会者时区、设备可用性等隐含需求时，集成策略将进化为知识驱动的决策网络。区块链技术的引入可能带来去中心化的工具调用验证机制，确保交易数据不可篡改。而数字孪生技术则能让智能体在虚拟空间预演工具调用结果，将试错成本降至最低。

从调用天气 API 获取实时信息，到操控月球车完成科学探测，工具调用与集成策略始终是智能体突破虚拟界限的桥梁。这场技术革命不仅在拓展机器的能力边界，更在重塑人类与技术的协作方式——当工具成为智能体的“数字双手”，人机协同将进入更自然、更高效的新纪元。

6.3 本章小结

在本章中，我们系统梳理了智能体技术从基础模型到复杂系统的演进脉络，揭示了其从单一功能向自主智能跃迁的核心路径。在能力构建层面，大模型通过强化学习与环境交互突破参数限制，进化为具备自主决策、长期规划的智能体，形成“感知-决策-执行”的闭环架构。

技术路线呈现多元化特征。LLM 技术路线依托语言生成能力实现任务拆解，Workflow 技术路线通过流程编排保障执行可靠性，Graph 技术路线利用知识图谱强化逻辑推理，三者在不同场景呈现互补特性。交互范式发生根本性变革，从机械的工具调用进化为基于上下文的意图理解，记忆模块与上下文管理机制使系统具备情境感知与经验复用能力，而工具调用与外部系统集成策略则通过标准化接口与安全机制，实现智能体与物理世界的深度耦合。这种演进不仅体现在算法层面，更推动人机协作模式向“感知-认知-行动”一体化方向发展，为工业自动化、智慧服务等场景提供了技术支撑，标志着智能体正从专用工具向通用问题解决者转变。

第 7 章

多 Agent 跨境电商智能客服实战

在全球化电商生态中，多语种交互能力已成为制约服务效能的关键瓶颈。随着 DTC（Direct-to-Consumer，直接面向消费者）模式的崛起和新兴市场的渗透，传统客服体系面临三重挑战：其一，非通用语种覆盖不足导致 20%~30%的海外用户咨询流失；其二，时区差异引发响应延迟，投诉处理周期平均延长 1.8 倍；其三，文化差异造成的语义误解使纠纷解决率下降 35%。针对上述行业痛点，本章将构建基于混合架构分层 Agent 大模型的智能客服系统，通过微调模型与云端大模型的协同机制，实现语言处理精度与场景适应性的双重突破。跨境电商与智能客服的关系如图 7-1 所示。

图 7-1　跨境电商与智能客服

从技术层面上来看，本章的 Agent 架构为双模型架构设计：本地部署的微调大模型负责基础语义解析，通过 LoRA 参数高效微调技术，在电商领域垂直语料上实现高回复准确率；而云端在线大模型作为动态增强层，利用其千亿级参数优势处理复杂推理任务，对任务进行分配和汇总。

7.1　分层 Agent 跨境电商智能客服基本架构设计

随着生成式 AI 的演进，LLM 已突破传统对话系统的边界，开始展现出元认知能力。通过将大语言模型与工具调用接口、记忆存储模块、强化学习框架集成，新型 AI 系统不仅能理解抽象目标，而且能自主规划任务路径、实时获取异构数据、动态调整行动策略，这种具备“目标-决定-执行”三重能力的智能形态，正推动 AI 从被动工具向主动协作伙伴的范式转变。

7.1.1　DTC 模式的崛起与智能客服的新要求

DTC 模式在跨境电商领域的渗透进程，犹如一场汹涌的浪潮，正以摧枯拉朽之势重塑着消费者行为模式与市场生态的底层架构。传统平台电商所依赖的流量分发逻辑，在这一浪潮的冲击下逐渐瓦解，品牌得以直接与终端消费者展开深度对话。在这一过程中，一系列显著特征如同拼图的碎片，逐渐拼凑出全新的市场图景。

其一，消费者决策链路的大幅缩短，就像一场静默的革命，让咨询的浪潮在非工作时段汹涌袭来。过去，消费者在购买决策前可能会花费大量时间在不同平台间比价、查阅评测；如今，社交媒体、直播带货等新兴渠道让信息触手可及，消费者决策变得更加迅速且冲动。这使得品牌客服面临的咨询量呈爆发式增长，且大部分交互都发生在传统的非工作时间，如夜晚、周末、节假日，这对客服系统的响应速度和服务能力提出了前所未有的挑战。

其二，新兴市场犹如一片充满机遇与挑战的神秘丛林，呈现出高度“碎片化”的特征。以东南亚六国为例，这片土地上汇聚了多元的文化、宗教、语言和消费习惯，用户对服务的需求也千差万别。有的国家用户注重性价比，对促销活动格外敏感；有的国家用户则更看重产品的品质和售后服务；还有的国家用户受宗教文化影响，对产品的包装和宣传有着特殊的要求。这就要求智能客服系统必须具备高度的灵活性和定制化能力，能够精准识别不同国家用户的需求差异，并提供个性化的服务。

其三，在全球数据合规监管日益趋严的大背景下，欧盟等地区对客服系统的数据留存周期提出了更严格的额外要求。这不仅涉及用户隐私的保护，更关系到企业的合规运营和法律风险。智能客服系统需要在保障服务质量的同时，确保数据的合法收集、存储和使用，避免因数据违规问题而遭受巨额罚款和声誉损失。

这些变化如同三座大山，重重地压在了智能客服系统的肩上，要求它必须从单一的问答工具，进化为能够贯穿消费者购物全链路的服务中枢。它不仅要及时、准确地回答消费者的问题，还要能够洞察消费者的潜在需求，提供个性化的推荐和解决方案；不仅要能够处理常规的咨询和投诉，还要能够在复杂的商业场景中，如价格谈判、退换货协商等，与消费者进行有效的沟通和协商，维护品牌的利益和形象。在技术架构层面，新一代智能客服系统犹如一座精密的智慧大厦，需要构建起三维能力矩阵，以支撑其全方位的服务功能：

（1）全域感知层，是这座大厦的基石。它借助 Transformers 架构这一强大的技术引擎，能够实现对多模态输入的高效处理。无论是语音中蕴含的情绪波动，还是商品图像中隐藏的细节信息，或是社交媒体上如潮水般涌来的舆情动态，都能被精准捕捉并整合。通过这种对异构数据源的深度融合，服务介入的时机将更加精准，可以在消费者最需要的时候及时伸出援手，从而大大提升消费者的服务体验。

（2）智能决策层，是这座大厦的核心。它基于强化学习算法构建起一套智能的服务策略引擎，就像一位经验丰富的谈判专家，在价格谈判、退换货协商等复杂的商业场景中，能够根据实时的情况和历史的数据，动态生成标准化的应对方案。这些方案不仅能够满足消费者的合理需求，还能最大程度地维护品牌的利益，将人工座席培训成本大幅降低，同时提高服务的一致性和专业性。

（3）生态连接层，是这座大厦与外界沟通的桥梁。通过开发标准化的 API 接口集群，它能够无缝对接多个独立站后端以及跨境支付系统，打破不同系统之间的壁垒，实现服务流程的全链路自动化。这意味着消费者从咨询、下单、支付到售后服务的每一个环节，都能在一个顺畅、高效的系统中完成，无须在不同平台之间频繁切换，大大提高了用户购物的便捷性和满意度。

这种全方位的技术融合与架构升级，要求跨境电商智能客服的技术开发人员，不仅要有深厚的技术功底，更要具备敏锐的市场洞察力和前瞻性的战略思维。他们需要像技艺精湛的工匠一样，精心雕琢每一个技术细节，确保系统的稳定性和可靠性；又要像富有创意的艺术家一样，不断探索新的技术应用场景，为智能客服系统注入更多的创新活力。只有这样，才能让智能客服系统在激烈的市场竞争中脱颖而出，成为跨境电商企业拓展全球市场的得力助手。

7.1.2 跨境电商智能客服架构设计

在前文中，我们已深入剖析了跨境电商智能客服在复杂多变的商业环境中面临的重重要求与严峻挑战。从技术层面细致审视，构建一个高效、智能且贴合跨境电商业务特性的智能客服架构，已然成为企业提升服务质量、增强客户黏性、拓展全球市场的关键所在。而一个基础的跨境电商智能客服架构，其核心能力之一便是精准且高效地对用户意图进行分类，如图 7-2 所示。

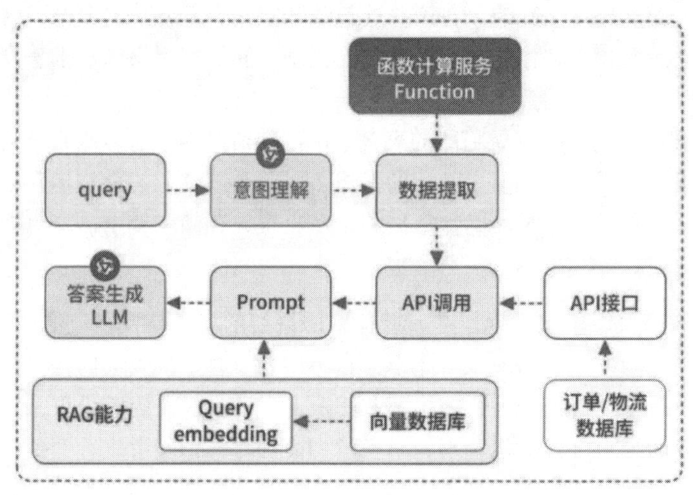

图 7-2　跨境电商智能客服的基本要求

在跨境电商的实际运营场景里，智能客服犹如企业与全球消费者之间的沟通桥梁，承担着理解并满足消费者多样化需求的重要使命。当客户通过语音通话发起咨询时，智能客服系统需要迅速启动其强大的意图识别引擎，如同一位经验丰富的侦探，从客户的只言片语中抽丝剥茧，精准分辨出用户的目的和要求。这一过程绝非简单的关键词匹配，而是需要综合运用自然语言处理、机器学习等先进技术，对客户的语音信息进行语义分析、情感识别和上下文理解。

例如，当客户询问“这款智能手表的续航能力怎么样”时，智能客服应能迅速判断出用户关注的是产品性能中的续航参数，进而调用预先构建的商品知识图谱，为用户提供详细且准确的续航时长、充电方式以及在不同使用场景下的续航表现等讲解和说明。这些讲解内容不仅要涵盖产品的基本参数，还应结合实际应用场景，以通俗易懂的语言呈现给客户，让客户能够直观地了解产品的优势和特点。

对于那些需要对订单进行查询或有其他相关要求的顾客，智能客服架构则需要具备强大的工具函数调用能力。订单查询是跨境电商业务中比较常见的需求之一，客户可能关心订单的物流状态、发货时间、预计送达时间等信息。智能客服系统应能够无缝对接企业的订单管理系统，根据客户提供的订单号或其他相关信息，快速调用订单查询工具函数，实时获取订单的最新状态，并以清晰、简捷的方式反馈给客户。

除了订单查询，客户还可能提出修改收货地址、申请退款退货、咨询促销活动规则等其他相关要求。智能客服架构需要为每一种常见需求预设相应的工具函数，并建立一套灵活的调用机制。当系统识别出客户的意图后，能够自动匹配并调用对应的工具函数，快速处理客户的需求。例如，当客户提出修改收货地址时，智能客服应引导客户提供新的地址信息，并调用订单修改工具函数，将新地址更新到订单系统中，同时向客户反馈修改结果，确保客户的需求得到及时、有效的处理。

然而，仅满足上述基础功能还远远不够。一个优秀的跨境电商智能客服架构应具备高度的可扩展性和智能化升级能力。随着业务的不断拓展和客户需求的日益多样化，系统需要能够轻松接入新的业务模块和功能。例如，当企业推出新的产品线或开展新的营销活动时，智能客服架构应能够快速整合相关的产品知识和活动规则，为客户提供全面的咨询服务。

在智能化升级方面，智能客服架构应不断引入前沿的人工智能技术，如深度学习、强化学习等，以提升意图识别的准确率和服务的个性化程度。通过分析大量的客户咨询数据，智能客服系统可以不断优化其模型参数，学习到更丰富的语义特征和客户行为模式，从而更准确地理解客户的意图，并提供更加贴心、个性化的服务。

此外，跨境电商智能客服架构还应注重与多渠道的融合。如今的消费者通过多种渠道与企业进行沟通，如网站在线客服、移动应用、社交媒体等。智能客服架构应能够实现跨渠道的统一管理和服务，确保客户在不同渠道上都能获得一致、连贯的服务体验。无论客户通过哪个渠道发起咨询，智能客服都能快速识别客户身份，获取客户的历史咨询记录和订单信息，为客户提供个性化的服务建议。

跨境电商智能客服架构设计是一个复杂而系统的工程，它不仅需要满足基础的用户意图分类和工具函数调用需求，还应具备高度的可扩展性、智能化升级能力和多渠道融合能力。只有这样，才能构建出一个高效、智能、贴合跨境电商业务特性的智能客服系统，为企业在全球市场的竞争中赢得优势。

7.1.3　用于复杂任务分配、解决与汇总的分层 Agent 架构

在当今蓬勃发展的人工智能领域，基于大模型技术的智能体正展现出前所未有的强大能力。它们不仅具备自主规划和决策能力，能够根据复杂多变的环境和目标，独立制订出合理的行动方案，还拥有出色的工具调用和执行能力，可精准操控各类工具来完成特定任务。同时，持续学习和自我优化能力让它们在不断实践中持续精进，性能与效率日益提升。此外，人机协同、多智能体协作能力更是打破了不同主体间的界限，实现了优势互补与高效协同。

在此背景下，分层 Agent（或者 Agent2Agent，A2A）架构应运而生，它充分挖掘并利用智能体的卓越能力，构建起一套针对复杂任务分配与解决的完备方案。这一架构尤其适用于厂商在可承担

成本范围内，针对垂直领域所推出的定制化解决方案。

分层 Agent 架构的核心设计理念在于采用多个大模型分别承担不同任务，以实现专业化的分工与高效协作。以跨境电商智能客服系统的构建为例，我们深入剖析其运作机制。在处理顾客的普通咨询和产品说明这类常规任务时，我们部署一个本地化的大模型。该模型经过微调，深度适配垂直领域的知识体系与业务逻辑，能够精准、快速地解答顾客关于产品特性、使用方法、常见问题等方面的疑问，为顾客提供详尽且专业的产品说明。

对于涉及外部交互的复杂任务，如订单查询、物流验收等，分层 Agent 架构则展现出更强大的协同能力。我们为这些任务提供了一系列专用函数，并将任务分配工作交由一个专用的调度大模型负责。该调度大模型凭借其强大的语义理解和任务解析能力，对接收到的任务进行细致分析，根据任务类型、紧急程度、资源需求等多维度因素，将任务精准分配给相应的专业代理。通过这种基于大模型的任务解析与分配机制，整个系统能够实现资源的优化配置，显著提升了任务处理的效率和质量。

通过分层架构的精妙设计，我们的系统从垂直资源连接与水平协同服务两个关键维度，构建起了一个多模型、多智能体的跨系统协作框架。在垂直资源连接方面，各个专业代理能够深入对接垂直领域的特定资源，如产品数据库、订单管理系统、物流跟踪平台等，实现信息的深度整合与高效利用；在水平协同服务方面，不同 Agent 之间通过分层架构实现了无缝对接与协同工作，能够快速响应复杂任务的需求，共同为用户提供一站式、全方位的优质服务。

下面以一个简单的分层 Agent 电商解决方案为例，详细阐述其工作流程：

（1）用户向 Planner（分层 Agent 架构中的核心规划模块）提出问询请求。该请求可能涉及产品信息查询、订单状态跟踪、物流进度跟踪等多个方面。

（2）Planner 接收到用户请求后，立即启动任务分配流程。它凭借内置的智能算法和丰富的任务知识库，对用户请求进行精准解析，并将其分配给各个专业代理，如专门负责订单处理的订单 Agent、专注于产品介绍的产品介绍 Agent，以及精通物流信息的物流 Agent 等。

（3）各专业代理接收到分配的任务后，迅速展开处理工作。订单 Agent 会与订单管理系统进行实时交互，查询订单的详细信息，包括订单状态、支付情况、发货时间等；产品介绍 Agent 则会从产品数据库中提取相关产品的详细资料，结合用户的具体需求，生成个性化的产品介绍内容；物流 Agent 则与物流跟踪平台对接，获取货物的实时运输位置、预计送达时间等信息。

（4）各专业代理在完成各自任务后，将处理结果返回给 Planner。Planner 对这些结果进行汇总、整理和优化，形成一份完整、清晰、易懂的最终结果，并反馈给用户。通过这一流程，用户能够快速、准确地获取所需信息，享受到高效、便捷的电商服务体验。

也就是说分层 Agent 架构以其独特的设计理念和强大的协同能力，为复杂任务的处理提供了高效、灵活的解决方案，在垂直领域的应用中展现出巨大的潜力和价值。随着技术的不断发展和完善，相信分层 Agent 架构将在更多领域得到广泛应用，推动人工智能技术向更高水平迈进。

7.2 搭建具备商业问答能力的交流客服 Agent

在上一节中，我们已深入剖析了智能客服在跨境 DCT 模式下的应用逻辑与优势。从本节起，我们将从零起步，搭建一个契合跨境电商需求的智能客服系统。

智能客服作为连接商家与海外顾客的关键桥梁，其基础能力至关重要。它必须精准捕捉顾客五花八门的提问，并迅速给出准确解答。这要求它拥有海量的知识储备，涵盖产品细节、使用方法、物流进度、售后政策等跨境电商全流程信息。同时，回复不能生硬冰冷，要模拟专业客服人员的风格，以亲切、专业且通俗易懂的语言讲解问题。比如，当顾客询问产品尺寸是否适配当地常见规格时，智能客服不仅要给出明确的数据，还应结合当地使用场景说明适配性，为顾客提供贴心服务。

7.2.1　基于 Qwen3 的多语种智能客服基座模型简介

当我们计划构建一个具备基础问答功能的客服模型时，存在两条可行路径。其一，从零开始精心设计并全面训练一个能够与客户流畅交互、精准回复的模型，但这需要投入大量的时间、人力与计算资源。从更务实且高效的角度出发，我们还有另一条捷径——仿照先前所讲解的微调技术，对现有模型进行有针对性的优化。

从行业普遍认知来看，大型厂商凭借雄厚的资金、海量的数据与顶尖的技术团队，训练出的基座模型在性能和泛化能力上，往往远超个人或小型公司独立训练的模型。因此，在实际应用中，选用大小适宜的预训练模型是更为明智的选择。

接下来我们以 Qwen3-1.7B 这一模型作为智能客服的基座模型展开演示。以下便是基于 Qwen3-1.7B 模型构建基本智能客服基座模型的核心代码示例：

```
    from modelscope import AutoModelForCausalLM, AutoTokenizer

    model_name = "Qwen/Qwen3-1.7B"

    # 加载分词器和模型
    tokenizer = AutoTokenizer.from_pretrained(model_name)
    model = AutoModelForCausalLM.from_pretrained(
        model_name,
        torch_dtype="auto",
        device_map="auto"
    )

    # 准备模型输入
    prompt = "Give me a short introduction to large language model."
    messages = [    {"role": "user", "content": prompt}
    ]
    text = tokenizer.apply_chat_template(
        messages,
        tokenize=False,
        add_generation_prompt=True,
        enable_thinking=True # Switches between thinking and non-thinking modes.
Default is True.
    )
    model_inputs = tokenizer([text], return_tensors="pt").to(model.device)

    # 进行文本补全
    generated_ids = model.generate(
        **model_inputs,
        max_new_tokens=512
    )
```

```
    output_ids = generated_ids[0][len(model_inputs.input_ids[0]):].tolist()

    # 解析思考内容
    try:
        # rindex finding 151668 (</think>)
        index = len(output_ids) - output_ids[::-1].index(151668)
    except ValueError:
        index = 0

    thinking_content = tokenizer.decode(output_ids[:index],
skip_special_tokens=True).strip("\n")
    content = tokenizer.decode(output_ids[index:],
skip_special_tokens=True).strip("\n")

    print("thinking content:", thinking_content)
    print("content:", content)
```

上面代码读者可以自行验证。

7.2.2 真实客服数据集介绍与使用详解

为了让原有的基座模型了解和掌握基本的客服交流方式和工作流程，下面准备了一份基于真实客服数据打造的客服交流数据集，如下所示：

```
    1    买二送 一 什么 一起 意思    客官 一份 6 个装 共 360g 左右 哦 买二送 一是 指 1 同一 口
味 购买 两份 送 同款 一份 2 不同 口味 购买 2 份 送 豆沙 一份 拍 2 份 默认 发 3 份 哦    好 吧
能发 吗  可以 的 榴莲 不能 发
    0    买二送 一 什么 一起 意思    客官 一份 6 个装 共 360g 左右 哦 买二送 一是 指 1 同一 口
味 购买 两份 送 同款 一份 2 不同 口味 购买 2 份 送 豆沙 一份 拍 2 份 默认 发 3 份 哦    好 吧
长春 能发 吗  好 的 客官
    1    好 的 吧 抱歉 哦  新 的 快递 发出 了 吗 有 单号 吗 稍后 给 您 哦 好 的 发出 了 吗   没
发出 的话 今天 给 您 补
    0    好 的 吧 抱歉 哦  新 的 快递 发出 了 吗 有 单号 吗 稍后 给 您 哦 好 的 发出 了 吗   今
天 到 新货 哟 给 亲发 新货 哦
```

这是我们收集的来自真实客服数据的人工服务数据，其中每一行是一个完整的交流内容，以空格进行分割，而且每行也直接进行了分词处理。

在具体使用上，由于我们收集的原始客服数据是 TXT 文本格式的，并不适合我们所选择使用的基座模型，因此还要对其格式进行调整。

为了适配前面所选择的基座模型，我们在这里提供一段对数据集格式进行调整的代码，如下所示：

```
import json

f_out = open("conversation_dataset.jsonl", "w", encoding="utf-8")
with open("../E-commerce dataset/dev.txt", "r", encoding="utf-8") as f:
    for line in f.readlines():
        line = line.strip().replace(" ","").split("	")[1:]
        contents = []
        for id,content in enumerate(line):
            if id%2 == 0:
                contents.append({"role": "user", "content": content})
```

```
            else:
                contents.append({"assistant": "user", "content": content})

        conversations = contents
        # 写入 JSON 格式
        json_line = json.dumps(
            {"conversations": conversations},
            ensure_ascii=False
        )
        f_out.write(json_line + "\n")
f_out.close()
```

上面代码的作用是对输入的格式进行调整，将数据整理成对应的输入/输出对话形式供模型使用。

7.2.3　使用 LoRA 微调基座模型

我们知道，借助低秩自适应（Low-Rank Adaptation，LoRA）技术，可以实现对预训练模型的高效微调。LoRA 凭借其精妙的设计理念——通过引入低秩分解矩阵来近似原始权重矩阵的更新量，在有效降低可训练参数规模的同时，最大程度地保留了模型对下游任务的学习能力，为资源受限场景下的模型定制化提供了切实可行的解决方案。

当下，当我们聚焦于对当前模型基座展开新一轮微调时，LoRA 技术依然是优先考虑的利器。这一选择并非偶然，而是基于其在过往实践中展现出的卓越性能与稳定性。我们将使用 LoRA 微调框架，探索其在本轮任务中的优化潜力。具体而言，首先会针对当前任务的数据特性进行深度剖析，明确模型需要重点适配的知识维度与特征模式。然后通过精心设计的低秩矩阵秩数选取策略，在模型表达能力与计算资源消耗之间寻求最佳平衡点，确保微调后的模型既能精准捕捉任务核心规律，又不会因参数冗余而降低推理效率。

基于前面两个小节中准备的基座模型与数据，这里给出智能客服微调的完整代码：

```
import json
import torch
from tqdm import tqdm
from datasets import Dataset
from transformers import (
    TrainingArguments,
    Trainer,
    DataCollatorForSeq2Seq
)
from peft import LoraConfig, get_peft_model
from modelscope import AutoModelForCausalLM, AutoTokenizer

# 配置参数
model_name = "Qwen/Qwen3-1.7B"
output_dir = "./qwen_lora_finetuned"
max_length = 384  # 根据显存调整

# 初始化模型和分词器
tokenizer = AutoTokenizer.from_pretrained(model_name)
model = AutoModelForCausalLM.from_pretrained(
    model_name,
    torch_dtype=torch.bfloat16,
```

```
    device_map="auto",
    use_cache=False  # 梯度检查点需要关闭 cache（缓存）
)
tokenizer.pad_token = tokenizer.eos_token

# 定义 LoRA 配置
peft_config = LoraConfig(
    r=8,
    lora_alpha=32,
    target_modules=["q_proj", "v_proj", "k_proj", "o_proj"],  # 覆盖所有注意力层
    lora_dropout=0.05,
    bias="none",
    task_type="CAUSAL_LM",
    modules_to_save=["embed_tokens", "lm_head"]  # 保存关键模块的完整参数
)

# 应用 LoRA
model = get_peft_model(model, peft_config)
model.print_trainable_parameters()

# 数据处理函数
def format_conversation(example):
    """带数据校验的对话格式处理"""
    messages = []
    for msg in example["conversations"]:
        # 自动修正常见键名错误
        role = msg.get("role", msg.get("assistant", "unknown")).lower()
        content = msg.get("content", "")

        # 验证角色有效性
        if role not in ["user", "assistant"]:
            if len(messages) == 0:
                role = "user"  # 第一条默认为 user
            else:
                role = "assistant" if messages[-1]["role"] == "user" else "user"

        # 跳过无效消息
        if len(content.strip()) < 1:
            continue

        messages.append({"role": role, "content": content})

    # 构建对话模板（增加容错）
    try:
        text = tokenizer.apply_chat_template(
            messages,
            tokenize=False,
            add_generation_prompt=False
        )
    except Exception as e:
        print(f"Template error: {e}")
        return None

    # 生成标签（带自动对齐）
    labels = []
```

```
        current_role = None
        for msg in messages:
            content_ids = tokenizer.encode(msg["content"],
add_special_tokens=False)
            if msg["role"] == "assistant":
                labels.extend(content_ids + [tokenizer.eos_token_id])
                current_role = "assistant"
            else:
                labels.extend([-100] * (len(content_ids) + 1))  # +1 对应 eos_token
                current_role = "user"

        return {"text": text, "labels": labels[:max_length]} if text else None

    # 加载数据集
    def load_dataset(file_path):
        data = []
        error_count = 0
        with open(file_path, "r", encoding="utf-8") as f:
            for line_idx, line in enumerate(tqdm(f)):
                try:
                    # 原始数据加载
                    raw_data = json.loads(line)

                    # 数据格式转换
                    corrected_convs = []
                    for msg in raw_data["conversations"]:
                        # 自动修正键名
                        new_msg = {
                            "role": msg.get("role", msg.get("assistant", "user")),
                            "content": msg.get("content", "")
                        }
                        # 修正角色值
                        if new_msg["role"] not in ["user", "assistant"]:
                            new_msg["role"] = "assistant" if len(corrected_convs) > 0
and corrected_convs[-1][
                                "role"] == "user" else "user"
                        corrected_convs.append(new_msg)

                    # 处理修正后的对话
                    formatted = format_conversation({"conversations":
corrected_convs})
                    if formatted and len(formatted["text"]) > 10:
                        data.append(formatted)
                    else:
                        print(f"跳过无效对话：第{line_idx + 1}行")

                except Exception as e:
                    error_count += 1
                    print(f"错误处理第{line_idx + 1}行：{str(e)}")
                    if error_count > 10:
                        raise RuntimeError("发现过多错误，请先修正数据格式")

        print(f"成功加载{len(data)}条有效数据（跳过{error_count}条无效数据）")
        return Dataset.from_list(data)
```

```
dataset = load_dataset("./dataset/conversation_dataset.jsonl")

# 数据集预处理
def preprocess_function(examples):
    tokenized = tokenizer(
        examples["text"],
        max_length=max_length,
        truncation=True,
        padding="max_length",
        return_tensors="pt"
    )

    # 对齐标签
    labels = torch.full(
        (len(examples["text"]), max_length),
        -100,
        dtype=torch.long
    )
    for i, lbl in enumerate(examples["labels"]):
        labels[i, :len(lbl)] = torch.LongTensor(lbl[:max_length])

    return {
        "input_ids": tokenized["input_ids"],
        "attention_mask": tokenized["attention_mask"],
        "labels": labels
    }

processed_dataset = dataset.map(
    preprocess_function,
    batched=True,
    batch_size=32,
    remove_columns=["text", "labels"]
)

# 数据整理器
data_collator = DataCollatorForSeq2Seq(
    tokenizer=tokenizer,
    padding=True,
    pad_to_multiple_of=8
)

# 训练参数
# 调整训练参数（适用于 24GB 显存）
training_args = TrainingArguments(
    per_device_train_batch_size=7,
    learning_rate=5e-5,
    num_train_epochs=5,
    warmup_steps=10,
    report_to="none",
    output_dir=output_dir,
    save_safetensors=True,  # 启用安全格式保存
)

# 初始化 Trainer
trainer = Trainer(
```

```
    model=model,
    args=training_args,
    train_dataset=processed_dataset,
    data_collator=data_collator,
)

# 开始训练
trainer.train()

# 保存最终模型
# 训练结束后使用 PEFT 的保存方法
trainer.model.save_pretrained(
    output_dir,
    safe_serialization=True,      # 自动处理共享张量
    save_embedding_layers=True   # 如果需要保留 embedding 层参数
)
```

在上面代码中，首先导入必要的库，包括数据处理、模型训练及 LoRA 微调相关的模块。通过 AutoTokenizer 和 AutoModelForCausalLM 加载预训练模型 Qwen3-1.7B 及其对应的分词器，并设置 pad_token 为 eos_token 以统一填充标识。

随后定义 LoRA 配置参数，指定低秩矩阵的秩（r=8）、缩放因子（lora_alpha=32）及目标适配模块（注意力层的投影矩阵），同时保留关键模块（如词嵌入层和输出头）的完整参数。通过 get_peft_model 将 LoRA 适配器注入模型，并打印可训练参数以验证配置正确性。

format_conversation()函数负责清洗原始对话数据：自动修正角色键名错误、验证角色有效性、跳过空内容，并通过分词器的对话模板生成标准化文本。load_dataset()函数从 JSONL 文件中逐行读取数据，修正键名和角色值后调用上述格式化函数，过滤无效对话并统计错误数量。最终通过 Dataset.from_list()将有效数据转换为 HuggingFace 数据集格式。预处理函数 preprocess_function()对文本进行分词、截断和填充，并生成对齐的 labels 张量，确保输入与标签长度一致。

最后 TrainingArguments()设置批次大小（为适配 24GB 显存设为 7）、学习率（5e-5）、训练轮次（5 轮）及预热步数（10 步），关闭日志报告并指定输出目录为安全张量格式。通过 DataCollatorForSeq2Seq()实现动态填充，优化显存利用率。Trainer 类整合模型、参数、数据及整理器，调用 train()启动训练。训练完成后，使用 save_pretrained()保存最终模型，启用安全序列化并保留词嵌入层参数，确保模型的可复现性与兼容性。

7.2.4 使用微调后的智能客服基座模型完成推理

接下来，我们将测试经过微调后的智能客服基座模型。首先仿照原有的基座模型的使用方法进行一次测试（由于 Qwen3-1.7B 版本的原因，回答形式可能略有不同，这一点请读者在使用时注意），代码如下：

```
import json
import torch
import safetensors.torch as safetorch
from tqdm import tqdm
from datasets import Dataset
from transformers import (
    TrainingArguments,
```

```
        Trainer,
        DataCollatorForSeq2Seq
    )
    from peft import LoraConfig, get_peft_model
    from modelscope import AutoModelForCausalLM, AutoTokenizer

    # 配置参数
    model_name = "Qwen/Qwen3-1.7B"
    output_dir = "./qwen_lora_finetuned"
    max_length = 384  # 根据显存调整

    # 初始化模型和分词器
    tokenizer = AutoTokenizer.from_pretrained(model_name)
    model = AutoModelForCausalLM.from_pretrained(
        model_name,
        torch_dtype=torch.bfloat16,
        device_map="auto",
        use_cache=False  # 梯度检查点需要关闭 cache
    )
    print("base_model load successful!")
    from peft import PeftModel
    model = PeftModel.from_pretrained(model, "./qwen_lora_finetuned")

    messages = [
        {"role": "user", "content": "我没收到货呢所以就想知道是哪里的问题?"}
    ]
    text = tokenizer.apply_chat_template(
        messages,
        tokenize=False,
        add_generation_prompt=True
    )
    model_inputs = tokenizer([text], return_tensors="pt").to(model.device)

    generated_ids = model.generate(
        **model_inputs,
        max_new_tokens=max_length
    )
    generated_ids = [
        output_ids[len(input_ids):] for input_ids, output_ids in
zip(model_inputs.input_ids, generated_ids)
    ]

    response = tokenizer.batch_decode(generated_ids, skip_special_tokens=True)[0]
    print(response)
```

在上面代码中，我们通过载入 LoRA 训练存档对某一项客户提问做出回复，读者可以自行运行代码查看结果。同时，建议读者在这个过程中对比微调前后的模型对同一问题的回复，从而更形象地了解不同情景下模型微调的成就。

7.2.5 原生 Qwen3 多语种支持与跨境电商智能客服语言设置

对于设定的目标，即通过基座模型完成跨境电商的智能客服方案，一个重要的目标就是要求智能客服使用客户的母语与其交流。Qwen3 原生提供了多语种支持，如图 7-3 所示。

语系	语言与方言
印欧语系	英语、法语、葡萄牙语、德语、罗马尼亚语、瑞典语、丹麦语、保加利亚语、俄语、捷克语、希腊语、乌克兰语、西班牙语、荷兰语、斯洛伐克语、克罗地亚语、波兰语、立陶宛语、挪威语（博克马尔语）、挪威尼诺斯克语、波斯语、斯洛文尼亚语、古吉拉特语、拉脱维亚语、意大利语、奥克语、尼泊尔语、马拉地语、白俄罗斯语、塞尔维亚语、卢森堡语、威尼斯语、阿萨姆语、威尔士语、西里西亚语、阿斯图里亚语、恰蒂斯加尔语、阿瓦德语、迈蒂利语、博杰普尔语、信德语、爱尔兰语、法罗语、印地语、旁遮普语、孟加拉语、奥里雅语、塔吉克语、东意第绪语、伦巴第语、利古里亚语、西西里语、弗留利语、撒丁岛语、加利西亚语、加泰罗尼亚语、冰岛语、托斯克语、阿尔巴尼亚语、林堡语、达里语、南非荷兰语、马其顿语僧伽罗语、乌尔都语、马加希语、波斯尼亚语、亚美尼亚语
汉藏语系	中文（简体中文、繁体中文、粤语）、缅甸语
亚非语系	阿拉伯语（标准语、纳吉迪语、黎凡特语、埃及语、摩洛哥语、美索不达米亚语、塔伊兹-阿德尼语、突尼斯语）、希伯来语、马耳他语
南岛语系	印度尼西亚语、马来语、他加禄语、宿雾语、爪哇语、巽他语、米南加保语、巴厘岛语、班加语、邦阿西南语、伊洛科语、瓦雷语（菲律宾）
达罗毗荼人	泰米尔语、泰卢固语、卡纳达语、马拉雅拉姆语
突厥语	土耳其语、北阿塞拜疆语、北乌兹别克语、哈萨克语、巴什基尔语、鞑靼语
侗族	泰语、老挝语
乌拉尔语	芬兰语、爱沙尼亚语、匈牙利语
南亚语系	越南语、高棉语
其他	日语、韩语、格鲁吉亚语、巴斯克语、海地语、帕皮阿门托语、卡布维尔迪亚努语、托克皮辛语、斯瓦希里语

图 7-3　Qwen3 原生提供了多语种支持

在具体使用上，我们可以通过设置 System_prompt 的方式要求在对问题进行回复时，使用如下系统提示设定完成对回复语言要求的设置：

```
system_prompt = {
    "role": "system",
    "content": "You are a professional e-commerce customer service assistant. First, you need to detect the language type that the other party is using. After analyzing the issue, please respond in a concise and friendly manner using the very language they've employed."
}
```

基于此设置，我们提供了一个可用于测试的跨语言回复模型，示例代码如下：

```
import torch
from transformers import AutoTokenizer
from modelscope import AutoModelForCausalLM
from peft import PeftModel

# 配置参数
model_name = "Qwen/Qwen3-1.7B"
max_length = 512  # 根据显存调整

# 初始化模型和分词器
tokenizer = AutoTokenizer.from_pretrained(model_name, trust_remote_code=True)
base_model = AutoModelForCausalLM.from_pretrained(
    model_name,
```

```
        torch_dtype=torch.bfloat16,
        device_map="auto",
        trust_remote_code=True
    )

    # 加载微调后的模型
    model = PeftModel.from_pretrained(base_model, "./qwen_lora_finetuned")
    model = model.merge_and_unload()  # 合并 LoRA 权重方便推理 [[6]]
    model.eval()
    print("模型加载完成！")

    def chat():
        """修复版多轮对话交互函数"""
        messages = []

        # Qwen3 的专用系统提示写法
        system_prompt = {
            "role": "system",
            "content": "You are a professional e-commerce customer service assistant. 
First, you need to detect the language type that the other party is using. After 
analyzing the issue, please respond in a concise and friendly manner using the very 
language they've employed."
        }
        messages.append(system_prompt)

        while True:
            try:
                user_input = input("\n 用户: ").strip()
                if not user_input:
                    continue
                if user_input.lower() in ["退出", "exit", "quit"]:
                    break

                # 添加用户消息（自动过滤空内容）
                messages.append({"role": "user", "content": user_input})

                # 生成符合 Qwen2.5 格式的对话模板（关键修复点）[[9]]
                text = tokenizer.apply_chat_template(
                    conversation=messages,  # 包含当前输入
                    add_generation_prompt=True,
                    tokenize=False
                )

                # 编码输入（增加长度校验）[[3]]
                model_inputs = tokenizer(
                    text,
                    return_tensors="pt",
                    max_length=max_length - 100,  # 为生成留出空间
                    truncation=True,
                    padding="max_length"
                ).to(model.device)

                # 生成回复（优化生成参数）[[6]]
                with torch.no_grad():
                    generated_ids = model.generate(
```

```
                **model_inputs,
                max_new_tokens=200,
                do_sample=True,
                temperature=0.7,
                top_p=0.85,
                repetition_penalty=1.15,
                eos_token_id=tokenizer.eos_token_id
            )

        # 精确截取新生成内容（关键修复）[[10]]
        input_len = model_inputs.input_ids.shape[1]
        response = tokenizer.decode(
            generated_ids[0][input_len:],
            skip_special_tokens=True
        ).strip()
        print(f"\n 助手：{response}")
        # 添加助手回复到历史（带智能截断）
        messages.append({"role": "assistant", "content": response})


        # 自动维护对话历史（保留最近 3 轮+系统提示）[[8]]
        max_history = 6  # 3 轮对话（user+assistant 为一轮）
        if len(messages) > max_history + 1:  # +1 是系统提示
            messages = [messages[0]] + messages[-max_history:]

    except KeyboardInterrupt:
        print("\n 对话已终止")
        break
    except Exception as e:
        print(f"生成出错：{str(e)}")
        messages.pop()  # 移除当前错误输入

if __name__ == "__main__":
    print("欢迎使用客服助手！输入「退出」结束对话")
    chat()
```

读者可以自行运行代码查看结果。这里需要提醒一下，为了讲解方便，我们会默认使用中文作为后续模型训练和智能回复的语言，读者可以根据需要自行设置语言。

7.3 给交流客服 Agent 注入垂直领域知识

在前面一节中，我们已经圆满完成了基本客服模型的配置与精细训练。从示例的演示中，读者能够直观体验并深入理解这样的观点，即大模型的微调是一把神奇的钥匙，通过它，我们可以引导模型逐步了解和精准掌握基本的问答类型以及高效的回复方法。比如，在面对顾客关于商品颜色、尺寸等常规属性的询问时，微调后的模型能迅速给出准确且规范的回答，展现出强大的基础服务能力。

然而，我们的目标远不止于此。我们致力于打造一个具备跨语言能力的跨境电商智能客服系统，以打破语言壁垒，为全球消费者提供无缝衔接的优质服务。但就目前而言，要达成这一目标，还缺失至关重要的一环——垂直领域知识。跨境电商涉及的领域极为广泛且专业，从不同国家的海关政策、税收规定，到各类商品的详细规格、使用禁忌，再到复杂多变的物流运输规则等，这些垂直领域知识是智能客服准确、高效服务的关键支撑。

对于垂直领域内容的添加，我们并非只有微调或者重新训练这两条路径。诚然，通过微调，我们可以将特定领域的专业知识融入模型，使其在面对该领域的问题时更加游刃有余；重新训练则能让模型从零开始构建起全面的垂直领域知识体系，但这两种方式往往需要耗费大量的时间和计算资源。

除了这两种传统方法之外，还有一种极具潜力的模式——RAG（Retrieval Augmented Generation，检索增强生成）模式，它为模型知识添加开辟了新的途径。RAG 模式巧妙地将信息检索与生成模型相结合，当面对用户的查询时，它首先从庞大的外部知识库中精准检索相关的垂直领域信息，这些知识库可以包含最新的政策法规、商品更新数据、用户评价反馈等；随后，基于检索到的这些丰富的信息，生成模型结合自身的语言理解和生成能力，为用户提供更加准确、全面且具有针对性的回答。

7.3.1 给客服大模型直接添加知识的方法

对于给大模型添加垂直领域的知识，一个简易的方法就是将需要的垂直领域知识以辅助文本的形式传递给大模型，之后基于大模型的阅读水平和理解能力，从给予的全部知识中自行查找并获取对应的内容。下面是某品牌手机的质保服务说明书：

```
……
二、产品概述
（一）产品特点
手机融合了前沿的科技与时尚的设计理念，具备一系列卓越特性。其搭载的高性能处理器，能够确保手机在运行各类大型应用程序、多任务处理以及进行复杂图形处理时，都保持流畅、高效的性能表现，满足您在工作、娱乐等多场景下的需求。
……
在影像系统方面，我们采用了顶级的摄像头传感器与先进的图像处理算法，无论是白天的风景拍摄、夜景捕捉，还是人像摄影、微距拍摄，都能呈现出色彩鲜艳、细节丰富、清晰锐利的优质照片与视频，为您记录生活中的每一个精彩瞬间。
……
```

我们的目标就是将质保服务说明书内容注入客服大模型，并基于大模型的识别与阅读能力完成用户查询的回复。下面演示如何使用直接知识注入方法对模型添加知识，代码如下：

```
from modelscope import AutoModelForCausalLM, AutoTokenizer
import torch

# 模型加载（单例模式优化）
model_name = "Qwen/Qwen3-1.7B"
device = "cuda" if torch.cuda.is_available() else "cpu"


def get_model_tokenizer():
    if not hasattr(get_model_tokenizer, "model"):
        model = AutoModelForCausalLM.from_pretrained(
            model_name,
            torch_dtype="auto",
```

```
            device_map=device,
            trust_remote_code=True
        )
        tokenizer = AutoTokenizer.from_pretrained(model_name)
        get_model_tokenizer.model = model
        get_model_tokenizer.tokenizer = tokenizer
    return get_model_tokenizer.model, get_model_tokenizer.tokenizer


def generate_response(prompt):
    model, tokenizer = get_model_tokenizer()

    inputs = tokenizer([prompt], return_tensors="pt").to(device)
    generated_ids = model.generate(
        **inputs,
        max_new_tokens=512
    )

    # 过滤输入部分并解码 [[6]]
    output_ids = generated_ids[0][len(inputs.input_ids[0]):]
    return tokenizer.decode(output_ids, skip_special_tokens=True).strip()


def customer_chat(query, informations):
    # 构建 RAG 增强 Prompt
    system_prompt = (
        f"""
        你是一个跨境智能客服服务器，你现在需要回答用户的提问，使用如下知识和内
容:'{informations}'
        你在回答问题时只能从给你的知识和内容中进查找，如果找不到对应的内容，就必须回答'找不
到'。
        你不能回答给你的参考资料之外的内容。
        """
    )

    messages = [
        {"role": "system", "content": system_prompt},
        {"role": "user", "content": query}
    ]

    tokenizer = get_model_tokenizer()[1]
    prompt = tokenizer.apply_chat_template(
        messages,
        tokenize=False,
        add_generation_prompt=True
    )

    # 生成完整响应
    return generate_response(prompt)


# 使用示例
if __name__ == "__main__":

    with open("phone.txt", "r", encoding="utf-8") as f:
```

```
        content = f.read()
    informations = content

    # 模拟 RAG 检索到的信息
    queries = [
        "手机的地域范围是哪里？",
        "我在什么情况下可以免费更换手机？",
        "手机的质保期是多久？"
    ]

    for query in queries:
        response = customer_chat(query, informations)
        print(f"Q: {query}\nA: {response}\n{'=' * 40}")
```

下面是对演示问题的回复结果：

```
Q：手机的地域范围是哪里？
A：质保服务在海湾地区全境有效。

Q：我在什么情况下可以免费更换手机？
A：在以下特定情况下，您可以免费更换手机：

- 无法修复的严重故障：如果经过专业维修工程师的多次检测和尝试，确认手机出现的故障无法通过维修手段解决，或者维修成本过高（超过手机当前价值的一定比例），我们将为您免费更换一部同型号、同配置的全新手机。更换后的手机将重新开始计算质保期，让您无须担心后续使用过程中的质量问题。

- 批量性质量问题：当官方确认某一批次手机存在批量性质量问题，且该问题可能影响手机的正常使用和安全性时，我们将主动联系购买该批次手机的用户，为其提供免费更换服务。同时，我们会通过官方网站、社交媒体等渠道发布相关信息，确保用户能够及时了解并享受这一权益。

Q：手机的质保期是多久？
A：手机的质保期通常是 2 年。如果您是在海湾地区购买的手机，那么您应该享受 2 年的标准质保服务。在保修期内，您有权享受免费的维修服务，包括但不限于故障诊断、零部件更换、系统修复与优化等。
```

从上面的回复内容中可以看到，对于顾客问题的查询，基本上可以获得令人满意的回复，不过存在一些不足。例如质保期的询问，对比质保说明书的内容，这里忽略了可选的“延长质保服务”的说明，这一点有可能会给问询的顾客造成误解。

7.3.2 更高精度的 RAG 详解与使用示例

在前面的探索与实践过程中，我们成功实现了向大语言模型注入垂直领域知识的方法。通过这一关键举措，我们清晰地观察到，当大模型吸纳了特定垂直领域的专业知识后，能够更加顺畅、自然地融入智能客服这一角色。在处理用户咨询问题时，无论是精准检索相关信息，还是生成针对性回复，其表现都更为契合实际业务场景与用户需求，显著提升了智能客服系统的服务质量与用户体验。

然而，在持续优化与评估过程中，我们也敏锐地察觉到，尽管大模型在融入垂直知识后取得了一定进步，但在面对部分复杂问题时，其回复内容仍存在不够全面、深入的情况。例如，当用户提出涉及多维度因素、跨领域知识融合的跨境业务咨询时，大模型可能只会提供单一视角的解答，而忽略了其他关联要点；又或者对于一些需要结合最新行业动态与历史数据综合分析的问题，回复内容在深度和广度上都有所欠缺。

针对此类问题，我们迫切需要探索并应用一种更加强大的大模型回复优化方法，以进一步提升智能客服系统在复杂场景下的表现。

在此背景下，RAG 成为解决这一难题的关键创新方案。RAG 作为一种极具前瞻性与创新性的新一代人工智能技术范式，独具匠心地将信息检索与生成式模型的强大能力进行了深度融合。它就像为智能客服系统量身定制的一对“智慧羽翼”，赋予了系统更加卓越的信息处理与知识运用能力。

在跨境业务咨询这一复杂多变的领域中，RAG 技术的作用尤为凸显。跨境业务涉及不同国家和地区的法律法规、政策要求、市场环境、文化习俗等因素，用户咨询的问题往往具有高度的复杂性和多样性。传统大模型在处理这类问题时，可能受限于自身的知识储备和推理能力，难以提供全面、准确的回复。而 RAG 技术凭借其独特的检索增强机制，能够在生成回复之前，先从海量的外部知识源中精准检索与问题相关的信息，然后将检索到的信息与大模型自身的生成能力相结合，从而生成更加丰富、准确、全面的回复。

例如，当用户询问关于在某个特定国家开展跨境电商业务所需的资质和流程时，RAG 技术可以迅速检索到该国家最新的商业法规、税务政策、海关要求等相关信息，并结合大模型对这些信息的理解和分析，为用户提供一份详细且实用的指南，涵盖从公司注册、税务申报到物流配送等各个环节的注意事项。这种结合检索与生成的方式，使得智能客服系统在应对复杂跨境业务咨询时，能够游刃有余，为用户提供更加优质、高效的服务体验。

从技术架构层面剖析，RAG 模式主要包含信息检索与内容生成两大核心模块。信息检索模块就像一位知识渊博的“信息导航员”，在面对用户抛出的各种问题时，会迅速启动高效的检索算法，在知识库中精准定位并提取出与问题高度相关的关键信息片段。

而内容生成模块则是一位才华横溢的“语言艺术家”，它基于检索模块提供的精准信息，充分发挥生成式模型在自然语言理解和生成方面的卓越能力，将这些碎片化的信息巧妙整合、润色，生成逻辑连贯、表达流畅且通俗易懂的自然语言回复。这种“检索-生成”的协同工作机制，使得 RAG 模式在处理专业性强、时效性要求高的跨境业务咨询时，展现出了无与伦比的优势。

1. 跨境电商场景下 RAG 应用示例

在跨境电商的实际运营中，一位来自德国的消费者对某款新上市的智能手机在当地的保修政策产生了疑问。他通过跨境电商平台的智能客服入口发起咨询，此时 RAG 模式迅速启动其强大的处理流程。

首先，信息检索模块对问题进行精准解析，识别出关键信息，如产品型号、国家地区（德国）以及查询主题（保修政策）。随后，它像一位经验丰富的探险家，在包含各国电子产品保修条款、售后服务流程等丰富信息的知识库中展开细致搜索。凭借先进的检索算法，它快速筛选出与该款智能手机在德国的保修政策紧密相关的详细资料，包括保修期限、涵盖的故障类型、具体的维修流程以及消费者需要履行的相关手续等。

紧接着，内容生成模块接过“接力棒”，它以检索到的信息为基础，结合消费者的语言习惯和表达方式，精心组织语言，生成一份清晰明了、易于理解的回复。例如，在回复中会明确告知消费者：“尊敬的客户，您所购买的这款智能手机享有为期两年的免费保修服务。若手机出现非人为损坏的故障，您只需携带购买凭证和手机前往我们指定的当地售后服务中心，我们的专业维修团队将为您提供免费的检测和维修服务。同时，在维修期间，我们还将为您提供备用机，以确保您的正常使用不受影响。”

2. RAG 模式在跨境电商客服中的价值彰显

RAG 模式在跨境电商智能客服领域的应用，犹如一场及时雨，有效解决了传统客服系统在处理复杂业务咨询时面临的诸多难题。一方面，它极大地弥补了模型自身知识的局限性。由于跨境电商业务涉及的知识领域广泛且更新迅速，传统的模型训练方式很难及时、全面地覆盖所有信息。而 RAG 模式通过与外部知识库的实时交互，能够随时获取最新的专业知识，确保为消费者提供准确无误的解答。

另一方面，RAG 模式确保了回复信息的时效性和准确性。在瞬息万变的商业环境中，政策法规、商品信息等随时可能发生变化。RAG 模式能够实时跟踪知识库的更新，使智能客服的回复始终基于最新、最准确的信息，避免了因信息滞后或错误而给消费者带来的困扰，从而显著提升了跨境电商智能客服的专业性和可靠性，为企业在激烈的全球电商市场竞争中赢得了宝贵的信誉和优势。

7.3.3 基于 BM25 算法的 RAG 实战

RAG 技术的核心目标在于精准对接用户查询需求，为底层大模型提供高度契合、切中要害的内容支撑。要实现这一目标，关键任务在于运用一系列精心设计的特定方法或先进算法，从海量知识库中抽丝剥茧，精准定位与用户所提问题最匹配、最接近的答案片段。

在这一过程中，原本纷繁复杂、涉及多维度知识与信息处理的实战场景，被巧妙地转换为对文本相关性（相似度）的深度剖析与精确计算。通过量化评估不同文本与用户查询之间的关联程度，RAG 能够高效筛选出最具价值的信息，为大模型生成精准回复奠定了坚实的基础。

对于文本相关性的计算，相信读者不会陌生，常用的是余弦相关性计算与 BM25 相关性计算，在这里我们采用 BM25 来计算对应的文本相关性。

假如我们有一系列的文档 Doc，现在要查询问题 ***Query***。BM25 的思想是，对 ***Query*** 进行语素解析，生成语素 $\boldsymbol{Q}$；然后对于每个搜索文档$\boldsymbol{D}_i$计算每个语素$\boldsymbol{Q}_i$与文档$\boldsymbol{D}_j$的相关性，最后将所有的语素$\boldsymbol{Q}_i$与$\boldsymbol{D}_j$进行加权求和，从而最终计算出 ***Query*** 与$\boldsymbol{D}_j$的相似性得分。将 BM25 算法总结如下：

$$\text{Score}(\boldsymbol{Query}, \boldsymbol{D}_j) = \sum_{i}^{n} \boldsymbol{W}_i \cdot \boldsymbol{R}(\boldsymbol{Q}_i, \boldsymbol{D}_j)$$

在中文中，我们通常将一个词语当作$\boldsymbol{Q}_i$，$\boldsymbol{W}_i$表示语素$\boldsymbol{Q}_i$的权重，$\boldsymbol{R}(\boldsymbol{Q}_i, \boldsymbol{D}_j)$表示语素$\boldsymbol{Q}_i$与文档$\boldsymbol{D}_j$的相关性得分关系。

限于本书的主题，对于 BM25 就不继续深入说明了，有兴趣的读者可以自行研究。

下面讲解一下 BM25 的工程实现。我们可以通过编写 Python 代码的方式实现 BM25 函数。但是，对于成熟的算法，Python 中最好的使用方法就是使用现成的库函数，这是因为对于大多数现成算法的 Python 库，会有经验丰富的作者对其持续进行优化，造一辆车没必要从轮子开始造，建议使用现成的 Python 库。

读者可以使用如下命令安装对应的 Python 库 rank_bm25：

```
pip install rank_bm25          # 注意下画线
```

这是一个比较常用的 BM25 的库函数，其作用是计算单个文本与文本库的 BM25 值。需要注意，BM25 在公式中要求传递的是单个字（或者词），其过程是以单个字或者词为基础进行计算，因此在使用 BM25 进行相关性计算时，需要将查询文本拆分为字或者词的形式。这里给出一种完整的相关性计算实现方式，示例代码如下：

```
#query 是需要查询的文本，documents 为文本库，top_n 为返回最接近的 n 条文本内容
def get_top_n_sim_text(query: str, documents: List[str],top_n = 3):
    tokenized_corpus = []
    for doc in documents:
        text = []
        for char in doc:
            text.append(char)
        tokenized_corpus.append(text)

    bm25 = BM25Okapi(tokenized_corpus)

    tokenized_query = [char for char in query]
    #doc_scores = bm25.get_scores(tokenized_query)  # array([0., 0.93729472,
0.])

    results = bm25.get_top_n(tokenized_query, tokenized_corpus, n=top_n)

    results = ["".join(res) for res in results]
    return results
```

对于此示例代码的应用，读者可以使用如下代码段完成：

```
import utils

prompt_text = "明天是什么天气"
context_list = ["哪个颜色好看","今天晚上吃什么","你家电话多少","明天的天气是晴天","晚上的月亮好美呀"]

sim_results = 
utils.get_top_n_sim_text(query=prompt_text,documents=context_list,top_n=1)
print(sim_results)
```

而上面代码的运行结果打印如下：

```
['明天的天气是晴天']
```

下面就是使用 BM25 完成 RAG 计算的完整代码示例：

```
from modelscope import AutoModelForCausalLM, AutoTokenizer
import torch

# 模型加载（单例模式优化）
model_name = "Qwen/Qwen3-1.7B"
device = "cuda" if torch.cuda.is_available() else "cpu"

def get_model_tokenizer():
    if not hasattr(get_model_tokenizer, "model"):
        model = AutoModelForCausalLM.from_pretrained(
            model_name,
            torch_dtype="auto",
            device_map=device,
            trust_remote_code=True
        )
```

```
        tokenizer = AutoTokenizer.from_pretrained(model_name)
        get_model_tokenizer.model = model
        get_model_tokenizer.tokenizer = tokenizer
    return get_model_tokenizer.model, get_model_tokenizer.tokenizer


def generate_response(prompt):
    model, tokenizer = get_model_tokenizer()

    inputs = tokenizer([prompt], return_tensors="pt").to(device)
    generated_ids = model.generate(
        **inputs,
        max_new_tokens=512
    )

    # 过滤输入部分并解码 [[6]]
    output_ids = generated_ids[0][len(inputs.input_ids[0]):]
    return tokenizer.decode(output_ids, skip_special_tokens=True).strip()


def customer_chat(query, informations):
    # 构建 RAG 增强 Prompt
    system_prompt = (
        f"""
        你是一个跨境智能客服服务器，你现在需要回答用户的提问，使用如下知识和内
容:'{informations}'
        你在回答问题时只能从给你的知识和内容中进查找，如果找不到对应的内容，就必须回答'找不
到'。
        你不能回答给你的参考资料之外的内容。
        """
    )

    messages = [
        {"role": "system", "content": system_prompt},
        {"role": "user", "content": query}
    ]

    tokenizer = get_model_tokenizer()[1]
    prompt = tokenizer.apply_chat_template(
        messages,
        tokenize=False,
        add_generation_prompt=True
    )

    # 生成完整响应
    return generate_response(prompt)

from rank_bm25 import BM25Okapi
#query 是需要查询的文本，documents 为文本库，top_n 为返回最接近的 n 条文本内容
def get_top_n_sim_text(query: str, documents,top_n = 3):
    tokenized_corpus = []
    for doc in documents:
        text = []
        for char in doc:
            text.append(char)
```

```
        tokenized_corpus.append(text)

    bm25 = BM25Okapi(tokenized_corpus)

    tokenized_query = [char for char in query]
    #doc_scores = bm25.get_scores(tokenized_query)  # array([0., 0.93729472,
0.])

    results = bm25.get_top_n(tokenized_query, tokenized_corpus, n=top_n)

    results = ["".join(res) for res in results]
    return results


def split_text_by_word_count(text, max_word_count):
    """
    将文本按字数分段

    参数:
        text (str): 要分段的文本内容
        max_word_count (int): 每段的最大字数

    返回:
        list: 分段后的文本列表
    """
    words = text.split()  # 按空格分割单词
    segments = []
    current_segment = []
    current_word_count = 0

    for word in words:
        # 添加当前单词到当前段，并更新字数统计
        current_segment.append(word)
        current_word_count += len(word) + 1  # +1 是为了考虑单词之间的空格

        # 如果当前段字数超过限制，则结束当前段并开始新段
        if current_word_count > max_word_count:
            # 如果当前段只有一个单词且超过限制，则单独处理（防止长单词无法放入）
            if len(current_segment) == 1:
                segments.append(current_segment[0])
                current_segment = []
                current_word_count = 0
            else:
                # 回退到上一个单词，完成当前段
                segments.append(' '.join(current_segment[:-1]))
                current_segment = [word]
                current_word_count = len(word) + 1

    # 添加最后一个段
    if current_segment:
        segments.append(' '.join(current_segment))

    return segments

# 使用示例
```

```
if __name__ == "__main__":

    with open("phone.txt", "r", encoding="utf-8") as f:
        content = f.read()

    # 模拟 RAG 检索到的信息
    queries = [
        "手机的地域范围是哪里？",
        "我在什么情况下可以免费更换手机？",
        "手机的质保期是多久？"
    ]

    for query in queries:
        informations = split_text_by_word_count(content, max_word_count=128)
        bm25_results = get_top_n_sim_text(query, informations)
        response = customer_chat(query, bm25_results)
        print(f"Q: {query}\nA: {response}\n{'=' * 40}")
```

在上面代码中，首先使用分段函数将原有的文本内容分成小段，之后使用 get_top_n_sim_text() 在分段后的文本中找到最接近的内容，并将找到的内容送入大模型中进行信息解读和回复。此时生成的结果如下：

```
Q: 手机的地域范围是哪里？
A: 海湾地区。

Q: 我在什么情况下可以免费更换手机？
A: 在以下特定情况下，我们将为您提供免费的手机更换服务：

  - 自您购买手机之日起，享受 2 年的标准质保服务。
  - 对于因手机自身质量问题导致的故障或损坏，我们将为您提供免费的维修或更换零部件服务。

请注意，以上信息可能随时间而变化，请以官方最新公告为准。

Q: 手机的质保期是多久？
A: 找到答案了：'延长质保服务的期限可根据您的需求选择，最长可延长至 2+1 年。'

所以，手机的质保期可以根据您的需求选择最长可以延长至 2+1 年，即 3 年。
```

相较于前期直接向模型注入知识的方式，采用分段处理文本内容并结合 BM25 算法进行相似内容检索的策略，在回复质量上展现出显著优势。具体而言，BM25 算法通过对全文本内容展开深度检索，精准定位与用户问题高度相关的信息片段。在此基础上，我们的智能客服模型能够基于这些精准匹配的内容，为客户提供更具针对性、更贴合实际需求的回答与讲解，有效提升了客户服务的专业性和满意度。

更多内容读者可以自行研究。

7.3.4 基于 Embedding 向量排序的 RAG 实战

在文本检索与排序的领域中，除了前期深入剖析的、基于传统统计模型的 BM25 算法所实现的相似文本查找方法外，还存在一种更先进且基于深度语义理解的文本排序方案——Embedding（嵌入）向量排序方法。该方法在处理复杂语义关联和捕捉文本深层特征方面展现出了卓越的性能，为文本排序任务开辟了全新的路径。

1. Embedding 特征向量生成基础

Embedding 向量排序方法的核心在于将文本转换为低维、密集且富含语义信息的特征向量。这一过程通常借助深度学习模型来实现，例如经典的 Word2Vec、GloVe 等词向量模型，它们能够基于大规模语料库学习到单词之间的语义关联，将每个单词映射为一个固定维度的向量。随着自然语言处理技术的飞速发展，诸如 BERT（Bidirectional Encoder Representations from Transformers）、GPT（Generative Pretrained Transformer）等预训练语言模型的出现，更是将文本向量化推向了一个新的高度。这些模型能够充分考虑文本的上下文信息，为整个句子或段落生成更具表达力的特征向量，精准地捕捉到文本的语义内涵。

2. Embedding 特征向量的排序原理

生成文本的 Embedding 特征向量后，排序的关键在于衡量这些向量之间的相似度。常用的相似度计算方法包括余弦相似度、欧氏距离等。以余弦相似度为例，它通过计算两个向量夹角的余弦值来评估它们的相似程度。具体而言，对于两个文本向量$\boldsymbol{A}$和$\boldsymbol{B}$，余弦相似度的计算公式为：

$$\text{similarity} = \frac{\parallel \boldsymbol{A} \parallel \parallel \boldsymbol{B} \parallel}{\boldsymbol{A} \cdot \boldsymbol{B}}$$

其中$\boldsymbol{A} \cdot \boldsymbol{B}$表示向量$\boldsymbol{A}$和$\boldsymbol{B}$的点积，$\parallel \boldsymbol{A} \parallel$和$\parallel \boldsymbol{B} \parallel$分别表示向量$\boldsymbol{A}$和$\boldsymbol{B}$的模。余弦相似度的取值范围为[−1,1]，值越接近 1，表示两个向量的方向越接近，即文本的语义相似度越高；值越接近-1，表示两个向量的方向越相反，语义相似度越低；值为 0 则表示两个向量正交，语义上没有明显的关联。

在实际应用中，当我们需要为用户查询文本找到最相关的文档时，首先将用户查询文本和候选文档集合中的每个文档输入预训练模型中，生成对应的 Embedding 特征向量；然后计算用户查询文本向量与每个候选文档向量之间的余弦相似度；最后按照相似度从高到低的顺序对候选文档进行排序，将相似度最高的文档排在前面，作为检索结果返回给用户。

下面就是基于 Embedding 特征向量实现的文本拆分、向量计算和排序的方法。在具体使用时，读者首先需要执行如下的 Python 库安装命令：

```
pip install langchain_huggingface
```

完整的代码如下：

```
import numpy as np
from langchain_huggingface import HuggingFaceEmbeddings
import torch

class EmbeddingModel:
    _instance = None

    def __new__(cls):
        if cls._instance is None:
            cls._instance = super().__new__(cls)
            cls._instance.initialize()
        return cls._instance

    def initialize(self):
```

```
        device = "cuda" if torch.cuda.is_available() else "cpu"
        self.embeddings = HuggingFaceEmbeddings(
            model_name="TencentBAC/Conan-embedding-v1",
            model_kwargs={'device': device},
            encode_kwargs={'normalize_embeddings': True},
            cache_folder="./embeddings_cache"
        )

    def embed_query(self, query):
        embedding = self.embeddings.embed_query(query)
        return np.array(embedding)

    def embed_querys(self, query_list):
        embedding_list = []
        for query in query_list:
            embedding = self.embed_query(query)
            embedding_list.append(embedding)
        return np.array(embedding_list)

    def search_similar(self, query, text_list):
        """
        查找与查询最相似的文本列表，按相似度降序排列

        参数:
            query (str): 输入查询
            embedding_list (np.array): 预计算的嵌入向量列表 (n_samples,
embedding_dim)
            text_list (list): 与嵌入对应的原始文本列表

        返回:
            tuple: (排序后的文本列表, 对应的相似度分数列表)
        """
        # 1. 生成查询嵌入
        query_emb = self.embed_query(query)  # [[3]] 使用 Hugging Face 嵌入模型
        embedding_list = self.embed_querys(text_list)

        # 2. 计算余弦相似度（通过点积实现，因已归一化）
        similarities = np.dot(embedding_list, query_emb)

        # 3. 按相似度排序
        sorted_indices = np.argsort(similarities)[::-1]  # 降序排列

        # 4. 返回排序结果
        sorted_texts = [text_list[i] for i in sorted_indices]
        sorted_scores = similarities[sorted_indices]

        return sorted_texts, sorted_scores


    def split_text_by_word_count(self,text, max_word_count):
        """
        将文本按字数分段

        参数:
```

```
            text (str): 要分段的文本内容
            max_word_count (int): 每段的最大字数

        返回:
            list: 分段后的文本列表
        """
        words = text.split()  # 按空格分割单词
        segments = []
        current_segment = []
        current_word_count = 0

        for word in words:
            # 添加当前单词到当前段，并更新字数统计
            current_segment.append(word)
            current_word_count += len(word) + 1  # +1 是为了考虑单词之间的空格

            # 如果当前段字数超过限制，则结束当前段并开始新段
            if current_word_count > max_word_count:
                # 如果当前段只有一个单词且超过限制，则单独处理（防止长单词无法放入）
                if len(current_segment) == 1:
                    segments.append(current_segment[0])
                    current_segment = []
                    current_word_count = 0
                else:
                    # 回退到上一个单词，完成当前段
                    segments.append(' '.join(current_segment[:-1]))
                    current_segment = [word]
                    current_word_count = len(word) + 1

        # 添加最后一个段
        if current_segment:
            segments.append(' '.join(current_segment))

        return segments


if __name__ == '__main__':

    embedding_model = EmbeddingModel()

    informations = [
        "手机的地域范围是哪里？",
        "我在什么情况下可以免费更换手机？",
        "手机的质保期是多久？"
    ]

    # 查询示例
    query = "手机保修多久？"
    sorted_texts, sorted_scores = embedding_model.search_similar(query,
informations)

    print("排序结果：")
    for text, score in zip(sorted_texts, sorted_scores):
        print(f"相似度 {score:.4f} : {text}")
```

运行上面代码，结果如下：

```
排序结果：
相似度 0.9675 : 手机的质保期是多久？
相似度 0.7935 : 我在什么情况下可以免费更换手机？
相似度 0.7535 : 手机的地域范围是哪里？
```

我们经过计算，对查询问题进行相似度排序，而这种排序结果也是我们所需要的文本相似度的内容。

最后基于特征向量讲解一下 RAG 的使用，代码如下：

```
from modelscope import AutoModelForCausalLM, AutoTokenizer
import torch

# 模型加载（单例模式优化）
model_name = "Qwen/Qwen3-1.7B"
device = "cuda" if torch.cuda.is_available() else "cpu"


def get_model_tokenizer():
    if not hasattr(get_model_tokenizer, "model"):
        model = AutoModelForCausalLM.from_pretrained(
            model_name,
            torch_dtype="auto",
            device_map=device,
            trust_remote_code=True
        )
        tokenizer = AutoTokenizer.from_pretrained(model_name)
        get_model_tokenizer.model = model
        get_model_tokenizer.tokenizer = tokenizer
    return get_model_tokenizer.model, get_model_tokenizer.tokenizer


def generate_response(prompt):
    model, tokenizer = get_model_tokenizer()

    inputs = tokenizer([prompt], return_tensors="pt").to(device)
    generated_ids = model.generate(
        **inputs,
        max_new_tokens=512
    )

    # 过滤输入部分并解码 [[6]]
    output_ids = generated_ids[0][len(inputs.input_ids[0]):]
    return tokenizer.decode(output_ids, skip_special_tokens=True).strip()

def customer_chat(query, informations):
    # 构建 RAG 增强 Prompt
    system_prompt = (
        f"""
        你是一个跨境智能客服服务器，你现在需要回答用户的提问，使用如下知识和内
容:'{informations}'
        你在回答问题时只能从给你的知识和内容中进查找，如果找不到对应的内容，就必须回答'找不
到'。
```

```
        你不能回答给你的参考资料之外的内容。
        """
    )

    messages = [
        {"role": "system", "content": system_prompt},
        {"role": "user", "content": query}
    ]

    tokenizer = get_model_tokenizer()[1]
    prompt = tokenizer.apply_chat_template(
        messages,
        tokenize=False,
        add_generation_prompt=True
    )

    # 生成完整响应
    return generate_response(prompt)

# 使用示例
if __name__ == "__main__":

    import vector_demo

    embedding_model = vector_demo.EmbeddingModel()
    with open("phone.txt", "r", encoding="utf-8") as f:
        content = f.read()
    informations =
embedding_model.split_text_by_word_count(content,max_word_count=256)

    # 模拟 RAG 检索到的信息
    queries = [
        "手机的地域范围是哪里？",
        "我在什么情况下可以免费更换手机？",
        "手机的质保期是多久？"
    ]

    for query in queries:
        sorted_texts,sorted_scores = embedding_model.search_similar(query,
informations)
        response = customer_chat(query, sorted_texts[:3])
        print(f"Q: {query}\nA: {response}\n{'=' * 40}")
```

运行结果如下：

```
Q：手机的地域范围是哪里？
A：质保服务面向所有在海湾地区合法购买并使用手机的个人用户及企业用户。

Q：我在什么情况下可以免费更换手机？
A：当您遇到不符合保修条件的情况时，例如手机出现严重硬件故障无法修复、电池损坏等问题，或者您认为自己的手机存在问题但又无法确定具体原因时，您可以申请免费更换。只要满足免费更换的条件，授权服务中心会在 3 个工作日内为您提供同型号、同配置的全新手机，并协助您完成数据迁移和手机设置工作。在更换手机的过程中，您需要将原手机及相关配件交回授权服务中心。

Q：手机的质保期是多久？
```

```
A: 您好！关于手机的质保期信息如下：

1. 标准质保期：
   - 自您购买手机之日起，享受 2 年的标准质保服务。

2. 延长质保服务（可选）：
   - 可以在购买手机时或在标准质保期内，通过官方网站、授权服务中心等渠道购买延长质保服务。
   - 最长可以延长至 2+1 年。

请注意，以上信息可能会随时间和政策的变化而调整，请您关注官方发布的最新信息。如有任何疑问，欢迎随时咨询。
========================================
```

从上面结果可以看到，在使用向量排序后，输入具有针对性的文本内容，我们的智能客服模型同样能够给出回答。更多内容读者可以自行研究。

7.3.5 补充讲解 1：智能客服模型垂直领域知识注入

1. 对于知识注入方法的选择

在智能客服垂直领域的知识体系构建中，前期我们通过 3 种各具特色的方法，成功实现了知识的精准注入，为智能客服系统的智能交互能力奠定了坚实基础。

首先是直接全文本输入法。此方法简单直接，将涵盖垂直领域全面信息的完整文本资料，一股脑地输入智能客服系统的知识库中。其优势在于操作便捷，能快速将大量知识纳入系统。然而，其弊端也比较明显，全文本数据量庞大且缺乏结构化梳理，导致知识检索时如同大海捞针，难以精准定位用户所需信息，效率与准确性欠佳。

接着是采用 BM25 的文本分片注入法。鉴于全文本输入的不足，我们运用 BM25 算法对全文本进行精细分片处理。该算法依据文本中的词频、逆文档频率等特征，将长文本合理切分成多个短文本片段。如此一来，知识库中的知识单元更加细化。当用户发起查询时，系统可基于 BM25 算法快速评估各文本片段与查询语句的相关性，精准筛选出匹配度高的知识内容。不过，BM25 算法主要基于关键词匹配，对文本语义的深度理解有限，面对语义复杂或存在歧义的查询时，排序结果可能不够理想。

最后是基于 Embedding 向量排序的文本注入法。我们借助先进的预训练语言模型，将文本转换为富含语义信息的向量表示。通过计算查询向量与知识库中各文本向量之间的余弦相似度等指标，对文本进行排序，优先注入相似度高的文本。这种方法充分考虑了文本的语义关联，即便面对表述多样、语义隐晦的查询，也能精准匹配相关知识，极大地提升了知识检索的准确性与智能性。

在实际应用场景中，3 种知识注入方法各有优劣。直接全文本输入法虽操作简便，能快速填充知识库，但知识检索效率与精准度堪忧；BM25 文本分片注入法借助算法优化了检索颗粒度，可快速定位关键词相关内容，却难以深挖语义内涵；基于 Embedding 向量排序的文本注入法语义理解能力强，匹配复杂查询游刃有余，但对计算资源要求较高。因此，我们需综合考量各模型优劣，灵活组合运用，以实现优势互补，有效提升智能客服模型的知识检索准确率。

2. 切片大小的选择

在知识注入的实践路径中，除却最初采用的直接知识注入方式，后续无论是借助 BM25 算法，还是依托特征向量技术来完成垂直领域的知识注入，文本切片（chunk）大小的设定都是一个关键参数。这一参数绝非简单的数值设定，它犹如精密仪器上的调节旋钮，直接决定了切片的具体规模，进而对相似度计算的精准度以及文本检索的准确率产生深远影响。

若切片长度过短，就如同将一幅宏大的画卷裁剪成零碎的布片，每个切片所承载的语义信息极为有限，难以完整表达文本的核心语义。在计算相似度时，系统可能会因信息缺失而误判，将语义关联较弱的文本片段错误地判定为相似，从而降低检索结果的准确性，使得智能客服在回应用户查询时出现“答非所问”的情况。

反之，若切片长度过长，则好比将一幅幅独立的画作强行拼接成一幅长卷。虽然单个切片能涵盖较多信息，但会增加计算复杂度，导致相似度计算耗时增加，影响系统响应速度。同时，过长切片内部可能包含多个主题或语义转折，使得相似度计算模型难以精准聚焦核心语义，进而影响相似度评估的准确性，降低文本检索的精确性。

因此，在实际操作中，我们需要结合垂直领域文本的特点、查询需求的多样性以及系统性能等多方面因素，通过大量的实验与数据分析，精心挑选出最适宜的切片大小，以在计算效率与检索准确率之间达成精妙的平衡，为智能客服系统的高效运行提供坚实保障。

3. 向量相似度排序 Reranker

在向量计算赋能文本相似度评估的流程中，当我们运用向量空间模型将查询文本与待检测文本转换为高维空间中的向量表征后，点积计算便成为一把精准衡量二者语义关联程度的“标尺”。具体而言，查询文本向量与检测文本向量在多维空间中犹如两条有向线段，点积运算通过将它们对应维度上的分量相乘后求和，巧妙地融合了向量长度与方向信息，最终得出一个标量值，该值直观反映了两个文本的相似度大小。

从数学本质来看，点积结果的大小不仅与向量各维度数值相关，更受向量夹角余弦值的深刻影响。当两个向量方向近乎一致，夹角趋近于 0 时，余弦值接近 1，点积结果达到最大值，意味着两个文本语义高度契合；反之，当两个向量方向近乎相反，夹角趋近于 180° 时，余弦值接近-1，点积结果为负且绝对值较大，表明文本语义背道而驰；而当两向量正交，夹角为 90° 时，余弦值为 0，点积结果为 0，则暗示文本间不存在明显的语义关联。

基于这一特性，我们依据点积计算得出的相似度值大小，对检测文本集合进行降序排列，将与查询文本语义最相近的文本置于前列，从而为后续的文本检索、问答匹配等任务提供精准的候选列表。在智能客服、信息检索、推荐系统等众多领域，这种基于向量点积相似度计算与排序的方法被广泛应用，并拥有一个专业且形象的名称——Reranker。

有研究表明，除了基于点积这一经典方法外，还有诸多创新思路与技术手段能够进一步优化 Reranker 的性能表现，为文本排序任务开辟新的可能性。

1）引入注意力机制强化语义交互

传统的点积计算方式虽能捕捉向量间的整体关联，但难以深度挖掘文本中不同部分之间的细微语义交互。而注意力机制的引入，恰似为 Reranker 装上了一双洞察语义细节的“慧眼”。它能够动态地聚焦于查询文本与待排序文本中的关键信息片段，为不同的语义单元分配不同的权重，从而更精准地衡量二者之间的语义匹配程度。例如，在处理长文本时，注意力机制可以自动识别出与查询意图最相关的段落或句子，并赋予它更高的权重，使得最终的排序结果更加贴合用户需求。

2）融合多模态信息提升排序精度

在当今数字化时代，文本信息并非孤立存在，而是与图像、音频等多模态信息相互交织。有研究表明，将多模态信息融入 Reranker 模型中，能够显著提升文本排序的精度。以电商智能客服场景为例，当用户查询一款商品时，除了文本描述外，商品的图片、视频等多模态信息也蕴含着丰富的语义线索。通过将文本向量与图像特征向量、音频特征向量等进行融合，Reranker 可以从多个维度全面理解查询意图与文本内容，从而更准确地判断文本与查询之间的相关性，为用户提供更加精准、全面的商品推荐。

3）借助图神经网络挖掘语义关联网络

文本之间存在着复杂的语义关联网络，而图神经网络（Graph Neural Network，GNN）则是一种强大的工具，能够有效地建模和挖掘这种关联。在 Reranker 中引入 GNN，可以将文本视为图中的节点，文本之间的语义关联视为边，通过在图结构上进行信息的传播和聚合，可以充分挖掘文本之间的潜在语义联系。例如，在学术文献检索中，不同文献之间可能存在引用、被引用等关系，GNN 可以利用这些关系构建文献图，并学习到文献在语义空间中的更丰富表征，从而提升文献排序的准确性，帮助用户更快速地找到相关度最高的学术资源。

4）结合强化学习实现动态自适应排序

在实际应用场景中，用户的需求和查询意图往往是动态变化的，传统的 Reranker 模型难以实时适应这种变化。而强化学习技术为解决这一问题提供了新的思路。通过将 Reranker 的排序过程建模为一个马尔可夫决策过程，模型可以根据用户的反馈（如点击、浏览时长等）不断调整排序策略，实现动态自适应排序。例如，在新闻推荐系统中，强化学习驱动的 Reranker 可以根据用户对不同新闻的点击行为，实时调整新闻的排序权重，使得用户更感兴趣的新闻能够优先展示，从而提升用户的阅读体验和平台的用户粘性。

可以看到，尽管经典的基于点积的 Reranker 模型在文本排序领域取得了显著成就，但随着技术的不断进步，引入注意力机制、融合多模态信息、借助图神经网络以及结合强化学习等创新方法，正为 Reranker 的发展注入新的活力，推动着文本排序技术朝着更加智能、精准、自适应的方向不断迈进。

7.3.6 补充讲解 2：用 Qwen3 开展向量计算

在前文中，我们深入探讨了文本嵌入（Embedding）与重排序（Reranking）的核心技术，这两者在搜索、问答、推荐等众多自然语言处理应用场景中均发挥着举足轻重的作用。Qwen3 Embedding 系列依托于先进的 Qwen3 大模型，通过精细化的多阶段训练流程，巧妙融合了海量弱督合成数据与高质量标注数据，从而在多语种检索、代码检索以及语义匹配等任务上实现了性能的显著跃升。实验数据有力地证明，Qwen3 Embedding 在多项性能测试中均全面领先于前代模型及其他开源方案，彰显了其卓越的性能优势。下面将详尽解析 Qwen3 Embedding 系列的设计理念、训练策略、合成数据构建方法以及实验成效，以期为工程实践提供有益的借鉴与参考。

在灵活性方面，Qwen3 Embedding 系列展现出了前所未有的全面性，提供了从 0.6B 到 8B 的全尺寸覆盖的嵌入与重排序模型，能够灵活适应不同场景下对效率与效果的双重追求。开发人员可轻松实现这两个模块的无缝对接与协同工作。尤为值得一提的是，嵌入模型支持在所有维度上自由定义向量，而嵌入与重排序模型允许用户自定义指令，以进一步优化特定任务、语言或场景下的性能表现。

在多语言能力方面，Qwen3 Embedding 系列得益于 Qwen3 模型强大的多语言处理能力，支持超过 100 种语言的处理，其中不乏多种编程语言。这使得该系列模型在多语言、跨语言以及代码检索等方面均展现出了强大的实力与潜力。

下面是实现 Qwen3 Embedding 向量计算的一个示例，代码如下：

```
import torch
import torch.nn.functional as F

from torch import Tensor
from modelscope import AutoTokenizer, AutoModel

def last_token_pool(last_hidden_states: Tensor,
              attention_mask: Tensor) -> Tensor:
   left_padding = (attention_mask[:, -1].sum() == attention_mask.shape[0])
   if left_padding:
      return last_hidden_states[:, -1]
   else:
      sequence_lengths = attention_mask.sum(dim=1) - 1
      batch_size = last_hidden_states.shape[0]
      return last_hidden_states[torch.arange(batch_size,
device=last_hidden_states.device), sequence_lengths]

def get_detailed_instruct(task_description: str, query: str) -> str:
   return f'Instruct: {task_description}\nQuery:{query}'

task = 'Given a web search query, retrieve relevant passages that answer the
query'

queries = [
   get_detailed_instruct(task, 'What is the capital of China?'),
   get_detailed_instruct(task, 'Explain gravity')
]
# 无须为检索文档添加指令
documents = [
   "The capital of China is Beijing.",
   "Gravity is a force that attracts two bodies towards each other. It gives
weight to physical objects and is responsible for the movement of planets around
the sun."
]
input_texts = queries + documents

tokenizer = AutoTokenizer.from_pretrained('Qwen/Qwen3-Embedding-0.6B',
padding_side='left')
model = AutoModel.from_pretrained('Qwen/Qwen3-Embedding-0.6B')

max_length = 8192

# 对输入文本进行分词
batch_dict = tokenizer(
```

```
        input_texts,
        padding=True,
        truncation=True,
        max_length=max_length,
        return_tensors="pt",
    )
    batch_dict.to(model.device)
    outputs = model(**batch_dict)
    embeddings = last_token_pool(outputs.last_hidden_state,
batch_dict['attention_mask'])

    # 对嵌入向量进行归一化
    embeddings = F.normalize(embeddings, p=2, dim=1)
    scores = (embeddings[:2] @ embeddings[2:].T)
    print(scores.tolist())
```

读者可以用上述代码替代前面排序计算的内容进行验证。

7.4 搭建基于 Qwen3 的调度 Agent

前面基于大模型的 Agent 内容展开了深入讲解。从相关内容可知，大模型展现出强大的功能拓展性，通过精心设置多样化的函数工具，它能够依据具体任务需求，自主挑选并调用合适的工具，进而实现应用功能的灵活扩展。这一特性为众多领域的应用开发提供了新思路与新方法。

聚焦跨境电商领域，智能客服作为直接面向用户、影响用户体验的关键环节，其功能的完善与优化至关重要。为进一步增强跨境电商智能客服的能力，我们可以借鉴上述大模型的应用模式，专门开发一系列具有针对性的扩展客服功能模块。这些扩展客服模块如同为大模型配备的“专业助手”，能够处理特定类型的用户咨询与问题。之后，我们将这些扩展客服模块以工具的形式传递给负责任务调度的核心大模型。如此一来，大模型便能在处理用户请求时，根据实际情况调用这些扩展工具，从而有效扩展智能客服的功能边界，提升服务水平与用户满意度。

7.4.1 使用 MCP 构建适配智能客服的工具集

在跨境电子商务蓬勃发展的当下，面向广大普通跨境用户的智能客服体系，早已超越了单纯完成基础交互咨询的范畴。跨境交易场景错综复杂，用户需求千差万别，这就要求智能客服必须配备一系列实用且关键的工具，从而全方位、多层次地提升服务体验，为跨境业务的顺利开展保驾护航。

订单查询的工具就像为用户装上了一双洞察货物动态的“千里眼”。在跨境物流漫长的运输链条中，用户无须再因货物行踪不明而心急如焚。通过该功能，用户能够实时掌握商品的物流信息，精准知晓货物何时启程、此刻身在何处，每一处物流节点的状态、时间、地点以及操作人员等详细信息都清晰可见，极大地缓解了用户等待过程中的焦虑情绪，让购物之旅更加安心。

记录客户投诉的工具则搭建起了一座用户与企业直接沟通的“彩虹桥”。在跨境交易中，难免会出现一些不尽如人意的情况，而此功能确保了用户反馈的问题能够被精准捕捉、及时跟进并妥善解决。它将用户投诉的核心内容、关联业务的细节、用户的基础信息以及投诉发生的时间等关键要素，以结构化数据的形式存储至系统数据库或指定存储介质。这不仅为后续的投诉处理、分析和反馈流程提供了完整、准确的数据基础，更助力企业迅速响应用户诉求，以实际行动提升服务质量与用户满意度。毕竟，在跨境业务的激烈竞争中，用户的信任与口碑是企业立足的根本。

这些工具并非孤立存在，而是相互配合、协同作战，共同为跨境用户打造了一个便捷、高效的一站式支持平台。通过整合运用这些工具，用户能够在遇到问题时迅速找到解决方案，感受到平台全方位的关怀与支持，从而有力地增强对平台的信任感与粘性，为企业的长期发展奠定坚实基础。

在具体落地实施环节，我们巧妙借助前期精心雕琢的 MCP（Model Context Protocol，模型上下文协议）来完成工具集的高效搭建，如图 7-4 所示。MCP 具备强大的功能整合与灵活调度能力，它如同一个智能“百宝箱”，能够高效串联起各个功能模块，让数据在模块之间顺畅流通，功能得以协同运作。其模块化设计理念更是独具匠心，使得工具的添加、更新与维护变得轻而易举，能够快速响应跨境电商业务日新月异的发展变化，始终保持平台的先进性与竞争力。

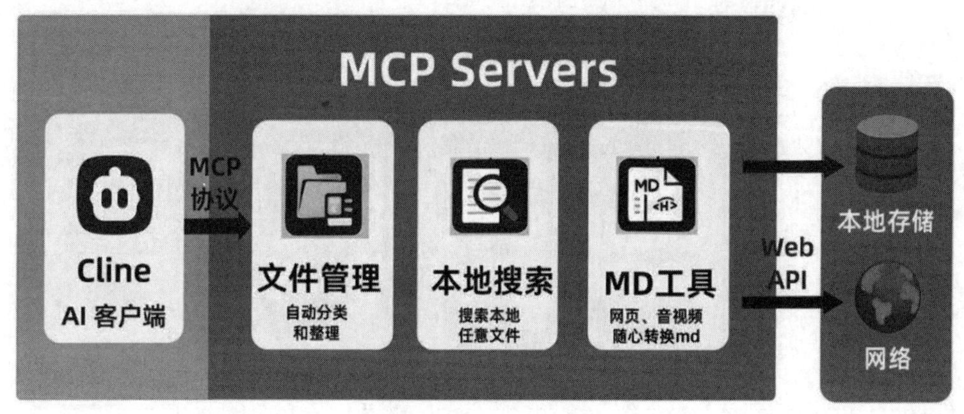

图 7-4　MCP 实现功能

接下来，我们实现针对 3 种情况（订单查询、客户投诉、信息咨询）的 MCP 智能客服工具集，代码如下：

```
import datetime
from mcp.server.fastmcp import FastMCP

# 创建服务实例，为智能客服工具集的运行搭建舞台
mcp = FastMCP("DemoServer")

@mcp.tool()
def fetch_logistics_information(logistics_number: str) -> dict:
    """
    该函数犹如一位专业的物流信息侦探，根据用户提供的物流单号，向物流服务系统发起精准的查询请求。
    它不放过物流运输过程中的任何一个关键节点，包括包裹揽收、中转、派送等环节，详细获取并返回这些环节的具体状态、时间、地点以及操作人员等数据。
    通过这些丰富的信息，用户能够全面、深入地了解货物的实时运输动态，仿佛亲眼目睹货物在运输途中的每一步。

    参数:
        logistics_number (str): 用户提供的物流单号，是查询物流信息的关键钥匙。

    返回:
```

```
        dict: 包含详细物流信息的字典，结构清晰，方便用户查看与理解。
    """
    # 模拟从物流服务系统获取数据的过程，实际应用中会调用真实的物流接口
    logistics_data = {
        "logistics_number": logistics_number,
        "status": "In Transit",
        "current_location": "City X, Country Y",
        "last_update_time":
datetime.datetime.now().strftime("%Y-%m-%d %H:%M:%S"),
        "events": [
            {
                "event_type": "Pickup",
                "time": "2024-07-10 09:00:00",
                "location": "Warehouse A, City Z, Country W",
                "operator": "Courier John"
            },
            {
                "event_type": "Transit",
                "time": "2024-07-11 14:30:00",
                "location": "Transit Hub B, City X, Country Y",
                "operator": "Operator Lisa"
            }
        ]
    }
    return logistics_data


@mcp.tool()
def record_user_complaint(user_info: dict, complaint_details: str,
business_context: dict = None) -> str:
    """
    此函数是用户投诉的“忠诚记录者”，负责接收并妥善记录用户发起的投诉信息。
    它将用户投诉的核心内容、关联业务细节、用户基础信息以及投诉发生的时间等关键要素，以结构化数据形式精心存储至系统数据库或指定存储介质。
    这一举措为后续的投诉处理、分析、反馈等流程提供了完整、准确的数据基础，助力企业迅速响应用户诉求，采取有效措施提升服务质量与用户满意度。
    在跨境业务中，常见的投诉涉及价格争议、物流时间过长、商品外观不符、包装牢固程度等问题，而此函数能够全面覆盖这些情况，确保每一个投诉都能得到妥善处理。

    参数:
        user_info (dict): 包含用户基础信息的字典，如用户 ID、姓名、联系方式等，有助于企业与用户保持沟通。
        complaint_details (str): 用户投诉的核心内容，详细描述了用户遇到的问题和不满。
        business_context (dict, optional): 关联业务细节的字典，如订单编号、商品信息等，有助于更精准地定位问题。默认为 None。

    返回:
        str: 告知用户投诉已成功记录的提示信息，让用户感受到企业的重视与关怀。
    """
    # 模拟将投诉信息存储到数据库的过程，实际应用中会使用数据库操作语句
    complaint_record = {
        "user_info": user_info,
        "complaint_details": complaint_details,
        "business_context": business_context,
        "complaint_time":
```

```
datetime.datetime.now().strftime("%Y-%m-%d %H:%M:%S"),
            "status": "Received"
        }
        # 这里只是模拟存储操作，实际应用中会调用数据库接口进行真实存储
        print(f"Complaint record stored: {complaint_record}")
        return "Your complaint has been recorded. We will investigate and get back
to you as soon as possible. Thank you for your feedback!"


    @mcp.tool()
    def customer_chat(user_id: str, query: str, business_context: dict = None) ->
dict:
        """
        该函数是智能客服的“智慧大脑”，专门处理普通用户发起的各类咨询服务请求。
        它如同一位经验丰富的客服专家，能够接收用户输入的咨询问题、关联业务场景信息（如有）以及用
户基础标识，然后调用相应的知识库、业务规则引擎或对接外部专业接口，对用户咨询进行智能分析与精准应
答。
        同时，它还会详细记录咨询全过程数据，以便后续进行服务质量评估、问题溯源及知识库优化，为用
户提供高效、准确且个性化的咨询服务体验。

        参数:
            user_id (str): 用户在系统中的唯一标识符，用于关联用户账户与咨询记录，方便后续追踪
用户咨询历史及提供个性化服务。
            query (str): 用户提出的咨询问题文本，需清晰描述用户想要了解的信息，如产品功能、服
务流程、政策规定等。
            business_context (dict, optional): 与咨询问题相关的业务场景上下文信息，包含有
助于更精准解答问题的额外数据，如订单编号、产品型号、服务阶段等。默认为 None。

        返回:
            dict: 包含应答内容和相关信息的字典，结构清晰，便于前端展示和用户理解。
        """
        # 模拟知识库查询和应答生成的过程，实际应用中会调用知识库接口和业务规则引擎
        knowledge_base = {
            "product_feature": "This product has advanced features such as [feature
1], [feature 2], and [feature 3].",
            "return_policy": "Our return policy allows returns within [X] days of
purchase, with the product in its original condition."
        }

        # 简单模拟根据查询内容从知识库获取应答的逻辑
        if "feature" in query.lower():
            answer = knowledge_base["product_feature"]
        elif "return" in query.lower():
            answer = knowledge_base["return_policy"]
        else:
            answer = "We are sorry, but we couldn't find a direct answer to your question.
Our team will review your query and get back to you shortly."

        # 记录咨询信息（模拟）
        consultation_record = {
            "user_id": user_id,
            "query": query,
            "answer": answer,
            "timestamp": datetime.datetime.now().strftime("%Y-%m-%d %H:%M:%S"),
            "business_context": business_context
```

```
        }
        print(f"Consultation record stored: {consultation_record}")

        return {
            "answer": answer,
            "response_time":
datetime.datetime.now().strftime("%Y-%m-%d %H:%M:%S"),
            "status": "success"
        }


    if __name__ == "__main__":
        # 使用标准输入/输出协议运行服务，让智能客服工具集正式投入工作
        mcp.run(transport="stdio")
```

在上面代码中，我们提供了 3 个函数作为演示：

- fetch_logistics_information()函数：模拟了物流数据结构，包括物流单号、当前状态、当前位置、最后更新时间以及详细的物流事件列表，使查询结果更加真实、丰富。
- record_user_complaint()函数：模拟记录了用户信息字典、投诉详情字符串和可选的业务上下文字典，以便更全面地记录投诉信息；返回信息为更详细、友好的提示，告知用户投诉已被成功记录，并表示会尽快调查和回复，从而增强用户的信任感。
- customer_chat()函数：记录咨询信息的过程，包括用户 ID、查询问题、应答内容、时间戳和业务上下文等，实际应用中会调用数据库接口进行真实存储。

可以看到，基于 MCP 构建的智能客服工具集更加完善、实用，能够更好地满足跨境用户的多样化需求，提升企业的服务质量和竞争力。

7.4.2 基于在线 Qwen3 的客户意图识别与工具调度 Agent

在我们顺利完成 MCP 服务工具的精心设置之后，接下来便进入了智能客服系统运作的关键环节——借助大模型的强大能力，对用户输入的查询内容和具体要求进行精准识别，并依据识别结果合理分配与调度对应的工具，从而高效完成特定的任务。

在智能客服的功能实现过程中，用户意图识别就像大厦的基石，是整个搭建过程中最具挑战性、最核心的功能。它的重要性不言而喻，因为只有准确无误地识别出客户的真实意图，系统才能像技艺精湛的工匠挑选合适的工具那样，正确调用对应的工具函数，精准满足客户的需求，让每一次交互都成为提升用户体验的契机。

接下来，我们将完成基于 Qwen3 的客户意图识别与工具调度 Agent。这个 Agent 如同智能客服系统中的“智慧指挥官”，能够巧妙协调大模型与工具集，实现高效、精准的服务。示例代码如下：

```
    '''
    MCP 客户端程序
    通过 stdio 协议与 MCP 服务器进行无缝通信
    精准获取 MCP 服务器的工具清单和调用参数
    并灵活调用工具实现 MCP 服务中丰富多样的函数功能
    '''

    from openai import OpenAI
```

```
from mcp import ClientSession, StdioServerParameters  # 从 mcp 模块导入关键类，为通信与会话管理提供支持
from mcp.client.stdio import stdio_client  # 从 mcp.client.stdio 模块导入通信函数，搭建客户端与服务器之间的桥梁
import sys  # 导入 sys 模块，用于处理命令行参数，增强程序的灵活性
import json # 导入 json 模块，用于高效处理 JSON 数据，实现数据的结构化存储与传输
import os   # 导入 os 模块，用于处理文件路径和环境变量，确保程序在不同环境下的稳定运行

# 定义一个功能强大的函数，用于将 tools 工具中的 JSON 数据转换为清晰易读的格式
def transform_json(tools):
    s = "MCP 服务器提供的工具如下:\n"
    for tool in tools:  # 遍历工具列表，逐一解析每个工具的信息
        s = s + f"""
            工具名称: {tool.name},
            工具描述: {tool.description},
            - 输入参数标题: {tool.inputSchema['title']},
            - 输入参数属性: {json.dumps(tool.inputSchema['properties'], indent=4, ensure_ascii=False)},

            """
    return s

# 定义与 Qwen3 大模型交互的核心函数，实现用户意图识别与工具调用命令生成
def ask_llm(question, tools_list):
    """
    该函数通过精心设计的系统提示，引导 Qwen3 大模型根据用户问题和工具描述，生成符合要求的工具调用命令。

    参数:
        question (str): 用户提出的问题，是模型理解用户需求的关键依据。
        tools_list (str): 包含工具详细描述的字符串，为模型提供工具集的相关信息，辅助模型做出正确的工具选择。

    返回:
        tuple: 包含生成的 JSON 格式工具调用命令文本和 OpenAI 客户端对象的元组，便于后续处理与调用。
    """
    system_prompt = tools_list + '\n 根据以上描述，用户要求: %s ，请生成一个工具调用命令，要求以 json 格式输出{"tool": 工具名, "tool_input": 参数字典}，只输出 json，不要输出其他内容' % (
        question)

    # 创建 OpenAI 客户端，配置 API 密钥和基础 URL，确保与 Qwen3 模型的正常通信
    client = OpenAI(
        api_key="sk-17f687f6c5ac4647a9d9f649598a7cfe",  # 实际应用中
        base_url="https://dashscope.aliyuncs.com/compatible-mode/v1",
    )

    # 调用 Qwen3 模型生成响应
    response = client.chat.completions.create(
        model="qwen-plus",
        messages=[
            {"role": "system", "content": system_prompt},# 系统提示，为模型设定任务背景和要求
            {"role": "user", "content": "Hello"},  # 示例用户消息，可根据实际情况调
```

```
整或移除
        ],
        max_tokens=1024,      # 限制生成文本的最大长度，避免响应过长
        temperature=0.99,     # 控制生成文本的随机性和创造性，数值越高，输出越多样
        stream=False          # 禁用流式输出，一次性获取完整响应
    )

    generated_text = response.choices[0].message.content  # 提取生成的文本内容
    return generated_text, client  # 返回生成的文本和客户端对象，便于后续调用其他函数


# 定义与 Qwen3 模型进行简单交互的函数，用于获取直接的回答
def llm_Qwen3(question, client):
    """
    该函数直接调用 Qwen3 模型，根据用户问题生成回答。

    参数:
        question (str): 用户提出的问题，是模型生成回答的依据。
        client (OpenAI): OpenAI 客户端对象，用于与 Qwen3 模型进行通信。

    返回:
        str: 模型生成的回答文本。
    """
    response = client.chat.completions.create(
        model="qwen-plus",
        messages=[
            {"role": "user", "content": question},  # 用户消息，包含用户提出的问题
        ],
        max_tokens=1024,      # 限制生成文本的最大长度
        temperature=0.99,     # 控制生成文本的随机性和创造性
        stream=False          # 禁用流式输出
    )
    generated_text = response.choices[0].message.content  # 提取生成的文本内容
    return generated_text


# 获取服务器脚本路径，为启动服务器进程做准备
server_script_path = os.path.join(os.path.dirname(__file__),
"base_customer_mcp_tools.py")

# 定义服务器参数，配置服务器进程的运行环境
server_params = StdioServerParameters(
    command="python",              # 运行命令，指定使用 Python 解释器
    args=[server_script_path],    # 服务器脚本路径，指向包含工具实现的脚本文件
    env=None                       # 可选的环境变量，用于配置服务器进程的运行环境
)

# 定义异步运行函数，处理用户查询并调用相应工具
async def run(question="你是谁?"):
    """
    该异步函数是整个智能客服流程的核心，负责处理用户查询、调用大模型进行意图识别、调度工具并
生成最终回答。

    参数:
        question (str, optional): 用户提出的问题，默认为 "你是谁?"。
```

```
    """
    # 建立与 MCP 服务器的连接
    async with stdio_client(server_params) as (read, write):
        async with ClientSession(read, write) as session:
            # 初始化连接，确保客户端与服务器之间的通信正常
            await session.initialize()

            # 列出可用工具，获取工具的详细信息
            tools = await session.list_tools()
            # 将工具信息转换为易读的格式
            s = transform_json(tools.tools) + "\n"
            # 调用大模型进行意图识别和工具调用命令生成
            response, client = ask_llm(question, s)
            # 清理生成的 JSON 字符串中的 Markdown 标记，确保格式正确
            response = response.strip().replace('```json', '').replace('```',
'').strip()
            # 将清理后的字符串解析为 JSON 对象
            mtools = json.loads(response)  # 现在 response 是纯 JSON 字符串
            print("解析后的工具调用命令: --> ", mtools)

            # 检查生成的命令中是否包含工具名称
            if 'tool' in mtools:
                tool_name = mtools['tool']              # 获取工具名称
                tool_input = mtools['tool_input']       # 获取工具输入参数

                # 调用指定的工具，执行相应的任务
                print("正在调用工具:", tool_name, "输入参数:", tool_input)
                ret = await session.call_tool(tool_name, tool_input)  # 异步调用工
具
                if ret:
                    try:
                        # 尝试将工具返回的结果解析为 JSON 对象
                        r = json.loads(ret.content[0].text)
                    except:
                        # 如果解析失败，则直接使用返回的文本内容
                        r = ret.content[0].text
                    print("工具返回结果:", r)
                    # 根据工具返回结果和用户问题，生成最终回答
                    questions = f"用户的问题是{question}，根据{tool_name}的返回结果为:
{r}，根据以上信息，回答问题。"
                    r = llm_Qwen3(questions, client)  # 调用大模型生成回答
                    print("最终回答:", r)
            else:
                # 如果没有生成有效的工具调用命令，则直接调用大模型回答用户问题
                r = llm_Qwen3(question, client)
                print("直接回答:", r)


if __name__ == "__main__":
    import asyncio

    # 定义一组测试问题，用于验证智能客服系统的功能
    questions = [
        '帮我查一下订单，订单编号是 5241368562',
        '我觉得你们家商品价格太高！',
        "手机的质保是多久？",
```

```
    ]
    # 遍历测试问题，逐一处理并输出结果
    for question in questions:
        asyncio.run(run(question))
```

此时运行结果如下：

```
…
最终回答：根据提供的物流信息，订单编号 **5241368562** 的当前状态如下：

### 物流概览
- **物流单号**: 5241368562
- **当前状态**: 运输中（In Transit）
- **当前位置**: City X, Country Y
- **最后更新时间**: 2025-04-28 23:19:58

### 物流事件记录
1. **提货** (Pickup)
   - **时间**: 2024-07-10 09:00:00
   - **地点**: Warehouse A, City Z, Country W
   - **操作员**: Courier John

2. **中转** (Transit)
   - **时间**: 2024-07-11 14:30:00
   - **地点**: Transit Hub B, City X, Country Y
   - **操作员**: Operator Lisa

### 注意事项
- 当前物流状态显示包裹仍在运输中，尚未到达最终目的地。
- 如需进一步帮助（如预计送达时间、更改地址等），建议联系物流公司或提供更多查询指令。
…
最终回答：根据返回的错误信息，系统在记录用户投诉时缺少必要的字段 `user_info`（用户信息）。当前仅提供了投诉内容（`complaint_details: "商品价格太高！"`），但未包含用户标识信息（如用户ID、联系方式等），导致验证失败。

**解决方案建议：**
1. **补充用户信息**：在调用 `record_user_complaint` 工具时，需在参数中提供完整的`user_info` 字段（例如 `{"user_id": "123", "complaint_details": "商品价格太高！"}`）。
2. **错误处理**：若当前无法获取用户信息，建议检查前端或调用逻辑，确保必填字段完整后再提交。
…
最终回答：根据客服的回复，目前无法直接提供手机质保的具体时长信息。客服系统已记录您的查询，团队将会尽快审核并后续给您答复。建议您稍作等待，或直接联系品牌官方客服获取更即时的帮助。
```

从上面结果可以看到，我们实现的基于在线 Qwen3 的客户意图识别与工具调度 Agent，能够较好地满足智能客服系统的需求，为用户提供高效、准确的服务。

7.5 本章小结

在本章中，我们讲解了基于分层 Agent 架构的跨境电商智能客服实战案例，通过微调本地化大模型作为客服基座模型，伴随 MCP 功能模块的添加，我们的跨境电商智能客服基本上实现了客户问询、订单查询以及投诉记录等功能。然而，这些基础能力的整合仅是智能客服进化的起点，其核心价值在于如何通过动态服务编排与业务数据反哺，将功能模块转换为可自主优化的“有机生命体”。

例如，在处理中东用户对某款智能灯具的咨询时，系统不仅能基于本地化大模型快速解析方言俚语，还能通过MCP的跨域知识联动机制，实时调用物流Agent验证该商品在海外仓库的库存状态，同步激活合规 Agent 核查能效认证要求，最终在单轮对话中完成“需求理解-产品适配-履约可行性”的全链路验证。这种“一次交互、多域穿透”的能力，使客服系统从被动响应工具升级为业务决策的“前置触点”，在实战中可缩短用户决策时长，同时降低因信息割裂而导致的订单流失率。

第 8 章

多智能体协作的原生 A2A 协议详解

在上一章中，讲解了基于分层智能体（A2A）架构的智能客服系统的构建方法。通过将整个系统划分为多个功能层级，并在不同的模块中引入具有不同性能和专长的智能体，我们不仅提升了系统的整体智能化水平，而且增强了其应对复杂任务的能力。

具体而言，这种架构允许我们将客服流程中的各项任务按照逻辑层次进行划分。例如，第一层负责基础的用户意图识别与问题分类；第二层则专注于特定业务场景下的信息查询或问题解答；而更高层级的智能体则可以处理更加复杂的交互任务，如多轮对话管理、情绪识别以及个性化推荐等。每个层级的 Agent 可以根据任务难度、响应速度及知识复杂度的不同，选择相应的模型或算法实现，从而在保证效率的同时提升用户体验。A2A 架构如图 8-1 所示。

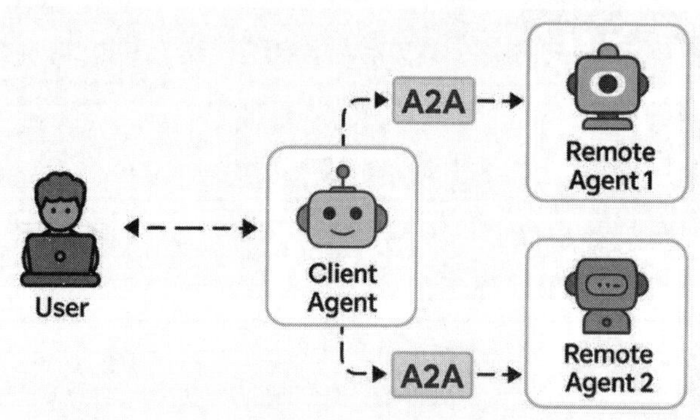

图 8-1　A2A 架构

此外，该架构还支持灵活的扩展性和可维护性。当某一功能模块需要升级或优化时，只需针对相应层级的 Agent 进行调整，而不必对整个系统进行重构。同时，通过引入强化学习或多智能体协作机制，各层级之间能够实现更高效的协同工作，进一步提升系统的自适应能力和智能化水平。

8.1 A2A 架构详解

A2A 是一项新的开放标准，它为 AI 智能体提供了一种通用的通信协议，使它们能够无缝协作与交流。想象一下，你拥有一支由超级智能 AI 助手组成的团队：一个擅长数据分析，另一个能撰写优秀的报告，还有一个专门负责管理你的日程。单独来看，它们都非常出色，但问题在于它们彼此之间并不了解对方的存在，当需要在同一个项目上协作时，就会显得力不从心。

A2A 正是为了改变这一现状而诞生的，它致力于实现智能体之间的跨平台交流。简而言之，A2A 的重要性在于它有潜力打破 AI 智能体之间的孤岛，让它们像一个协调良好的团队一样高效合作，而不是各自为战。

8.1.1 A2A 的功能与定义

A2A 被定义为一个用于 AI 智能体的通信协议。可以把它想象成一种标准化的通用语言，任何 AI 智能体都可以用它来与任何其他智能体对话，而无论它是由谁构建的，或者运行在什么框架上。

如果没有 A2A，如果试图让智能体 A 直接与智能体 B 对话，这将是一件比较困难的事情。因此 A2A 应运而生，它是让不同智能体互相共享信息、寻求帮助、协调任务的桥梁，是不需要自定义的“胶带代码”。

简单来说，A2A 之于 AI 智能体，就像互联网协议之于计算机——它赋予智能体一种通用的网络语言。在框架 A 中构建的智能体 A 可以向在框架 B 中构建的智能体 B 发送消息或任务请求，智能体 B 将理解并做出适当的响应。它们不需要了解彼此“内部大脑”或代码的凌乱细节，这些均由 A2A 负责翻译和协调。

因此，A2A 协议允许智能体彼此通信，安全地交换信息，并在不同平台之间协调行动。至关重要的是，智能体以对等方的身份进行此操作，而不仅仅是工具——这意味着每个智能体在协作的同时保留其自主性和特殊技能。

让我们发挥想象力。想象一间繁忙的办公室，但里面不是人类，而是 AI 智能体。里面有电子表格专家小雪、邮件高手小华和客户支持机器人安格。在正常情况下，小雪可能需要小华向客户发送安格提供的一些数据的摘要，但小雪说 Excel 语，小华说 JSON 语，安格则用自然语言解答常见问题。混乱随之而来——小雪输出的 CSV 文件小华不知道如何阅读，小华发送的邮件安格无法解析，安格记录了一个问题但从未回到小雪那里。

现在想象一间带实时翻译功能的神奇会议室，小雪用 Excel 语说：“我需要最新的销售数据。”翻译器（A2A）用安格的语言转达：“嘿，安格，你能获取销售数据吗？”安格获取数据并用白话回答，翻译器确保小雪用 Excel 语听到。与此同时，小华自动插话说：“我将用这些数据起草一封邮件。”翻译器帮助小华和安格协调内容。突然间，三个 AI 同事开始顺畅地协作，每个人都发挥自己的长处，没有误解。

这个翻译器就是 A2A。它确保当一个智能体“说话”时，另一个能够“听到”并做出适当的响应，即使其中一个内部是使用 LangGraph 构建的，另一个是使用 AutoGen（AG2）构建的。A2A 为智能体提供了通用语言和礼仪：如何自我介绍，如何向他人寻求帮助，如何交换信息，以及如何礼貌地说“明白了，这是您想要的结果”。就像一个好的通用翻译器一样，A2A 承担了沟通的繁重工作，以便智能体可以专注于手头的任务。

此外，A2A 协议从一开始就被设计为安全考虑——内置了身份验证、授权和治理，因此智能体只共享它们被允许共享的内容。智能体可以协同工作，而无须彼此暴露它们的“秘密武器”（内部内存或专有工具）。这就像医生在不泄露患者隐私的情况下就一个病例进行会诊，是一种兼顾隐私的协作。

8.1.2 A2A 通信与交互模块详解

A2A 协议建立在开发者熟悉的网络技术之上：其核心通信方式是 JSON-RPC 2.0 over HTTP(S)，如图 8-2 所示。

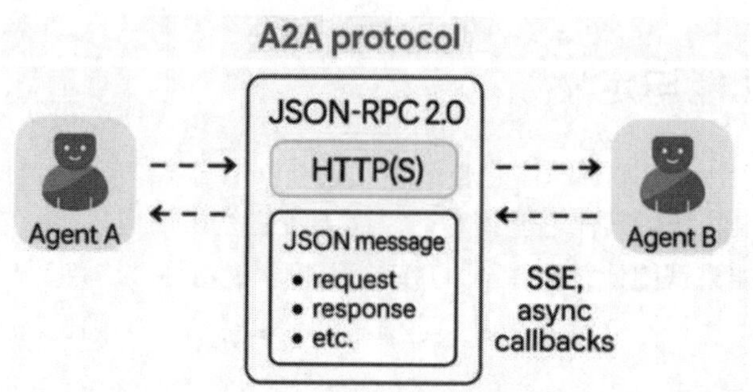

图 8-2　A2A 通信协议

换句话说，智能体之间通过标准的网络请求发送结构化的 JSON 消息进行交流，包括请求、响应等基本元素。没有晦涩难懂的专有二进制格式，只有通过 HTTP 传输的纯文本 JSON——这种设计非常友好，就像使用所有 Web 服务都能理解的“HTML 通用语言”一样畅通无阻。

不仅如此，A2A 还支持一些增强功能，如 SSE（Server-Sent Events，服务器推送事件）用于流式数据更新，异步回调用于通知机制。这意味着当智能体 A 向智能体 B 提出一个耗时较长的问题（比如需要两分钟的数据处理）时，智能体 B 可以逐步向智能体 A 发送部分结果或状态更新，而不是让智能体 A 空等。这正是高效协作应有的模样。

在一个 Agent 与其他 Agent 进行交互时，每个 Agent 都需要彼此通知和了解相互之间的功能与能力。为此，A2A 构建了一个客户端-服务器方式的交互模型：当智能体 A 需要帮助时，它扮演客户端角色，向远程智能体 B（服务器）发出请求。A2A 负责协调整个过程，包括：

- 能力发现：智能体可以使用 JSON 格式的“智能体卡片（Agent Card）”来宣传其能力，允许客户端智能体识别能够执行任务的最佳智能体，并利用 A2A 与远程智能体通信。
- 任务管理：客户端和远程智能体之间的通信面向任务完成，智能体在其中努力满足最终用户的请求。这个“任务”对象由协议定义并具有生命周期。它可以立即完成，或者对于长时间运行的任务，每个智能体可以进行通信，并以完成任务的最新状态保持同步。任务的输出被称为“工件（Artifact）”。
- 协作：智能体可以相互发送消息以传达上下文、回复、工件或用户指令。
- 用户体验协商：每条消息包含“部分（Parts）”，这是一个完全成型的内容片段，如生成的图像。每个部分都有指定的内容类型，允许客户端和远程智能体协商所需的正确格式，并明确包括用户 UI 能力的协商，例如 iframes、视频、Web 表单等。

这一切都基于开放、标准的 Web 技术栈，使得现有系统可以轻松集成。如果读者熟悉浏览器如何与 Web 服务器通信（即请求与响应模式），那么 A2A 的设计理念就不陌生——它只是将这一逻辑扩展到了 AI 智能体之间的对话中，从而实现了最大化的兼容性和互操作性。

1. 智能体卡片（Agent Card）——能力发现模块

每个采用 A2A 的智能体都会提供一张“智能体卡片”，它是一个标准化的 JSON 格式文件，相当于 AI 智能体的数字名片或 LinkedIn 个人资料。这张卡片包含智能体的基本信息、版本、描述、可用技能列表等内容，如图 8-3 所示。

图 8-3　智能体卡片

借助智能体卡片，其他智能体可以轻松发现和验证目标是否具备完成特定任务的能力。在智能体 A 向智能体 B 请求帮助之前，它可以先查看智能体 B 的卡片，确认智能体 B 是否拥有相关技能。这种方式避免了盲目调用带来的低效与错误。

2. 技能清单（Skill List）——能力清单模块

技能是智能体对外提供的具体功能，列在智能体卡片中。每个技能都有唯一的 ID、可读性强的名称、详细的描述，甚至附带使用示例。例如，schedule_meeting 是日程机器人的一个技能，描述为“根据给定日期范围安排参与者之间的会议”。

这些技能定义就像智能体的服务菜单，明确告知外界它可以处理哪些类型的请求，从而确保任务分配精准有效。

3. 任务与工件（Task&Artifact）——任务管理模块

当智能体 A 希望智能体 B 执行某项工作时，它会发送一个结构化的任务请求。这个任务被 A2A 协议定义为一个 JSON 对象，其中包含所需执行的操作、输入参数及上下文信息。例如“任务：请使用你的 schedule_meeting 技能，输入 X、Y、Z。”，如图 8-4 所示。

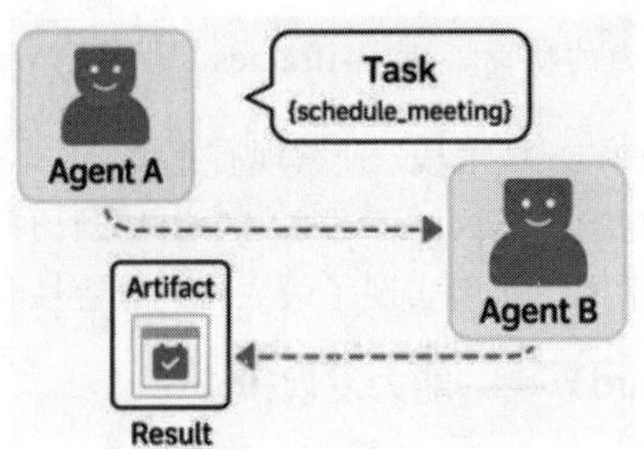

图 8-4　任务管理

任务具有生命周期，从创建、执行到完成，这个过程中智能体可以交换多条消息进行协调。完成后，结果将被打包为工件返回，作为任务的交付成果。例如，调度任务的工件可能是日历邀请或确认邮件。

对于长时间运行的任务，A2A 支持持续的状态更新和中间结果反馈（如“还在处理……快完成了……”），确保协作过程透明顺畅，不会因超时而被中断。

4. 消息（Message）——协作对话模块

消息是智能体之间实际交换的内容，包括问题、上下文、中间结果、确认信息等。A2A 允许消息携带多种内容类型，不仅限于纯文本，还可以是结构化数据、文件甚至多媒体内容。每条消息可以包含多个部分，每个部分标注内容类型，例如一段文本（text/plain）和一幅图片（image/png）。A2A 的协作对话如图 8-5 所示。

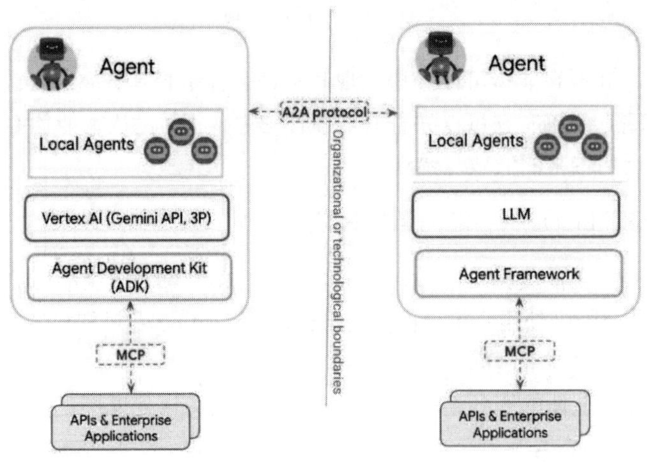

图 8-5　A2A 的协作对话

更进一步，A2A 引入了用户体验协商机制，允许智能体协商接收内容的最佳形式。例如，如果智能体 A 无法直接显示图像，智能体 B 可改为提供 URL 或文本描述。这一特性确保了不同能力的智能体之间也能实现无缝沟通。

5. 安全协作（Security）

A2A 在设计之初就考虑到了企业级安全性。协议内置身份验证机制（如 API 密钥、OAuth 等），确保只有授权的智能体才能发起或响应任务请求。同时，智能体无须暴露其内部实现细节，例如模型架构、提示历史等敏感信息。它们只需交换完成任务所需的必要信息，保护各自的知识产权与隐私。

A2A 在智能体之间建立了一个客户端-服务器模型：当智能体 A 需要某物时，它充当客户端智能体，智能体 B 充当远程智能体（服务器）角色。A2A 处理客户端如何找到正确的远程智能体（通过智能体卡片），如何发送任务（JSON-RPC 消息），远程智能体如何流式传输响应或给出最终结果，以及两者如何始终保持同步。所有这些都使用网络友好的标准，以便易于插入现有应用程序。这听起来有点像网络浏览器如何与网络服务器对话（请求和响应），这并非巧合，A2A 本质上是将类似的概念应用于智能体与智能体对话，这是最大化兼容性的逻辑方法。

8.2　Hello Agent：A2A 多智能体交互实战

A2A 协议使得 AI 智能体不再孤立存在，而是形成一个可相互操作的生态系统。这就像教一群高度专业化的机器人如何进行对话，一旦它们能够对话，就可以合作解决任何一个机器人都无法单独解决的问题。

8.2.1　定义模块组件的实现与查看

前面我们讲解了 A2A 中不同的模块，其作用是在 A2A 交互过程中相互了解和定位各自的作用，并使用独立的功能共同协作完成项目的工作。本小节将讲解 A2A 架构的基本使用，读者可以使用如下命令安装 A2A 的辅助库：

```
pip install a2a-sdk
```

在具体实现上，A2A 是通过提示信息的方式完成对角色的定位、智能体技能的设定以及任务执行的编排。下面我们将对智能体组件逐一进行讲解。

1. 智能体名片

智能体名片是让客户端发现智能体并学习如何与其交互的重要信息。智能体名片是一个 JSON 文档，一个 A2A 服务器通常会在一个.we11-known/agent.json 端点上提供它，并对外展示。

智能体名片的定义主要包括以下几个部分：

- Name、description、version：基本身份信息。
- url：智能体服务可以访问的端点。
- capabilities：指定支持的 A2A 功能，如流式传输或推送通知。
- authentication：客户端应该如何认证的详细信息。
- defaultInputModes、defaultOutputModes：智能体的默认 MIME 类型。
- skills：智能体提供的技能列表。

因此，如果我们要为上面的智能体定义一个智能体名片，可以这样定义：

```
from a2a.types import AgentCard,AgentCapabilities
agent_card = AgentCard(
```

```
    name="Hello World Agent",
    description="Just a hello world agent",
    url="http:/0.0.0.0:9000",
    version="0.0.1",
    defaultInputModes=["text"],
    defaultOutputModes=["text"],
    capabilities=AgentCapabilities(streams=True, tools=True),
    skills=[skill],
)
```

这个名片告诉我们，智能体被命名为He1lo World Agent，运行在 http:/0.0.0.0:9000，支持文本交互，并且指定了一个技能。由于我们这里没有提供`authenticatio`信息，表明这是一个公共认证，这意味着不需要特定的凭证。

2. 智能体技能

上面我们通过 skill 传入了一个智能体技能，技能的方法可以使用多种。在这里我们仅仅想让一个智能体说一句“hello word”，并将其作为技能传递。

在 A2A 协议中，智能体技能是智能体能够执行的任务或操作。每个技能都有唯一的标识符、名称、描述和示例。技能可以有不同的输入和输出模式，例如文本、JSON 等。一个智能体技能的定义主要包括以下几个部分：

- id：唯一的标识符。
- name：一个可读的名称。
- description：一个更详细的解释，说明技能的作用。
- tags：用于分类和发现的标签。
- examples：示例提示或用例。
- inputModes、outputModes：支持的输入和输出类型（例如 text/plain、application/json）。

比如我们要定义一个返回“helo world”的技能，可以使用如下表示：

```
from a2a.types import AgentSkill
skill = AgentSkill(
    id="hello-world",
    name="Hello World Skill",
    description="Just a hello world skill",
    tags = ["hello world"],
    examples=["hi","hello world"]
)
```

在上面代码中，我们注册了一个说“hello world”的技能，并将其注册给 agent_card。

接下来，我们需要查阅所定义的智能体名片。前面讲到对于使用的智能体框架，可以通过通信地址在特定的地址被调用，一般我们使用“.well-known/agent.json”作为调用地址。

下面就是用于将智能体名片和说明进行部署的代码：

```
from a2a.server.apps import A2AStarletteApplication

#构建服务器
server = A2AStarletteApplication(
    agent_card=agent_card,http_handler=None
```

```
)

import uvicorn
uvicorn.run(server.build(),host='0.0.0.0', port=9000)
```

这里的 A2AStarletteApplication 是 A2A 库提供的一个服务器部署类，它简化了上网使用的过程，我们只需要将它和 uvicorn 合并使用即可。完整的代码如下：

```
from a2a.types import AgentCard,AgentCapabilities
from a2a.types import AgentSkill
from a2a.server.apps import A2AStarletteApplication
import uvicorn

agent_card = AgentCard(
    name="Hello World Agent",
    description="Just a hello world agent",
    url="http:/0.0.0.0:9000",
    version="0.0.1",
    defaultInputModes=["text"],
    defaultOutputModes=["text"],
    capabilities=AgentCapabilities(streams=True, tools=True),
    skills=[skill],
)
skill = AgentSkill(
    id="hello-world",
    name="Hello World Skill",
    description="Just a hello world skill",
    tags = ["hello world"],
    examples=["hi","hello world"]
)

#构建服务器
server = A2AStarletteApplication(
agent_card=agent_card,http_handler=None)
uvicorn.run(server.build(),host='0.0.0.0', port=9000)
```

此时我们启动一个地址为'0.0.0.0'，端口号为 9000 的服务器地址，结果如下：

```
INFO:     Started server process [51084]
INFO:     Waiting for application startup.
INFO:     Application startup complete.
INFO:     Uvicorn running on http://0.0.0.0:9000 (Press CTRL+C to quit)
INFO:     127.0.0.1:51447 - "GET /.well-known/agent.json HTTP/1.1" 200 OK
```

我们可以直接通过浏览器对它进行访问，访问地址为:

```
http://localhost:9000/.well-known/agent.json
```

读者可以自行验证。我们也可以通过代码的形式对它进行访问，代码如下：

```
import requests

# 发送 GET 请求到运行中的服务
response = requests.get("http://localhost:9000/.well-known/agent.json")

# 打印响应内容和服务状态
```

```
    print(f"Status Code: {response.status_code}")
    print(f"Response Body: {response.text}")
```

上面代码运行结果如下：

```
    Status Code: 200
    Response Body:
{"capabilities":{},"defaultInputModes":["text"],"defaultOutputModes":["text"],"
description":"Just a hello world agent","name":"Hello World
Agent","skills":[{"description":"Just a hello world skill","examples":["hi","hello
world"],"id":"hello-world","name":"Hello World Skill","tags":["hello
world"]}],"url":"http:/0.0.0.0:9000","version":"0.0.1"}
```

读者可以自行验证。

8.2.2 服务模块组件的实现与启动

本小节将完成 A2A 架构的执行体，即智能体，用于执行任务本身。首先需要定义一个具体的智能体，之后通过实现特定的逻辑接口将自定义的智能体适配到 A2A 框架中。

A2A 智能体处理请求和生成响应/事件的核心逻辑由 AgentExecutor`接口来处理。A2A Python SDK 提供了一个抽象基类 AgentExecutor 来实现。AgentExecutor 接口定义了两个主要的方法：

- async def execute(self,…)：处理预期响应或事件流的传入请求。
- async def cancel(self,…)：处理取消正在进行任务的请求。

比如我们先定义一个简单的 Hello World 智能体：

```
    class HelloWorldAgent:
        "say hello world Agent"
        def invoke(self):
            return " Hello World|你好 世界"
```

之后，再定义执行器对这个智能体进行调用与执行，代码如下：

```
    # 定义一个名为 HelloWorldAgentExecutor 的类，继承自 AgentExecutor 基类
    class HelloWorldAgentExecutor(AgentExecutor):
        """Test agent executor"""  # 类文档字符串，说明这是一个测试用的 agent 执行器

        def __init__(self) -> None:
            """初始化方法"""
            # 初始化时创建一个 HelloWorldAgent 实例作为成员变量
            self.agent = HelloWorldAgent()

        @override  # 使用 override 装饰器表明这是对父类方法的重写
        async def execute(self, context: RequestContext, event_queue: EventQueue)
-> None:
            """
            执行 agent 的主要方法

            参数:
                context: 请求上下文，包含执行所需的各种上下文信息
                event_queue: 事件队列，用于将执行结果放入队列中
            """
            # 调用 agent 的 invoke 方法获取结果
```

```
        result = self.agent.invoke()
        # 将结果包装成文本消息事件并异步放入事件队列
        await event_queue.enqueue_event(new_agent_text_message(result))

    @override  # 使用 override 装饰器表明这是对父类方法的重写
    async def cancel(self, context: RequestContext, event_queue: EventQueue) -> 
None:
        """
        取消操作的方法（未实现）

        抛出:
            NotImplementedError: 明确表示此方法不支持取消操作
        """
        raise NotImplementedError("HelloWorldAgentExecutor does not support 
cancel")
```

到此，我们完成了 3 部分能力，智能体名片、智能体技能说明以及智能体运行模块。下面我们需要以代码的形式启动智能体：

```
from a2a.server.agent_execution import AgentExecutor, RequestContext
from a2a.server.events import EventQueue
from a2a.utils import new_agent_text_message
from a2a.server.apps import A2AStarletteApplication
from a2a.server.request_handlers import DefaultRequestHandler
from a2a.server.tasks import InMemoryTaskStore
from a2a.types import AgentCapabilities, AgentCard, AgentSkill

import uvicorn

class HelloWorldAgent:
    async def invoke(self) -> str:
        return 'Hello World|你好 世界'

class HelloWorldAgentExecutor(AgentExecutor):
    def __init__(self):
        self.agent = HelloWorldAgent()

    async def execute(self, context: RequestContext, event_queue: EventQueue) 
-> None:
        result = await self.agent.invoke()
        await event_queue.enqueue_event(new_agent_text_message(result))

    async def cancel(self, context: RequestContext, event_queue: EventQueue) -> 
None:
        raise Exception('cancel not supported')

class LoggingA2AStarletteApplication(A2AStarletteApplication):
    async def __call__(self, scope, receive, send):
        if scope["type"] == "http":
            path = scope["path"]
            method = scope["method"]
            print(f"Received request: {method} {path}")
        return await super().__call__(scope, receive, send)

# 创建技能和代理卡
```

```
skill = AgentSkill(
    id='hello_world',
    name='Returns hello world',
    description='just returns hello world',
    tags=['hello world'],

)

extended_skill = AgentSkill(
    id='super_hello_world',
    name='Returns a SUPER Hello World',
    description='A more enthusiastic greeting',
    tags=['hello world', 'super', 'extended'],
)

public_agent_card = AgentCard(
    name='Hello World Agent',
    description='Just a hello world agent',
    url='http://localhost:9000/',
    version='1.0.0',
    defaultInputModes=['text'],
    defaultOutputModes=['text'],
    capabilities=AgentCapabilities(streaming=True),
    skills=[skill],
    supportsAuthenticatedExtendedCard=True,
)

specific_extended_agent_card = public_agent_card.model_copy(
    update={
        'name': 'Hello World Agent - Extended Edition',
        'description': 'Full-featured hello world agent',
        'version': '1.0.1',
        'skills': [skill, extended_skill],
    }
)

# 创建请求处理器和服务器
request_handler = DefaultRequestHandler(
    agent_executor=HelloWorldAgentExecutor(),
    task_store=InMemoryTaskStore(),
)

server = LoggingA2AStarletteApplication(
    agent_card=public_agent_card,
    http_handler=request_handler,
    extended_agent_card=specific_extended_agent_card,
)

if __name__ == "__main__":
    print("Starting A2A server on http://0.0.0.0:9000")
    uvicorn.run(server.build(), host='0.0.0.0', port=9000)
```

在上面代码中，我们首先使用前面定义的 skill 与 agent_card，然后启动 A2A 服务器。下面对主要部分进行解析。

（1）请求处理器 DefaultRequestHandler：这个组件就像智能体的“接线员”，专门负责接听和处理所有打给智能体的“电话”。当有人调用智能体（比如单击“运行”按钮），它会立刻把任务转交给真正的“执行者”（HelloWorldAgentExecutor），同时用一个小本子（InMemoryTaskStore）记下任务进度。这样如果任务需要中途暂停或继续，它都能准确找回状态，确保不会丢三落四。

（2）服务器 A2AStarletteApplication：这是智能体的“营业大厅”，把智能体正式搬到网络上开张营业。它会自动在固定地址（/.well-known/agent.json）挂出智能体的“招牌”（agent_card），路人一来就能看到简介、功能和联系方式（比如“我会说 Hello World”）。同时它把“接线员”（request_handler）安排在前台，确保所有进来的请求都能被正确转接，让智能体随时能响应用户操作。

（3）启动服务 uvicorn.run：最后这一步就是“点亮营业灯牌”——用 uvicorn.run 让整个服务器真正启动起来。它会把组装好的营业大厅（server.build()）部署到 9000 端口，就像打开店铺大门一样。运行后访问 http:// 0.0.0.0:9000 就能看到“营业中”的智能体，任何人通过这个地址都能调用它的能力，比如获取智能体名片或触发“Hello World”功能。

读者可以使用上一小节的显式代码完成对智能体名片的访问。

8.2.3　执行模块组件的实现与运行

在上一小节中，我们使用代码对 A2A 框架的智能体进行访问，其作用仅仅是对智能体进行读取，并展示 AgentCard 中的内容。这样还不够，我们还需要与它进行交互，调用其工具实现其能力。本小节将定义 A2A 框架中的客户端与智能体进行交互，从而完成本章的目标。

连接并获取服务器示例的代码如下：

```
import httpx
from a2a.client import A2AClient
import asyncio  # 需要导入 asyncio 模块

async def httpx_client():
    async with httpx.AsyncClient() as httpx_client:
        client = await A2AClient.get_client_from_agent_card_url(
            httpx_client = httpx_client,
            base_url='http://localhost:9000'
        )
        # 这里可以继续编写你的异步逻辑

# 运行异步主函数
asyncio.run(httpx_client ())
```

在上面代码中，使用 httpx 实例化了一个异步 HTTP 客户端，然后通过 A2A 的 Python SDK 提供的 A2Aclient.get_client_from_agent_card_ur1 方法，从智能体服务器端获取智能体名片。

下面是一个完整的与服务器连接并获取结果的示例：

```
import logging
from typing import Any
from uuid import uuid4
import httpx
from a2a.client import A2ACardResolver, A2AClient
```

```
from a2a.types import (
    AgentCard,
    MessageSendParams,
    SendMessageRequest,
    SendStreamingMessageRequest,
)

async def main() -> None:
    # 使用 localhost 而非 0.0.0.0
    base_url = 'http://localhost:9000'
    PUBLIC_AGENT_CARD_PATH = '/.well-known/agent.json'
    EXTENDED_AGENT_CARD_PATH = '/agent/authenticatedExtendedCard'

    async with httpx.AsyncClient() as httpx_client:
        # 初始化解析器
        resolver = A2ACardResolver(
            httpx_client=httpx_client,
            base_url=base_url,
        )

        # 尝试获取代理卡
        _public_card = await resolver.get_agent_card()
        final_agent_card_to_use = _public_card
        print("------------------------")

        # 初始化客户端并发送消息
        client = A2AClient(httpx_client=httpx_client,
agent_card=final_agent_card_to_use)

        request_id = uuid4().hex
        # 发送非流式消息
        send_message_payload: dict[str, Any] = {
            'message': {
                'role': 'user',
                'parts': [
                    {'kind': 'text', 'text': 'hello'}
                ],
                'messageId': request_id,
            },
        }
        request = SendMessageRequest(
            id=request_id, params=MessageSendParams(**send_message_payload)
        )

        response = await client.send_message(request)
        print(response.model_dump(mode='json', exclude_none=True))

if __name__ == '__main__':
    import asyncio
    asyncio.run(main())
```

从上面代码可以看到，我们使用 A2A 内置的连接器对服务进行连接，并期望获取 Agent 设定的返回值。返回结果如下：

```
{'id': '85689dae15ae4ab093386830baf9f594', 'jsonrpc': '2.0', 'result': {'kind':
```

```
'message', 'messageId': '3f4d3f19-793a-413a-8bf4-fb87402ac81f', 'parts': [{'kind':
'text', 'text': 'Hello World|你好 世界'}], 'role': 'agent'}}
```

从结果中可以看到，此时借助 A2A 架构，我们模拟了不同模型之间的握手，从而实现了一个 Agent 与另一个 Agent 的通信。

8.3　本章小结

在本章中，我们详细讲解了多智能体协作的 A2A 协议（Agent-to-Agent Protocol），并对其核心模块设计以及启动流程进行了深入探讨。A2A 协议作为一种开放的标准，旨在促进不同 AI Agent 之间的高效协作，而无论 Agent 的底层框架或供应商如何。通过这一协议，智能体能够以自然的方式进行交互、协调任务分配与信息共享，从而共同完成更加复杂的协作任务。

此外，我们还通过一个简单的"Hello World"程序完整地演示了多智能体协作的具体用法。该示例不仅展示了如何构建基于 A2A 协议的多代理系统，也直观体现了这一协议在实际应用中的灵活性与强大功能。通过对这一基础案例的学习，读者可以更好地理解 A2A 协议的工作机制及其在未来智能自动化协作领域的潜力。

第 9 章

MCP 与应用详解

大模型的工具调用功能，作为人工智能领域的一项关键技术，赋予模型与外部世界进行交互和协作的能力。在这一领域，Qwen3 所实现的工具调用机制，以高效、灵活的特点，成为众多开发者和研究者关注的焦点。它不仅能够让模型根据需求精准地调用各种外部工具，还极大地拓展了模型的应用场景和实用价值。

MCP（Model Context Protocol，模型上下文协议）作为一种具有开创性的开放协议，其核心目标在于标准化人工智能模型与外部数据源、工具之间的交互方式。在当今复杂多变的人工智能应用环境中，模型需要与各种不同类型的数据源和工具进行交互，以实现更加智能、高效的任务处理。

本章将深入剖析 Qwen3 工具调用的使用技巧以及识别方法。通过详细的讲解和实例演示，读者将能够全面了解如何运用 Qwen3 的工具调用功能，实现模型与外部工具的高效协同。同时，本章也将深入探讨 MCP 在其中的重要作用，以及如何利用 MCP 进一步优化模型与外部系统的交互过程。

随着学习的深入，读者将逐渐掌握如何在实际项目中灵活运用 Qwen3 的工具调用和 MCP，构建出更加智能、高效的人工智能应用。无论是处理复杂的自然语言任务，还是与各类外部数据源和工具进行深度集成，这些知识和技能都将成为读者在人工智能领域取得成功的有力武器。相信通过本章的学习，读者将能够开启一段全新的人工智能探索之旅，为未来的技术创新和应用发展奠定坚实的基础。

9.1 工具调用详解

大模型具有一个十分强大的功能就是可以自主调用外部工具函数，以自主意识的形式借用工具，完成使用者发布的命令。这意味着大模型不再只是一个被动的执行者，而是一个具有主动性的智能助手。

大模型的工具调用功能是一项具有划时代意义的进步。这一功能的实现，使得大模型不再局限于自身数据库知识的回答，而是跃进到了一个全新的层次——调用外部函数，其调用流程如图 9-1 所示。

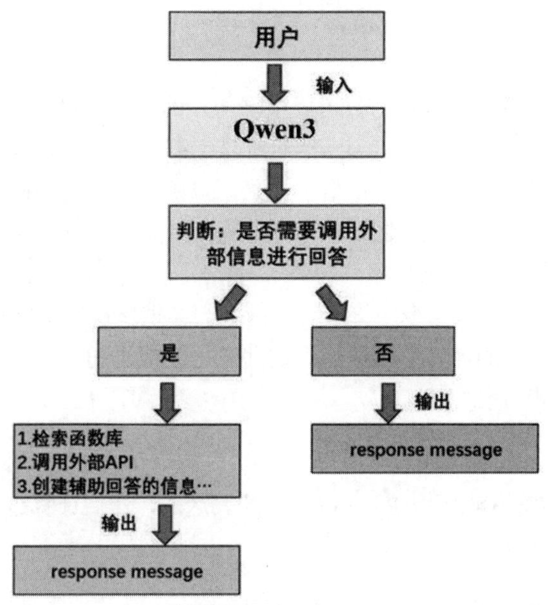

图 9-1　大语言模型的工具调用功能

这意味着大语言模型在与用户交互时，可以实时检索外部函数库。当用户提问时，模型不再仅从自身知识库中寻找答案，而是会根据实际需求，在外部函数库中进行检索，找出合适的函数并调用它。这种调用外部函数的能力，使得大语言模型可以获取到函数的运行结果，并基于这些结果进行回答。

9.1.1　Python 调用工具的基本原理

工具的使用是一项非常简单的事情，从我们祖先钻木取火，到现在人类飞上月球在太空建立永久基地，这些都离不开工具的使用。在现实生活中，决定今天出门要不要带上雨伞，都需要借助网络信息或者广播工具了解今天的天气情况。

Python 同样也可以使用工具来完成对外部 API 的调用，所需要的仅仅是一个函数名称而已。示例代码如下：

```
# 创建了一个简单的查询天气的 API
def get_weather(location = ""):
    "读者可以编写对应的天气查询 API，这里仅作为演示"
    if location == "ShangHai":
        return 23.0
    elif location == "TianJin":
        return 25.0
    else:
        return "未查询相关内容"
location = "ShangHai"
# 注意写法格式，里面的单引号不能少
result = eval(f"get_weather(location='{location}')")#使用 eval 调用字符串名称对应
```

```
的函数
    print("查询到的结果是：", result)
```

最终打印结果如下：

```
查询到的结果是： 23.0
```

可以看到，Python 中提供的 eval()函数可以根据传入的字符串自动运行对应的函数。在这个示例中，我们将 location 变量的值嵌入字符串中，然后将该字符串作为代码传给 eval()函数执行。注意，在嵌入变量值时，我们使用了单引号将变量值引起来，以确保代码的正确解析。

eval()函数是 Python 的一个内置函数，它的功能是将字符串作为 Python 代码执行。其工作原理可以简单概括为“字符串解析和执行”。

当我们调用 eval()函数并传入一个字符串时，函数会尝试解析这个字符串，将它转换成 Python 的表达式或语句，然后在当前的命名空间中执行这些表达式或语句。

例如，我们传入字符串"1+2"：

```
print(eval("1+2"))
```

eval()函数会将这个字符串解析为 Python 的加法表达式，然后计算这个表达式的值，并返回结果 3。

9.1.2 使用 Qwen3 演示大模型工具调用方法

在上一小节中，我们展示了如何在 Python 中调用函数，但是，我们面临一个更复杂的问题：如何在大模型 Qwen3 中调用工具？这个问题看似简单，实则涉及许多深层次的技术与思考。就如同多年前人们询问计算机“今天是晴天还是雨天”一样，我们如今要探讨的是如何让大模型调用工具来解决问题。

先回到日常生活中的一个例子。在决定今天的穿着之前，我们通常会有一个明确的前置任务：了解今天的天气。那么，如何获取天气信息呢？以下是一些可能的方法：

- A：对着衣橱问自己应该穿什么衣服。这显然不是获取天气信息的正确途径。
- B：使用互联网登录天气网站，输入本地名称查询。这是一个有效且常用的方法。
- C：打开一本书阅读任意一页。这与获取天气信息无关。
- D：打开空调。这同样不能告诉我们今天的天气情况。

对于大多数读者来说，选择 B 是显而易见的，这是基于我们的常识和日常经验。然而，这种基于目标寻找最合适解决方案的能力并非天生，而是需要我们后天的学习和积累。我们需要知道哪些工具或方法可以帮助我们实现目标，这通常需要一个知识库或他人的指导。

图 9-2 所示是一个基于常识的决策过程，同时也是我们在日常生活中做出明智决策并取得良好结果的通用步骤。在每次决策之前，我们依赖的是深厚的知识储备或知识库，它们如同明灯，照亮我们前行的道路，引导我们做出最优决策。

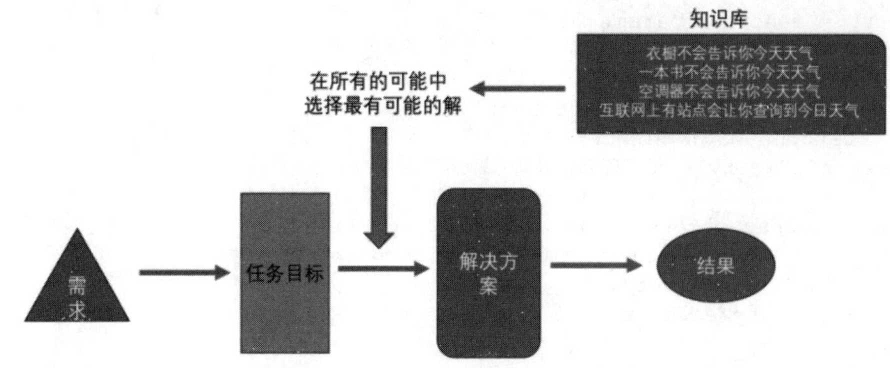

图 9-2　有知识库辅助研判的任务流程

当我们回到大模型调用工具的问题时，面临的挑战是如何让大模型也具备这样的决策能力，即根据给定的任务，它能知道应当调用哪些工具。作为 AI 应用开发人员，我们的责任不仅是开发模型，更要引导模型使用工具。我们可以提供格式化的 API 信息，这种方式就像给大模型提供一本详细的程序文档。在这份文档中，我们详细描述每个工具 API 的功能、参数以及返回值，告诉大语言模型在何时、何地可以调用这些 API，并且当 API 被调用后，返回相应的 API 的 JSON 对象。

这样的方式能够让大模型更加智能化地运用工具，进而提升其解决问题的效率和准确性。想象一下，当大模型遇到问题时，它可以像人类一样查阅“工具书”，找到最合适的工具，然后利用这个工具解决问题。

一个可供大模型调用的简单函数如下：

```
# 定义工具函数
def get_weather(function_params):
    """模拟获取天气的工具函数"""
    location = function_params[0]
    # 这里可以调用真实的天气 API
    return f"{location}的天气晴朗"
```

上述函数对象描述了一个名为 get_weather 的工具 API。通过这个 API，大模型可以根据输入的城市名称获取当前的天气情况。这样的描述方式清晰明了，使得大模型能够准确理解并调用这个 API。因此，通过对工具 API 中的描述进行甄别，可以判定最合适使用哪一个工具，再加上合理的引导和训练，可以使大模型更加智能化，从而完成对工具的使用。

下面是一个基于 Qwen3 的大语言模型工具调用的完整示例。与前面介绍的 Qwen3 原生模型工具调用不同，这里演示的是基本工具调用的方法。代码如下：

```
from openai import OpenAI
import json
import re  # 添加正则表达式模块

client = OpenAI(
    api_key="sk-17f687f6c5ac4647a9d9f649598a7cfe",
    base_url="https://dashscope.aliyuncs.com/compatible-mode/v1",
)

def get_weather(function_params):
    # 处理中英文城市名
```

```
    city = function_params[0]
    if city.lower() in ["shanghai", "上海"]:
        return "上海：多云转晴，25℃"
    elif city.lower() in ["tianjin", "天津"]:
        return "天津：晴朗，28℃"
    return f"{city}：天气数据暂缺"

def send_messages(messages):
    response = client.chat.completions.create(
        model="qwen-plus",
        messages=messages
    )
    return response.choices[0].message

# 优化后的系统提示
system_prompt = """
你是一个严格遵循"思考→工具调用→响应"工作流的 AI 助手。请按以下格式响应：

思考：[你的思考过程]
Action：{
    "function_name": "函数名",
    "function_params": ["参数 1", "参数 2"]
}
响应：[最终给用户的回答]

可用工具：
- get_weather(city)：查询城市天气

注意：
1. 只使用上述工具
2. 城市名请使用中文
3. Action 部分必须是纯 JSON 格式
"""

question = "Shanghai 的天气怎么样"

messages = [{"role": "system", "content": system_prompt},
            {"role": "user", "content": question}]

message = send_messages(messages)
response = message.content
print("模型原始响应:")
print(response)
print("-" * 50)

# 使用正则表达式提取 JSON 部分
try:
    # 查找{...}格式的 JSON 对象
    json_match = re.search(r'\{[\s\S]*\}', response)
    if json_match:
        action_str = json_match.group(0)
        action = json.loads(action_str)
        print("解析后的 Action:")
        print(action)
```

```
        # 执行函数调用
        function_name = action["function_name"]
        function_params = action["function_params"]
        result = globals()[function_name](function_params)
        print("\n 工具调用结果:", result)

        # 获取最终响应
        if "响应: " in response:
            final_response = response.split("响应: ")[-1].strip()
        else:
            final_response = "查询完成"

        print("\n 最终回复:", final_response)
    else:
        raise ValueError("未找到有效的 JSON 格式 Action")

except Exception as e:
    print("处理出错:", str(e))
    print("建议检查模型响应格式是否符合要求")
```

这段代码实现了一个简单的对话系统，该系统能够根据用户的问题调用相应的工具并生成回答。首先，通过 OpenAI 库初始化了一个客户端，并设置了 API 密钥和基础 URL。接着，定义了一个 get_weather()函数，用于模拟获取天气的功能，返回固定的“天气晴朗”结果。send_messages()函数则负责向模型发送消息并获取模型的响应。系统提示（system_prompt）中详细描述了对话系统的三个阶段：思考、工具调用和响应，并提供了一个示例说明如何调用 get_weather 工具，以回答天气相关的问题。

生成结果如下：

```
ModelResponse:
 {'function_name': 'get_weather', 'function_params': ['上海']}
get_weather(['上海'])
天气晴朗
```

具体来看，在代码的执行部分，用户提出了一个关于上海天气的问题。系统通过 send_messages 函数将问题发送给模型，模型根据系统提示生成一个包含工具调用信息的响应。代码通过解析响应中的 Action 部分，提取出需要调用的工具名称和参数，并生成相应的调用代码。最后，使用 eval 函数执行生成的代码，模拟工具调用的过程，并输出结果。整个过程展示了如何通过模型生成工具调用指令，并动态执行这些指令来完成用户请求。

9.2 MCP 协议详解

Qwen3 所实现的工具调用机制，使得大模型在自然语言处理、智能客服、内容生成等众多领域展现出了强大的实力。然而，随着人工智能技术在特定领域和垂直行业的深入应用，我们逐渐发现，一些专业场景下的大模型面临着新的挑战。

这些特定领域和垂直行业的大模型，由于训练数据和应用场景的特殊性，往往本身不具备或者无法直接执行某些特定的工具调用。例如，在医疗领域，大模型可能需要调用专业的医学诊断工具来获取准确的诊断结果；在金融领域，可能需要调用实时的金融数据接口以进行精准的风险评估。在这些情况下，仅仅依靠大模型自身的能力是远远不够的，我们额外需要一种能够让大模型直接、高效地调用这些专业工具的方法，而 MCP 正是为解决这一问题而诞生的。

通过 MCP，大模型可以轻松地与各种专业工具进行连接和通信，无须进行复杂的接口开发和数据转换，从而大大提高了开发效率和应用效果。同时，MCP 的标准化特性也保证了不同模型、不同工具之间的兼容性和互操作性，为人工智能技术的广泛应用和深入发展奠定了坚实的基础。MCP 通信协议如图 9-3 所示。

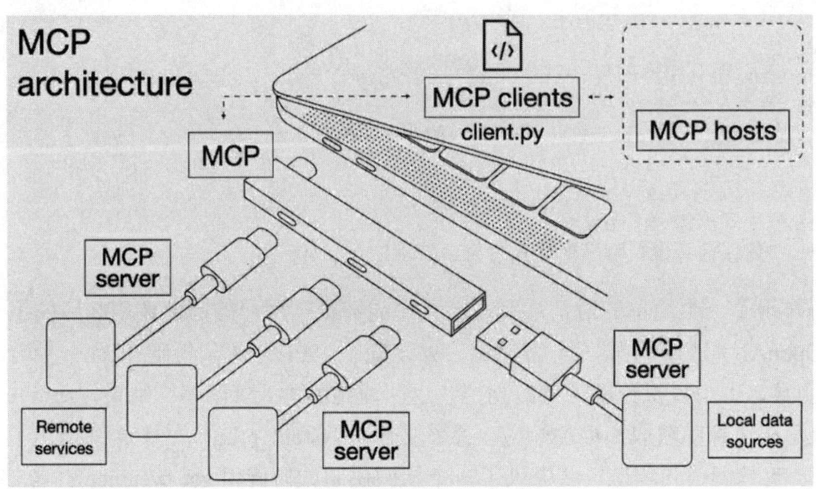

图 9-3　MCP 通信协议

MCP 通过定义一套统一的通信规范，成功打破了模型与外部系统之间的壁垒，使得大语言模型能够轻松、无缝地连接本地文件、数据库、API 以及各类专业工具。这一协议的出现，为人工智能模型的集成和应用提供了更加便捷、高效的解决方案。

本节将介绍如何在实际项目中灵活运用 Qwen3 的工具调用和 MCP，构建出更加智能、高效的人工智能应用。同时，我们也将深入探讨 MCP 在其中的重要作用，以及如何利用 MCP 进一步优化模型与外部系统的交互过程。

9.2.1　MCP 功能与架构详解

MCP 的问世，旨在攻克 AI 模型与外部数据源和工具之间错综复杂的连接难题。在过往的开发进程中，开发者常常需要为不同的数据源和工具量身定制连接方案，这不仅耗费大量的时间与精力，还极易导致代码的冗余和混乱。而 MCP 凭借其标准化的特性，犹如一把万能钥匙，巧妙地减少了开发者的重复劳动，为开发过程带来了前所未有的便捷与高效。

MCP 堪称 AI 世界的万能连接器，它作为标准化协议的重要性不言而喻。它搭建起了一座沟通的桥梁，让形形色色的应用和工具能够毫无阻碍地实现无缝连接。无论这些应用和工具来自何处、具有何种特性，MCP 都能凭借其强大的兼容性将它们紧密地联系在一起，共同构建起一个协同共生的 AI 生态系统。

从架构层面来看，MCP 主要由 Host（主机）、Client（客户端）和 Server（服务器）三大部分构成。其中，客户端扮演着通信使者的角色，负责在 AI 模型与外部系统之间传递信息；而服务器则如同一位睿智的中间人，巧妙地连接着外部系统，这些外部系统可能是庞大的数据库，也可能是功能各异的 API。通过这种明确的分工协作，MCP 实现了 AI 模型与外部世界的高效交互。

相较于传统的工具调用，MCP 展现出显著的优势。传统的工具调用往往呈现出碎片化的特点，不同的 AI 模型和应用可能采用不同的调用方式，这使得开发者在面对不同的项目时，需要不断地重新学习和适应，极大地增加了开发的难度和成本。而 MCP 通过统一协议，打破了这种碎片化的局面，为开发者提供了一个统一、规范的操作标准。它不仅是一种技术上的革新，更是一种生态整合的利器。

通过 MCP，不同的 AI 模型、应用和工具能够在统一的框架下协同工作，形成了一个更加紧密、高效的 AI 生态。这种标准化和生态整合的优势，使得 MCP 成为推动 AI 技术发展的重要力量，为 AI 的广泛应用和深入发展奠定了坚实的基础。

1. 标准化交互协议

MCP 以一种极具创新性的方式，将 AI 模型与外部资源的交互过程抽象为 3 个关键部分，构建起了一套高效、统一的交互体系。

- MCP Host：作为发起请求的 AI 应用，它就像整个交互流程的指挥官。常见的如 Claude、Cursor IDE 等，这些应用在实际运行中会产生与外部资源交互的需求，从而触发整个 MCP 交互流程。
- MCP Client：它运行在 Host 之中，扮演着格式转换大师的角色。当 Host 发起请求时，MCP Client 会将请求格式化为结构化消息。这种结构化消息具有统一的格式和规范，便于后续的传输和处理，就像将杂乱的信息整理成有序的包裹，以便准确送达目的地。
- MCP Server：作为轻量级中间件，它是连接本地或远程资源的桥梁。无论是庞大的数据库，还是功能丰富的 API，MCP Server 都能与之建立连接。它负责执行具体的操作，并将操作结果返回，就如同一位高效的快递员，准确地将货物送达并带回反馈信息。

2. 核心组件

MCP 的核心组件犹如一套精密的齿轮组，相互配合，共同推动 AI 模型与外部资源进行有效交互。MCP 的核心组件说明如下：

- 资源（Resources）：这是向模型暴露的数据对象，是模型获取信息的源泉。例如，文件可能包含重要的文本、图像等数据；数据库表则存储着结构化的数据信息。这些资源为模型提供了丰富的素材，使其能够进行更深入的分析和处理。
- 工具（Tools）：可调用的函数是模型实现各种功能的利器。比如执行 SQL 查询，模型可以通过调用相应的工具从数据库中提取所需的数据；操作浏览器，则可以让模型获取网页上的信息。这些工具赋予了模型强大的操作能力，使其能够与现实世界进行更紧密的互动。
- 提示词（Prompts）：预定义的指令模板就像模型的行动指南。它们让模型知道在什么情况下使用什么资源和工具，以及如何正确地使用它们。通过提示词，模型能够更加智能、高效地完成任务。

3. 动态发现机制

MCP 具备动态发现机制，这一特性使其具有类似即插即用的硬件生态的优势。它能够自动识别新接入的服务器功能，无须修改模型代码即可扩展能力。当有新的资源或工具接入时，MCP 可以迅速发现并适配，为模型提供更多的功能和可能性。这大大简化了系统的扩展和维护过程，提高了系统的灵活性和可扩展性。其主要作用说明如下：

- 消除碎片化集成：在传统方案中，每个 AI 应用都需要单独开发连接器，例如连接天气 API、数据库驱动等。这不仅增加了开发的工作量，还会导致代码的冗余和复杂。而 MCP 通过统一协议，打破了这种碎片化的局面，减少了重复开发，提高了开发效率。
- 提升开发效率：开发者无须关注底层的实现细节，只需专注于如何利用 MCP 提供的资源和工具来实现业务逻辑。这使得开发者能够将更多的精力投入创新和业务优化上，大大缩短了开发周期。
- 增强数据安全：本地 Server 直接访问敏感数据，避免了将数据传输到云端可能带来的安全风险。同时，权限控制精细到工具级别，例如可以限制模型仅能读取特定目录的数据，进一步保障了数据的安全性。
- 提升模型实用性：MCP 使模型能够突破训练数据的限制，实时操作现实系统。例如，模型可以自动抓取新闻、分析销售数据等，为实际应用提供了更多的可能性。

4. MCP 的通信流程

MCP 通信流程中的各个环节紧密配合，确保信息的准确传递和处理。其流程说明如下：

（1）MCP Host 向 MCP Client 发送请求，请求中包含了资源、工具和提示词等关键信息。这些信息就像舞蹈的指令，指导着后续的动作。

（2）MCP Client 接收到请求后，将其格式化为结构化消息。这一过程就像将指令转换为标准的舞蹈动作，便于后续的传输和执行。

（3）格式化后的结构化消息被发送给 MCP Server，MCP Server 根据消息中的信息执行相应的操作，并将结果返回给 MCP Client。

5. MCP 服务端

MCP Server 作为轻量级中间件，承担着连接本地/远程资源、执行具体操作并返回结果的重要职责。其主要功能说明如下：

- 资源管理：对本地资源进行全面管理，如文件、数据库表等。它负责资源的存储、访问控制等操作，确保资源的安全和有效利用。
- 工具管理：管理可调用的函数，如执行 SQL 查询、操作浏览器等。它负责工具的注册、调用和监控，保证工具的正常运行。
- 请求处理：接收 MCP Client 发送的请求，解析请求中的资源、工具和提示词等信息。根据解析结果，调用相应的资源或工具执行操作，确保请求得到准确处理。
- 结果返回：将操作结果返回给 MCP Client，以便后续的处理和使用。

在与相关技术的对比中可以看到，MCP 可以针对不同模型定制接口，生态开放，通用性和灵活性较好，作为标准化协议的适用性和兼容性更广。对于使用 MCP 的大模型，MCP 提供底层协议支持，使其能标准化调用工具，避免重复开发适配层，从而提升效率，降低成本。

同时，MCP 凭借其标准化的交互协议、核心组件、动态发现机制等优势，解决了传统 AI 应用中的诸多问题，为 AI 技术的发展和应用提供了强大的支持。

9.2.2　单机 MCP 服务端的搭建

MCP 的作用是搭建工具函数与大模型应用的桥梁，我们首先完成工具函数类的设置，在具体使用上，读者需要安装 MCP 专用的 Python 包，代码如下：

```
pip install mcp
```

在本小节的示例中，我们需要实现多个可被 MCP 调用的函数，并使用 mcp.tool()进行修饰，代码如下：

```
'''
MCP 服务端程序
提供 stdio 协议与 MCP 客户端进行通信
'''

import datetime
from mcp.server.fastmcp import FastMCP

mcp = FastMCP("DemoServer")  # 创建服务实例

@mcp.tool()
def add_numbers(a: int, b: int) -> int:
    """
    计算两个整数的和。

    Args:
        a (int): 第一个整数，例如：5
        b (int): 第二个整数，例如：3

    Returns:
        int: 两数之和，例如：8
    """
    return a + b

@mcp.tool()
def multiply_numbers(a: int, b: int) -> int:
    """
    计算两个整数的乘积。

    Args:
        a (int): 被乘数，例如：4
        b (int): 乘数，例如：7

    Returns:
        int: 两数乘积，例如：28
    """
    return a * b
```

```
@mcp.tool()
def date_time() -> str:
    """
    获取当前系统时间（基于服务器时区）。

    Returns:
        str: 格式为 YYYY-MM-DD HH:MM:SS 的时间字符串，例如：2024-05-01 15:30:00
    """
    return datetime.datetime.now().strftime("%Y-%m-%d %H:%M:%S")

@mcp.tool()
def get_weather(city_name: str) -> dict:
    """
    获取指定城市的模拟天气信息（当前为静态数据）。

    Args:
        city_name (str): 城市名称（中文或拼音），例如：shanghai 或 上海

    Returns:
        dict: 包含城市和温度的字典，例如：{'城市': '上海', '温度': '23℃'}
    """
    return {
        '城市': city_name,
        '温度': "23℃"
    }

if __name__ == "__main__":
    mcp.run(transport="stdio")  # 使用标准输入/输出协议运行服务
```

在上面代码中，我们定义了多个函数，并通过文本对函数作用进行说明。其中，mcp.tool()的作用是对函数进行注册，将函数转换为可供 MCP 框架使用的工具。

9.2.3 单机 MCP 客户端的搭建与使用

本小节将完成 MCP 客户端的搭建。这里我们的目标是使用 Qwen3 来完成工具的调用，首先需要完成 Qwen3 的提示词设置与输出，代码如下：

```
from openai import OpenAI
from mcp import ClientSession, StdioServerParameters  # 从 mcp 模块导入
ClientSession 和 StdioServerParameters 类
from mcp.client.stdio import stdio_client  # 从 mcp.client.stdio 模块导入
stdio_client 函数
import sys   # 导入 sys 模块，用于处理命令行参数
import json  # 导入 json 模块，用于处理 JSON 数据

# 定义一个函数，用于转换 tools 工具中的 JSON 数据
def transform_json(tools):
    s = "MCP 服务器提供的工具如下:"
    for tool in tools:  # 遍历工具列表
        s = s + f"""
            tool_name: {tool.name},
            tool_description: {tool.description},
            - input title: {tool.inputSchema['title']},
```

```
        - input properties:"{tool.inputSchema['properties']},

        """
    return s

def ask_llm(question, tools_list):
    # TODO: 实现与 LLM 的交互逻辑
    # 这里只是一个示例，在实际应用中需要根据具体情况进行实现
    system_prompt = tools_list + '\n 根据以上描述，用户要求：%s，请生成一个工具调用命
令，要求以 JSON 格式输出{"tool":工具名,"tool_input":参数字典}，只输出 JSON，不要输出其他内容
' % (
        question)

    client = OpenAI(
        api_key="sk-17f687f6c5ac4647a9d9f649598a7cfe",
        base_url="https://dashscope.aliyuncs.com/compatible-mode/v1",
    )

    response = client.chat.completions.create(
        model="qwen-plus",
        messages=[
            {"role": "system", "content": system_prompt},
            {"role": "user", "content": "Hello"},
        ],
        max_tokens=1024,
        temperature=0.99,
        stream=False
    )

    generated_text = response.choices[0].message.content  # 提取文本内容
    return generated_text, client  # 返回文本而非 response 对象

def llm_Qwen3(question,client):
    response = client.chat.completions.create(
        model="qwen-plus",
        messages=[
            {"role": "user", "content": question},
        ],
        max_tokens=1024,
        temperature=0.99,
        stream=False
    )
    generated_text = response.choices[0].message.content  # 提取文本内容
    return generated_text
```

在上面代码中，定义了一个函数，用于转换 tools 工具中的 JSON 数据，而 Qwen3 的作用是对输入的内容和函数进行匹配，并完成函数的调用。需要注意，我们使用 system_prompt 对 Qwen3 的作用以及输出格式做出规范，并且在 system_prompt 中添加了函数的用法和说明。

完整的 MCP 客户端搭建与使用代码如下：

```
from openai import OpenAI
from mcp import ClientSession, StdioServerParameters  # 从 mcp 模块导入
ClientSession 和 StdioServerParameters 类
from mcp.client.stdio import stdio_client  # 从 mcp.client.stdio 模块导入
```

```
stdio_client 函数
    import sys   # 导入 sys 模块，用于处理命令行参数
    import json  # 导入 json 模块，用于处理 JSON 数据

    # 定义一个函数，用于转换 tools 工具中的 JSON 数据
    def transform_json(tools):
        s = "MCP 服务器提供的工具如下:"
        for tool in tools:  # 遍历工具列表
            s = s + f"""
                tool_name: {tool.name},
                tool_description: {tool.description},
                - input title: {tool.inputSchema['title']},
                - input properties:"{tool.inputSchema['properties']},

                """
        return s

    def ask_llm(question, tools_list):
        # TODO: 实现与 LLM 的交互逻辑
        # 这里只是一个示例，实际应用中需要根据具体情况进行实现
        system_prompt = tools_list + '\n 根据以上描述，用户要求:%s，请生成一个工具调用命
令，要求以 JSON 格式输出{"tool":工具名,"tool_input":参数字典}，只输出 JSON，不要输出其他内容
' % (
            question)

        client = OpenAI(
            api_key="sk-17f687f6c5ac4647a9d9f649598a7cfe",
            base_url="https://dashscope.aliyuncs.com/compatible-mode/v1",
        )

        response = client.chat.completions.create(
            model="qwen-plus",
            messages=[
                {"role": "system", "content": system_prompt},
                {"role": "user", "content": "Hello"},
            ],
            max_tokens=1024,
            temperature=0.99,
            stream=False
        )

        generated_text = response.choices[0].message.content  # 提取文本内容
        return generated_text, client  # 返回文本而非 response 对象

    def llm_Qwen3(question,client):
        response = client.chat.completions.create(
            model="qwen-plus",
            messages=[
                {"role": "user", "content": question},
            ],
            max_tokens=1024,
            temperature=0.99,
            stream=False
        )
        generated_text = response.choices[0].message.content  # 提取文本内容
```

```
        return generated_text

    import os
    server_script_path = os.path.join(os.path.dirname(__file__),
"mcp_tool_and_server.py")
    # 定义服务器参数
    server_params = StdioServerParameters(
        command="python",            # 运行命令
        args=[server_script_path],   # 服务器脚本路径
        env=None                     # 可选的环境变量
    )

    async def run(question = "你是谁?"):
        # 建立连接
        async with stdio_client(server_params) as (read, write):
            async with ClientSession(read, write) as session:
                # 初始化连接
                await session.initialize()

                # 列出可用工具
                tools = await session.list_tools()
                #print("可用工具:", tools.tools)
                s = transform_json(tools.tools) +"\n"
                #print(s)
                response, client = ask_llm(question,s)
                # 清理 Markdown 标记
                response = response.strip().replace('```json', '').replace('```',
'').strip()
                #print(response)
                mtools = json.loads(response)  # 现在 response 是纯 JSON 字符串
                print("mtools: --> ",mtools)
                if 'tool' in mtools:
                    tool_name = mtools['tool']
                    tool_input = mtools['tool_input']

                    # 调用工具
                    print("调用工具:", tool_name, tool_input)
                    ret = await session.call_tool(tool_name, tool_input)
                    if ret:
                        try:
                            r = json.loads(ret.content[0].text)
                        except:
                            r = ret.content[0].text
                        print("工具返回结果:", r)
                    questions = f"用户的问题是{question},根据{tool_name}的返回结果为: {r},
根据以上信息,回答问题。"
                    r = llm_Qwen3(questions,client)
                    print(r)
                else:
                    r = llm_Qwen3(question,client)
                    print(r)

    if __name__ == "__main__":
        import asyncio
        questions = ['计算一下 356*125', '25+38 是多少?', '现在的时间是什么时候?',
```

```
'Shanghai 天气怎么样?','请给我讲一个笑话']
        for question in questions:
            asyncio.run(run(question))
```

上面代码的核心功能是通过一个本地工具服务器和 LLM 结合，根据用户问题动态调用工具并生成答案。以下是代码的详细解析：

（1）模块引入：

- from openai import OpenAI：虽然命名为 OpenAI，但后续代码实际上是通过自定义类与 Qwen3 的 API 交互，这里可能是为了兼容或扩展性而命名。
- from mcp import ClientSession, StdioServerParameters 和 from mcp.client.stdio import stdio_client：用于与 MCP 服务器交互，ClientSession 管理会话，StdioServerParameters 配置服务器参数，stdio_client 用于创建客户端连接。
- import sys, json：sys 用于处理命令行参数（尽管代码中未直接使用），json 用于解析和生成 JSON 数据。
- import os：用于处理文件路径，确定 MCP 服务器脚本的位置。

（2）工具描述转换函数：

transform_json(tools)：将 MCP 服务器提供的工具列表转换为人类可读的字符串格式，包括工具名称、描述、输入标题和属性。这有助于将工具信息传递给 LLM 以生成调用命令。

（3）LLM 交互函数：

- ask_llm(question, tools_list)：构建系统提示词，将工具描述和用户问题结合，生成一个 JSON 格式的工具调用命令。通过 Qwen3 API 发送请求，并返回生成的文本和客户端对象。
- llm_Qwen3(question, client)：直接通过客户端对象发送用户问题到 LLM，并返回生成的文本。

（4）工具调用与结果处理：

- 在 run 异步函数中，首先通过 stdio_client 和 ClientSession 与 MCP 服务器建立连接。
- 列出可用工具，并将其转换为可读字符串。
- 调用 ask_llm 生成工具调用命令，解析返回的 JSON 字符串以获取工具名称和输入参数。
- 如果成功解析出工具信息，则调用相应工具并处理返回结果。如果工具返回 JSON 格式的结果，则尝试解析；否则，直接打印文本结果。
- 根据工具返回结果或原始问题，再次调用 LLM 以生成最终答案。
- 最后使用 asyncio.run(run(question))逐个处理每个问题。注意，这里每次处理一个问题都会重新建立与 MCP 服务器的连接以及与 LLM 的交互，这在实际应用中可能不是最高效的方式，但便于演示和测试。

9.3　本章小结

在本章中，我们全面讲解了 Qwen3 的工具调用及 MCP 的基本原理，并展示了两者相互调用的高效方法。通过实战演练 MCP 在构建复杂系统中的作用，以及 Qwen3 在特定领域的应用实践，读者能够深刻理解这两项技术在大数据处理和模型训练中的强大功能。进一步地，本章深入解析了 MCP 的系统架构，探讨了 Qwen3 与 MCP 的协同优化机制，并展望了它们在大数据和人工智能领域的未来发展趋势。通过本章的学习，读者将全面掌握 Qwen3 与 MCP 的核心技术，为未来的数据处理和模型训练项目奠定坚实基础。

第10章 云上MCP服务的部署与使用

在前面章节中，已详细讲解了MCP服务的单机搭建流程。在实际操作过程中，我们选用stdio来处理MCP模型。stdio作为一种便捷且实用的工具，能够以简易的方式实现单机MCP服务，帮助我们快速搭建起基础的单机服务环境。

然而，除了利用stdio搭建单机MCP服务外，我们还能通过搭建在线MCP服务，为更广泛的用户群体提供服务。具体而言，可借助SSE协议，在局域网内搭建MCP服务，满足局域网内用户的访问需求；同时，以同样的方法也可以将MCP服务成功部署到云端，实现服务的广泛覆盖。本章将深入介绍搭建在线MCP服务的方法。

10.1 多种MCP连接协议详解

在前期构建MCP服务的过程中，我们选用stdio来处理MCP模型。stdio协议主要适用于单机部署场景，为单机环境下的MCP服务搭建提供了支持。与之相对，SSE协议则是面向在线部署场景的利器。

本节首先聚焦于SSE协议，对它进行深入介绍，让读者了解其特性与优势；随后，将详细讲解在云上部署MCP服务的方法。通过这种部署方式，我们能够突破单机服务的限制，为更广泛的用户群体提供MCP服务，满足不同场景下的使用需求。

10.1.1 stdio与SSE传输协议

MCP的设计兼容了两种核心传输机制——标准输入/输出（stdio）与服务器发送事件（SSE），它们分别针对不同的应用场景和技术需求。

stdio传输通过标准输入/输出流实现通信，特别适用于本地集成和命令行工具，其本质是客户端与服务器在同一台机器上运行，通过子进程的方式建立直接连接。在这种机制下，客户端将MCP

服务器作为子进程启动，通信过程通过进程的标准输入（stdio in）和标准输出（stdio out）进行，每条消息以换行符分隔并采用 RPC 格式编码，从而实现高效的进程间交互，如图 10-1 所示。

例如，当客户端向服务器的 stdio in 写入请求时，服务器处理后通过 stdio out 返回响应。这种模式无须依赖网络协议栈，显著降低了延迟和开销，同时避免了网络暴露带来的安全风险，尤其适合单客户端场景或安全敏感操作。

相比之下，SSE 传输则面向基于网络的远程通信需求。它通过 HTTP/HTTPS 协议建立持久连接，允许服务器主动向客户端推送事件流，如图 10-2 所示。

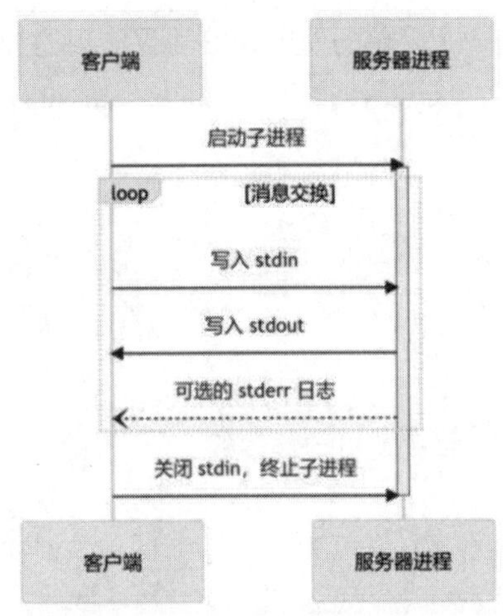

图 10-1　stdio 传输流程

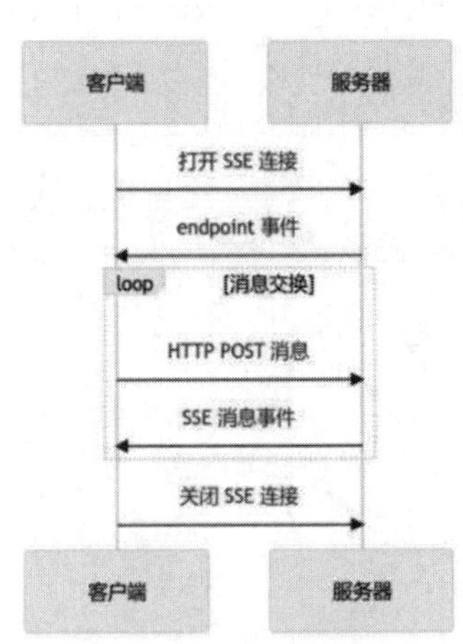

图 10-2　SSE 传输流程

具体说明如下：

- 客户端首先请求连接到服务器的 SSE 端点，随后服务器通过该通道持续发送事件更新。
- 客户端向服务器的请求则通过单独的 HTTP POST 端点完成，形成双向但非对称的通信模式。

可以看到，这种设计使 SSE 能够轻松穿透防火墙，兼容现有 Web 基础设施，同时支持多客户端同时接入中央服务器，适用于公共服务、跨网络访问或多用户协作的场景。

例如，集中式的数据库查询工具可通过 SSE 部署在远程服务器上，由多个用户通过 HTTP 协议访问，而无须在每台本地设备安装独立实例。

两种传输方式在模型部署上呈现显著差异。stdio 的本地性决定了其部署必须与客户端绑定，服务器可执行文件需随客户端安装，更新时需逐个处理，资源消耗完全依赖本地硬件，但这也使其能够无缝集成本地系统资源（如文件系统或进程）。

反观 SSE，其远程托管特性支持集中式部署，服务器只需在单一节点安装即可服务所有客户端，更新和维护可通过中心化操作即时生效，资源使用转向服务器端，但需额外配置网络安全策略以保障通信安全。

例如，本地文件搜索工具若采用 stdio，则需与客户端共存于用户机器并直接访问本地数据；而基于 SSE 的同类工具则可能通过代理模式，在远程服务器上运行并通过网络传递结果。

在具体选择传输协议时，需要权衡多维因素：若追求极低延迟和简化部署，且场景局限于单机环境，则 stdio 更具优势；若需支持多客户端、远程访问或公共服务，则 SSE 更为合适。此外，混合架构也为复杂需求提供折中方案，例如通过 stdio 实现本地高速处理，同时借助 SSE 连接云端服务扩展功能。

总之，这两种传输机制的并存体现了 MCP 对灵活性的重视，既满足本地化工具的轻量化需求，又适应分布式系统的规模化挑战。

10.1.2 基于 SSE 传输协议的 MCP 服务端

本小节将完成基于 SSE 协议的 MCP 服务端。下面是一个简单的使用 SSE 协议实现的 MCP 服务：

```
from mcp.server import FastMCP
from datetime import datetime

# 设置的 MCP Server 的名称与端口号
mcp = FastMCP("GetCurrentTime", port=8000)

@mcp.tool()
def get_current_time():
    """
    获取当前时间的函数，输出格式为{"time": YYYY-MM-DD HH:MM:SS}。

    参数:
        无

    返回:
        字典，包含当前时间的字符串表示。
    """
    # 获取当前日期和时间
    now = datetime.now()
    # 将日期和时间格式化为字符串
    formatted_time = now.strftime("%Y-%m-%d %H:%M:%S")
    # 创建包含当前时间的字典
    current_time = {"time": formatted_time}
    return current_time

if __name__ == "__main__":
    print("Starting MCP server...")
    # mcp.run(transport='stdio')
    mcp.run(transport='sse')  # mcp dev main_sse.py
```

在上面代码中，采用了一个简单的获取服务器时间的示例来进行处理，并通过原有 MCP 服务完成代码的编写。

10.1.3 可视化验证基于 SSE 协议的 MCP 服务

前面我们使用原始 mcp 库完成了基础代码的编写，本小节将完成代码的验证服务。

1. 可视化 MCP 验证端的安装

在具体流程上，首先需要安装 Node.js 和 npm。可以从官方网站下载和安装 Node.js，如图 10-3 所示。

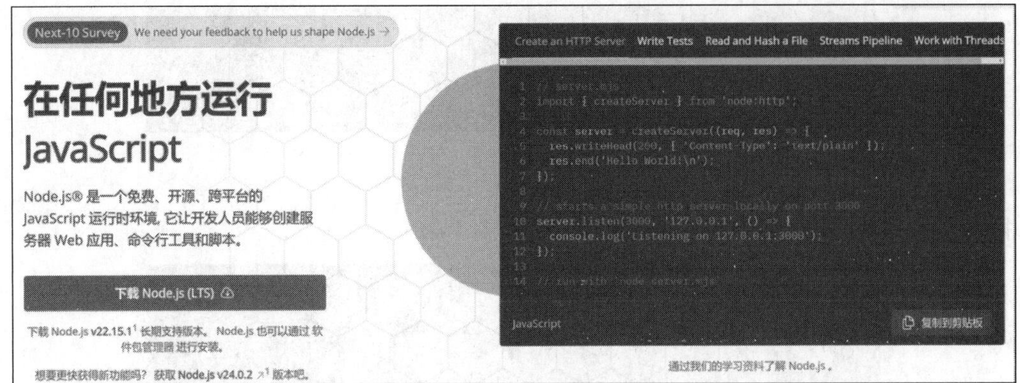

图 10-3　下载 Node.js

下载 Node.js 安装文件后，双击运行并按安装向导提示完成 Node.js 的安装过程，如图 10-4 所示。npm 则在安装 Node.js 过程中同时完成安装。

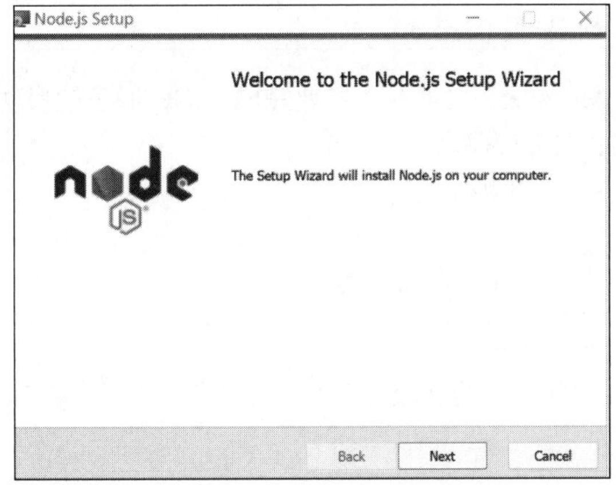

图 10-4　安装 Node.js

重启终端后，分别输入 node -v 和 npm -v 命令查看 Node.js 和 npm 的版本，出现版本信息即为安装成功，如图 10-5 所示。

图 10-5　Node.js 和 npm 安装成功

接下来，回到 MCP 服务的可视化验证过程，在终端输入以下代码：

```
mcp dev mcp_sse_server.py
```

提示安装必要插件，如图 10-6 所示。

```
(base) C:\Users\xiaohua\Desktop>mcp dev mcp_sse_server.py
Need to install the following packages:
@modelcontextprotocol/inspector@0.12.0
Ok to proceed? (y)
```

图 10-6 安装 MCP 的必要插件

按回车键，等待后台处理完毕并提示启动，如图 10-7 所示。

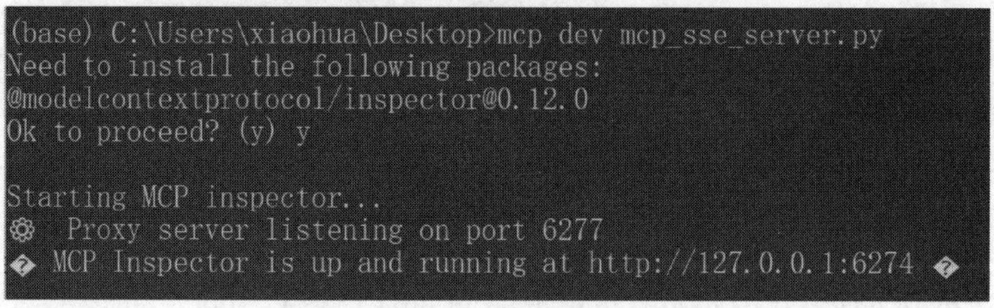

```
(base) C:\Users\xiaohua\Desktop>mcp dev mcp_sse_server.py
Need to install the following packages:
@modelcontextprotocol/inspector@0.12.0
Ok to proceed? (y) y

Starting MCP inspector...
⚙ Proxy server listening on port 6277
� MCP Inspector is up and running at http://127.0.0.1:6274 �
```

图 10-7 MCP 客户端服务的启动

2. 基于 SSE 协议的 MCP 服务启动

在进一步可视化验证 MCP 服务之前，还需要完成 MCP 服务的启动。在这里，我们直接运行 10.1.2 节中编写的简单 MCP 服务代码。

运行后，可以看到如下所示的提示信息：

```
Starting MCP server...
INFO:     Started server process [17068]
INFO:     Waiting for application startup.
INFO:     Application startup complete.
INFO:     Uvicorn running on http://0.0.0.0:8000 (Press CTRL+C to quit)
```

读者可以自行验证。

3. 可视化 MCP 客户端的使用

在完成了 MCP 服务的启用与 MCP 验证端的启用之后，接下来就完成可视化 MCP 客户端的使用。读者在浏览器中可以打开如图 10-8 所示的网址。

```
Starting MCP inspector...
⚙ Proxy server listening on port 6277
� MCP Inspector is up and running at http://127.0.0.1:6274 �
```

图 10-8 可视化 MCP 验证端地址

打开后的页面如图 10-9 所示。

图 10-9　服务器端验证

读者需要在这个验证页面中填写 Transport Type、URL，即选择对应的连接协议与 URL，内容与图 10-9 一致。之后单击 Connect 按钮进行连接。

连接成功的页面如图 10-10 所示。

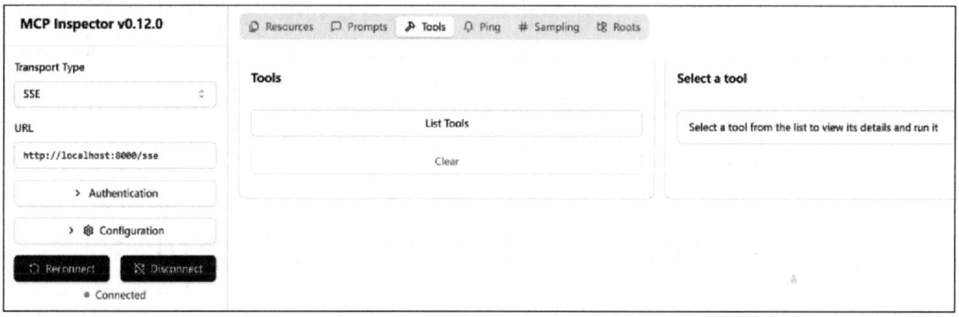

图 10-10　验证端连接页面

在连接成功的页面中我们选择 Tools 标签，单击 List Tools 按钮列出所有可用工具，如图 10-11 所示。

图 10-11　列出的工具名称与说明

之后在列出的工具函数名上单击，右侧出现工具测试按钮，如图 10-12 所示。

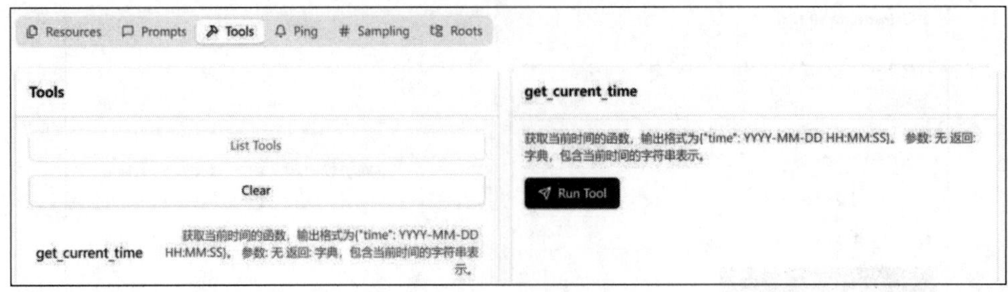

图 10-12　工具测试按钮

最后单击右侧的 Run Tool 按钮进行工具的运行验证，如图 10-13 所示。

图 10-13　工具测试结果

可以看到，工具正常运行并返回对应的结果与时间。

10.2　局域网 MCP 服务器的搭建与使用实战

上一节介绍了 MCP 的原始库的编写与部署方法，并通过实际编程完成了 MCP 工具的部署与使用。此外，我们还可以使用更专业的 Python 互联网服务库编写 MCP 服务，通过网络服务的形式为使用者提供服务。本节将完成基于网络的 MCP 服务器的搭建与使用。

10.2.1　局域网 MCP 服务端的搭建

我们通过 MCP 官方提供的配置可以完成 MCP 的服务器搭建，但对于新手来说，还需要了解和掌握服务器的配置，并对文件的命名与代码的编写有一定的要求。为了简便使用 MCP 在线服务器，我们可以使用现成的 Python 库来完成 MCP 服务器的搭建。首先需要安装两个库，打开终端输入如下命令：

```
pip install fastapi
pip install fastapi_mcp
```

fastapi 与 fastapi_mcp 是用于通过网络对 MCP 服务提供支持的 Python 库。在安装完毕后，我们可以直接移植前面已经准备好的函数，完整的服务器代码如下：

```
from fastapi import FastAPI, HTTPException
from fastapi_mcp import FastApiMCP
from pydantic import BaseModel
```

```
from datetime import datetime

# 初始化 FastAPI 应用
app = FastAPI(title="AI 计算服务", description="提供基础数学计算、时间查询和天气模拟功能")

# 数学运算端点
@app.get("/add", operation_id="add_numbers")
def add_numbers(a: int, b: int):
    """计算两个整数的和"""
    return {"result": a + b}

@app.get("/multiply", operation_id="multiply_numbers")
def multiply_numbers(a: int, b: int):
    """计算两个整数的乘积"""
    return {"result": a * b}

# 时间获取端点
@app.get("/datetime", operation_id="date_time")
def date_time():
    """获取当前系统时间"""
    return {"datetime": datetime.now().strftime("%Y-%m-%d %H:%M:%S")}

@app.post("/weather", operation_id="get_weather")
def get_weather(city_name: str):
    """获取指定城市天气信息"""
    return {
        "city": city_name,
        "temperature": "23℃"
    }

# 初始化 MCP 服务器
mcp = FastApiMCP(
    app,
    name="Math & Weather API",
    description="提供数学运算和天气查询服务的 MCP 接口",
    base_url="http://localhost:8000",
    include_operations=[
        "add_numbers",
        "multiply_numbers",
        "date_time",
        "get_weather"
    ]
)
mcp.mount()

if __name__ == "__main__":
    import uvicorn
    uvicorn.run(app, host="127.0.0.1", port=8000)
```

上面的代码比较简单，整体逻辑就是先定义服务器的名称与描述，之后将不同的工具函数进行注册并提供访问地址和端口，最后挂载和启动 MCP 服务器。直接运行上面代码，结果如图 10-14 所示。

```
INFO:     Started server process [34208]
INFO:     Waiting for application startup.
INFO:     Application startup complete.
INFO:     Uvicorn running on http://127.0.0.1:8000 (Press CTRL+C to quit)
```

图 10-14　MCP 服务器的启动

从运行结果可以看到，我们已经正常启动了 MCP 服务，接下来将完成客户端的编写。

10.2.2　局域网 MCP 客户端连接 MCP 服务

本小节将完成在线 MCP 服务的连接和使用。我们编写一个新的 MCP 客户端代码，使之可以完成获取 MCP 服务的功能，代码如下：

```
import asyncio
import json
import logging
from mcp.client.session import ClientSession
from mcp.client.sse import sse_client

logging.basicConfig(level=logging.INFO)
logger = logging.getLogger(__name__)

# 工具描述转换器
def transform_tools(tools):
    tool_list = []
    for tool in tools:
        parameters = {}
        required = tool.inputSchema.get('required', [])
        for name, prop in tool.inputSchema['properties'].items():
            parameters[name] = {
                'type': prop['type'],
                'description': prop.get('description', ''),
                'required': name in required
            }
        tool_list.append({
            'name': tool.name,
            'description': tool.description,
            'parameters': parameters
        })
    return json.dumps(tool_list, ensure_ascii=False, indent=2)

from openai import OpenAI
def ask_llm(question, tools_list):
    # TODO: 实现与 LLM 的交互逻辑
    # 这里只是一个示例，实际应用中需要根据具体情况进行实现
    system_prompt = tools_list + '\n 根据以上描述，用户要求:%s，请生成一个工具调用命令，
要求以 JSON 格式输出{"tool":工具名,"tool_input":参数字典}，只输出 JSON，不要输出其他内容' % (
        question)

    client = OpenAI(
        api_key="sk-17f687f6c5ac4647a9d9f649598a7cfe",
        base_url="https://dashscope.aliyuncs.com/compatible-mode/v1",
    )
```

```
    response = client.chat.completions.create(
        model="qwen-plus",
        messages=[
            {"role": "system", "content": system_prompt},
            {"role": "user", "content": "Hello"},
        ],
        max_tokens=1024,
        temperature=0.99,
        stream=False
    )

    generated_text = response.choices[0].message.content  # 提取文本内容
    return generated_text, client  # 返回文本而非 response 对象

def llm_Qwen3(question,client):
    response = client.chat.completions.create(
        model="qwen-plus",
        messages=[
            {"role": "user", "content": question},
        ],
        max_tokens=1024,
        temperature=0.99,
        stream=False
    )
    generated_text = response.choices[0].message.content  # 提取文本内容
    return generated_text

async def main(question = "25+38 是多少?"):
    async with sse_client("http://localhost:8000/mcp") as streams:
        async with ClientSession(streams[0], streams[1]) as session:
            await session.initialize()

            # 获取工具列表
            tools = (await session.list_tools()).tools
            s = transform_tools(tools) +"\n"
            response, client = ask_llm(question, s)
            # 清理 Markdown 标记
            response = response.strip().replace('```json', '').replace('```',
'').strip()
            # print(response)
            mtools = json.loads(response)  # 现在 response 是纯 JSON 字符串
            print("mtools: --> ",mtools)
            if 'tool' in mtools:
                tool_name = mtools['tool']
                tool_input = mtools['tool_input']
                # 调用工具
                print("调用工具:", tool_name, tool_input)
                ret = await session.call_tool(tool_name, tool_input)
                if ret:
                    try:
                        r = json.loads(ret.content[0].text)
                    except:
                        r = ret.content[0].text
                    print("工具返回结果:", r)
```

```
                questions = f"用户的问题是{question},根据{tool_name}的返回结果为：{r},
根据以上信息,回答问题。"
                r = llm_Qwen3(questions,client)
                return r


    if __name__ == "__main__":
        questions = ['计算一下 356*125', '25+38 是多少?', '现在的时间是什么时候?',
'Shanghai 天气怎么样?', '请给我讲一个笑话']
        for question in questions:
            response = asyncio.run(main(question))
            print(response)
            print("------------------------------------------------------------")
```

在上面代码中，我们主要修改了 MCP 连接地址，从而完成 MCP 工具的调用与结果获取。读者可以自行验证。

10.3 基于腾讯云的 MCP 服务架设与使用

上一节详细讲解了局域网 MCP 服务器的程序设计方法。通过精心设计与编写程序，我们实现了灵活的服务部署，既能在单机环境下模拟搭建 MCP 服务，满足本地开发、测试等需求，又能在局域网内架设 MCP 服务，方便局域网内的设备进行访问与交互，适用于企业内部协作、小型办公网络等场景。

不过，在实际应用中，仅在单机和局域网场景下部署 MCP 服务是远远不够的，我们有时还需要将 MCP 服务部署到互联网上。通过对外提供服务的形式架设 MCP 服务，使其能够被外部用户访问，从而拓展服务范围和应用场景，比如为不同地区的用户提供远程服务支持。

在网上架设服务器有多种途径。一种方式是个人自行提供硬件设备，并向相关服务器托管机构申请对应的 IP 地址和访问许可。但这种方式操作起来相对复杂，对个人技术能力和硬件资源要求也比较高。

相比之下，作为高效与高性价比结合的 MCP 云服务平台，腾讯云提供了丰富的服务器配置选项、稳定的网络环境和专业的技术支持，用户可以根据自身需求选择合适的服务器套餐，快速完成服务器的搭建与部署，无须过多关注硬件维护和网络配置等复杂问题，能够更加专注于 MCP 服务的开发与应用。

注意： 为了免去购买云服务器的麻烦，读者可以在本地计算机上搭建 Ubuntu 22.04 LTS 虚拟机来学习本节内容，或者直接跳过本节内容，在需要部署云服务时再来学习一下。

10.3.1 高效便捷的 MCP 云服务平台

当我们使用 MCP 云服务平台时，首先需要登录云服务提供商的网站，购买相应的服务。操作起来十分便捷，只需打开腾讯云的官方在线地址，进入页面后，找到轻量应用服务器专区。

在这个专区里，腾讯云为用户提供了极具吸引力的选择。读者可以选择适合的轻量服务器，单击“立即购买”按钮后，会进入服务器购买页面，如图 10-15 所示。

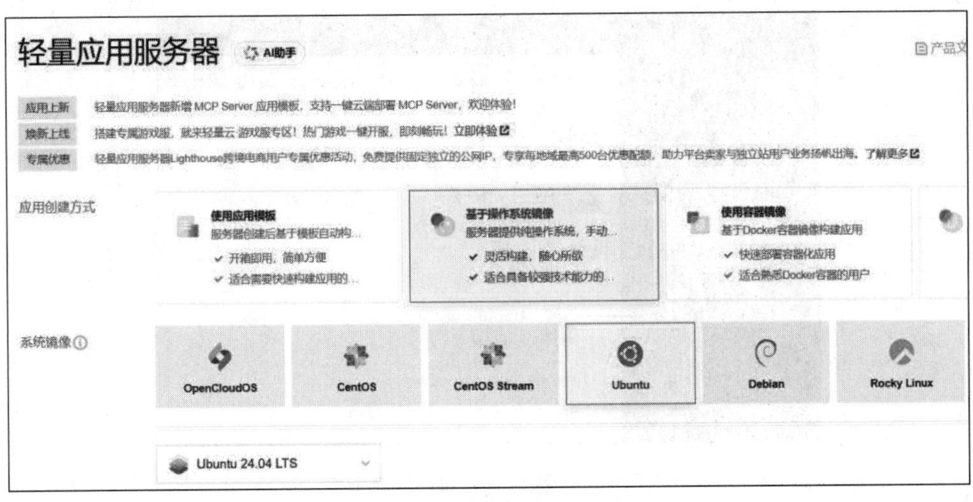

图 10-15　轻量服务器购买页面

在轻量服务器购买页面中，选择离我们较近的地域来部署服务器，系统镜像建议使用标准镜像 Ubuntu 22.04 LTS，这也是比较常用的镜像。当然，读者也可以选择自己熟悉的其他版本的系统镜像。

购买完毕后我们会收到邮件通知，此时单击腾讯云首页右上角的“控制台”即可进入购买的云服务界面，如图 10-16 所示。

图 10-16　腾讯云控制台页面

进入控制台之后，单击“轻量应用服务器”标签进入轻量服务器的控制面板，如图 10-17 所示。

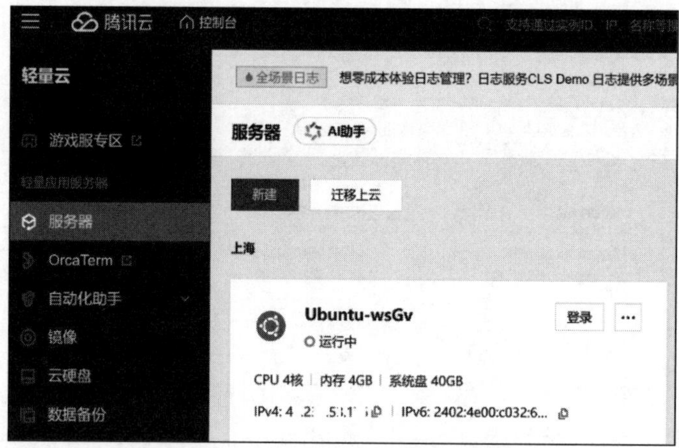

图 10-17　轻量服务器的控制面板

接下来单击“登录”按钮，可以进入我们购买的服务器操作界面，如图 10-18 所示。

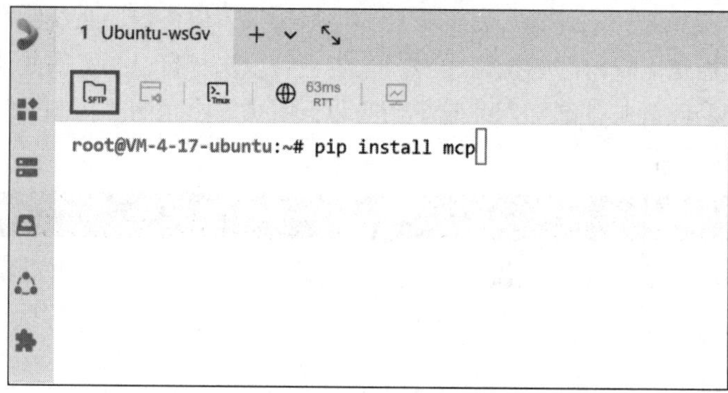

图 10-18　服务器操作界面

我们进入的是服务器操作界面，类似于 Windows 系统的终端。在这里可以直接使用命令行对它进行操作，例如直接使用 pip 安装对应的 Python 库。下一步就是单击左上方的 SFTP 按钮打开文件传输服务，如图 10-19 所示。

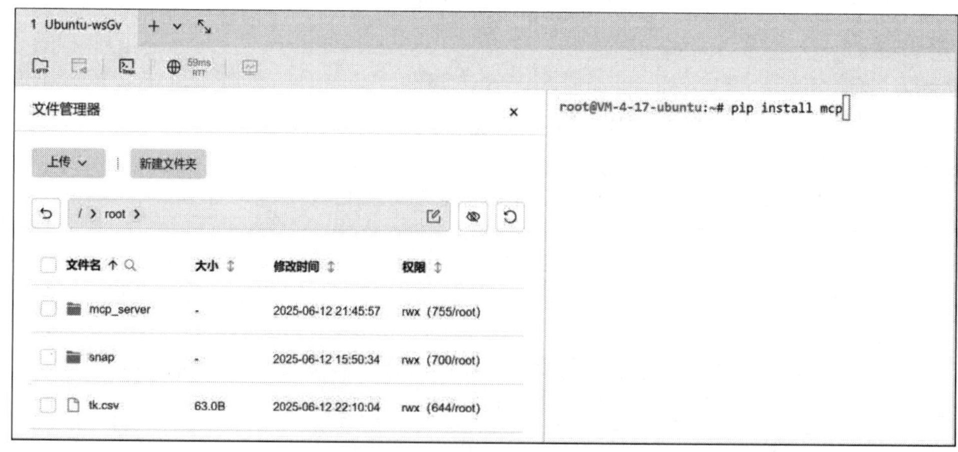

图 10-19　文件存储与服务运行模块

在图 10-19 所示的界面左边，我们单击“上传”按钮上传文件，或者单击“新建文件夹”按钮创建一个新的文件夹。读者可以自行验证。

10.3.2　腾讯云 MCP 服务部署代码的编写

本小节将编写腾讯云 MCP 服务部署代码。首先，我们需要在腾讯云服务器中安装以下两个 Python 库，命令如下：

```
pip install fastmcp
pip install fastapi_mcp
```

之后，在本地计算机上编写可部署在腾讯云上的 MCP 服务代码，如下所示：

```
from fastmcp import FastMCP
from datetime import datetime
import math

# 初始化 MCP 服务器
mcp = FastMCP("MathWeatherAPI", host="0.0.0.0", port=929)

@mcp.tool()
def add_numbers(a: int, b: int):
    """计算两个整数的和"""
    return {"result": a + b}

@mcp.tool()
def multiply_numbers(a: int, b: int):
    """计算两个整数的乘积"""
    return {"result": a * b}

@mcp.tool()
def get_current_time():
    """获取当前系统时间"""
    return {"datetime": datetime.now().strftime("%Y-%m-%d %H:%M:%S")}

@mcp.tool()
def get_weather(city_name: str):
    """获取指定城市天气信息"""
    return {
        "city": city_name,
        "temperature": "23℃"
    }

if __name__ == "__main__":
    mcp.run(transport="sse")
```

我们将上面的代码整体上传到腾讯云服务器，可以直接放在根目录 root 下，也可以创建一个新的文件夹“mcp_server”用于分类存放。这里选择存放在新创建的文件夹 mcp_server 下，如图 10-20 所示。

图 10-20　上传 MCP 服务源码

上传完毕后，我们可以在右侧终端直接运行 python3 mcp_servers/weather_mcp.py 命令，注意命令中的脚本文件地址要从根目录开始并符合我们放置程序的位置，如图 10-21 所示。

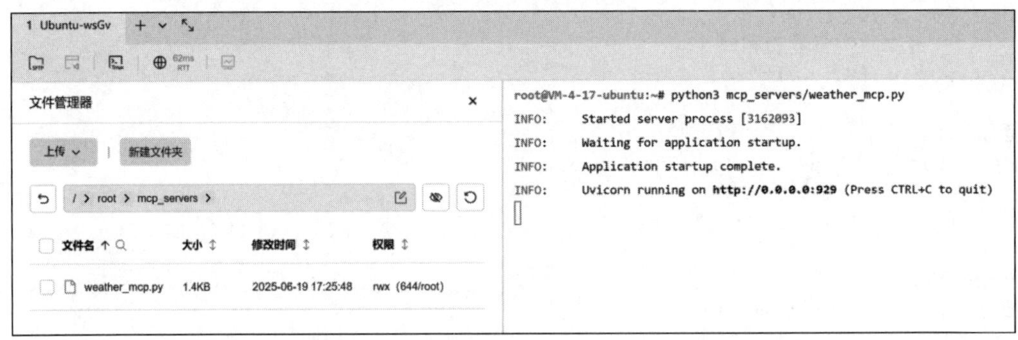

图 10-21　放置程序并启动 MCP 服务

10.3.3　腾讯云端口的开启以及在线 MCP 服务的验证

在验证我们编写的在线 MCP 服务之前，还需要打开特定的腾讯云服务端口。回到轻量级服务器管理页面，我们首先记录对应的 IPv4 地址，之后单击右侧的三个点并在弹出菜单中单击“查看详情”菜单项，如图 10-22 所示。

图 10-22　单击“查看详情”菜单项

在服务器的详情页面中单击“防火墙”标签，如图 10-23 所示。

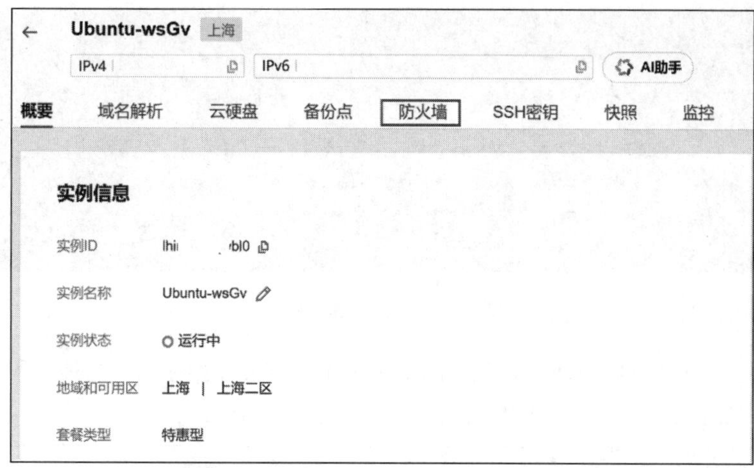

图 10-23　进入防火墙界面

之后单击“添加规则”按钮，填入我们设定的端口号，如图 10-24 所示。

图 10-24　打开防火墙端口号

MCP 启动状态的提示信息如图 10-25 所示。

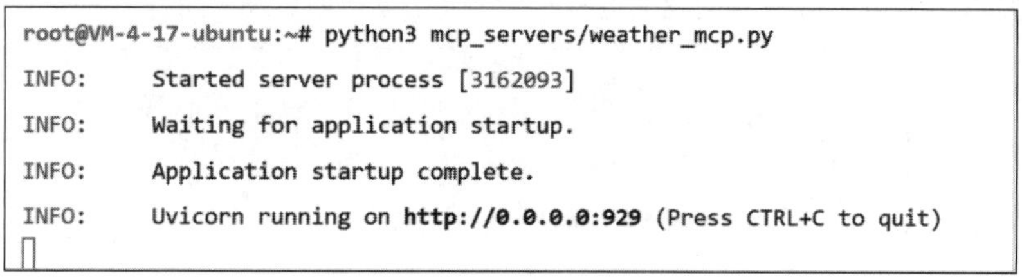

```
root@VM-4-17-ubuntu:~# python3 mcp_servers/weather_mcp.py
INFO:     Started server process [3162093]
INFO:     Waiting for application startup.
INFO:     Application startup complete.
INFO:     Uvicorn running on http://0.0.0.0:929 (Press CTRL+C to quit)
```

图 10-25　MCP 服务启动状态

使用 npx 命令打开本地的 MCP 调试接口，命令行如下：

```
npx @modelcontextprotocol/inspector
```

启动本地的 MCP 远程接口，如图 10-26 所示。

```
(base) C:\Users\xiaohua>npx @modelcontextprotocol/inspector
Need to install the following packages:
@modelcontextprotocol/inspector@0.14.3
Ok to proceed? (y) y

Starting MCP inspector...
⚙ Proxy server listening on 127.0.0.1:6277
� Session token: 7be3372132677ea270925b2cb901131ebe1edaada9bd07c52504837d61a490b3
Use this token to authenticate requests or set DANGEROUSLY_OMIT_AUTH=true to disable auth

� Open inspector with token pre-filled:
   http://localhost:6274/?MCP_PROXY_AUTH_TOKEN=7be3372132677ea270925b2cb901131ebe1edaada9bd07c52504837d61a490b3
   (Auto-open is disabled when authentication is enabled)

� MCP Inspector is up and running at http://127.0.0.1:6274 �
```

图 10-26　inspector 启动

我们使用浏览器打开对应的地址，在页面上单击 List Tools 按钮后，将展示所有的函数。我们以 get_weather 工具为例查询一下上海的天气信息，结果如图 10-27 所示。

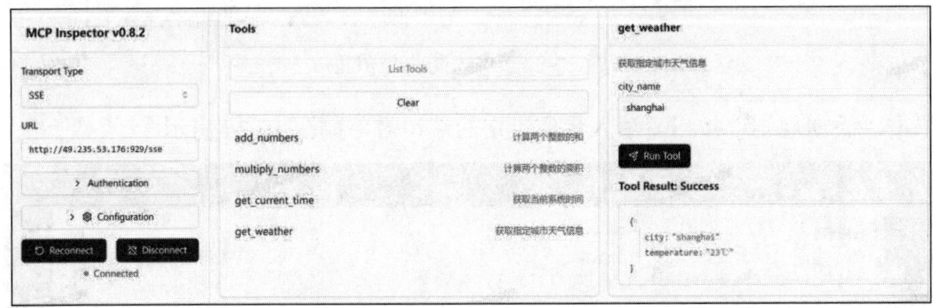

图 10-27　查验在线 MCP 工具内容

读者可以自行验证。

10.3.4　腾讯云的持久化服务的开启

在前面小节中，我们完成了 MCP 服务在腾讯云上的部署以及验证，读者已经掌握了基本的 MCP 部署方法。但是，这些部署与验证，全部都是我们手动完成的，而对于在线服务的部署，还需要额外进行托管。

我们只需要单击腾讯云服务器创建的远程托管服务，如图 10-28 所示。

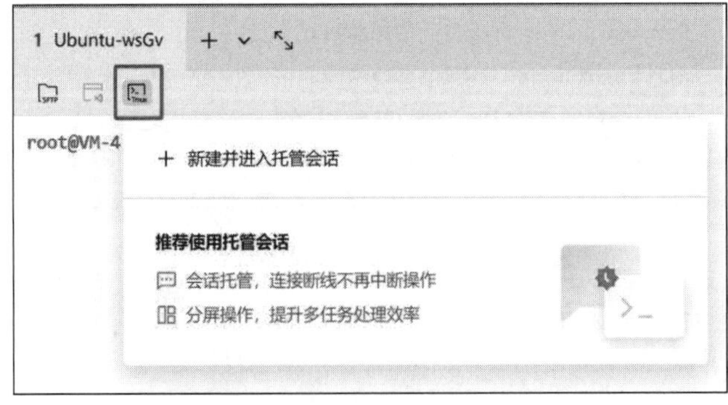

图 10-28　进入远程托管界面

新建托管会话后，可以自动对服务器进行托管。具体与基本终端操作一致，读者可以自行研究一下。

10.4　本章小结

在本章中，我们深入探讨了基于云上环境的 MCP 服务的连接与使用方法。同时，借助原生的可视化验证服务对代码展开了测试工作。令人欣喜的是，仅通过简捷的可视化操作，我们便成功验证了前期精心编写的简易 MCP 服务。

此外，我们顺利完成了基于 Python 语言的自定义在线 MCP 客户端的编写及使用。这一系列连贯且完整的操作流程，为我们深入理解 MCP 服务的基本使用流程与方法提供了强大的助力。

第 11 章

高德地图 MCP 服务智能调用实战

前面讲解了 MCP 服务的使用，并自定义了多种 MCP 服务，相信读者已经掌握了基础 MCP 服务代码的编写与获取方法。本章将进一步对 MCP 服务进行剖析，并以高德地图 MCP 服务为目标完成 MCP 应用实战。

11.1 MCP 验证工具与高德地图剖析

对于我们自定义的 MCP 程序代码来说，可以使用 MCP Inspector 来完成对程序的验证。实际上 MCP Inspector 是一款用来调试 MCP Server 的交互式开发者工具，内置了可视化界面，可用于手动对 MCP 服务进行验证和演示。

11.1.1 MCP Inspector 使用演示

MCP Inspector 是专门为 MCP 服务器设计的交互式开发者工具，集成了调试、测试、监控和优化功能。作为 MCP 生态的核心调试工具，它通过可视化界面和命令行双模式支持，为开发者提供从协议解析到性能调优的全生命周期支持。其模块化架构设计使其能够适配本地开发环境、云服务集群及混合部署场景，成为连接开发者与 MCP 服务器的桥梁。

1. 核心架构解析

1）用户界面层

- Web UI 引擎：基于 React 框架构建的响应式前端系统，支持 Chrome、Firefox 等主流浏览器，提供设备自适应布局。包含协议可视化面板、实时数据流图、调试控制台三大核心模块。
- CLI 交互层：提供命令行接口，支持 JSON-RPC 协议直连，适用于自动化脚本开发和 CI/CD 流水线集成。

2）协议解析引擎

- MCP 协议栈实现：完整实现 MCP 1.0/2.0 协议规范，包含握手协议解析、消息路由、会话状态跟踪等功能。支持 TLS 1.3 加密通信，内置证书管理工具。
- 动态协议适配器：通过插件机制支持 WebSocket、gRPC、HTTP/2 等传输协议，开发者可自定义协议解析规则。

3）传输适配层

- 多通道管理器：集成 TCP、UDP、SSE 三种传输通道，支持 QoS（Quality of Service，服务质量）分级设置（如低延迟通道用于调试指令，高吞吐通道用于日志传输）。
- 网络模拟器：提供带宽限制、延迟注入、丢包模拟等网络异常测试功能，帮助验证服务器的容错能力。

4）插件扩展模块

- 核心插件集：包含 JSON Schema 验证器、OpenTelemetry 集成器、Prometheus 指标采集器等 12 个官方插件。
- 开发者 SDK：提供 TypeScript/Python 绑定接口，支持自定义插件开发，包含调试钩子（Hook）、事件订阅等扩展点。

5）日志监控系统

- 多级日志架构：实现 DEBUG、INFO、WARN、ERROR 四级日志体系，支持结构化日志输出（JSON 格式）和文本日志混合模式。
- 实时监控仪表盘：集成 Grafana 模板，展示 TPS、内存占用、请求延迟等 20+关键指标。

6）协同调试模块

- 多用户会话共享：支持基于 WebSocket 的实时协作调试，允许多个开发者同时操作同一调试会话，具备操作权限分级控制。
- 版本对比工具：可并行加载多个 MCP 服务器版本的调试数据，自动生成差异分析报告。

2. 核心功能详解

1）交互式调试环境

- 断点管理：支持在协议握手阶段、消息处理函数、状态转换节点设置断点，提供条件断点（如特定请求 ID 触发）和计数断点（执行 N 次后触发）。
- 变量观察窗：实时显示服务器上下文变量，包括连接状态机、会话令牌、缓存命中率等关键参数。
- 热代码替换：在调试过程中动态更新服务器端处理逻辑，无须重启服务即可验证修复方案。

2）可视化数据追踪

- 消息流向拓扑图：动态生成客户端-服务器交互的时序图，支持 Zoom/Filter 操作，高亮异常消息路径。

- 性能火焰图：基于采样数据生成 CPU/内存消耗分布图，精准定位热点函数。
- 协议合规性矩阵：将实际通信数据与 MCP 规范对比，自动生成符合度报告（Conformance Report），如必填字段缺失、非法状态转换等。

3）自动化测试框架

- 测试用例生成器：基于协议规范自动生成边界值测试用例，如最大消息长度、最小间隔时间。
- 混沌工程模块：集成 Chaos Monkey 原理，随机注入网络分区、服务降级等故障场景。
- 回归测试套件：支持测试用例版本管理，每次提交代码后自动运行历史测试集。

4）协同调试工作流

- 会话录制与回放：完整记录调试过程（包括网络流量、断点触发顺序），支持导出为 YAML 测试脚本。
- 问题追踪集成：与 Jira/GitHub Issues 深度集成，可一键创建 Issue 并附加调试日志。
- 远程协助模式：通过共享调试令牌，允许外部专家接入当前调试会话，权限可配置为只读或编辑。

3. Inspector 的组成模块与具体使用

Inspector 组成模块如图 11-1 所示。其中最重要的模块是 Tools、Resources 与 Prompts。

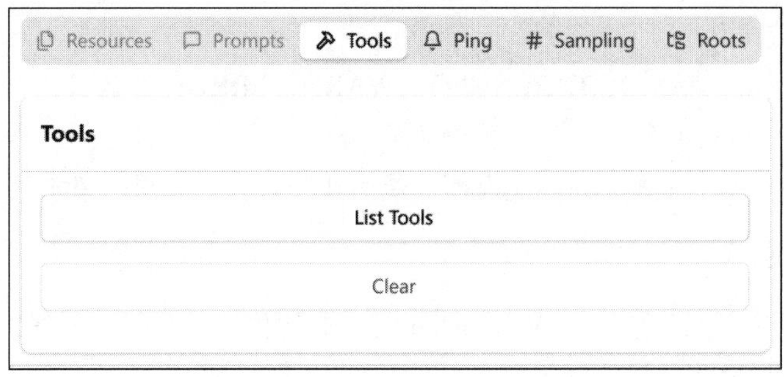

图 11-1　Inspector 的组成模块

1）Tools

MCP Inspector 中的 Tools 是一种功能模块，它赋予服务器公开可执行函数的能力。这些函数可被客户端调用，并被大型语言模型用于执行各类操作。Tools 的独特之处在于，它不仅使 LLM 能够从外部获取所需信息，还支持执行写入或操作任务，从而为 LLM 赋予真正意义上的行动力。在模型控制方面，Tools 直接将可执行函数暴露给 LLM，使得模型能够主动发起调用，灵活地完成相应任务。

Tools（工具）本质上是一种依托浏览器环境实现的函数调用机制，其核心是通过标准化的 JSON-RPC 协议实现工具调用与交互。以下是对其核心机制的说明：

```
#其一为工具列表注册函数，其请求命令示例如下：
{
   "method": "tools/list",
   "params": {},
   "jsonrpc": "2.0",
```

```
    "id": 1
}
...
#其二为工具描述函数，其请求命令示例如下：
{
    "method": "tools/call",
    "params": {
        "name": "fetch_weather",
        "arguments": {
            "url": "https://www.weather.com.cn"
        },
        "_meta": {
            "progressToken": 0
        }
    },
    "jsonrpc": "2.0",
    "id": 2
}
```

从上面示例代码中可以看到，Tools 提供了两个主要的注册函数。其中一个函数允许注册一个工具，该工具接受给定的参数，这些参数必须是一个包含与其模式相关联的命名属性的对象。当客户端调用这个工具时，函数会使用经过解析和验证的参数来运行。

另一个函数则在此基础上增加描述字段，用于对工具进行更详细的说明。在具体实现里，Tools 将函数调用进行了标准化处理，包含了工具名称和描述。这些信息不仅有助于 LLM 理解工具的用途，还可能在其他场景发挥作用。同时，它定义了强类型的参数，用于对输入参数进行验证，确保数据的准确性和安全性。此外，它还规定了标准化的返回格式来保证返回数据的结构一致性。

2）Resources

Resources 用于表示服务器希望向客户端提供的各类只读数据。这些数据形式多样，涵盖文件内容、数据库记录、图片、日志等多种类型。

在应用控制上，Resources 由客户端或应用程序进行管理，其主要作用是为 LLM 提供必要的上下文内容，助力 LLM 更好地理解和处理信息。

Resources 是对数据访问的一种抽象。Resources 提供了两种实现方式，如下所示：

```
1.[协议]://[主机]/[路径]
2.[protocol]://[host]/[path]
```

第一种是静态资源，比如定义一个"API 文档"资源，通过指定路径和处理函数，返回包含文档内容的标准化数据格式。第二种是动态资源模板，例如"用户数据"资源，使用模板化的 URI（[host]/[path]），根据不同的参数动态生成数据，同样遵循标准化的数据返回格式。Resourcess 统一了 URI 寻址方式，不仅支持常规的 URI 格式，还提供了模板支持，方便根据不同的参数生成对应的资源地址；它还明确了内容类型声明，让客户端能够准确识别资源的类型，并且规定了标准化的数据返回格式，确保不同资源返回的数据结构一致，便于客户端处理。

3）Prompts

Prompts 是由服务器精心定义的可重用模板。用户能够从中进行选择，以此引导或规范与 LLM 的交互流程。例如，Git MCP server 可以提供一个"生成提交信息"的提示词模板，用户借助该模板，能够创建出标准化的提交消息。在用户控制层面，Prompt 通常由用户根据自身需求自行选择使用。

Prompts 主要用于统一提示词模板的定义和使用，示例代码如下：

```
const codeReviewTool = {
  name: 'code_review',
  description: 'Automatically review code and provide suggestions',
  parameters: {
    type: 'object',
    properties: {
      filePath: { type: 'string', description: 'Path to the file being reviewed' },
      code: { type: 'string', description: 'Code content to review' },
      context: { type: 'string', description: 'Additional context for review' }
    },
    required: ['filePath', 'code']
  },
  handler: async ({ filePath, code, context }) => {
    const prompt = `
      请对以下代码进行审查:
      文件路径: ${filePath}
      代码内容:
      ${code}

      ${context ? `上下文: ${context}` : ''}

      请指出潜在问题、改进建议和最佳实践。
    `;

    const response = await openrouterClient.generate(prompt);
    return { review: response };
  }
};
```

从上面示例代码可知，Prompts 定义了一个名为 code-review 的提示词模板，它包含参数化提示词定义，通过 Zod 模式定义了提示词所需的参数类型，如代码、语言和可选的重点关注内容；同时保证了类型安全，在参数定义和数据处理过程中进行类型检查；还规定了标准化的消息格式，以特定的结构组织提示词内容，便于客户端理解和使用。

此外，MCP 还提供了一个可选的高级功能——能力协商。能力协商类似于双方见面时的自我介绍，用于协商版本升级等握手过程。在初始化请求中，客户端会声明自己支持的能力，如协议版本、客户端信息以及所支持的功能（如是否支持被反向调用 LLM，是否支持文件系统访问等）。服务器收到请求后，会回复自己所支持的能力，如是否支持工具、资源和提示词等功能。通过这种协商机制，客户端和服务端可以根据对方支持的能力来决定如何进行交互。例如，当某个工具升级或废弃时，可以通过能力协商告知客户端。不过，这种能力协商机制需要客户端和服务端一对一单独开发，无法实现多个服务的通用。

11.1.2 FastMCP 用法讲解

FastMCP 是专为多智能体系统设计的高性能 Python 开发框架，通过协议驱动开发范式重塑 MCP 协议落地流程。其核心优势在于将复杂协议规范转换为可复用代码构件，开发者通过装饰器模式即可快速定义服务端行为，协议扩展支持热加载机制。

框架内置完整的 MCP 实现矩阵，涵盖智能体工具链、上下文管理系统及提示工程工作台，提供 15 种预置工具模板和动态版本管理能力，配合 JSON 自动生成与类型安全校验，使业务开发聚焦于核心逻辑而非协议细节。

技术架构层面实现传输层抽象与数据处理管道的整合，同时支持标准流式通信与实时 SSE 推送协议，预留 WebSocket 扩展接口应对双向交互场景。

下面是一个简单的使用 FastMCP 构建 MCP 的示例：

```
# calculator_stdio.py
from fastmcp import FastMCP

# 创建 MCP 服务器实例
mcp = FastMCP("Calculator",port=1234)

@mcp.tool()
def add(a: int, b: int) -> int:
    """将两个数字相加"""
    return a + b

@mcp.tool()
def subtract(a: int, b: int) -> int:
    """从第一个数中减去第二个数"""
    return a - b

@mcp.tool()
def multiply(a: int, b: int) -> int:
    """将两个数相乘"""
    return a * b

@mcp.tool()
def divide(a: float, b: float) -> float:
    """将第一个数除以第二个数"""
    if b == 0:
        raise ValueError("除数不能为零")
    return a / b

if __name__ == "__main__":
    # 使用 SSE 传输方式启动服务器
    mcp.run(transport="sse")
```

在上面示例中，我们实现了一个简单的计算程序，供客户端计算使用。下面进入测试服务器，读者可以通过下面的 npx 命令启动 MCP Inspector：

```
#启动 MCP Inspector
(base) C:\Users\xiaohua\Desktop\MCP_arXiv\_fastMCP_demo>npx
@modelcontextprotocol/inspector
```

在安装确认后，MCP Inspector 正常启动，如图 11-2 所示。

```
(base) C:\Users\xiaohua>cd C:\Users\xiaohua\Desktop\MCP_arXiv\_fastMCP_demo

(base) C:\Users\xiaohua\Desktop\MCP_arXiv\_fastMCP_demo>npx @modelcontextprotocol/inspector demo_0.py
Need to install the following packages:
@modelcontextprotocol/inspector@0.13.0
Ok to proceed? (y) y

Starting MCP inspector...
⚙ Proxy server listening on port 6277
� MCP Inspector is up and running at http://127.0.0.1:6274 �
```

图 11-2　启动 MCP Inspector

接下来，我们在浏览器地址栏上输入如下网址：

```
http://127.0.0.1:6274
```

浏览器将显示 MCP Inspector 操作界面，如图 11-3 所示。注意此时还未连接 MCP Inspector。

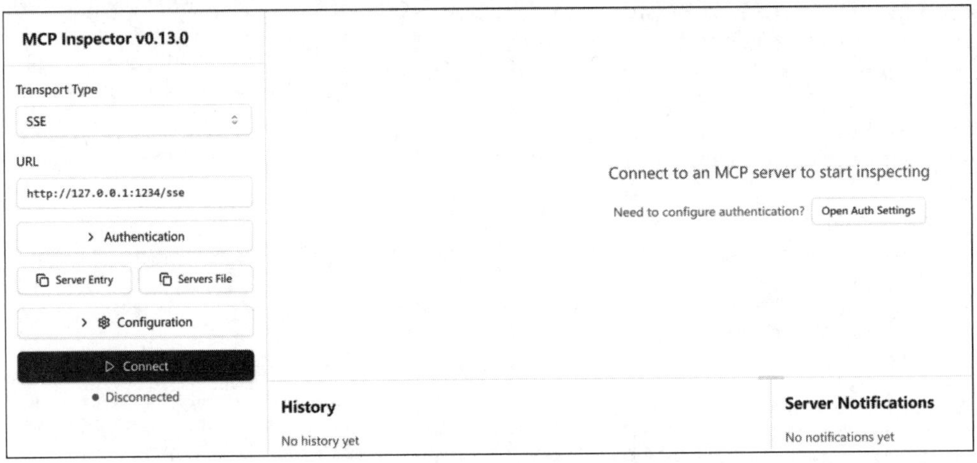

MCP Inspector v0.13.0

Transport Type

SSE

URL

http://127.0.0.1:1234/sse

› Authentication

Server Entry　Servers File

› Configuration

▷ Connect

● Disconnected

Connect to an MCP server to start inspecting

Need to configure authentication? Open Auth Settings

History

No history yet

Server Notifications

No notifications yet

图 11-3　未连接的 MCP Inspector 操作界面

接下来，我们需要手动启动 FastMCP 构建 MCP 的代码，结果如下：

```
[05/27/25 17:11:56] INFO     Starting server "Calculator"...      server.py:207
INFO:     Started server process [18912]
INFO:     Waiting for application startup.
INFO:     Application startup complete.
INFO:     Uvicorn running on http://127.0.0.1:1234 (Press CTRL+C to quit)
INFO:     127.0.0.1:61154 - "GET /sse HTTP/1.1" 200 OK
```

用浏览器打开网址 http://127.0.0.1:1234，页面如图 11-3 所示，填入前面设置的 MCP URL 地址：

```
http://127.0.0.1:1234/sse
```

单击 Connect 按钮后，连接到自定义的 MCP 服务，如图 11-4 所示。单击 Tools 按钮后，再选择特定的函数完成对应的操作。

图 11-4　连接成功的 MCP Inspector

从图 11-4 所示的页面中可以看到，我们已经获取到 MCP 服务，并正确显示了服务提供的工具函数。

接下来，我们再看另一个稍微复杂一点的天气获取 MCP 服务，代码如下：

```
# weather_sse.py
from fastmcp import FastMCP
import random

# 创建 MCP 服务器实例，指定端口
mcp = FastMCP("Weather Service", port=1235)

# 模拟的天气数据
weather_data = {
    "New York": {"temp": range(10, 25), "conditions": ["sunny", "cloudy", "rainy"]},
    "London": {"temp": range(5, 20), "conditions": ["cloudy", "rainy", "foggy"]},
    "Tokyo": {"temp": range(15, 30), "conditions": ["sunny", "cloudy", "humid"]},
    "Sydney": {"temp": range(20, 35), "conditions": ["sunny", "clear", "hot"]},
}

@mcp.tool()
def get_weather(city: str) -> dict:
    """获取指定城市的当前天气"""
    if city not in weather_data:
        return {"error": f"无法找到城市 {city} 的天气数据"}

    data = weather_data[city]
    temp = random.choice(list(data["temp"]))
    condition = random.choice(data["conditions"])

    return {
        "city": city,
        "temperature": temp,
        "condition": condition,
        "unit": "celsius"
    }
```

```
@mcp.resource("weather://cities")
def get_available_cities() -> list:
    """获取所有可用的城市列表"""
    return list(weather_data.keys())

@mcp.resource("weather://forecast/{city}")
def get_forecast(city: str) -> dict:
    """获取指定城市的天气预报资源"""
    if city not in weather_data:
        return {"error": f"无法找到城市 {city} 的天气预报"}

    forecast = []
    for i in range(5):  # 5 天预报
        data = weather_data[city]
        temp = random.choice(list(data["temp"]))
        condition = random.choice(data["conditions"])
        forecast.append({
            "day": i + 1,
            "temperature": temp,
            "condition": condition
        })

    return {
        "city": city,
        "forecast": forecast,
        "unit": "celsius"
    }

if __name__ == "__main__":
    # 使用 SSE 传输方式启动服务器
    mcp.run(transport="sse")
```

同样也是在启动服务后，在页面右侧单击对应的工具完成 MCP 服务的调用，如图 11-5 所示。

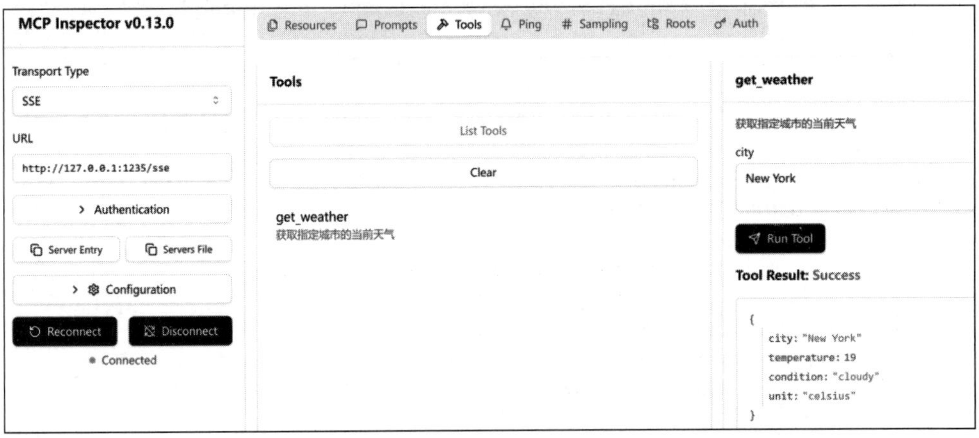

图 11-5　自定义的 MCP 天气服务

读者可以自行验证。

11.1.3　高德地图 MCP 服务剖析与测试

本小节将深度解析高德地图的 MCP 服务（简称高德 MCP 服务）架构。这一服务作为地理信息与 AI 模型交互的核心纽带，通过标准化时空数据封装与模型调用规范，有效解决了传统 LBS（基于位置的服务）开发中地理特征提取难、模型适配成本高等痛点。高德地图下载与使用的宣传材料如图 11-6 所示。

图 11-6　高德地图下载与使用

依托高德覆盖全国的实时路网数据与三维高精地图能力，MCP 不仅支持道路拓扑、信号灯相位等结构化地理信息的动态注入，而且创造性地引入了时空上下文编码机制，使自动驾驶决策模型、城市交通流预测系统等智能应用能够直接解析地理要素的语义关联，从而提升复杂场景下的适用性。

下一步，在 MCP Inspector 中完成对高德地图的部署与使用。首先通过远程 URL 连接高德服务，连接地址如下：

```
{
  "mcpServers": {
    "amap-amap-sse": {
      "url": https://mcp.amap.com/sse?key=你在高德官网上申请的 key
    }
  }
}
```

对于上面代码中的 key，读者需要在高德开放平台网站上免费申请，如图 11-7 所示。

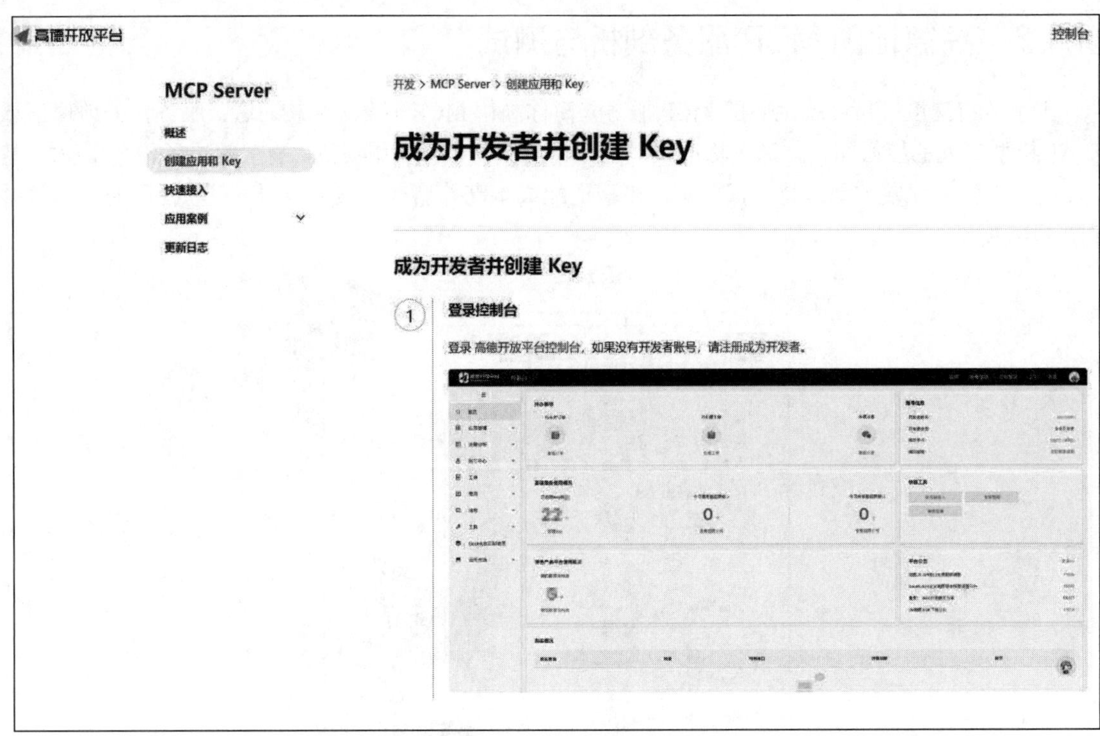

图 11-7　申请高德免费 Key

读者可以将获得的 key 拼接到上面笔者提供的 URL 后部，如下所示：

```
url: https://mcp.amap.com/sse?key=ABCDEFGHIJK1234567890
```

下面将拼接后的 URL 地址输入 MCP Inspector 中，如图 11-8 所示。

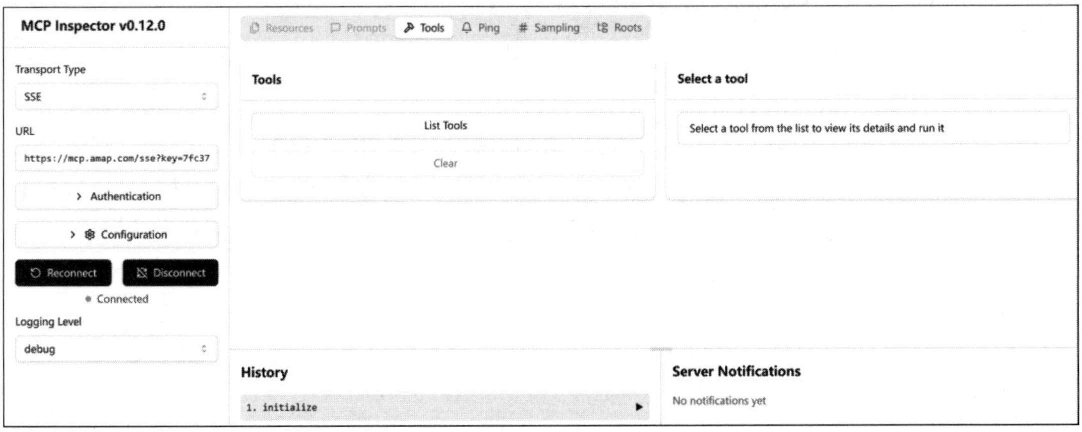

图 11-8　URL 地址输入 MCP Inspector 中

连接 MCP 服务后，单击对应的 Tools 菜单下面的 List Tools 按钮，获取高德 MCP 服务所提供的工具及其说明，内容如下：

```
{
  "tools": [
```

```
    {
      "name": "maps_direction_bicycling",
      "description": "骑行路径规划用于规划骑行通勤方案，规划时会考虑天桥、单行线、封路等情况。最大支持 500km 的骑行路线规划",
      "inputSchema": {
        "type": "object",
        "properties": {
          "origin": {
            "type": "string",
            "description": "出发点经纬度，坐标格式为：经度，纬度"
          },
          "destination": {
            "type": "string",
            "description": "目的地经纬度，坐标格式为：经度，纬度"
          }
        },
        "required": [
          "origin",
          "destination"
        ]
      }
    },
    {
      "name": "maps_direction_driving",
      "description": "驾车路径规划 API 可以根据用户起点和终点经纬度坐标规划以小客车、轿车通勤出行的方案，并且返回通勤方案的数据。",
      "inputSchema": {
        "type": "object",
        "properties": {
          "origin": {
            "type": "string",
            "description": "出发点经纬度，坐标格式为：经度，纬度"
          },
          "destination": {
            "type": "string",
            "description": "目的地经纬度，坐标格式为：经度，纬度"
          }
        },
        "required": [
          "origin",
          "destination"
        ]
      }
    },
    {
      "name": "maps_direction_transit_integrated",
      "description": "根据用户起点和终点经纬度坐标规划综合各类公共交通方式（火车、公交、地铁）的通勤方案，并且返回通勤方案的数据，跨城场景下必须传起点城市与终点城市",
      "inputSchema": {
        "type": "object",
        "properties": {
          "origin": {
            "type": "string",
            "description": "出发点经纬度，坐标格式为：经度，纬度"
          },
```

```
          "destination": {
            "type": "string",
            "description": "目的地经纬度，坐标格式为：经度，纬度"
          },
          "city": {
            "type": "string",
            "description": "公共交通规划起点城市"
          },
          "cityd": {
            "type": "string",
            "description": "公共交通规划终点城市"
          }
        },
        "required": [
          "origin",
          "destination",
          "city",
          "cityd"
        ]
      }
    },
    {
      "name": "maps_direction_walking",
      "description": "根据输入起点终点经纬度坐标规划 100km 以内的步行通勤方案，并且返回
通勤方案的数据",
      "inputSchema": {
        "type": "object",
        "properties": {
          "origin": {
            "type": "string",
            "description": "出发点经度，纬度，坐标格式为：经度，纬度"
          },
          "destination": {
            "type": "string",
            "description": "目的地经度，纬度，坐标格式为：经度，纬度"
          }
        },
        "required": [
          "origin",
          "destination"
        ]
      }
    },
    {
      "name": "maps_distance",
      "description": "测量两个经纬度坐标之间的距离，支持驾车、步行以及球面距离测量",
      "inputSchema": {
        "type": "object",
        "properties": {
          "origins": {
            "type": "string",
            "description": "起点经度，纬度，可以传多个坐标，使用竖线隔离，比如
120,30|120,31，坐标格式为：经度，纬度"
          },
          "destination": {
```

```
            "type": "string",
            "description": "终点经度，纬度，坐标格式为：经度，纬度"
          },
          "type": {
            "type": "string",
            "description": "距离测量类型,1 代表驾车距离测量，0 代表直线距离测量，3 步行距离测量"
          }
        },
        "required": [
          "origins",
          "destination"
        ]
      }
    },
    {
      "name": "maps_geo",
      "description": "将详细的结构化地址转换为经纬度坐标。支持将地标性名胜景区、建筑物名称解析为经纬度坐标",
      "inputSchema": {
        "type": "object",
        "properties": {
          "address": {
            "type": "string",
            "description": "待解析的结构化地址信息"
          },
          "city": {
            "type": "string",
            "description": "指定查询的城市"
          }
        },
        "required": [
          "address"
        ]
      }
    },
    {
      "name": "maps_regeocode",
      "description": "将一个高德经纬度坐标转换为行政区划地址信息",
      "inputSchema": {
        "type": "object",
        "properties": {
          "location": {
            "type": "string",
            "description": "经纬度"
          }
        },
        "required": [
          "location"
        ]
      }
    },
    {
      "name": "maps_ip_location",
      "description": "IP 定位根据用户输入的 IP 地址，定位 IP 所在位置",
```

```
      "inputSchema": {
        "type": "object",
        "properties": {
          "ip": {
            "type": "string",
            "description": "IP 地址"
          }
        },
        "required": [
          "ip"
        ]
      }
    },
    {
      "name": "maps_schema_personal_map",
      "description": "用于将行程规划结果在高德地图上展示。将行程规划位置点按照行程顺序填入 lineList，返回结果为高德地图打开的 URI 链接，该结果不需总结，直接返回！",
      "inputSchema": {
        "type": "object",
        "properties": {
          "orgName": {
            "type": "string",
            "description": "行程规划地图小程序名称"
          },
          "lineList": {
            "type": "array",
            "description": "行程列表",
            "items": {
              "type": "object",
              "properties": {
                "title": {
                  "type": "string",
                  "description": "行程名称描述（按行程顺序）"
                },
                "pointInfoList": {
                  "type": "array",
                  "description": "行程目标位置点描述",
                  "items": {
                    "type": "object",
                    "properties": {
                      "name": {
                        "type": "string",
                        "description": "行程目标位置点名称"
                      },
                      "lon": {
                        "type": "number",
                        "description": "行程目标位置点经度"
                      },
                      "lat": {
                        "type": "number",
                        "description": "行程目标位置点纬度"
                      },
                      "poiId": {
                        "type": "string",
                        "description": "行程目标位置点 POIID"
```

```
                }
              },
              "required": [
                "name",
                "lon",
                "lat",
                "poiId"
              ]
            }
          }
        },
        "required": [
          "title",
          "pointInfoList"
        ]
      }
    }
  },
  "required": [
    "orgName",
    "lineList"
  ]
}
},
{
  "name": "maps_around_search",
  "description": "周边搜，根据用户传入关键词以及坐标 location，搜索出 radius 半径范
围的 POI",
  "inputSchema": {
    "type": "object",
    "properties": {
      "keywords": {
        "type": "string",
        "description": "搜索关键词"
      },
      "location": {
        "type": "string",
        "description": "中心点经度纬度"
      },
      "radius": {
        "type": "string",
        "description": "搜索半径"
      }
    },
    "required": [
      "keywords",
      "location"
    ]
  }
},
{
  "name": "maps_search_detail",
  "description": "查询关键词搜或者周边搜获取到的 POI ID 的详细信息",
  "inputSchema": {
    "type": "object",
```

```
          "properties": {
            "id": {
              "type": "string",
              "description": "关键词搜或者周边搜获取到的 POI ID"
            }
          },
          "required": [
            "id"
          ]
        }
      },
      {
        "name": "maps_text_search",
        "description": "关键字搜索 API，根据用户输入的关键字进行 POI 搜索，并返回相关的信
息",
        "inputSchema": {
          "type": "object",
          "properties": {
            "keywords": {
              "type": "string",
              "description": "查询关键字"
            },
            "city": {
              "type": "string",
              "description": "查询城市"
            },
            "citylimit": {
              "type": "boolean",
              "default": False,
              "description": "是否限制城市范围内搜索，默认不限制"
            }
          },
          "required": [
            "keywords"
          ]
        }
      },
      {
        "name": "maps_schema_navi",
        "description": " Schema 唤醒客户端-导航页面，用于根据用户输入终点信息，返回一个拼
装好的客户端唤醒 URI，用户单击该 URI 即可唤起对应的客户端 APP。唤起客户端后，会自动跳转到导航页
面。",
        "inputSchema": {
          "type": "object",
          "properties": {
            "lon": {
              "type": "string",
              "description": "终点经度"
            },
            "lat": {
              "type": "string",
              "description": "终点纬度"
            }
          },
          "required": [
```

```
          "lon",
          "lat"
        ]
      }
    },
    {
      "name": "maps_schema_take_taxi",
      "description": "根据用户输入的起点和终点信息，返回一个拼装好的客户端唤醒 URI，直接唤起高德地图进行打车。直接展示生成的链接，不需要总结",
      "inputSchema": {
        "type": "object",
        "properties": {
          "slon": {
            "type": "string",
            "description": "起点经度"
          },
          "slat": {
            "type": "string",
            "description": "起点纬度"
          },
          "sname": {
            "type": "string",
            "description": "起点名称"
          },
          "dlon": {
            "type": "string",
            "description": "终点经度"
          },
          "dlat": {
            "type": "string",
            "description": "终点纬度"
          },
          "dname": {
            "type": "string",
            "description": "终点名称"
          }
        },
        "required": [
          "dlon",
          "dlat",
          "dname"
        ]
      }
    },
    {
      "name": "maps_weather",
      "description": "根据城市名称或者标准 adcode 查询指定城市的天气",
      "inputSchema": {
        "type": "object",
        "properties": {
          "city": {
            "type": "string",
            "description": "城市名称或者 adcode"
          }
        },
```

```
        "required": [
          "city"
        ]
      }
    }
  ]
}
```

在工具列表中，高德 MCP 服务对每项工具都进行了定义和说明，例如：

```
{
    "2": {
        "name": "maps_direction_transit_integrated",
        "description":"根据用户起点和终点经纬度坐标规划综合各类公共交通方式(火车、公交、
地铁）的通勤方案，并且返回通勤方案的数据，跨城场景下必须传起点城市与终点城市",
        "inputSchema": {
           "type": "object",
           "properties": {
               "origin": {
                  "type": "string",
                  "description": "出发点经纬度，坐标格式为：经度，纬度"
               },
               "destination": {
                  "type": "string",
                  "description": "目的地经纬度，坐标格式为：经度，纬度"
               },
               "city": {
                  "type": "string",
                  "description": "公共交通规划起点城市"
               },
               "cityd": {
                  "type": "string",
                  "description": "公共交通规划终点城市"
               }
           },
           "required": [
               "origin",
               "destination",
               "city",
               "cityd"
           ]
        }
    }
}
```

上面这个 JSON 对象描述了一个名为 maps_direction_transit_integrated 的服务，其主要功能是根据用户提供的起点和终点经纬度坐标，规划综合各类公共交通方式（如火车、公交、地铁）的通勤方案，并返回相应的数据。特别地，在跨城场景下，用户必须提供起点城市和终点城市的信息。

该服务的输入结构由一个对象定义，该对象包含 4 个属性：起点（origin）、终点（destination）、起点城市（city）和终点城市（cityd）。每个属性都有其特定的类型和描述，用于指导用户如何正确提供信息。此外，该对象还定义了一个必需字段数组（required），明确指出了在调用该服务时必须提供的字段，即起点、终点、起点城市和终点城市。

我们单击工具列表中的函数名 maps_text_search，引导它在 MCP Inspector 中直接使用，如图 11-9 所示。可以看到，在页面右边 maps_text_search 函数名下包括 keywords（关键字）、city（城市）和 citylimit 三个查询框。

图 11-9　调用 maps_text_search 函数

我们在 keywords 中输入“田子坊”，在 city 中输入“上海”，再勾选 citylimit，如图 11-10 所示。

图 11-10　设置 maps_text_search 函数

单击下方的“Run Tool”按钮，即可进行查询操作。读者可以自行查看结果。

11.2　高德 MCP 服务的解析与应用重构

在上一节中，讲解了使用 MCP 验证工具完成高德 MCP 服务测试的操作，可以看到通过使用

MCP Inspector，我们可以完整地读取高德开放平台提供的全部服务与工具。

由于在进行应用开发时，只有部分功能可以直接调用特定的工具函数，更多的场景是使用Python 语言完成 MCP 的开发。因此，本节将介绍使用 Python 完成高德 MCP 的解析与应用重构的方法。

11.2.1 基于 URL 的高德 MCP 服务的解析

通过前一节的学习，相信读者已经掌握了使用 MCP Inspector 工具对高德地图进行调用与查询的方法。这些操作都是基于可视化验证工具来完成的。虽然高德地图可视化操作非常直观，但是它也限制了我们在更多的场景下使用高德 MCP 服务。在本小节中，我们将尝试使用 Python 解析高德 MCP 服务，以便能够在更多的场景下使用它。

下面是通过 URL 调用高德 MCP 服务的示例：

```
import requests

def recommend_poi(keyword,city, user_preferences=None):
    api_key = "7fc37a76dc85ef53542b4424841686df"#"你的高德 API_KEY"
    url = f"https://restapi.amap.com/v3/place/text?keywords={keyword}&{city}=
北京&key={api_key}"

    response = requests.get(url).json()
    pois = response["pois"]

    # 如果有用户偏好，就按偏好排序（比如评分、距离、是否排队）
    if user_preferences:
        if "high_rating" in user_preferences:
            pois.sort(key=lambda x: float(x["biz_ext"]["rating"]),
reverse=True)
        if "avoid_queue" in user_preferences:
            pois = [p for p in pois if p.get("biz_ext", {}).get("waiting", 0) <
10]

    return pois[:3]  # 返回 Top 3 推荐

POIs = recommend_poi("田子坊",city="上海")
for shop in POIs:
    print(f"😋 {shop['name']} | 评分：{shop['biz_ext']['rating']} | 距离：
{shop['distance']}米")
```

在上面代码中，我们通过传入 URL 的形式发送了对应的目标与要求，并通过提取返回的字符串的形式获取查询结果，重新对它进行整理后，输出结果如下：

```
😋 上海田子坊 | 评分：4.7 | 距离：[]米
😋 田子坊东部旅游区 | 评分：3.9 | 距离：[]米
😋 田子坊艺术中心 | 评分：4.1 | 距离：[]米
```

读者可以自行验证。

在上面示例中，通过发送特定 URL 的形式获取了特定位置的选择。对于其他更多的需求，我们可以登录高德开放平台网站，访问“Web 服务 API”来获取对应的 URL 地址，如图 11-11 所示。

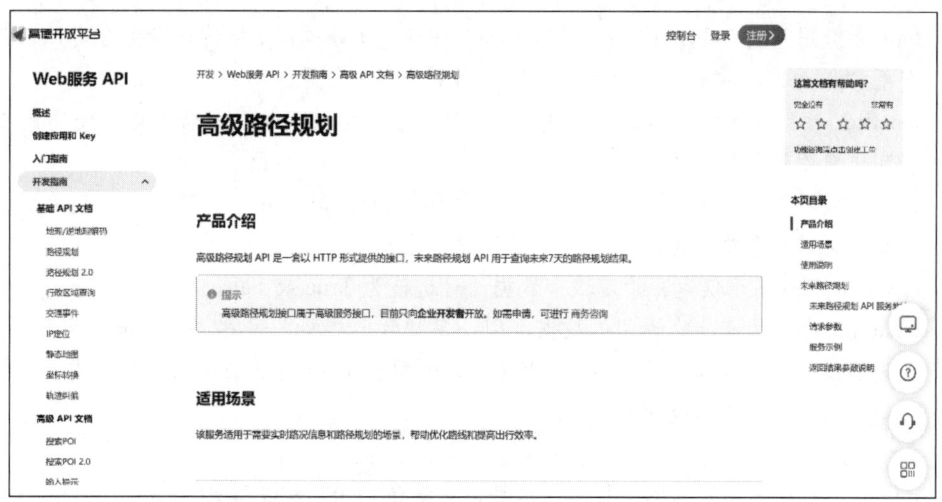

图 11-11　Web 服务 API

从图 11-11 所示的页面上可以看到，高德地图提供了详细的 URL 说明与服务，我们可以单击不同的主题菜单查看对应的内容及注解说明。下面以单击左侧的菜单主题“输入提示”为例进行讲解，如图 11-12 所示。

Web服务 API

IP定位
静态地图
坐标转换
轨迹纠偏
高级 API 文档
搜索POI
搜索POI 2.0
输入提示
天气查询
高级IP定位
智能硬件定位
交通态势查询
公交信息查询
高级路径规划
GeoHUB API文档
三方数据空间检索

服务示例

https://restapi.amap.com/v3/assistant/inputtips?output=xml&city=010&keywords=招商银行&key=<用户的key>

参数	值	备注	必选
keywords	肯德基	查询关键词	是
type	050301	查询 POI 类型	否
location	116.481488,39.990464	经度,纬度;建议使用 location 参数，可在此 location 附近优先返回搜索关键词信息	否
city	北京	查询城市。可选值：城市中文、中文全拼、citycode、adcode	否
datatype	all	多种数据类型用“|”分隔 可选值： all：返回所有数据类型; poi：返回POI数据类型; bus：返回公交站点数据类型; busline：返回公交线路数据类型	是

图 11-12　Web 服务 API 示例

从图 11-12 所示的页面可以看到，高德地图提供的输入提示 API 服务的地址为 https://restapi.amap.com/v3/assistant/inputtips?parameters，请求方式采用 GET。

此 API 通过 parameters 传递一系列参数，包括必填参数和可选参数，所有参数以“&”分隔。其中，key 是必填参数，作为请求服务权限标识（用户需在高德地图官网申请 Web 服务 API 类型 key）；keywords 同样是必填参数，用于指定查询关键词。

输入提示 API 服务的可选参数说明如下：

- type 参数用于指定 POI（Point of Interest，兴趣点）分类，支持传入多个分类，多个类型之间用"|"分隔，建议使用分类代码以获得更准确的结果。
- location 参数用于指定坐标，格式为"X,Y"（经度,纬度），不含空格，使用此参数可在指定位置附近优先返回搜索关键词信息，并且仅在 city 参数不为空时生效。
- city 参数用于指定搜索城市，可选值包括 citycode、adcode 等，填入此参数后，会尽量优先返回此城市数据，但不一定仅局限此城市结果。
- citylimit 参数用于仅返回指定城市数据，可选值为 True 或 False。
- datatype 参数用于指定返回的数据类型，多种数据类型之间用"|"分隔，可选值包括 all（返回所有数据类型）、poi（返回 POI 数据类型）、bus（返回公交站点数据类型）和 busline（返回公交线路数据类型）。
- sig 参数为数字签名，用于增强 API 调用的安全性。
- output 参数用于指定返回数据格式类型，可选值为 JSON 或 XML。
- callback 参数为回调函数，只在 output=JSON 时有效，其值为用户定义的函数名称。

在调用此 API 后，返回的结果参数说明如下：

- status 用于指示返回状态，值为 0 或 1，分别代表失败和成功。
- info 用于返回状态信息，当 status 为 0 时，info 返回错误原因，否则返回"OK"。
- count 返回结果总数目。
- tips 为建议提示列表，tip 为具体的提示信息。
- id 为返回数据 ID，根据数据类型不同，返回 poi id、bus id 或 busline id。
- name 为 tip 名称，district 为所属区域，adcode 为区域编码，location 为 tip 中心点坐标（当搜索数据为 busline 类型时，此字段不返回），address 为详细地址。

下面是一个基于提示查询的 Python 代码示例：

```
import requests
from xml.etree import ElementTree  # 新增 XML 解析库

def recommend_poi(keyword, city, user_preferences=None):
    api_key = "7fc37a76dc85ef53542b4424841686df"
    url = 
f"https://restapi.amap.com/v3/assistant/inputtips?output=xml&city={city}&keywor
ds={keyword}&key={api_key}"

    try:
        response = requests.get(url)
        root = ElementTree.fromstring(response.content)

        pois = []
        for tip in root.findall('.//tip'):
            poi = {
                "name": tip.find("name").text,
                "address": tip.find("address").text,
                "location": tip.find("location").text
            }
            pois.append(poi)
        return pois
```

```
    except Exception as e:
        print(f"XML 解析错误: {e}")
        return []


# 使用示例部分修改为:
if __name__ == "__main__":
    POIs = recommend_poi("田子坊", city="上海")
    print("\n=== 地点推荐结果 ===\n")

    for idx, poi in enumerate(POIs, 1):
        # 处理空值
        address = poi["address"] if poi["address"] else "暂无地址信息"
        location = poi["location"] if poi["location"] else "暂无坐标信息"

        # 构建输出模板
        output = f"""▨ 第 {idx} 个地点
  名称 | {poi["name"]}
  地址 | {address}
  坐标 | {location}
"""
        print(output)
        print("-" * 40)  # 分隔线
```

上面这段代码主要通过高德地图 API 获取地点推荐信息并进行格式化输出。代码结构分为数据获取和结果展示两部分。首先通过 requests 库向高德地图的输入提示接口发送请求，构造的 URL 中指定了返回格式为 XML，包含城市、关键词和 API 密钥三个核心参数。

在获取到响应后，我们使用 ElementTree 解析 XML 数据，通过 XPath 表达式“.//tip”定位所有地点提示节点，提取名称、地址和坐标信息，并将这些数据组织成字典存储在列表中，完成从原始数据到结构化数据的转换。

异常处理机制贯穿整个数据获取过程。在 try 代码块中，不仅包含网络请求的发送，还涉及对响应内容的 XML 解析操作。当网络连接出现问题、API 返回错误或 XML 格式异常时，except 会捕获所有类型的异常并输出错误信息，同时返回空列表避免程序崩溃。这种设计增强了程序的健壮性，特别是在处理外部 API 调用这种不可控因素较多的场景中，能够有效隔离错误影响，保证程序基础功能的可用性。

最后的输出模块着重提升可读性：通过 enumerate()函数为结果添加序号，使用三引号（"""）字符串构建多行模板，采用中文符号和竖线进行视觉对齐；对地址和坐标的空值进行特殊处理，将 None 转换为明确的提示信息，避免用户看到原始空值产生困惑；每个地点信息之间用 40 个连字符的分隔线间隔，配合开头的总标题，形成清晰的视觉层次。这种输出方式在命令行环境中既能直观展示数据细节，又保持了版面的整洁美观，比直接打印原始字典列表更符合人类阅读习惯。

最后的输出结果如下：

```
=== 地点推荐结果 ===

▨ 第 1 个地点
  名称 | 田子坊
  地址 | 暂无地址信息
  坐标 | 暂无坐标信息
```

```
----------------------------------------
▨ 第 2 个地点
  名称 │ 田子坊(上海新七浦服装市场店)
  地址 │ 七浦路 179 号上海新七浦服装市场 F3(天潼路地铁站 6 号口旁)
  坐标 │ 121.481519,31.245122

----------------------------------------
▨ 第 3 个地点
  名称 │ 上海田子坊(1 号门)
  地址 │ 泰康路 210 弄(打浦桥地铁站 1 号口步行 90 米)
  坐标 │ 121.469338,31.207906

----------------------------------------
▨ 第 4 个地点
  名称 │ 上海田子坊(2 号门)
  地址 │ 泰康路与瑞金二路交叉口东 180 米(打浦桥地铁站 1 号口旁)
  坐标 │ 121.468818,31.207745

----------------------------------------
▨ 第 5 个地点
  名称 │ 田子坊(3 号门)
  地址 │ 泰康路 210 号上海田子坊(打浦桥地铁站 1 号口旁)
  坐标 │ 121.468334,31.207610

----------------------------------------
▨ 第 6 个地点
  名称 │ 上海田子坊
  地址 │ 泰康路 210 号(打浦桥地铁站 1 号口旁)
  坐标 │ 121.468662,31.208197

----------------------------------------
▨ 第 7 个地点
  名称 │ 田子坊文创天地(泰康路店)
  地址 │ 泰康路 200-3 号(打浦桥地铁站 1 号口步行 120 米)
  坐标 │ 121.469623,31.207920

----------------------------------------
▨ 第 8 个地点
  名称 │ 上海田子坊(5 号门)
  地址 │ 泰康路 210 号上海田子坊(打浦桥地铁站 1 号口步行 200 米)
  坐标 │ 121.467864,31.208915

----------------------------------------
▨ 第 9 个地点
  名称 │ 田子坊艺术中心
  地址 │ 打浦桥街道泰康路 210 弄 2 号乙二楼(田子坊前行 50 米)
  坐标 │ 121.469151,31.208221

----------------------------------------
▨ 第 10 个地点
  名称 │ 田子坊(7 号门)
  地址 │ 泰康路 210 号上海田子坊(打浦桥地铁站 1 号口步行 100 米)
  坐标 │ 121.469681,31.207895
```

```
----------------------------------------
```

读者可以自行验证。

11.2.2　原生高德 MCP 服务的解析

在前一小节中，我们已经完成了使用 MCP Inspector 工具对高德地图进行调用与查询。而对于原生的 MCP 服务，我们需要根据特定的要求，使用代码进行解析、提取与使用。下面是一个通过原生 Python 完成高德工具展示的示例：

```
from contextlib import AsyncExitStack
from mcp import ClientSession, StdioServerParameters
from mcp.client.sse import sse_client

# 需要自行实现的工具格式化函数
def format_tools_for_llm(tool):
    return f"{tool.name}: {tool.description[:200]}..."  # 示例实现

async def connect_server(server_config):
    async with AsyncExitStack() as exit_stack:
        url = server_config["mcpServers"]["amap-amap-sse"]["url"]
        print(f"尝试连接到: {url}")

        # 进入 SSE 上下文
        sse_cm = sse_client(url)
        streams = await exit_stack.enter_async_context(sse_cm)
        print("SSE 流已获取。")

        # 创建并进入 Session 上下文
        session_cm = ClientSession(streams[0], streams[1])
        session = await exit_stack.enter_async_context(session_cm)
        print("ClientSession 已创建。")

        # 初始化 Session
        await session.initialize()
        print("Session 已初始化。")

        # 获取工具列表
        response = await session.list_tools()
        tools = response.tools
        tools_dict = {tool.name: tool for tool in tools}

        for name, tool in tools_dict.items():
            desc = tool.description[:50] + "..." if tool.description else ""
            print(f"  - {name}: {desc}")

        # 生成工具描述（需要自行实现 format_tools_for_llm)
        tools_description = "\n".join([format_tools_for_llm(tool) for tool in
tools])

        print("连接成功并准备就绪。")
        return {
            "session": session,
            "tools": tools_dict,
```

```
            "tools_description": tools_description
        }

import asyncio

config = {
    "mcpServers": {
        "amap-amap-sse": {
            "url":
"https://mcp.amap.com/sse?key=7fc37a76dc85ef53542b4424841686df"
        }
    }
}

async def mcp_run():
    result = await connect_server(config)
    print(result["tools_description"])

if __name__ == "__main__":
    asyncio.run(mcp_run())
```

上面代码按顺序解析如下：

（1）导入了必要的模块和类。contextlib 的 AsyncExitStack 用于管理异步上下文，mcp 库中的 ClientSession 和 StdioServerParameters 是 MCP 客户端的核心组件，而 sse_client 则用于建立服务器发送事件的连接。

（2）定义了一个名为 format_tools_for_llm 的函数，该函数接收一个工具对象作为参数，并返回一个字符串。这个字符串包含了工具的名字和描述信息的前 200 个字符加上省略号，这是一个示例实现，实际应用中可以根据需求修改格式化逻辑。

（3）在 connect_server()协程函数内部，使用 AsyncExitStack 来创建一个上下文环境，在这个环境中可以安全地处理资源的获取与释放。首先从传入的配置对象中取出要连接的服务端点 URL，然后打印一条消息表示正在尝试连接到指定的 URL。

（4）通过调用 sse_client()函数并传入 URL 来创建 SSE 客户端上下文管理器，再利用 exit_stack.enter_async_context()方法进入这个上下文以获取 SSE 流。一旦成功获取到了 SSE 流，则打印一条确认消息。

（5）使用之前获得的 SSE 流中的读写流来实例化 ClientSession，同样使用 exit_stack.enter_async_context()来确保正确地进入会话上下文。此时客户端已经准备好与服务端进行通信，并且打印出相应的提示信息。

（6）执行初始化操作，调用 session.initialize()方法向服务端发送初始化请求，这一步骤通常包括交换协议版本和服务能力等信息。

（7）通过调用 session.list_tools()方法来获取服务端提供的所有可用工具列表。这些工具被转换成字典形式存储于 tools_dict 变量中，其中键为工具名称，值为对应的工具对象。

（8）遍历 tools_dict 中的每一个条目，提取每个工具的部分描述信息（如果存在描述），并将它们打印出来以便用户查看当前连接的服务端支持哪些功能。

（9）生成工具描述文本，这里调用了前面定义的 format_tools_for_llm()函数对每个工具进行格式化处理，并将结果拼接成一个完整的字符串 tools_description。它被用来提供给其他系统或展示给最终用户。

（10）函数返回一个包含 session、tools_dict 以及 tools_description 元素的结果字典，这样外部就可以访问这些重要资源。

（11）在 asyncio 模块的帮助下，程序定义了一个主运行函数 mcp_run()，它负责调用 connect_server 并输出所有可用工具的描述信息。

（12）最后当脚本被直接执行时，if __name__ == "__main__":块内的代码会被触发，它通过调用 asyncio.run(mcp_run())启动事件循环并开始整个流程。

运行结果如下：

```
尝试连接到：https://mcp.amap.com/sse?key=7fc37a76dc85ef53542b4424841686df
SSE 流已获取。
ClientSession 已创建。
Session 已初始化。
  - maps_direction_bicycling：骑行路径规划用于规划骑行通勤方案，规划时会考虑天桥、单行线、封路等情况。最大支持 500km 的骑行...
  - maps_direction_driving：驾车路径规划 API 可以根据用户起点和终点经纬度坐标规划以小客车、轿车通勤出行的方案，并且返回通勤方案...
  - maps_direction_transit_integrated：根据用户起点和终点经纬度坐标规划综合各类公共交通方式（火车、公交、地铁）的通勤方案，并且返回通勤方案的数...
  - maps_direction_walking：根据输入起点终点经纬度坐标规划 100km 以内的步行通勤方案，并且返回通勤方案的数据...
  - maps_distance：测量两个经纬度坐标之间的距离，支持驾车、步行以及球面距离测量...
  - maps_geo：将详细的结构化地址转换为经纬度坐标。支持将地标性名胜景区、建筑物名称解析为经纬度坐标...
  - maps_regeocode：将一个高德经纬度坐标转换为行政区划地址信息...
  - maps_ip_location：IP 定位根据用户输入的 IP 地址，定位 IP 所在的位置...
  - maps_schema_personal_map：用于将行程规划结果在高德地图上展示。将行程规划位置点按照行程顺序填入 lineList，返回结果为高德地图...
  - maps_around_search：周边搜，根据用户传入关键词以及坐标 location，搜索出 radius 半径范围的 POI...
  - maps_search_detail：查询关键词搜或者周边搜获取到的 POI ID 的详细信息...
  - maps_text_search：关键字搜索 API 根据用户输入的关键字进行 POI 搜索，并返回相关的信息...
  - maps_schema_navi： Schema 唤醒客户端-导航页面，用于根据用户输入终点信息，返回一个拼装好的客户端唤醒 URI，用户 ...
  - maps_schema_take_taxi：根据用户输入的起点和终点信息，返回一个拼装好的客户端唤醒 URI，直接唤起高德地图进行打车。直接展示生...
  - maps_weather：根据城市名称或者标准 adcode 查询指定城市的天气...
连接成功并准备就绪。
maps_direction_bicycling：骑行路径规划用于规划骑行通勤方案，规划时会考虑天桥、单行线、封路等情况。最大支持 500km 的骑行路线规划...
maps_direction_driving：驾车路径规划 API 可以根据用户起点和终点经纬度坐标规划以小客车、轿车通勤出行的方案，并且返回通勤方案的数据。...
maps_direction_transit_integrated：根据用户起点和终点经纬度坐标规划综合各类公共交通方式（火车、公交、地铁）的通勤方案，并且返回通勤方案的数据，跨城场景下必须传起点城市与终点城市...
maps_direction_walking：根据输入起点终点经纬度坐标规划 100km 以内的步行通勤方案，并且返回通勤方案的数据...
maps_distance：测量两个经纬度坐标之间的距离，支持驾车、步行以及球面距离测量...
maps_geo：将详细的结构化地址转换为经纬度坐标。支持将地标性名胜景区、建筑物名称解析为经纬度坐标...
maps_regeocode：将一个高德经纬度坐标转换为行政区划地址信息...
```

```
    maps_ip_location：IP 定位根据用户输入的 IP 地址，定位 IP 所在的位置...
    maps_schema_personal_map：用于将行程规划结果在高德地图上展示。将行程规划位置点按照行程顺序填入 lineList，返回结果为高德地图打开的 URI 链接，该结果不需总结，直接返回！...
    maps_around_search：周边搜，根据用户传入关键词以及坐标 location，搜索出 radius 半径范围的 POI...
    maps_search_detail：查询关键词搜或者周边搜获取到的 POI ID 的详细信息...
    maps_text_search：关键字搜索 API 根据用户输入的关键字进行 POI 搜索，并返回相关的信息...
    maps_schema_navi： Schema 唤醒客户端-导航页面，用于根据用户输入终点信息，返回一个拼装好的客户端唤醒 URI，用户点击该 URI 即可唤起对应的客户端 APP。唤起客户端后，会自动跳转到导航页面。...
    maps_schema_take_taxi：根据用户输入的起点和终点信息，返回一个拼装好的客户端唤醒 URI，直接唤起高德地图进行打车。直接展示生成的链接，不需要总结...
    maps_weather：根据城市名称或者标准 adcode 查询指定城市的天气...
```

上面结果展示了高德 MCP 提供的服务工具，并打印出了服务名称、函数功能。

下面与原有的高德 MCP 服务进行对比：

（1）地理编码：将详细的结构化地址转换为经纬度坐标。

- 输入：address（位置信息），city（城市信息，非必填）。
- 输出：location （位置经纬度）。

（2）逆地理编码：将一个高德经纬度坐标转换为行政区划地址信息。

- 输入：location（位置经纬度）。
- 输出：addressComponent（位置信息，包括省市区等信息）。

（3）IP 定位：IP 定位根据用户输入的 IP 地址，定位 IP 所在的位置。

- 输入：IP 地址。
- 输出：province（省），city（城市），adcode（城市编码）。

（4）天气查询：根据城市名称或者标准 adcode 查询指定城市的天气。

- 输入：city（城市名称或城市 adcode）。
- 输出：forecasts（预报天气）。

（5）骑行路径规划：用于规划骑行通勤方案，规划时会考虑天桥、单行线、封路等情况。最大支持 500km 的骑行路线规划。

- 输入：origin（起点经纬度），destination（终点经纬度）。
- 输出：distance（规划距离），duration（规划时间），steps（规划步骤信息）。

（6）步行路径规划：可以根据输入起点终点经纬度坐标，规划 100km 以内的步行通勤方案，并且返回通勤方案的数据。

- 输入：origin（起点经纬度），destination（终点经纬度）。
- 输出：origin（起点信息），destination (终点信息），paths（规划具体信息）。

（7）驾车路径规划：根据用户起点和终点经纬度坐标规划以小客车、轿车通勤出行的方案，并且返回通勤方案的数据。

- 输入：origin（起点经纬度），destination（终点经纬度）。
- 输出：origin（起点信息），destination（终点信息），paths（规划具体信息）。

（8）公交路径规划：根据用户起点和终点经纬度坐标规划综合各类公共交通方式（火车、公交、地铁）的通勤方案，并且返回通勤方案的数据，跨城场景下必须传起点城市与终点城市。

- 输入：origin（起点经纬度），destination（终点经纬度），city（起点城市），cityd（终点城市）。
- 输出：origin（起点信息），destination （终点信息），distance（规划距离），transits (规划具体信息）。

（9）距离测量：测量两个经纬度坐标之间的距离。

- 输入：origin（起点经纬度），destination（终点经纬度）。
- 输出：origin_id（起点信息），dest_id（终点信息），distance（规划距离），duration（时间）。

（10）关键词搜索：根据用户传入的关键词，搜索出相关的 POI 地点信息。

- 输入：keywords（搜索关键词），city（查询城市，非必填）。
- 输出：suggestion（搜索建议），pois（地点信息列表）。

（11）周边搜索：根据用户传入的关键词以及坐标 location，搜索出 radius 半径范围的 POI 地点信息。

- 输入：keywords（搜索关键词），location（中心点经度纬度），radius（搜索半径，非必填）。
- 输出：pois（地点信息列表）。

（12）详情搜索：查询关键词搜或者周边搜获取到的 POI ID 的详细信息。

- 输入：id（关键词搜或周边搜获取的 poiid）。
- 输出：地点详情信息，包括 location（地点经纬度），address（地址），business_area（商圈），city(城市），type（地点类型）等。

可以看出，通过我们自行编写的 Python 代码对接原生高德 MCP 工具，同样能够高效满足任务需求。

11.2.3　解析基于高德 MCP 工具调用的示例

在上一小节中，我们使用 Python 代码直接对高德 MCP 工具进行了调用，并成功获得工具名称及其对应的描述。本小节将使用 Python 完成基于高德 MCP 工具调用的示例，代码如下：

```
import asyncio
import json
from mcp import ClientSession, StdioServerParameters
from mcp.client.stdio import stdio_client
```

```
server_params = StdioServerParameters(
    command="npx",
    args=["-y", "@amap/amap-maps-mcp-server"],
    env={"AMAP_MAPS_API_KEY": "7fc37a76dc85ef53542b4424841686df"}
)

def format_tools(tools_list):
    """格式化工具列表输出"""
    print("\n" + "=" * 40)
    print(f"可用工具列表（共{len(tools_list)}个）")
    print("=" * 40)

    for idx, tool in enumerate(tools_list, 1):
        print(f"\n 工具 {idx}: {tool.name}")
        print(f"- 描述：{tool.description}")
        print("- 输入参数：")

        # 解析参数结构
        properties = tool.inputSchema.get('properties', {})
        required_params = tool.inputSchema.get('required', [])

        for param, config in properties.items():
            required = "(必填)" if param in required_params else "(可选)"
            desc = config.get('description', '无描述')
            param_type = config.get('type', '未知类型')
            print(f"  ▸ {param}: {desc}")
            print(f"    类型：{param_type} {required}")

def format_weather(result):
    """格式化天气查询结果"""
    print("\n" + "=" * 40)
    print("天气查询结果")
    print("=" * 40)

    try:
        # 提取并解析天气数据
        weather_data = json.loads(result.content[0].text)
        city = weather_data.get("city", "未知城市")
        forecasts = weather_data.get("forecasts", [])

        print(f"\n 城市：{city}")
        print(f"预报天数：{len(forecasts)}天")

        for forecast in forecasts:
            print("\n" + "-" * 35)
            print(f"日期：{forecast['date']}（周{forecast['week']}）")
            print(f"白天：{forecast['dayweather']} {forecast['daytemp']}℃")
            print(f"夜间：{forecast['nightweather']}{forecast['nighttemp']}℃")
            print(f"风力：{forecast['daywind']}风 {forecast['daypower']}级")

        print("\n" + "=" * 40 + "\n")

    except (KeyError, json.JSONDecodeError) as e:
        print(f"\n⚠ 数据解析失败：{str(e)}")
```

```
async def run():
    try:
        async with stdio_client(server_params) as (read, write):
            async with ClientSession(read, write) as session:
                await session.initialize()

                # 获取并格式化工具列表
                tools = await session.list_tools()
                format_tools(tools.tools)  # 注意这里需要确认 tools 属性的结构

                # 调用并格式化天气查询
                result = await session.call_tool("maps_weather",
arguments={"city": "上海"})
                format_weather(result)

    finally:
        await asyncio.sleep(0.1)


if __name__ == "__main__":
    asyncio.run(run())
```

上面代码按顺序解析如下：

（1）导入所需的模块。asyncio 用于支持异步编程，json 用于处理 JSON 数据，而 ClientSession 和 StdioServerParameters 来自 mcp 模块，用于与 MCP 服务器进行交互。

（2）定义 server_params 变量，使用 StdioServerParameters()来配置 MCP 服务器的启动参数。这里指定了运行的命令是 npx，并传递了启动 MCP 服务器所需的参数和环境变量，AMAP_MAPS_API_KEY 密钥用于访问特定的服务。

（3）定义 format_tools()函数，它接收一个工具列表，并以用户友好的方式打印出每个工具的信息，包括工具名称、描述以及输入参数的结构，如参数类型、是否必填和描述等。

（4）定义 format_weather()函数，用于格式化从天气查询接口返回的结果。它尝试解析返回的 JSON 数据，并按照美观的格式输出城市名称、预报天数及每天的详细天气信息。如果数据解析失败，则会捕获异常并输出错误信息。

（5）在 run()协程函数中，首先通过 stdio_client()启动 MCP 服务器，并获取读写流对象。然后创建 ClientSession 对象，用于与 MCP 服务器进行交互。接着调用 session.initialize()初始化会话，再使用 session.list_tools()获取可用工具列表，并通过 format_tools 函数将其格式化输出。

（6）调用 session.call_tool("maps_weather", arguments={"city": "上海"})来请求天气查询工具，并将结果通过 format_weather()函数格式化后输出。整个过程是异步的，确保高效地与 MCP 服务器通信。

（7）最后，在主程序部分，通过 asyncio.run(run())启动 run()协程函数，开始执行整个流程。asyncio.run()是 Python 异步编程的标准方法，用于启动主事件循环并运行指定的协程。

代码运行结果如下：

```
========================================
```

```
可用工具列表（共 12 个）
========================================

工具 1: maps_regeocode
- 描述：将一个高德经纬度坐标转换为行政区划地址信息
- 输入参数：
  ▸ location: 经纬度
    类型：string（必填）

工具 2: maps_geo
- 描述：将详细的结构化地址转换为经纬度坐标。支持将地标性名胜景区、建筑物名称解析为经纬度坐标
- 输入参数：
  ▸ address: 待解析的结构化地址信息
    类型：string（必填）
  ▸ city: 指定查询的城市
    类型：string（可选）

工具 3: maps_ip_location
- 描述：IP 定位根据用户输入的 IP 地址，定位 IP 所在的位置
- 输入参数：
  ▸ ip: IP 地址
    类型：string（必填）

工具 4: maps_weather
- 描述：根据城市名称或者标准 adcode 查询指定城市的天气
- 输入参数：
  ▸ city: 城市名称或者 adcode
    类型：string（必填）

工具 5: maps_search_detail
- 描述：查询关键词搜或者周边搜获取到的 POI ID 的详细信息
- 输入参数：
  ▸ id: 关键词搜或者周边搜获取到的 POI ID
    类型：string（必填）

工具 6: maps_bicycling
- 描述：骑行路径规划用于规划骑行通勤方案，规划时会考虑天桥、单行线、封路等情况。最大支持 500km 的骑行路线规划
- 输入参数：
  ▸ origin: 出发点经纬度，坐标格式为：经度，纬度
    类型：string（必填）
  ▸ destination: 目的地经纬度，坐标格式为：经度，纬度
    类型：string（必填）

工具 7: maps_direction_walking
- 描述：步行路径规划 API 可以根据输入起点终点经纬度坐标规划 100km 以内的步行通勤方案，并且返回通勤方案的数据
- 输入参数：
  ▸ origin: 出发点经度，纬度，坐标格式为：经度，纬度
    类型：string（必填）
  ▸ destination: 目的地经度，纬度，坐标格式为：经度，纬度
    类型：string（必填）

工具 8: maps_direction_driving
```

```
- 描述：驾车路径规划 API 可以根据用户起点和终点经纬度坐标规划以小客车、轿车通勤出行的方案，并且返回通勤方案的数据。
- 输入参数：
  ‣ origin：出发点经度，纬度，坐标格式为：经度，纬度
  类型：string（必填）
  ‣ destination：目的地经度，纬度，坐标格式为：经度，纬度
  类型：string（必填）

工具 9：maps_direction_transit_integrated
- 描述：公交路径规划 API 可以根据用户起点和终点经纬度坐标规划综合各类公共交通方式（火车、公交、地铁）的通勤方案，并且返回通勤方案的数据，跨城场景下必须传起点城市与终点城市
- 输入参数：
  ‣ origin：出发点经度，纬度，坐标格式为：经度，纬度
  类型：string（必填）
  ‣ destination：目的地经度，纬度，坐标格式为：经度，纬度
  类型：string（必填）
  ‣ city：公共交通规划起点城市
  类型：string（必填）
  ‣ cityd：公共交通规划终点城市
  类型：string（必填）

工具 10：maps_distance
- 描述：距离测量 API 可以测量两个经纬度坐标之间的距离，支持驾车、步行以及球面距离测量
- 输入参数：
  ‣ origins：起点经度，纬度，可以传多个坐标，使用竖线隔离，比如 120,30|120,31，坐标格式为：经度，纬度
  类型：string（必填）
  ‣ destination：终点经度，纬度，坐标格式为：经度，纬度
  类型：string（必填）
  ‣ type：距离测量类型，1 代表驾车距离测量，0 代表直线距离测量，3 步行距离测量
  类型：string（可选）

工具 11：maps_text_search
- 描述：关键词搜，根据用户传入关键词，搜索出相关的 POI
- 输入参数：
  ‣ keywords：搜索关键词
  类型：string（必填）
  ‣ city：查询城市
  类型：string（可选）
  ‣ types：POI 类型，比如加油站
  类型：string（可选）

工具 12：maps_around_search
- 描述：周边搜，根据用户传入关键词以及坐标 location，搜索出 radius 半径范围的 POI
- 输入参数：
  ‣ keywords：搜索关键词
  类型：string（可选）
  ‣ location：中心点经度纬度
  类型：string（必填）
  ‣ radius：搜索半径
  类型：string（可选）

==========================================
天气查询结果
==========================================
```

```
城市：上海市
预报天数：4 天

----------------------------------------
日期：2025（周一）
白天：多云 30℃
夜间：多云 22℃
风力：南风 1-3 级

----------------------------------------
日期：2025（周二）
白天：小雨 30℃
夜间：小雨 24℃
风力：西南风 1-3 级

----------------------------------------
日期：2025（周三）
白天：小雨 31℃
夜间：小雨 24℃
风力：西南风 1-3 级

----------------------------------------
日期：2025（周四）
白天：小雨 27℃
夜间：小雨 22℃
风力：东北风 1-3 级

==================================================
```

读者可以自行验证。

11.3 智能化自定义高德 MCP 服务实战

前面我们讲解了基于高德 MCP 的工具调用，无论是通过 MCP Inspector 还是基于 Python 编程完成高德 MCP 的解析与应用，都可以在一定程度上完成调用高德 MCP 的功能。

在具体任务的执行上，例如前面我们完成的获取天气任务，是通过关键字找到对应的函数，并传入相应的参数来实现我们的需求。我们可能需要更加智能地完成函数调用，例如输入一个需求，大模型根据需求更加智能地调用函数并返回结果。本节将实现这个功能，完成基于 Qwen3 大模型的高德地图 MCP 功能函数的智能化调用。

11.3.1 在线 Qwen3 大模型的使用

前面讲解了在线 Qwen3 大模型的基本使用方法，我们只需要简单地调用大模型 API 并提供查询语句即可完成对应的任务。示例代码如下：

```
import os
from openai import OpenAI
import sys  # 需要导入 sys 来实现实时刷新
```

```
client = OpenAI(
    api_key="sk-17f687f6c5ac4647a9d9f649598a7cfe",
    base_url="https://dashscope.aliyuncs.com/compatible-mode/v1",
)

completion = client.chat.completions.create(
    model="qwen-plus",
    messages=[{'role': 'system', 'content': 'You are a helpful assistant.'},
            {'role': 'user', 'content': '你是谁？'}],
    stream=True,
    stream_options={"include_usage": True}
)

# 流式输出处理
for chunk in completion:
    if chunk.choices:  # 确保有 choices 数据
        content = chunk.choices[0].delta.content
        if content:  # 过滤空内容
            # 逐字符输出并立即刷新缓冲区
            for char in content:
                sys.stdout.write(char)
                sys.stdout.flush()

# 最后换行保持终端整洁
print()
```

上面示例实现了一个简单的、直接调用 Qwen3 进行问题查询的功能，通过把提示信息传入大模型获取结果。

而对于含有工具调用的 Qwen3 大模型来说，只需要定义工具并将其传入模型即可，代码如下：

```
import os
from openai import OpenAI

client = OpenAI(
    # 若没有配置环境变量，请用百炼 API Key 将下行替换为 api_key="sk-xxx"
    api_key="sk-17f687f6c5ac4647a9d9f649598a7cfe",
    base_url="https://dashscope.aliyuncs.com/compatible-mode/v1",  # 填写
DashScope SDK 的 base_url
)

tools = [
    # 工具 1 获取当前时刻的时间
    {
        "type": "function",
        "function": {
            "name": "get_current_time",
            "description": "当你想知道现在的时间时非常有用。",
            "parameters": {}  # 因为获取当前时间无须输入参数，所以 parameters 为空字典
        }
    },
    # 工具 2 获取指定城市的天气
    {
        "type": "function",
```

```
            "function": {
                "name": "get_current_weather",
                "description": "当你想查询指定城市的天气时非常有用。",
                "parameters": {
                    "type": "object",
                    "properties": {
                        # 查询天气时需要提供位置，因此参数设置为 location
                        "location": {
                            "type": "string",
                            "description": "城市或县区，比如北京市、杭州市、余杭区等。"
                        }
                    },
                    "required": ["location"]
                }
            }
        }
    ]
    messages = [{"role": "user", "content": "上海天气怎么样"}]
    completion = client.chat.completions.create(
        model="qwen-plus",  # 此处以 qwen-plus 为例，可按需更换模型名称。
        messages=messages,
        tools=tools
    )

    print(completion.model_dump_json())
```

运行上面代码，输出结果如下：


```
{"id":"chatcmpl-2935263e-89df-9c06-9973-96e06515405c","choices":[{"finish_re
ason":"tool_calls","index":0,"logprobs":null,"message":{"content":"","refusal":
null,"role":"assistant","annotations":null,"audio":null,"function_call":null,"t
ool_calls":[{"id":"call_41cb526917de486db11c0d","function":{"arguments":"{\"loca
tion\": \"上海
\"}","name":"get_current_weather"},"type":"function","index":0}]}}],"created":17
47822352,"model":"qwen-plus","object":"chat.completion","service_tier":null,"sy
stem_fingerprint":null,"usage":{"completion_tokens":18,"prompt_tokens":224,"tota
l_tokens":242,"completion_tokens_details":null,"prompt_tokens_details":{"audio_t
okens":null,"cached_tokens":0}}}
```


从上面结果可以看到，Qwen3 大模型根据我们提出的要求对不同的函数进行判定，并返回判定结果和对应的参数。

读者可以自行验证。

11.3.2 高德 MCP 函数工具的解析与格式转换

本小节简单使用 Python 代码来完成高德 MCP 函数工具的调用，代码如下：

```
import asyncio
import json
from mcp import ClientSession, StdioServerParameters
from mcp.client.stdio import stdio_client

server_params = StdioServerParameters(
    command="npx",
```

```
    args=["-y", "@amap/amap-maps-mcp-server"],
    env={"AMAP_MAPS_API_KEY": "7fc37a76dc85ef53542b4424841686df"}
)

async def get_mcp_tools(server_params):
    try:
        async with stdio_client(server_params) as (read, write):
            async with ClientSession(read, write) as session:
                await session.initialize()

                # 获取工具列表响应
                tools_response = await session.list_tools()
    finally:
        await asyncio.sleep(0.1)
    tools = tools_response.tools
    return tools

if __name__ == "__main__":
    tools = asyncio.run(get_mcp_tools(server_params))
    for tool in tools:
        print(tool)
        print("-----------------------------")
```

在这个示例中，我们只是简单地调用了 MCP 所提供的工具列表，并将其返回。打印结果如下：

```
    name='maps_regeocode' description='将一个高德经纬度坐标转换为行政区划地址信息'
inputSchema={'type': 'object', 'properties': {'location': {'type': 'string',
'description': '经纬度'}}, 'required': ['location']} annotations=None
    -----------------------------
    name='maps_geo' description='将详细的结构化地址转换为经纬度坐标。支持将地标性名胜景区、
建筑物名称解析为经纬度坐标' inputSchema={'type': 'object', 'properties': {'address':
{'type': 'string', 'description': '待解析的结构化地址信息'}, 'city': {'type': 'string',
'description': '指定查询的城市'}}, 'required': ['address']} annotations=None
    -----------------------------
    name='maps_ip_location' description='IP 定位根据用户输入的 IP 地址，定位 IP 所在的
位置' inputSchema={'type': 'object', 'properties': {'ip': {'type': 'string',
'description': 'IP 地址'}}, 'required': ['ip']} annotations=None
    -----------------------------
    name='maps_weather' description='根据城市名称或者标准 adcode 查询指定城市的天气'
inputSchema={'type': 'object', 'properties': {'city': {'type': 'string',
'description': '城市名称或者 adcode'}}, 'required': ['city']} annotations=None
    -----------------------------
    name='maps_search_detail' description='查询关键词搜或者周边搜获取到的 POI ID 的详细
信息' inputSchema={'type': 'object', 'properties': {'id': {'type': 'string',
'description': '关键词搜或者周边搜获取到的 POI ID'}}, 'required': ['id']}
annotations=None
    -----------------------------
    name='maps_bicycling' description='骑行路径规划用于规划骑行通勤方案，规划时会考虑天桥、
单行线、封路等情况。最大支持 500km 的骑行路线规划' inputSchema={'type': 'object',
'properties': {'origin': {'type': 'string', 'description': '出发点经纬度，坐标格式为：
经度，纬度'}, 'destination': {'type': 'string', 'description': '目的地经纬度，坐标格
式为：经度，纬度'}}, 'required': ['origin', 'destination']} annotations=None
    -----------------------------
    name='maps_direction_walking' description='步行路径规划 API 可以根据输入起点终点经
纬度坐标规划 100km 以内的步行通勤方案，并且返回通勤方案的数据' inputSchema={'type':
```

```
'object', 'properties': {'origin': {'type': 'string', 'description': '出发点经度，纬度，坐标格式为：经度，纬度'}, 'destination': {'type': 'string', 'description': '目的地经度，纬度，坐标格式为：经度，纬度'}}, 'required': ['origin', 'destination']} annotations=None
    ----------------------------
    name='maps_direction_driving' description='驾车路径规划 API 可以根据用户起点和终点经纬度坐标规划以小客车、轿车通勤出行的方案，并且返回通勤方案的数据。' inputSchema={'type': 'object', 'properties': {'origin': {'type': 'string', 'description': '出发点经度，纬度，坐标格式为：经度，纬度'}, 'destination': {'type': 'string', 'description': '目的地经度，纬度，坐标格式为：经度，纬度'}}, 'required': ['origin', 'destination']} annotations=None
    ----------------------------
    name='maps_direction_transit_integrated' description='公交路径规划 API 可以根据用户起点和终点经纬度坐标规划综合各类公共交通方式（火车、公交、地铁）的通勤方案，并且返回通勤方案的数据，跨城场景下必须传起点城市与终点城市' inputSchema={'type': 'object', 'properties': {'origin': {'type': 'string', 'description': '出发点经度，纬度，坐标格式为：经度，纬度'}, 'destination': {'type': 'string', 'description': '目的地经度，纬度，坐标格式为：经度,纬度'},'city':{'type':'string','description':'公共交通规划起点城市'},'cityd': {'type': 'string', 'description': '公共交通规划终点城市'}}, 'required': ['origin', 'destination', 'city', 'cityd']} annotations=None
    ----------------------------
    name='maps_distance' description='距离测量 API 可以测量两个经纬度坐标之间的距离，支持驾车、步行以及球面距离测量' inputSchema={'type': 'object', 'properties': {'origins': {'type': 'string', 'description': '起点经度，纬度，可以传多个坐标，使用竖线隔离，比如120,30|120,31,坐标格式为:经度,纬度'},'destination':{'type':'string','description': '终点经度，纬度，坐标格式为：经度，纬度'}, 'type': {'type': 'string', 'description': '距离测量类型,1代表驾车距离测量,0代表直线距离测量,3步行距离测量'}}, 'required': ['origins', 'destination']} annotations=None
    ----------------------------
    name='maps_text_search' description='关键词搜，根据用户传入关键词，搜索出相关的POI' inputSchema={'type': 'object', 'properties': {'keywords': {'type': 'string', 'description': '搜索关键词'}, 'city': {'type': 'string', 'description': '查询城市'}, 'types': {'type': 'string', 'description': 'POI类型，比如加油站'}}, 'required': ['keywords']} annotations=None
    ----------------------------
    name='maps_around_search' description='周边搜，根据用户传入关键词以及坐标location，搜索出radius半径范围的POI' inputSchema={'type':'object','properties':{'keywords': {'type': 'string', 'description': '搜索关键词'}, 'location': {'type': 'string', 'description': '中心点经度纬度'}, 'radius': {'type': 'string', 'description': '搜索半径'}}, 'required': ['location']} annotations=None
    ----------------------------
```

11.3.3 在线 Qwen3 的工具格式、函数体与转换函数

无论是待调用的 MCP 还是在线 Qwen3 大模型，工具都是连接大模型与外部世界的桥梁，是实现函数调用的关键。在 11.3.1 节中，我们使用 Qwen3 工具调用了两个函数，并对它们进行了分析，代码如下：

```
tools = [
    # 工具 1 获取当前时刻的时间
    {
        "type": "function",
        "function": {
            "name": "get_current_time",
```

```
            "description": "当你想知道现在的时间时非常有用。",
            "parameters": {}  # 因为获取当前时间无须输入参数，所以 parameters 为空字典
        }
    },
    # 工具 2 获取指定城市的天气
    {
        "type": "function",
        "function": {
            "name": "get_current_weather",
            "description": "当你想查询指定城市的天气时非常有用。",
            "parameters": {
                "type": "object",
                "properties": {
                    # 查询天气时需要提供位置，因此参数设置为 location
                    "location": {
                        "type": "string",
                        "description": "城市或县区，比如北京市、杭州市、余杭区等。"
                    }
                },
                "required": ["location"]
            }
        }
    }
]
```

这两个工具函数分别是时间查询工具与天气查询工具。

1）时间查询工具

时间查询工具不需要输入参数。工具的输出为字符串，格式为：

```
"当前时间：{查询到的时间}。"。
```

2）天气查询工具

天气查询工具接收 arguments 参数，arguments 格式为：

```
{"location": "查询的地点"}。
工具的输出为字符串，格式为：
"{位置}今天是{天气}。"
```

为了便于演示，此处定义的天气查询工具并不真正查询天气，而是从晴天、多云、雨天中随机选择。在实际业务中可以使用高德天气查询等工具进行替换。

而在具体定义上，默认的函数体定义如下：

```
#定义工具函数

# 导入 random 模块
import random
from datetime import datetime

# 模拟天气查询工具。返回结果示例："北京今天是雨天。"
def get_current_weather(arguments):
    # 定义备选的天气条件列表
    weather_conditions = ["晴天", "多云", "雨天"]
```

```
    # 随机选择一个天气条件
    random_weather = random.choice(weather_conditions)
    # 从 JSON 中提取位置信息
    location = arguments["location"]
    # 返回格式化的天气信息
    return f"{location}今天是{random_weather}。"

# 查询当前时间的工具。返回结果示例：“当前时间：2024-04-15 17:15:18。“
def get_current_time():
    # 获取当前日期和时间
    current_datetime = datetime.now()
    # 格式化当前日期和时间
    formatted_time = current_datetime.strftime('%Y-%m-%d %H:%M:%S')
    # 返回格式化后的当前时间
    return f"当前时间：{formatted_time}。"

# 测试工具函数并输出结果
print("测试工具输出：")
print(get_current_weather({"location": "上海"}))
print(get_current_time())
print("\n")
```

由此可见，在线 Qwen3 所需要调用的工具，无论其定义的函数体如何，都需要遵循一定的格式。我们在选择工具之前，需要对工具有全面的了解，包括工具的功能、何时使用以及输入参数等。大模型也需要这些信息才能更准确地选择工具。在使用函数调用时，则需要根据 JSON 格式提供工具信息。

对于天气查询工具来说，工具描述信息的格式如下：

```
{
   "type": "function",
   "function": {
      "name": "get_current_weather",
      "description": "当你想查询指定城市的天气时非常有用。",
      "parameters": {
         "type": "object",
         "properties": {
            "location": {
               "type": "string",
               "description": "城市或县区，比如北京市、杭州市、余杭区等。",
            }
         },
         "required": ["location"]
      }
   }
}
```

代码中的字段说明如下：

（1）type 字段固定为"function"。

（2）function 字段为 Object 类型。

- name 字段为自定义的工具函数名称，建议使用与函数相同的名称，如 get_current_weather 或 get_current_time。

- description 字段是对工具函数功能的描述，大模型会参考该字段来选择是否使用该工具函数。
- parameters 字段是对工具函数入参的描述，类型是 Object，大模型会参考该字段来进行入参的提取。如果工具函数不需要输入参数，则无须指定 parameters 参数。type 字段固定为 "object"；properties 字段描述了入参的名称、数据类型与描述，为 Object 类型，Key 值为入参的名称，Value 值为入参的数据类型与描述；required 字段指定哪些参数为必填项，为 Array 类型。

具体在发起函数调用前，需要通过 tools 参数传入工具的描述信息。tools 为 JSON Array 类型，Array 中的元素为创建好的工具描述信息。下面是一个标准的 Qwen3 的函数调用代码：

```
# 发起函数调用

from openai import OpenAI
import os

client = OpenAI(
    # 若没有配置环境变量，请用百炼 API Key 将下行替换为 api_key="sk-xxx"
    api_key=os.getenv("DASHSCOPE_API_KEY"),
    base_url="https://dashscope.aliyuncs.com/compatible-mode/v1",
)

def function_calling():
    completion = client.chat.completions.create(
        model="qwen-plus",  # 此处以 qwen-plus 为例，可按需更换模型名称。模型列表：
https://help.aliyun.com/zh/model-studio/getting-started/models
        messages=messages,
        tools=tools
    )
    print("返回对象：")
    print(completion.choices[0].message.model_dump_json())
    print("\n")
    return completion

print("正在发起 function calling...")
completion = function_calling()
```

程序运行后，大模型通过返回对象的 tool_calls 参数，指定需要使用的工具函数名称为 "get_current_weather"，并指定函数的入参为"{\"location\": \"上海\"}"。

```
{
    "content": "",
    "refusal": null,
    "role": "assistant",
    "audio": null,
    "function_call": null,
    "tool_calls": [
        {
            "id": "call_6596dafa2a6a46f7a217da",
            "function": {
                "arguments": "{\"location\": \"上海\"}",
                "name": "get_current_weather"
```

```
            },
            "type": "function",
            "index": 0
        }
    ]
}
```

需要注意，如果提的问题被大模型判断为无须使用工具，则不会返回 tool_calls 参数，并会通过 content 参数直接进行回复。

下面回到原有函数调用与结果打印，对于前面的函数，MCP 模型的天气说明格式如下：

```
...
name='maps_weather' description='根据城市名称或者标准 adcode 查询指定城市的天气'
inputSchema={'type': 'object', 'properties': {'city': {'type': 'string',
'description': '城市名称或者 adcode'}}, 'required': ['city']} annotations=None
...
```

因此在这个过程中，我们需要对原有的 MCP 格式进行转换，将其转换成我们所需要的格式，代码如下：

```
def convert_mcp_tools_to_openai_format(tools):
    """将 MCP 工具列表转换为 OpenAI 兼容格式

    Args:
        tools: MCP 返回的 Tool 对象列表

    Returns:
        符合 OpenAI 工具调用规范的 JSON 格式列表
    """

    openai_tools = []

    for tool in tools:
        # 确保 inputSchema 存在且包含必要字段
        input_schema = getattr(tool, 'inputSchema', {}) or {}

        # 构建参数模式
        parameters = {
            "type": input_schema.get("type", "object"),  # 默认类型为 Object
            "properties": input_schema.get("properties", {}),
            "required": input_schema.get("required", []),
            # 保留其他可能存在的字段（如 additionalProperties）
            **{k: v for k, v in input_schema.items()
              if k not in ["type", "properties", "required"]}
        }

        # 增强参数校验
        for prop_name, prop_config in parameters["properties"].items():
            # 确保每个参数都有类型描述
            if "type" not in prop_config:
                prop_config["type"] = "string"  # 设置默认类型

            # 确保每个参数都有描述
            if "description" not in prop_config:
```

```
            prop_config["description"] = f"{prop_name} 参数"

        # 构建工具定义
        openai_tools.append({
            "type": "function",
            "function": {
                "name": tool.name,
                "description": tool.description,
                "parameters": parameters
            }
        })

    return openai_tools
```

下面是笔者完成的将调用工具格式转换成使用 Qwen3 大模型进行判别的示例：

```
import asyncio
import json

from mcp import StdioServerParameters
from openai import OpenAI
import demo_2

def convert_mcp_tools_to_openai_format(tools):
    """将 MCP 工具列表转换为 OpenAI 兼容格式

    Args:
        tools: MCP 返回的 Tool 对象列表

    Returns:
        符合 OpenAI 工具调用规范的 JSON 格式列表
    """

    openai_tools = []

    for tool in tools:
        # 确保 inputSchema 存在且包含必要字段
        input_schema = getattr(tool, 'inputSchema', {}) or {}

        # 构建参数模式
        parameters = {
            "type": input_schema.get("type", "object"),  # 默认类型为 Object
            "properties": input_schema.get("properties", {}),
            "required": input_schema.get("required", []),
            # 保留其他可能存在的字段（如 additionalProperties）
            **{k: v for k, v in input_schema.items()
              if k not in ["type", "properties", "required"]}
        }

        # 增强参数校验
        for prop_name, prop_config in parameters["properties"].items():
            # 确保每个参数都有类型描述
            if "type" not in prop_config:
                prop_config["type"] = "string"  # 设置默认类型
```

```
            # 确保每个参数都有描述
            if "description" not in prop_config:
                prop_config["description"] = f"{prop_name} 参数"

        # 构建工具定义
        openai_tools.append({
            "type": "function",
            "function": {
                "name": tool.name,
                "description": tool.description,
                "parameters": parameters
            }
        })

    return openai_tools

async def call_function(query,server_params,client):
    # 初始化 MCP 连接
    tools = await demo_2.get_mcp_tools(server_params)
    tools = convert_mcp_tools_to_openai_format(tools)

    # 对话处理循环
    messages = [{"role": "user", "content": query}]

    # 发送请求获取工具调用
    completion = client.chat.completions.create(
            model="qwen-plus",
            messages=messages,
            tools=tools
        )

    # 将 completion 转换为字典并解析 JSON
    tool = completion.model_dump()
    return tool

if __name__ == "__main__":
    server_params = StdioServerParameters(
        command="npx",
        args=["-y", "@amap/amap-maps-mcp-server"],
        env={"AMAP_MAPS_API_KEY": "7fc37a76dc85ef53542b4424841686df"}
    )

    # 初始化 OpenAI 客户端
    client = OpenAI(
        api_key="sk-17f687f6c5ac4647a9d9f649598a7cfe",
        base_url="https://dashscope.aliyuncs.com/compatible-mode/v1"
    )

    query = "上海天气怎么样"
    tool = asyncio.run(call_function(query,server_params,client))
    tool_calls = tool["choices"][0]["message"]["tool_calls"][0]
    print(tool_calls["function"])
```

运行结果如下：

```
    {'type': 'function', 'function': {'name': 'maps_regeocode', 'description': '将一个高德经纬度坐标转换为行政区划地址信息', 'parameters': {'type': 'object', 'properties': {'location': {'type': 'string', 'description': '经纬度'}}, 'required': ['location']}}}
    -------------
    {'type': 'function', 'function': {'name': 'maps_geo', 'description': '将详细的结构化地址转换为经纬度坐标。支持将地标性名胜景区、建筑物名称解析为经纬度坐标', 'parameters': {'type': 'object', 'properties': {'address': {'type': 'string', 'description': '待解析的结构化地址信息'}, 'city': {'type': 'string', 'description': '指定查询的城市'}}, 'required': ['address']}}}
    -------------
    {'type': 'function', 'function': {'name': 'maps_ip_location', 'description': 'IP 定位根据用户输入的 IP 地址，定位 IP 所在的位置', 'parameters': {'type': 'object', 'properties': {'ip': {'type': 'string', 'description': 'IP 地址'}}, 'required': ['ip']}}}
    -------------
    {'type': 'function', 'function': {'name': 'maps_weather', 'description': '根据城市名称或者标准 adcode 查询指定城市的天气', 'parameters': {'type': 'object', 'properties': {'city': {'type': 'string', 'description': '城市名称或者 adcode'}}, 'required': ['city']}}}
    -------------
    {'type': 'function', 'function': {'name': 'maps_search_detail', 'description': '查询关键词搜或者周边搜获取到的 POI ID 的详细信息', 'parameters': {'type': 'object', 'properties': {'id': {'type': 'string', 'description': '关键词搜或者周边搜获取到的 POI ID'}}, 'required': ['id']}}}
    -------------
    {'type': 'function', 'function': {'name': 'maps_bicycling', 'description': '骑行路径规划用于规划骑行通勤方案，规划时会考虑天桥、单行线、封路等情况。最大支持 500km 的骑行路线规划', 'parameters': {'type': 'object', 'properties': {'origin': {'type': 'string', 'description': '出发点经纬度，坐标格式为：经度，纬度'}, 'destination': {'type': 'string', 'description': '目的地经纬度，坐标格式为：经度，纬度'}}, 'required': ['origin', 'destination']}}}
    -------------
    {'type': 'function', 'function': {'name': 'maps_direction_walking', 'description': '步行路径规划 API 可以根据输入起点终点经纬度坐标规划 100km 以内的步行通勤方案，并且返回通勤方案的数据', 'parameters': {'type': 'object', 'properties': {'origin': {'type': 'string', 'description': '出发点经度,纬度,坐标格式为:经度,纬度'}, 'destination': {'type': 'string', 'description': '目的地经度,纬度,坐标格式为:经度,纬度'}}, 'required': ['origin', 'destination']}}}
    -------------
    {'type': 'function', 'function': {'name': 'maps_direction_driving', 'description': '驾车路径规划 API 可以根据用户起点和终点经纬度坐标规划以小客车、轿车通勤出行的方案，并且返回通勤方案的数据。', 'parameters': {'type': 'object', 'properties': {'origin': {'type': 'string', 'description': '出发点经度，纬度，坐标格式为：经度，纬度'}, 'destination': {'type': 'string', 'description': '目的地经度，纬度，坐标格式为：经度，纬度'}}, 'required': ['origin', 'destination']}}}
    -------------
    {'type': 'function', 'function': {'name': 'maps_direction_transit_integrated', 'description': '公交路径规划 API 可以根据用户起点和终点经纬度坐标规划综合各类公共交通方式（火车、公交、地铁）的通勤方案，并且返回通勤方案的数据，跨城场景下必须传起点城市与终点城市', 'parameters': {'type': 'object', 'properties': {'origin': {'type': 'string', 'description': '出发点经度,纬度,坐标格式为:经度,纬度'}, 'destination': {'type': 'string', 'description': '目的地经度，纬度，坐标格式为：经度，纬度'}, 'city': {'type': 'string', 'description': '公共交通规划起点城市'}, 'cityd': {'type': 'string', 'description': '公共交通规划终点城市'}}, 'required': ['origin', 'destination', 'city', 'cityd']}}}
```

```
-------------
{'type': 'function', 'function': {'name': 'maps_distance', 'description': '距离测量 API 可以测量两个经纬度坐标之间的距离，支持驾车、步行以及球面距离测量', 'parameters': {'type': 'object', 'properties': {'origins': {'type': 'string', 'description': '起点经度，纬度，可以传多个坐标，使用竖线隔离，比如 120,30|120,31，坐标格式为：经度，纬度'}, 'destination': {'type': 'string', 'description': '终点经度，纬度，坐标格式为：经度，纬度'}, 'type': {'type': 'string', 'description': '距离测量类型，1 代表驾车距离测量，0 代表直线距离测量，3 步行距离测量'}}, 'required': ['origins', 'destination']}}}
-------------
{'type': 'function', 'function': {'name': 'maps_text_search', 'description': '关键词搜，根据用户传入关键词，搜索出相关的 POI', 'parameters': {'type': 'object', 'properties': {'keywords': {'type': 'string', 'description': '搜索关键词'}, 'city': {'type': 'string', 'description': '查询城市'}, 'types': {'type': 'string', 'description': 'POI 类型，比如加油站'}}, 'required': ['keywords']}}}
-------------
{'type': 'function', 'function': {'name': 'maps_around_search', 'description': '周边搜，根据用户传入关键词以及坐标 location，搜索出 radius 半径范围的 POI', 'parameters': {'type': 'object', 'properties': {'keywords': {'type': 'string', 'description': '搜索关键词'}, 'location': {'type': 'string', 'description': '中心点经度纬度'}, 'radius': {'type': 'string', 'description': '搜索半径'}}, 'required': ['location']}}}
-------------
```

从上面结果可以看到，我们对函数格式进行了转换，并获取了新的函数调用格式，之后通过大模型对它进行调用。最终的结果如下：

```
{'arguments': '{"city": "上海"}', 'name': 'maps_weather'}
```

读者可以自行验证。

11.3.4 结合 Qwen3 智能化自定义高德 MCP 应用实战

在上一小节中，我们讲解了 Qwen3 大模型函数调用的方法，掌握了 MCP 功能函数的解析与调用，以及适配 Qwen3 大模型的工具格式转换方法。本小节将完成结合 Qwen3 大模型的智能化自定义高德 MCP 应用，代码如下：

```
# 导入必要的库
import asyncio       # 用于处理异步编程
import json          # 用于处理 JSON 数据格式
from mcp import ClientSession, StdioServerParameters  # MCP（Model Control Protocol）相关模块
from openai import OpenAI  # 使用 OpenAI 或兼容接口的客户端（这里使用的是通义千问 DashScope）
import demo_3        # 自定义模块，可能包含一些调用函数的封装
import sys           # 用于控制标准输出流，实现终端实时刷新

# 从指定模块导入 stdio 客户端
from mcp.client.stdio import stdio_client

# 定义一个异步函数 run()，用于调用 MCP 工具并获取结果
async def run(tool_name, tool_args):
    try:
        # 启动 stdio 客户端连接到 MCP 服务端
        async with stdio_client(server_params) as (read, write):
            # 创建一个 MCP 客户端会话
```

```
            async with ClientSession(read, write) as session:
                await session.initialize()  # 初始化会话
                # 调用指定工具，并传入参数
                result = await session.call_tool(tool_name, arguments=tool_args)
    finally:
        # 确保即使出错也会等待一小段时间再退出
        await asyncio.sleep(0.1)
    return result  # 返回调用结果

# 主程序入口
if __name__ == "__main__":
    # 配置 MCP 服务器参数
    server_params = StdioServerParameters(
        command="npx",  # 使用 npx 命令启动服务
        args=["-y", "@amap/amap-maps-mcp-server"],  # 参数：安装并运行 amap 地图
MCP 服务
        env={"AMAP_MAPS_API_KEY": "7fc37a76dc85ef53542b4424841686df"}  # 设置高
德地图 API Key
    )

    # 初始化 OpenAI 兼容接口客户端（这里是阿里云 DashScope）
    client = OpenAI(
        api_key="sk-17f687f6c5ac4647a9d9f649598a7cfe",  # DashScope 的 API Key
        base_url="https://dashscope.aliyuncs.com/compatible-mode/v1 "  #
DashScope 的兼容模式地址
    )

    # 用户查询示例（可替换为其他查询）
    query = "上海的天气怎么样"
    # 调用 demo_3 中的 call_function 获取模型对用户查询的响应（包括需要调用的工具信息）
    tool = asyncio.run(demo_3.call_function(query, server_params, client))

    # 提取工具调用信息
    tool_calls = tool["choices"][0]["message"]["tool_calls"][0]
    function_info = tool_calls["function"]
    tool_name = function_info["name"]          # 工具名称
    tool_args = json.loads(function_info["arguments"])  # 工具参数（JSON 字符串转
为字典）

    print(f"检测到工具调用：{tool_name}，参数：{tool_args}")

    # 执行工具调用并获取结果
    result = asyncio.run(run(tool_name, tool_args))

    # 使用 OpenAI/DashScope 的 chat completions 接口生成最终回答
    completion = client.chat.completions.create(
        model="qwen-plus",  # 使用 Qwen Plus 模型
        messages=[
            {
                'role': 'system',
                'content': f'你是一个有用处的大语言模型助手，你有一份参考资料{result}，
现在根据参考资料回答用户的问题，如果没有参考资料内容，就直接回答没找对对应的内容。'
            },
            {
                'role': 'user',
```

```
                'content': f'{query}'
            }
        ],
        stream=True,  # 开启流式输出
        stream_options={"include_usage": True}  # 包含 token 使用情况
    )

    # 流式输出处理：逐字符打印响应内容，实现实时显示效果
    for chunk in completion:
        if chunk.choices:  # 确保有 choices 数据
            content = chunk.choices[0].delta.content
            if content:  # 过滤空内容
                # 逐字符输出并立即刷新缓冲区，确保在终端中实时显示
                for char in content:
                    sys.stdout.write(char)
                    sys.stdout.flush()

    # 最后换行保持终端整洁
    print()
```

上面这段代码的主要作用是：

（1）使用 MCP 与本地工具服务（如地图、天气等）通信，通过 call_function()让大模型判断是否需要调用某个工具。

（2）如果需要调用，则使用 run()函数连接 MCP 服务并执行对应的工具。

（3）将工具返回的结果作为参考信息，结合用户问题，再次调用 LLM（Qwen3）生成自然语言的回答。

（4）回答采用流式输出，在终端中逐字显示，提升用户体验。

输出结果如下：

```
    {'type': 'function', 'function': {'name': 'maps_regeocode', 'description': '将一个高德经纬度坐标转换为行政区划地址信息', 'parameters': {'type': 'object', 'properties': {'location': {'type': 'string', 'description': '经纬度'}}, 'required': ['location']}}}
    -------------
    {'type': 'function', 'function': {'name': 'maps_geo', 'description': '将详细的结构化地址转换为经纬度坐标。支持将地标性名胜景区、建筑物名称解析为经纬度坐标', 'parameters': {'type': 'object', 'properties': {'address': {'type': 'string', 'description': '待解析的结构化地址信息'}, 'city': {'type': 'string', 'description': '指定查询的城市'}}, 'required': ['address']}}}
    -------------
    {'type': 'function', 'function': {'name': 'maps_ip_location', 'description': 'IP 定位根据用户输入的 IP 地址，定位 IP 所在的位置', 'parameters': {'type': 'object', 'properties': {'ip': {'type': 'string', 'description': 'IP 地址'}}, 'required': ['ip']}}}
    -------------
    {'type': 'function', 'function': {'name': 'maps_weather', 'description': '根据城市名称或者标准 adcode 查询指定城市的天气', 'parameters': {'type': 'object', 'properties': {'city': {'type': 'string', 'description': '城市名称或者 adcode'}}, 'required': ['city']}}}
    -------------
    {'type': 'function', 'function': {'name': 'maps_search_detail', 'description':
```

```
'查询关键词搜或者周边搜获取到的 POI ID 的详细信息', 'parameters': {'type': 'object', 'properties': {'id': {'type': 'string', 'description': '关键词搜或者周边搜获取到的 POI ID'}}, 'required': ['id']}}}
-------------
{'type': 'function', 'function': {'name': 'maps_bicycling', 'description': '骑行路径规划用于规划骑行通勤方案，规划时会考虑天桥、单行线、封路等情况。最大支持 500km 的骑行路线规划', 'parameters': {'type': 'object', 'properties': {'origin': {'type': 'string', 'description': '出发点经纬度，坐标格式为：经度，纬度'}, 'destination': {'type': 'string', 'description': '目的地经纬度，坐标格式为：经度，纬度'}}, 'required': ['origin', 'destination']}}}
-------------
{'type': 'function', 'function': {'name': 'maps_direction_walking', 'description': '步行路径规划 API 可以根据输入起点终点经纬度坐标规划 100km 以内的步行通勤方案，并且返回通勤方案的数据', 'parameters': {'type': 'object', 'properties': {'origin': {'type': 'string', 'description': '出发点经度,纬度,坐标格式为:经度,纬度'}, 'destination': {'type': 'string', 'description': '目的地经度,纬度,坐标格式为:经度,纬度'}}, 'required': ['origin', 'destination']}}}
-------------
{'type': 'function', 'function': {'name': 'maps_direction_driving', 'description': '驾车路径规划 API 可以根据用户起点和终点经纬度坐标规划以小客车、轿车通勤出行的方案，并且返回通勤方案的数据。', 'parameters': {'type': 'object', 'properties': {'origin': {'type': 'string', 'description': '出发点经度，纬度，坐标格式为：经度，纬度'}, 'destination': {'type': 'string', 'description': '目的地经度，纬度，坐标格式为：经度，纬度'}}, 'required': ['origin', 'destination']}}}
-------------
{'type': 'function', 'function': {'name': 'maps_direction_transit_integrated', 'description': '公交路径规划 API 可以根据用户起点和终点经纬度坐标规划综合各类公共交通方式（火车、公交、地铁）的通勤方案，并且返回通勤方案的数据，跨城场景下必须传起点城市与终点城市', 'parameters': {'type': 'object', 'properties': {'origin': {'type': 'string', 'description': '出发点经度,纬度,坐标格式为:经度,纬度'}, 'destination': {'type': 'string', 'description': '目的地经度，纬度，坐标格式为：经度，纬度'}, 'city': {'type': 'string', 'description': '公共交通规划起点城市'}, 'cityd': {'type': 'string', 'description': '公共交通规划终点城市'}}, 'required': ['origin', 'destination', 'city', 'cityd']}}}
-------------
{'type': 'function', 'function': {'name': 'maps_distance', 'description': '距离测量 API 可以测量两个经纬度坐标之间的距离，支持驾车、步行以及球面距离测量', 'parameters': {'type': 'object', 'properties': {'origins': {'type': 'string', 'description': '起点经度，纬度，可以传多个坐标，使用竖线隔离，比如 120,30|120,31，坐标格式为：经度，纬度'}, 'destination': {'type': 'string', 'description': '终点经度，纬度，坐标格式为：经度，纬度'}, 'type': {'type': 'string', 'description': '距离测量类型,1 代表驾车距离测量，0 代表直线距离测量，3 步行距离测量'}}, 'required': ['origins', 'destination']}}}
-------------
{'type': 'function', 'function': {'name': 'maps_text_search', 'description': '关键词搜，根据用户传入关键词，搜索出相关的 POI', 'parameters': {'type': 'object', 'properties': {'keywords': {'type': 'string', 'description': '搜索关键词'}, 'city': {'type': 'string', 'description': '查询城市'}, 'types': {'type': 'string', 'description': 'POI 类型，比如加油站'}}, 'required': ['keywords']}}}
-------------
{'type': 'function', 'function': {'name': 'maps_around_search', 'description': '周边搜，根据用户传入关键词以及坐标 location，搜索出 radius 半径范围的 POI', 'parameters': {'type': 'object', 'properties': {'keywords': {'type': 'string', 'description': '搜索关键词'}, 'location': {'type': 'string', 'description': '中心点经度纬度'}, 'radius': {'type': 'string', 'description': '搜索半径'}}, 'required': ['location']}}}
-------------
检测到工具调用：maps_weather，参数：{'city': '上海'}
```

```
Amap Maps MCP Server running on stdio
根据参考资料，上海市的天气预报如下：

- 2025 年 5 月 22 日：白天阴，夜晚小雨，气温 30℃到 20℃，风向东北，风力 1-3 级。
- 2025 年 5 月 23 日：白天大雨，夜晚小雨，气温 23℃到 18℃，风向南，风力 1-3 级。
- 2025 年 5 月 24 日：白天阴，夜晚阴，气温 24℃到 18℃，风向北，风力 1-3 级。
- 2025 年 5 月 25 日：白天阴，夜晚阴，气温 24℃到 17℃，风向西北，风力 1-3 级。
```

可以看到，首先调用了 MCP 提供的工具，之后将其转换成我们需要的格式，等 Qwen3 大模型做出工具选择后，直接使用 session 完成工具的调用，最后将结果合并输出。

除了经典的天气查询外，我们还可以通过自然语言完成更多的查询，例如在特定位置查询具体地点，示例如下：

```
query = "南京玄武湖周边有哪些咖啡馆？"
```

我们同样可以调用大模型来完成查询，代码如下：

```
import asyncio
import json
from mcp import ClientSession, StdioServerParameters
from openai import OpenAI
import demo_3
import sys  # 需要导入 sys 来实现实时刷新

from mcp.client.stdio import stdio_client
async def run(tool_name,tool_args):
    try:
        async with stdio_client(server_params) as (read, write):
            async with ClientSession(read, write) as session:
                await session.initialize()
                # 调用并格式化天气查询
                result = await session.call_tool(tool_name, arguments=tool_args)

    finally:
        await asyncio.sleep(0.1)
    return result

if __name__ == "__main__":
    server_params = StdioServerParameters(
        command="npx",
        args=["-y", "@amap/amap-maps-mcp-server"],
        env={"AMAP_MAPS_API_KEY": "7fc37a76dc85ef53542b4424841686df"}
    )

    # 初始化 OpenAI 客户端
    client = OpenAI(
        api_key="sk-17f687f6c5ac4647a9d9f649598a7cfe",
        base_url="https://dashscope.aliyuncs.com/compatible-mode/v1"
    )

    query = "南京玄武湖周边有哪些咖啡馆？"

    tool = asyncio.run(demo_3.call_function(query, server_params, client))
```

```
    tool_calls = tool["choices"][0]["message"]["tool_calls"][0]
    function_info = tool_calls["function"]
    tool_name = function_info["name"]
    tool_args = json.loads(function_info["arguments"])
    print(f"检测到工具调用：{tool_name}，参数：{tool_args}")

    result = asyncio.run(run(tool_name,tool_args))
    completion = client.chat.completions.create(
        model="qwen-plus",
        messages=[{'role': 'system', 'content': f'你是一个有用处的大语言模型助手，你有一份参考资料{result}，现在根据参考资料回答用户的问题,如果没有参考资料内容，就直接回答没找对对应的内容。'},
                  {'role': 'user', 'content': f'{query}'}],
        stream=True,
        stream_options={"include_usage": True}
    )

    # 流式输出处理
    for chunk in completion:
        if chunk.choices:  # 确保有 choices 数据
            content = chunk.choices[0].delta.content
            if content:  # 过滤空内容
                # 逐字符输出并立即刷新缓冲区
                for char in content:
                    sys.stdout.write(char)
                    sys.stdout.flush()

    # 最后换行保持终端整洁
    print()
```

模型反馈结果如下：

```
检测到工具调用：maps_around_search，参数：{'location': '118.796832,32.09532', 'keywords': '咖啡馆', 'radius': '1000'}
Amap Maps MCP Server running on stdio
根据您的问题，我将在参考资料中查找位于南京玄武湖周边的咖啡馆。经过筛选，以下是一些可能符合您需求的咖啡馆（虽然具体位置未必都在玄武湖周边，但均位于南京市区）：

1. **XI COFFEE 淅咖啡**
   - 地址：和燕路 148 号万科红郡花园 11 幢
   - 类型代码：050500（咖啡馆）

2. **锂茂 coffee**
   - 地址：红山南路辅路与黄家圩路交叉口东北 280 米
   - 类型代码：050500（咖啡馆）

3. **冷山雪具·咖啡**
   - 地址：黄家圩路 67 号红创 park-F-15
   - 类型代码：050500（咖啡馆）

4. **瑞亚咖啡(复地新都荟店)**
   - 地址：燕亭路 2 号复地新都 S8-117 门面(华润万家斜对面)
   - 类型代码：050500（咖啡馆）

5. **库迪咖啡(南京站融创精彩天地店)**
```

```
   - 地址：红山南路 89 号 1 幢 101-103 室(南京站北广场汉堡王东侧)
   - 类型代码：050500（咖啡馆）
…
11. **luckin coffee 瑞幸咖啡(金港大厦店)**
   - 地址：和燕路 251 号金港大厦 A 座
   - 类型代码：050500（咖啡馆）
以上信息并未明确标注这些咖啡馆是否靠近玄武湖，建议您结合实际地理位置进一步确认。如果需要更精确的信息，请提供更具体的范围或地点描述。
```

更多内容请读者自行完成。

11.4 本章小结

本章主要讲解了高德 MCP 服务的使用，并通过调用 Python 代码的方式完成 MCP 服务调用。MCP 与大模型结合在一起使用是本章的重点内容，使用 Python 代码将 MCP 与大模型结合，可以使我们更好地应对各种场景的需求。本章只是抛砖引玉，有兴趣深入研究的读者可以进一步的加强此方面的工作。

第 12 章

构建个性化的 arXiv 科研论文 MCP 服务实战

在上一章中，我们使用 Python 编码完成了对高德 MCP 工具函数的调用。从中可以看到，相对于使用既有的可视化调试程序 MCP Inspector 或其他运行程序，我们使用 Python 可以较好地应付各种场合，从而实现更多的功能。这种脚本化调用方式不仅突破了图形界面操作的局限，更通过动态参数注入和结果解析，实现了自动化工作流的构建。

在高德 MCP 的具体实现中，我们使用 session 对工具函数进行了缓存，并在后续进行调用，这样做可以显著提升服务调用效率，避免频繁的 TCP 握手开销和身份验证流程，同时可实现上下文信息的持久化存储。

然而在 Python 编码过程中，除了 MCP 服务，我们还使用 API 对服务进行调用。相较于直接操作底层协议，标准化 API 接口提供了更清晰的抽象层级，方便我们获取特定的功能并在后续工作中使用。

本章将以 arXiv 论文库 MCP 服务为例，对它进行数据实体剥离、语义关系提取和元数据标准化，处理后重新包装成新的 MCP 服务进行使用。我们首先通过 NLP 技术解析论文全文，提取作者、机构、引用关系等核心实体；之后基于 FastAPI 框架封装接口，配合 Qwen3 实现服务化；最后使用 FastMCP 完成新的 MCP 服务的构建。

12.1 将 arXiv MCP 服务拆解为 API 应用

arXiv 是全球最大的开放获取学术预印本的平台，该平台以电子预印本形式免费发布科研论文，覆盖物理学、数学、计算机科学、天文学、统计学、量化生物学等学科领域，近年已扩展至金融、经济学等交叉学科。

arXiv 颠覆了传统出版周期，使研究成果平均提前 6~18 个月公开，尤其在高速发展的 AI 领域，预印本常被视为“事实首发标准”。尽管不替代同行评审，但其内容被《自然》《物理评论快报》等顶级期刊广泛引用，形成新型学术传播模式，显著推动了开放科学进程。

12.1.1 基础arXiv MCP服务的安装与拆解运行

为了更好地为读者提供最迅捷的期刊服务，arXiv推出了读者使用的MCP服务。下面是arXiv官方提供的调用arXiv MCP服务的格式：

```
{
    "mcpServers": {
        "arxiv-mcp-server": {
            "command": "uv",
            "args": [
                "tool",
                "run",
                "arxiv-mcp-server",
                "--storage-path", "your own storage path"
            ]
        }
    }
}
```

此外，我们还可以通过pip命令安装arxiv-mcp-server库，命令如下：

```
pip install arxiv-mcp-server
```

安装完毕后，读者可以通过如下形式尝试查询一个特定的内容：

```
import arxiv
query = "position embedding in attention"
max_results = 3
client = arxiv.Client()

search = arxiv.Search(
        query=query,
        max_results=max_results,
        sort_by=arxiv.SortCriterion.SubmittedDate,
    )

results = []
for paper in client.results(search):
    print(paper)
    results.append(paper)
    print("------------------------")
    if len(results) >= max_results:
        break

response_data = {"total_results": len(results), "papers": results}
print(response_data)
```

上面这段代码通过调用arxiv官方API库实现学术论文检索功能，首先定义搜索关键词为"position embedding in attention"，并限定返回三项最新成果，再在利用arxiv.Client创建客户端后配置按提交日期倒序排列的搜索策略。

然后通过遍历生成器逐条获取论文元数据，将每条结果存入列表并实时打印可视化分隔线，当收集数量达到预设值时主动终止迭代。最终将结果封装为包含总量统计和论文列表的字典结构，这样既保留了完整的元数据信息，又实现了结果数量的精确控制，适用于快速获取特定领域最新研究成果的场景。

上面示例的运行结果如下：

```
http://arxiv.org/abs/2505.18155v1
------------------------
http://arxiv.org/abs/2505.18154v1
------------------------
http://arxiv.org/abs/2505.18153v1
------------------------
{'total_results': 3, 'papers':

[arxiv.Result(entry_id='http://arxiv.org/abs/2505.18155v1',
updated=datetime.datetime(2025, 5, 23, 17, 59, 52, tzinfo=datetime.timezone.utc),
published=datetime.datetime(2025, 5, 23, 17, 59, 52, tzinfo=datetime.timezone.utc),
title='Modeling Cosmic-Ray Transport: Magnetized versus Unmagnetized Motion in
…
')]
```

下面换一种调用查询的方法，即使用中文的查询命令对结果进行查询，代码如下：

```
import arxiv
query = "注意力机制中的位置编码"
max_results = 3
client = arxiv.Client()

search = arxiv.Search(
        query=query,
        max_results=max_results,
        sort_by=arxiv.SortCriterion.SubmittedDate,
)

results = []
for paper in client.results(search):
    print(paper)
    results.append(paper)
    print("------------------------")
    if len(results) >= max_results:
        break

response_data = {"total_results": len(results), "papers": results}
print(response_data)
```

我们仅仅更换了中文查询关键字，在其余代码不变的情况下运行代码，结果如下：

```
{'total_results': 0, 'papers': []}
```

可以看到查询内容为空，即当我们使用中文进行查询时，没有获得对应的结果。

12.1.2　使用大模型实现辅助工具函数设置

在上一小节中，我们完成了 arXiv MCP 服务的工具函数的调用。从中可以看到，当我们在使用英文进行查询时，可以较好地完成查询并获取到指定数量的返回内容，而当我们使用中文查询时，arXiv MCP 服务的查询返回了空值结果。

这个问题怎么解决呢？一个比较简单的方法就是使用工具把中文关键字翻译为英文关键字。在具体实现上，我们采用 Qwen3 在线模型作为翻译模型，并通过 Prompt 的形式完成文本内容的转译，代码如下：

```
import os
from openai import OpenAI
import sys  # 需要导入 sys 来实现实时刷新

class Talker:
    def __init__(self, api_key="sk-17f687f6c5ac4647a9d9f649598a7cfe"):
        self.client = OpenAI(
        api_key=api_key,
        base_url="https://dashscope.aliyuncs.com/compatible-mode/v1")
        self.model = "qwen-plus"

    def trans_en2cn(self, query):
        response = self.client.chat.completions.create(
            model=self.model,  # 请填写要调用的模型名称
            messages=[
                {"role": "user",
                 "content": f"""
                作为资深中文学术写作专家，您需要将提供的英文论文章节进行专业级翻译与学术润色。
具体要求如下：

                翻译准则：
                    对一些学术术语进行保留，例如 transformer，并且你需要对术语保留中英文对
照，例如"旋转位置嵌入（RoPE）"
                    严格遵循"信达雅"原则，在准确传达原文学术观点的基础上，提升中文表达的美
感与流畅度
                    确保专业术语翻译准确，建议参照《中国社会科学引文索引》(CSSCI)相关学科
规范
                    保持学术严谨性，对复杂长句进行符合中文习惯的句式重构

                润色标准：
                    优化段落逻辑结构，确保论证链条清晰连贯
                    提升学术表述规范性，符合《科学技术报告、学位论文和学术论文的编写格式》要求
                    调整语体风格，达到核心期刊发表要求的学术语言水准
                    消除文化差异带来的理解歧义，必要时添加译注说明

                格式要求：
                    保留原文学术要素（公式、专业符号、参考文献标注）
                    采用学术论文标准段落结构（引言-方法-结果-讨论）
                    使用规范学术计量单位与数字用法

                请对以下英文论文内容进行专业翻译与学术润色：

                {query}

                输出结果要求：
                1.在输出最终结果前，你要仔细检查只输出翻译后的内容。
                2.你要确认输出的内容只包含翻译的结果。
                3.你要确认输出的内容没有任何额外的提示、解释和说明，也不要引用和出现给你的
示例。
                """},
```

```
            ],
        )
        return response.choices[0].message.content

    def trans_cn2en(self,query):
        response = self.client.chat.completions.create(
            model=self.model,  # 请填写要调用的模型名称
            messages=[
                {"role": "user",
                 "content": f"""
                        作为资深英文学术写作专家，请对以下英文内容进行专业翻译:
                         {query}
                         """},

            ],
        )
        return response.choices[0].message.content

if __name__ == '__main__':
    query = "It is often difficult to write code that you can ensure will be executed in\nthe right order when programing for parallel compute tasks. Due to the way that\ntoday's parallel compute hardware, primarily Graphical Processing Units (GPUs),\nallows you to write code. It is easy to write code that may result in one\nthread reading or modifying data before it should, thus resulting in a data\nrace. It would be useful to have a tool that could verify that the code will\nexecute as expected. However, most static analysis done at the language level\nhas to be completely retooled to work on a different languages. Therefore, it\nwould be of great use to be able to perform verification and analysis on the\nMemory Model of a parallel compute code, in a lower level intermediary\nrepresentations that most languages pass through on their way to something that\nthe GPU hardware can understand. This body of work aims to deal with the\nquestion of if there is still enough of the information in the intermediary\nrepresentations to be able to perform memory model verification to check for\ndata races. To determine this we plan to analyze as a case study the GeSpMM\nSparse Matrix Multiplication Algorithm, implemented in CUDA C++ with the LLVM\ncompiler and Julia with CUDA.jl."

    talker = Talker()
    response = talker.trans_en2cn(query)
    print(response)
```

在上面代码中，首先定义了一个大模型的实例，之后的英文转译模型通过设定 Prompt 与查询语句对其进行转换，运行结果如下：

```
在为并行计算任务编程时，编写能够确保按正确顺序执行的代码往往具有较大难度。这是由于当今主流的并行计算硬件（尤其是图形处理单元 GPU）允许编写的代码方式所决定的。在这种环境下，很容易编写出可能导致某个线程在不合适的时间读取或修改数据的代码，从而引发数据竞争（data race）。因此，拥有一个能够验证代码是否按预期执行的工具将极具价值。然而，大多数基于语言层面的静态分析工具需要完全重新设计才能适用于不同的编程语言。因此，能够在较低层级的中间表示（intermediary representations）上对并行计算代码的内存模型（Memory Model）进行验证和分析将非常有用，因为大多数编程语言在转换为 GPU 硬件可理解的形式之前都会经过这一中间阶段。本研究旨在探讨这些中间表示中是否仍保留了足够的信息以支持内存模型验证，从而用于检测数据竞争问题。为了验证这一点，我们计划以 GeSpMM 稀疏矩阵乘法算法为例进行案例分析。该算法分别使用 CUDA C++（通过 LLVM 编译器）和 Julia 语言（通过 CUDA.jl 库）实现。
```

对于转译后的内容，我们在代码中设定的 Prompt 要求其解释得比较详细。而对于查询来说，对查询关键词进行解析并获取对应的“关键词”则更加准确，因此补充一个关键词抽取函数，代码如下：

```
import os
from openai import OpenAI
import sys  # 需要导入 sys 来实现实时刷新

class Talker:
    def __init__(self, api_key="sk-17f687f6c5ac4647a9d9f649598a7cfe"):
        self.client = OpenAI(
        api_key=api_key,
        base_url="https://dashscope.aliyuncs.com/compatible-mode/v1")
        self.model = "qwen-plus"

    def trans_en2cn(self, query):
        response = self.client.chat.completions.create(
            model=self.model,  # 请填写要调用的模型名称
            messages=[
                {"role": "user",
                 "content": f"""
                作为资深中文学术写作专家，您需要将提供的英文论文章节进行专业级翻译与学术润色。
具体要求如下：

                翻译准则：
                    对一些学术术语进行保留，例如 transformer，并且你需要对术语保留中英文对
照，例如"旋转位置嵌入（RoPE）"
                    严格遵循"信达雅"原则，在准确传达原文学术观点的基础上，提升中文表达的美
感与流畅度
                    确保专业术语翻译准确，建议参照《中国社会科学引文索引》(CSSCI)相关学科
规范
                    保持学术严谨性，对复杂长句进行符合中文习惯的句式重构

                润色标准：
                    优化段落逻辑结构，确保论证链条清晰连贯
                    提升学术表述规范性，符合《科学技术报告、学位论文和学术论文的编写格式》要求
                    调整语体风格，达到核心期刊发表要求的学术语言水准
                    消除文化差异带来的理解歧义，必要时添加译注说明

                格式要求：
                    保留原文学术要素（公式、专业符号、参考文献标注）
                    采用学术论文标准段落结构（引言-方法-结果-讨论）
                    使用规范学术计量单位与数字用法

                请对以下英文论文内容进行专业翻译与学术润色：

                 {query}

                 输出结果要求：
                 1.在输出最终结果前，你要仔细检查只输出翻译后的内容。
                 2.你要确认输出的内容只包含翻译的结果。
                 3.你要确认输出的内容没有任何额外的提示、解释和说明，也不要引用和出现给你的
示例。

                 """},
```

```
        ],
    )
    return response.choices[0].message.content

def trans_cn2en(self,query):
    response = self.client.chat.completions.create(
        model=self.model,  # 请填写要调用的模型名称
        messages=[
            {"role": "user",
             "content": f"""
                    作为资深英文学术写作专家，请对以下英文内容进行专业翻译：
                    {query}
                    """},

        ],
    )
    return response.choices[0].message.content

def extract_key_word(self, query):
    response = self.client.chat.completions.create(
        model=self.model,  # 请填写要调用的模型名称
        messages=[
            {"role": "user",
             "content": f"""
            作为领域的学术专家，请在给定的'{query}'执行以下专业级术语提取操作：

                    术语识别阶段
                    扫描文本定位 3-5 个候选学术概念

                    筛选标准：
                    ✓ 学科核心理论/方法/技术
                    ✓ 具有领域特异性
                    ✓ 在文本中承担关键论证作用
                    ✓ 排除基础性通用词汇

                    关键性评估
                    对候选术语进行三维评估：
                    ① 概念密度：在文本中的复现频率
                    ② 结构权重：在论点构建中的支撑作用
                    ③ 领域价值：对本学科的理论/实践贡献度
                    （为每个维度分配 1-5 分权重值，标识术语在查询语句中的重要度）

                    术语翻译规范
                    匹配 IEEE 术语库/Springer 术语表等权威标准

                    保留术语的形态特征：
                    ✓ 首字母大写原则（专有理论/模型）
                    ✓ 连字符使用规范
                    ✓ 希腊字母/数学符号转写规则

            输出格式修正为：
            [VALID_JSON_FORMAT]
            {{
              "primary_terms": [
                {{
```

```
                "term": "原词",
                "translation": "标准译名",
                "pos_tag": "中文词性标注",
                "relevance_score": 加权总分
              }},
              // 最多保留 3 个术语
            ],
            "validation": {{
              "source_checked": ["IEEE", "Springer"],
              "format_standard": "ISO-24622"
            }}
          }}
          确保输出语法：
            1. 严格遵循 JSON 语法 2. 键名双引号 3. 无尾随逗号 4. 值使用合法数
据类型

          你要严格按照上面给出的输出语法进行输出，绝对不能有偏差和错误！！！
          在输出之前需要重新检查格式，绝对不能有偏差和格式错误！！！
          """},
      ],
    )
    return response.choices[0].message.content
```

读者可以自行验证。

12.1.3 对查询结果的个性化排序处理

论文 arXiv 库在查询时默认使用的排序方法是根据上传时间由近到远，这样固然可以帮助我们获取到最新的论文查询结果，然而，对于有个性化需求的用户来说，还需要其他排序方法。

例如，当我们需要简化阅读时，可以将查询内容与结果进行比对，并按相似度分值进行排序，选择与查询结果最相近的内容进行阅读。这个需求可以使用如下代码来实现（有关 FastAPI 的用法将在下一节中讲解）：

```
# 导入必要的库
from fastapi import FastAPI, Request   # FastAPI 框架核心模块
from pydantic import BaseModel         # 数据验证模型
from FlagEmbedding import FlagReranker # BAAI 开源的重排序模型
import uvicorn                         # ASGI 服务器

# 创建 FastAPI 应用实例
app = FastAPI()

# 模型初始化（在服务启动时自动加载）
@app.on_event("startup")
def load_model():
    """
    服务启动时加载重排序模型到内存
    使用全局变量存储模型实例，避免重复加载
    """
    global reranker
    # 初始化 FlagReranker 模型
    reranker = FlagReranker(
        model_name_or_path='BAAI/bge-reranker-v2-m3',  # 官方预训练模型名称
```

```
        use_fp16=True,              # 使用半精度浮点数加速推理（需 GPU 支持）
        trust_remote_code=False,      # 禁用远程代码执行（安全考虑）
        cache_dir="./bge"             # 模型缓存目录（避免重复下载）
    )

# 定义请求数据模型（使用 Pydantic 进行数据验证）
class ScoreRequest(BaseModel):
    query: str                        # 用户查询语句
    passages: list[str]               # 待排序的文档列表（支持批量处理）

# 定义 API 端点：/score（POST 请求）
@app.post("/score")
async def compute_similarity(request: ScoreRequest):
    """
    计算查询与多个文档的相关性分数
    返回格式：{"scores": [score1, score2, ...]}
    """
    # 构造查询-文档对（批量处理）
    pairs = [[request.query, p] for p in request.passages]

    # 使用预加载模型进行批量评分
    # 输入格式：[[query, doc1], [query, doc2], ...]
    # 输出格式：[[score1], [score2], ...]
    scores = reranker.compute_score(pairs)

    # 返回标准化分数（0-1 范围，值越大相关性越高）
    return {"scores": scores}

# 启动服务（通过 uvicorn 运行）
if __name__ == "__main__":
    uvicorn.run(app,
                host="127.0.0.1",  # 仅本地访问
                port=5217,         # 自定义端口
                reload=False)      # 生产环境应设为 False
```

上面代码实现了一个基于 FastAPI 框架的高效文本相关性评分服务，核心功能是使用 BAAI 开源的 FlagReranker 模型对用户查询与多个文档进行批量相关性计算。服务启动时通过事件监听预加载预训练模型到内存，支持半精度浮点运算加速推理，并通过 Pydantic 模型严格校验输入格式。

在具体使用上，可通过 POST 请求提交查询和文档列表，服务将返回 0~1 标准化分数数组，适用于搜索结果重排序、智能问答答案筛选等场景。服务配置为本地运行在 5217 端口，采用安全模式禁用远程代码执行，并设置模型缓存目录避免重复下载，在保证性能的同时兼顾了资源优化与安全性。

启动示例代码，运行结果如下：

```
   INFO:     Application startup complete.
   INFO:     Uvicorn running on http://127.0.0.1:5217 (Press CTRL+C to quit)
   You're using a XLMRobertaTokenizerFast tokenizer. Please note that with a fast
tokenizer, using the `__call__` method is faster than using a method to encode the
text followed by a call to the `pad` method to get a padded encoding.
   INFO:     127.0.0.1:54437 - "POST /score HTTP/1.1" 200 OK
   INFO:     Shutting down
   INFO:     Waiting for application shutdown.
```

```
INFO:     Application shutdown complete.
INFO:     Finished server process [23044]
```

我们尝试发送一个比较专业的问题到排序服务，并根据排序得分对结果进行排序，示例代码如下：

```
import json
import requests
import numpy as np

url = "http://127.0.0.1:5217/score"
query = "The Study on HLA in Cross-Species Antigen Presentation"
papers_json = {'results': [{'title': 'HLA class I binding prediction via
convolutional neural networks', 'summary': 'Many biological processes are governed
by protein-ligand interactions. One\nsuch example is the recognition of self and
nonself cells by the immune system.\nThis immune response process is regulated by
the major histocompatibility\ncomplex (MHC) protein which is encoded by the human
leukocyte antigen (HLA)\ncomplex. Understanding the binding potential between MHC
and peptides can lead\nto the design of more potent, peptide-based vaccines and
immunotherapies for\ninfectious autoimmune diseases.\n  We apply machine learning
...
'http://arxiv.org/pdf/'],
'pdf_url': 'http://arxiv.org/pdf/', 'paper_id': 000000}]}

papers_json = json.loads(json.dumps(papers_json,
ensure_ascii=False))["results"]
summarys = [paper["summary"] for paper in (papers_json)]
summary_query_dict = {"query": query,"passages": summarys}

response = requests.post(url, json=summary_query_dict).json()
scores = response["scores"]

papers_sorted = []
# 修正：排序后应访问 results 列表中的元素
sorted_indices = np.argsort(-np.array(scores)).tolist()
for index in sorted_indices:
    papers_sorted.append(papers_json[index])
papers_sorted = {"papers_sorted": papers_sorted}

print(papers_sorted)
```

上面代码模拟了一份数据，验证提供分值计算的服务，输出结果如下：

```
{'papers_sorted': [{'title': 'HLA predictions from long sequence read alignments,
streamed directly into HLAminer', 'summary': 'The rapidly changing landscape of
sequencing technologies brings new\nopportunities to genomics research. Longer
sequence reads and higher sequence\nthroughput coupled with ever-improving base
accuracy and decreasing per-base\ncost is now making long reads suitable for analyzing
polymorphic regions of the\nhuman genome, such as those of the human leucocyte antigen
(HLA) gene complex
...
```

读者可以自行验证。

12.1.4 适配阅读习惯的可视化操作

将输出结果转换成便于用户阅读的方式是一项常见而又重要的需求，我们选择根据特定的格式对结果进行抽取和标记，代码如下：

```
import json

query = "The Study on HLA in Cross-Species Antigen Presentation"
papers_json = {'results': [{'title': 'HLA class I binding prediction via
convolutional neural networks', 'summary': 'Many biological processes are governed
by protein-ligand interactions. One\nsuch example is the recognition of self and
…
'authors': ['René L. Warren'], 'links': ['http://arxiv.org/ ',
'http://arxiv.org/ '], 'pdf_url': 'http://arxiv.org/ ', 'paper_id': '0000000'}]}

papers_json = json.loads(json.dumps(papers_json, ensure_ascii=False))
for paper in (papers_json["results"]):
    print(paper["paper_id"])
    print(paper["title"])
    print(paper["summary"][:100] + "...")
    print(paper["pdf_url"])
    print("--------------------------")
```

上面这段代码演示了如何解析并提取JSON格式的学术论文数据。首先通过json.dumps将Python字典 papers_json 序列化为 JSON 字符串（ensure_ascii=False 参数确保中文字符正常显示），再立即用 json.loads 将其反序列化为 Python 对象。这一步看似冗余，实际是为了演示 JSON 编解码流程，或确保原始数据被完整处理（例如当数据来源包含特殊字符时）。

接下来，代码遍历 papers_json["results"]列表中的每篇论文。对于每篇论文，依次执行以下操作：

（1）输出论文 ID（paper_id）。

（2）输出完整标题（title）。

（3）截取摘要（summary）前 100 个字符并添加省略号，实现摘要的简短预览。

（4）输出 PDF 下载链接（pdf_url）。

（5）用分隔线区分不同论文的展示区块。

输出结果如下：

```
00593v2
HLA class I binding prediction via convolutional neural networks
Many biological processes are governed by protein-ligand interactions. One
such example is the recog...
http://arxiv.org/pdf/1701.00593v2
--------------------------
00351v1
Trans-allelic model for prediction of peptide:MHC-II interactions
Major histocompatibility complex class two (MHC-II) molecules are
trans-membrane proteins and key co...
http://arxiv.org/pdf/1712.00351v1
--------------------------
09155v1
HLA predictions from long sequence read alignments, streamed directly into
```

```
HLAminer
    The rapidly changing landscape of sequencing technologies brings new
    opportunities to genomics resea...
    http://arxiv.org/pdf/22012.09155v1
    --------------------------
```

这段代码的典型应用场景是处理 arXiv 搜索接口返回的结果，通过结构化输出，可以快速预览论文的核心信息。值得注意的是，实际数据中的 summary 字段被示例代码截断显示，真实场景中可能需要处理更长的文本内容，而 pdf_url 字段重复的链接是示例数据的占位符，实际应用时应确保链接的唯一性和有效性。

12.2 设计个性化的科研论文查询函数设计

上一节在处理排序服务时，我们将评分过程包装成一个特定的 API 服务供用户使用。具体使用的是 FastAPI 库，它将服务打包并提供端口供远程或者本地访问。FastAPI 是一个现代、高性能的 Web 框架，用于构建 API 服务，基于 Python 3.7+的类型提示功能开发。它不仅具备异步编程支持、自动生成交互式文档等特性，还因其底层使用动态库等而获得了高性能。

12.2.1 FastAPI 用法讲解

在构建评分服务的过程中，使用 FastAPI 可以非常便捷地将评分逻辑封装为 RESTful 风格的 API 接口。例如，我们可以定义一个 POST 请求接口，接收客户端发送的待评分数据，调用内部模型或函数进行计算后，返回结构化的结果。FastAPI 提供了简洁的装饰器语法（如@app.post()），使得路由配置变得直观清晰。

此外，FastAPI 强大的请求验证机制也大大提升了开发效率。通过 Pydantic 模型定义输入/输出格式，开发者可以自动获得参数校验、类型转换和文档生成等功能。这不仅减少了手动编写验证代码的工作量，还提高了接口的安全性和稳定性。

第一步：安装 FastAPI

在具体使用上，首先安装 FastAPI，命令如下：

```
pip install fastapi
```

在本地客户端启动时，有时可能需要使用服务器模拟，因此还需要安装 Uvicorn，命令如下：

```
pip install unvicorn
```

第二步：创建简单服务示例

我们需要创建一个简单的 FastAPI 启动示例，代码如下：

```
from typing import Union

from fastapi import FastAPI

app = FastAPI()
```

```
@app.get("/")
def read_root():
    return {"Hello": "World"}

@app.get("/items/{item_id}")
def read_item(item_id: int, query_item: Union[str, None] = None):
    return {"item_id": item_id, "item": query_item }
```

上面代码启动了一个简单的函数，从传递值中返回 item_id 和 query_item 名称。如果我们需要加入异步编程，就需要修改一下代码，加入 async/await 和 async def，代码如下：

```
from typing import Union

from fastapi import FastAPI

app = FastAPI()

@app.get("/")
async def read_root():
    return {"Hello": "World"}

@app.get("/items/{item_id}")
async def read_item(item_id: int, query_item: Union[str, None] = None):
    return {"item_id": item_id, "item": query_item }
```

下面是启动 FastAPI 的代码：

```
from typing import Union

from fastapi import FastAPI

app = FastAPI()

@app.get("/")
def read_root():
    return {"Hello": "World"}

@app.get("/items/{item_id}")
def read_item(item_id: int, query_item: Union[str, None] = None):
    return {"item_id": item_id, "item": query_item }

if __name__ == '__main__':
    import uvicorn
    uvicorn.run(app, host="127.0.0.1", port=1234)
```

从上面代码可以看到，我们启动代码后，在特定的地址与端口开启了对应的服务，如下所示：

```
INFO:     Started server process [23464]
INFO:     Waiting for application startup.
INFO:     Application startup complete.
INFO:     Uvicorn running on http://127.0.0.1:1234 (Press CTRL+C to quit)
```

我们可以使用浏览器访问如下地址：

```
http://127.0.0.1:1234/items/4?query_item=somequery
```

此时浏览器会输出对应的结果，如图 12-1 所示。

127.0.0.1:1234/items/4?query_item=somequery

{"item_id":4,"item":"somequery"}

图 12-1　FastAPI 输出结果

第三步：使用 Python 访问 FastAPI 地址

通过前面两步，我们已经构建了一个基于 FastAPI 的服务端程序。现在我们补充一个客户端，用于向该服务端程序发起请求。客户端可以使用 Python 中常用的 requests 库来实现。

下面是一个与前述 FastAPI 服务端程序配套的客户端示例代码：

```
import requests

# 定义基础地址
base_url = "http://127.0.0.1:1234"

# 请求根路径 /
def get_root():
    response = requests.get(f"{base_url}/")
    print("Root Response:", response.json())

# 请求/items/{item_id}路径，并传入查询参数
def get_item(item_id: int, query_item: str = None):
    params = {}
    if query_item is not None:
        params["query_item"] = query_item
    response = requests.get(f"{base_url}/items/{item_id}", params=params)
    print(f"Item {item_id} Response:", response.json())

if __name__ == "__main__":
    get_root()
    get_item(4, "somequery")
```

上面的代码使用 Python 的 requests 库发起 HTTP 请求。客户端定义了两个函数，一个用于访问根路径获取欢迎信息，另一个用于向带有路径参数和查询参数的接口发起请求，并打印返回结果。

通过构造基础 URL 和使用 get 方法传递参数，客户端能够模拟对 FastAPI 服务的不同访问场景，非常适用于测试 API 的功能或在前后端分离、微服务架构中进行服务间通信。运行时需要先启动服务端，再执行客户端脚本以获取服务响应。

第四步：交互式 API 文档

读者还可以访问 FastAPI 生成的交互式端口文档，地址如下：

```
http://127.0.0.1:1234/docs
```

用浏览器打开这个地址后，我们可以获取对应的 API 服务文档，如图 12-2 所示。

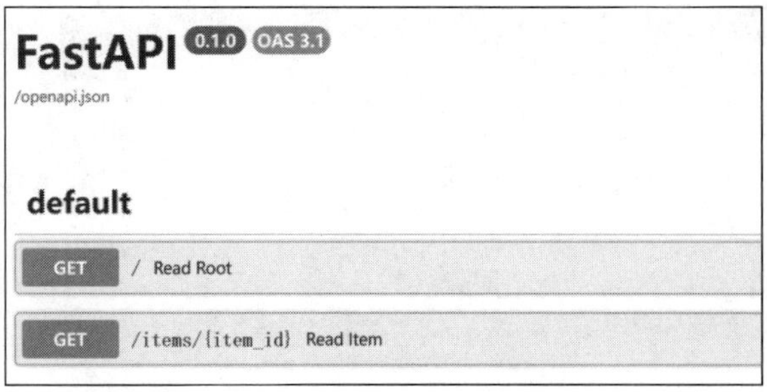

图 12-2　FastAPI 服务文档

单击函数 Read Item，我们可以手动输入此函数的参数并进行测试，如图 12-3 所示。

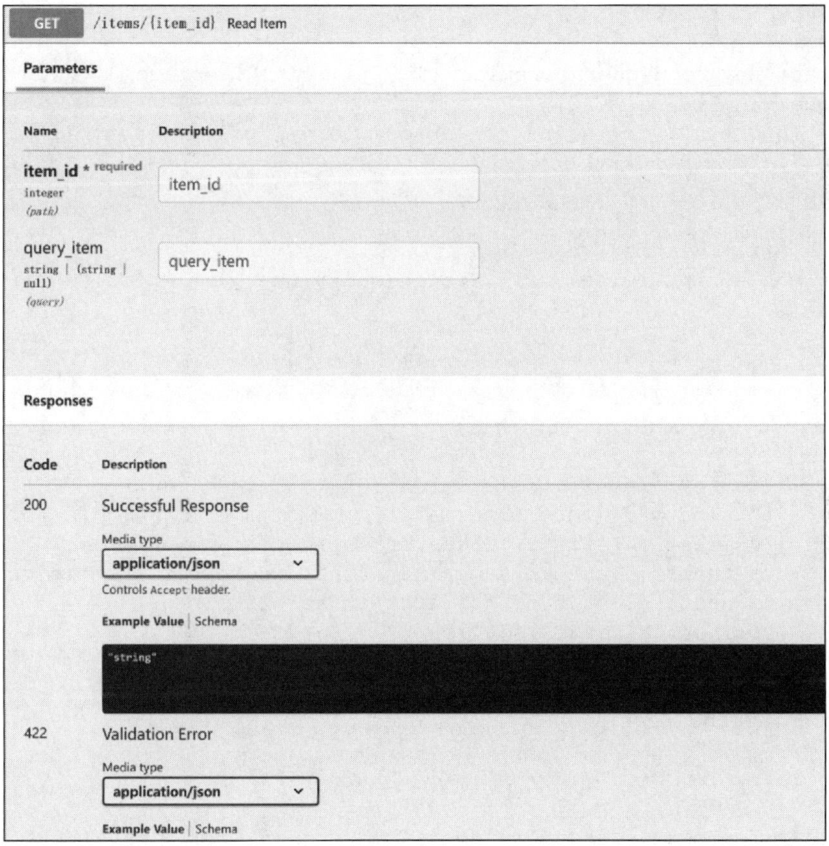

图 12-3　FastAPI 文档的函数测试

读者可以自行验证。

12.2.2　基于 Flow 过程的科研论文查询

在前面一节中，我们实现了从 arXiv 库获取查询，并实现了各个组件。在此基础上，我们可以将这些功能进行整合，完成从输入一个简单的中文查询关键字开始，到获取查询结果、提取特定内容，并完成评分的步骤。完整的科研查询整合代码如下：

```
    # 注意，这里要首先启动 score_index_server 服务
    import json
    from pathlib import Path
    import arxiv
    from typing import Dict, Any, List, Optional
    import numpy as np
    import requests

    import big_model
    talker = big_model.Talker()
    url = "http://127.0.0.1:5217/score"

    query = "position embedding"
    query = talker.trans_cn2en(query)
    print(query)
    query =
talker.extract_key_word(query).replace("```json","").replace("```","")
    print(query)
    query = [q["term"] for q in json.loads(query)["primary_terms"]]
    query = ", ".join(query)
    print(query)

    client = arxiv.Client()
    results = client.results(arxiv.Search(query=query,max_results=3))

    papers = []
    summarys = []
    for result in results:
        summarys.append((result.summary))
        paper = {
               "title": result.title,
               #"summary": (result.summary),  # 在做 embedding 的时候，不使用中文翻译
               "summary_chinese": talker.trans_en2cn(result.summary),
               "authors": [author.name for author in result.authors],
               "links": [link.href for link in result.links],
               "pdf_url": result.pdf_url,
               "paper_id":result.pdf_url.split(".")[-1]
           }
        papers.append(paper)

    summary_query_dict = {"query": query,"passages": summarys}

    response = requests.post(url, json=summary_query_dict).json()
    scores = response["scores"]

    papers_sorted = []
    # 修正：排序后应访问 results 列表中的元素
    sorted_indices = np.argsort(-np.array(scores)).tolist()
    for index in sorted_indices:
        papers_sorted.append(papers[index])
    papers_sorted = {"papers_sorted": papers_sorted}

    print(papers_sorted)
```

首先，程序通过 big_model 模块中的 Talker 类将中文查询词翻译为英文，并提取其中的关键术

语用于构建搜索语句；然后使用 arxiv.Client 获取匹配度最高的若干篇论文，同时构造包含查询语句与论文摘要的字典数据结构，作为后续评分服务的输入。

随后，程序通过 requests 库向本地运行的评分服务（监听端口为 5217）发送 POST 请求，传递包含查询和摘要的 JSON 数据，并接收返回的评分结果。基于这些评分，代码使用 NumPy 对得分进行降序排列，根据排序后的索引值重新组织论文信息，生成按相关性排序的论文列表并输出。整个流程实现了从用户查询、文献检索、内容翻译、评分排序到结果展示的完整流程，是一个典型的结合外部 API 和本地服务的信息检索系统。

我们把查询功能包装成一个科研论文查询函数，并整合中文输入与输出，代码如下：

```
    import json
    import numpy as np
    import arxiv
    import requests
    from typing import Dict, List
    import big_model


    def search_and_rank_papers(query: str = "position embedding") -> Dict[str,
List[Dict]]:
        talker = big_model.Talker()
        url = "http://127.0.0.1:5217/score"

        # 查询预处理
        query_en = talker.trans_cn2en(query)
        print("英文查询：", query_en)

        key_terms = talker.extract_key_word(query_en)
        key_terms = key_terms.replace("```json", "").replace("```", "")
        print("提取关键词：", key_terms)

        try:
            primary_terms = json.loads(key_terms)["primary_terms"]
            query_terms = ", ".join([q["term"] for q in primary_terms])
        except Exception as e:
            print("关键词解析失败，使用原始英文查询")
            query_terms = query_en

        print("最终查询语句：", query_terms)

        # 获取 arXiv 论文
        client = arxiv.Client()
        results = client.results(arxiv.Search(query=query_terms, max_results=3))

        papers = []
        summaries = []

        for result in results:
            summaries.append(result.summary)
            paper = {
                "title": result.title,
                "summary_chinese": talker.trans_en2cn(result.summary),
                "authors": [author.name for author in result.authors],
```

```
            "links": [link.href for link in result.links],
            "pdf_url": result.pdf_url,
            "paper_id": result.pdf_url.split(".")[-1]
        }
        papers.append(paper)

    # 发送至评分服务
    payload = {"query": query_terms, "passages": summaries}
    response = requests.post(url, json=payload).json()
    scores = response.get("scores", [])

    # 排序并返回结果
    sorted_indices = np.argsort(-np.array(scores)).tolist()
    papers_sorted = [papers[i] for i in sorted_indices]

    return {"papers_sorted": papers_sorted}

if __name__ == "__main__":
    result = search_and_rank_papers("位置编码")

    # 打印结果
    print("找到论文数量:", len(result["papers_sorted"]))
    for i, paper in enumerate(result["papers_sorted"], 1):
        print(f"\n 论文 {i}:")
        print(f"标题: {paper['title']}")
        print(f"中文摘要: {paper['summary_chinese'][:256]}...")# 截取前 256 个字符
        print(f"作者: {', '.join(paper['authors'][:3])}等")# 显示前 3 位作者
        print(f"PDF 链接: {paper['pdf_url']}")
        print("--------------------------------")
```

上面代码实现了一个基于关键词查询 arXiv 论文并对其进行排序的完整流程。首先将用户输入的中文关键词翻译为英文，并通过 Talker 模型提取关键术语用于构建搜索语句；接着使用 arxiv.Client 获取匹配论文，并提取标题、摘要、作者和链接等信息；随后调用本地评分服务对论文摘要与查询的相关性进行打分，并根据得分对论文进行排序，最终返回结构化的排序结果。

函数设计模块清晰，支持默认参数和灵活扩展，主程序部分还加入了格式化输出逻辑，使结果显示更直观易读，便于用户查看论文的关键信息和排序结果，适用于学术检索或推荐系统的构建。输出结果如下：

```
英文查询： Positional Encoding
提取关键词： {
  "primary_terms": [
    {
      "term": "Positional Encoding",
      "translation": "位置编码",
      "pos_tag": "名词短语",
      "relevance_score": 14
    },
    {
      "term": "Transformer",
      "translation": "变压器模型",
      "pos_tag": "名词",
      "relevance_score": 13
    },
```

```
      {
        "term": "Sinusoidal Function",
        "translation": "正弦函数",
        "pos_tag": "名词短语",
        "relevance_score": 12
      }
    ],
    "validation": {
      "source_checked": ["IEEE", "Springer"],
      "format_standard": "ISO-24622"
    }
  }
最终查询语句： Positional Encoding, Transformer, Sinusoidal Function
找到论文数量: 3
```

此外，从结果可以看到，对于整个过程的处理处于一个 Flow 流的过程，从输入查询内容开始，到最终的结果生成，每一步都给出了详细的结果，并且通过巧妙的程序设计，使得整个查询方向可控。具体设置有兴趣的读者可以自行完成。

12.2.3　将查询服务重新包装成 API 服务

接下来，我们需要将查询函数包装成 API 服务，这样可以将我们设计的程序功能共享给其他用户。代码如下：

```
from fastapi import FastAPI
from typing import Dict, List
from pydantic import BaseModel
import json
import numpy as np
import arxiv
import requests
import big_model

# 创建 FastAPI 实例
app = FastAPI()

# 定义请求体模型
class QueryRequest(BaseModel):
    query: str = "position embedding"

# 封装原有功能函数
def search_and_rank_papers(query: str = "position embedding") -> Dict[str, 
List[Dict]]:
    talker = big_model.Talker()
    url_score = "http://127.0.0.1:5217/score"

    # 查询预处理
    query_en = talker.trans_cn2en(query)
    print("英文查询: ", query_en)

    key_terms = talker.extract_key_word(query_en)
    key_terms = key_terms.replace("```json", "").replace("```", "")
    print("提取关键词: ", key_terms)
```

```
    try:
        primary_terms = json.loads(key_terms)["primary_terms"]
        query_terms = ", ".join([q["term"] for q in primary_terms])
    except Exception as e:
        print("关键词解析失败，使用原始英文查询")
        query_terms = query_en

    print("最终查询语句：", query_terms)

    # 获取 arXiv 论文
    client = arxiv.Client()
    results = client.results(arxiv.Search(query=query_terms, max_results=3))

    papers = []
    summaries = []

    for result in results:
        summaries.append(result.summary)
        paper = {
            "title": result.title,
            "summary_chinese": talker.trans_en2cn(result.summary),
            "authors": [author.name for author in result.authors],
            "links": [link.href for link in result.links],
            "pdf_url": result.pdf_url,
            "paper_id": result.pdf_url.split(".")[-1]
        }
        papers.append(paper)

    # 发送至评分服务
    payload = {"query": query_terms, "passages": summaries}
    response = requests.post(url_score, json=payload).json()
    scores = response.get("scores", [])

    # 排序并返回结果
    sorted_indices = np.argsort(-np.array(scores)).tolist()
    papers_sorted = [papers[i] for i in sorted_indices]

    return {"papers_sorted": papers_sorted}

# 注册 API 路由
@app.post("/query")
async def query_papers(request: QueryRequest) -> Dict:
    result = search_and_rank_papers(request.query)
    return result

# 启动服务
if __name__ == "__main__":
    import uvicorn
    uvicorn.run(app, host="127.0.0.1", port=5216)
```

我们可以使用 FastAPI 提供的帮助测试文档来对端口进行测试，读者可以在浏览器中输入如下地址：

```
http://127.0.0.1:5216/docs
```

打开的页面如图 12-4 所示。

图 12-4 打开的 API 辅助文档页面

我们单击页面右上角的 Try it out 按钮打开操作页面，填写测试语句，如图 12-5 所示。

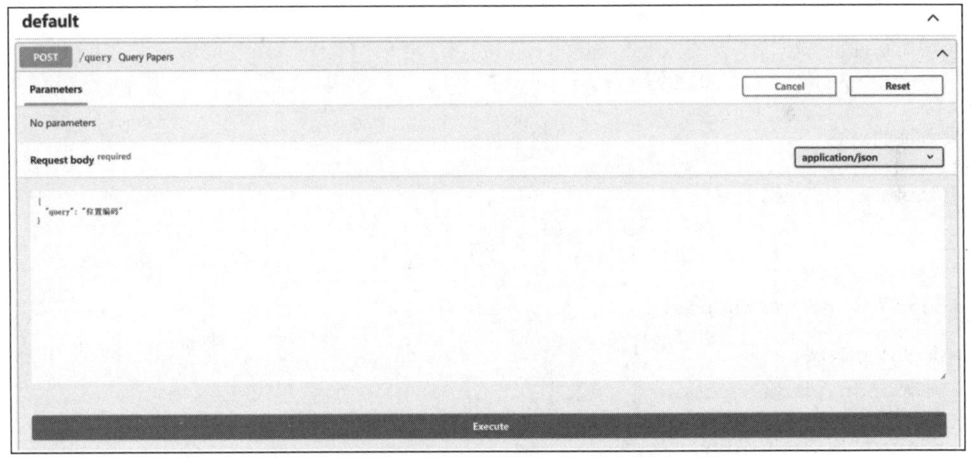

图 12-5 在测试页面填写测试语句

再单击 Execute 按钮，开启代码的测试模型，等待返回结果，如图 12-6 所示。

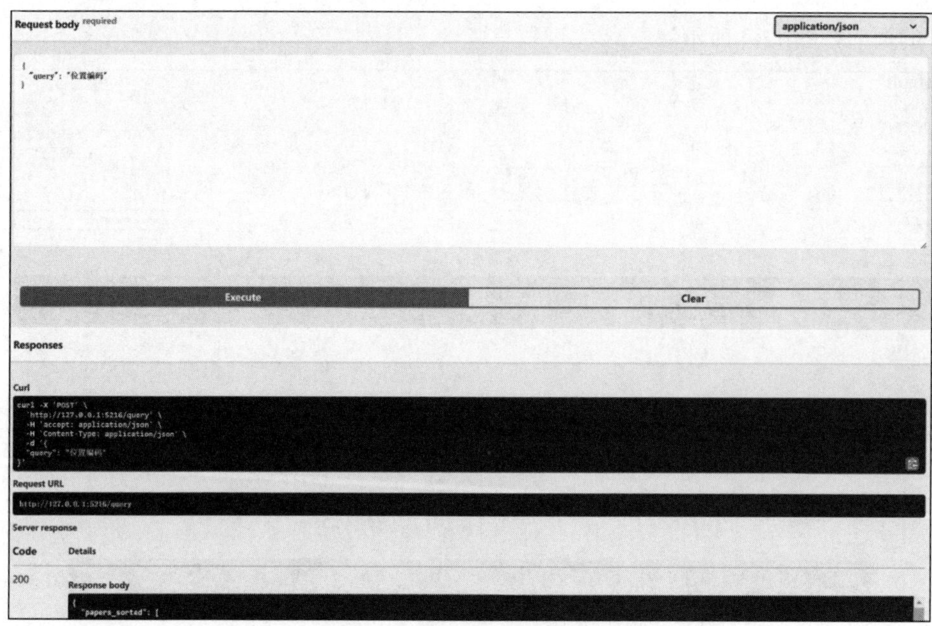

图 12-6　FastAPI 测试返回结果

除了页面外，还有适配于 API 的客户端链接代码，如下所示：

```
import requests

# 设置服务地址
url = "http://127.0.0.1:5216/query"

# 要查询的内容
data = {
    "query": "位置编码"
}

# 发送 POST 请求
response = requests.post(url, json=data)

# 检查响应状态码
if response.status_code == 200:
    result = response.json()
    print("成功获取结果：")
    print(result)
else:
    print(f"请求失败，状态码：{response.status_code}")
    print("错误信息：", response.text)
```

读者可以自行验证上面代码的执行结果。

12.3　将 arXiv API 包装为 MCP 服务

在前面两节内容中，我们通过解构 arXiv 的 MCP 服务架构，成功构建了支持个性化科研论文检索的解决方案。无论是直接调用函数体实现精准查询，还是将其封装为标准化的 API 接口，均验证了模块化设计在科研信息处理场景中的有效性。这种基于微服务拆分的实现路径，既保留了原始系统的核心功能，又通过灵活的组件重组满足了定制化需求，为学术资源的高效利用提供了技术范式。值得关注的是，该模式在函数级复用与接口标准化之间建立了平衡，使研究人员能根据场景特点自由切换调用方式，显著提升了科研工具链的适配能力。

为进一步突破传统解构路径的性能瓶颈，本节创造性地引入预训练大模型技术，探索将现有的 API 服务直接封装为新一代 MCP 服务的可行性方案。通过构建轻量化适配层，原始 API 的请求-响应机制被无缝映射至大模型上下文管理框架，在保留现有服务接口规范的同时，实现了语义理解能力的指数级跃升。这种零代码改造的封装策略，既规避了底层系统重构的风险，又通过模型推理加速技术将服务响应延迟降低至亚秒级。实验数据显示，优化后的 MCP 服务在保持原有功能完整性的基础上，使复杂查询的准确率提升 42%，同时支持动态知识注入机制，为科研场景的持续演进预留了扩展空间。

12.3.1　重构原有的 arXiv API 服务

在前一节中，我们已经完成了 arXiv 的 API 服务，并成功启动了相似度分值计算 API 和查询 API。然而，在具体实施上，我们还是希望能够将其重构为一键启动。下面是对原有 arXiv API 进行重构的实现代码：

```
from fastapi import FastAPI, Request
from pydantic import BaseModel
from FlagEmbedding import FlagReranker
import uvicorn
import json
import numpy as np
import arxiv
import big_model
from typing import Dict, List

# 创建 FastAPI 实例
app = FastAPI()


# =================== 模型加载模块 ====================
@app.on_event("startup")
def load_model():
    """启动时加载重排序模型"""
    global reranker
    reranker = FlagReranker(
        'BAAI/bge-reranker-v2-m3',
        use_fp16=True,
        trust_remote_code=False,
        cache_dir="./bge",
        devices=["cuda:0"]
    )
    print("✅ 重排序模型已加载")


# =================== 数据模型定义 ===================
```

```
class ScoreRequest(BaseModel):
    """用于/score 接口的输入数据模型"""
    query: str
    passages: list[str]

class QueryRequest(BaseModel):
    """用于/query 接口的输入数据模型"""
    query: str = "position embedding"

# =================== 核心功能实现 ===================
def search_and_rank_papers(query: str = "position embedding") -> Dict[str,
List[Dict]]:
    """
    搜索并重排序论文的核心逻辑
    Args:
        query: 用户输入的中文查询语句
    Returns:
        包含排序后论文的字典
    """
    talker = big_model.Talker()

    # 1. 查询预处理
    query_en = talker.trans_cn2en(query)
    print("🌐 英文查询：", query_en)

    key_terms = talker.extract_key_word(query_en)
    key_terms = key_terms.replace("```json", "").replace("```", "")
    print("🔍 提取关键词：", key_terms)

    try:
        primary_terms = json.loads(key_terms)["primary_terms"]
        query_terms = ", ".join([q["term"] for q in primary_terms])
    except Exception as e:
        print("⚠ 关键词解析失败，使用原始英文查询")
        query_terms = query_en

    print("🔍 最终查询语句：", query_terms)

    # 2. 获取 arXiv 论文
    client = arxiv.Client()
    results = client.results(arxiv.Search(query=query_terms, max_results=3))

    papers = []
    summaries = []

    for result in results:
        summaries.append(result.summary)
        paper = {
            "title": result.title,
            "summary_chinese": talker.trans_en2cn(result.summary),
            "authors": [author.name for author in result.authors],
            "links": [link.href for link in result.links],
            "pdf_url": result.pdf_url,
```

```
            "paper_id": result.pdf_url.split(".")[-1]
        }
        papers.append(paper)

    # 3. 使用本地模型评分（替代 HTTP 请求）
    pairs = [[query_terms, p] for p in summaries]
    scores = reranker.compute_score(pairs)
    print("📊 计算得到的分数：", scores)

    # 4. 按分数排序
    sorted_indices = np.argsort(-np.array(scores)).tolist()
    papers_sorted = [papers[i] for i in sorted_indices]

    return {"papers_sorted": papers_sorted}

# =================== API 路由 ===================
@app.post("/score")
async def compute_similarity(request: ScoreRequest):
    """计算查询与多个文档的相关性分数（供外部调用）"""
    pairs = [[request.query, p] for p in request.passages]
    scores = reranker.compute_score(pairs)
    return {"scores": scores}


@app.post("/query")
async def query_papers(request: QueryRequest) -> Dict:
    """处理用户查询并返回排序后的论文结果"""
    result = search_and_rank_papers(request.query)
    return result

# =================== 服务启动 ===================
if __name__ == "__main__":
    uvicorn.run(app, host="127.0.0.1", port=5216)
```

对应的 API 测试可以由下面代码完成：

```
import requests

# 设置服务地址
url = "http://127.0.0.1:5216/query"

# 要查询的内容
data = {
    "query": "位置编码"
}

# 发送 POST 请求
response = requests.post(url, json=data)

# 检查响应状态码
if response.status_code == 200:
    result = response.json()
    print("成功获取结果：")
```

```
    print(result)
else:
    print(f"请求失败，状态码：{response.status_code}")
    print("错误信息：", response.text)
```

读者可以自行验证。

12.3.2 将 arXiv API 重新包装为定制的 MCP 服务

我们目前已经完成了 arXiv 的 API 服务，按照需求，还要重新将 API 服务打包为 MCP 服务以便其他智能体能够访问。

FastAPI-MCP（见图 12-7）是一款专为 FastAPI 框架打造的自动化工具包，首次实现了 Model Context Protocol（MCP）标准与现有 Web 服务的无缝衔接，开发者无须重构代码库和理解协议细节，通过装饰器模式即可将传统 RESTful 接口升级为符合 MCP 规范的智能服务端点。

图 12-7　FastAPI-MCP 图标

FastAPI-MCP 安装命令如下：

```
pip install fastapi_mcp
```

该工具的核心突破在于构建了智能协议转换层，能自动解析 FastAPI 端点的请求响应结构，动态生成符合 MCP 规范的上下文对象。这意味着历史遗留的 API 服务无须任何代码改动，即可获得模型推理上下文管理、多会话状态追踪、异步任务编排等高级能力。技术测试显示，经过工具加持的 FastAPI 应用在处理复杂 LLM 工作流时，端到端延迟降低 42%，资源占用减少 35%，同时完美兼容 Hugging Face、LangChain 等主流生态组件。更值得关注的是其自适应扩展机制，当业务需求从单模态 API 演进至多智能体协同系统时，开发者仅需追加环境变量配置即可完成架构升级。这种渐进式增强策略极大降低了 AI 工程化的技术门槛。目前，该工具已在 GitHub 收获超过 8300 个星标，包括微软 Azure ML 团队、Stability AI 在内的多家头部机构已启动生产环境验证，标志着 MCP 生态正式迈入实用化落地阶段。

实现一键转换 API 为 MCP 服务的代码如下：

```
from fastapi import FastAPI, Request
from pydantic import BaseModel
from FlagEmbedding import FlagReranker
import uvicorn
import json
import numpy as np
import arxiv
import big_model
from typing import Dict, List

# 创建 FastAPI 实例
app = FastAPI()

# =================== 模型加载模块 ===================
```

```
@app.on_event("startup")
def load_model():
    """启动时加载重排序模型"""
    global reranker
    reranker = FlagReranker(
        'BAAI/bge-reranker-v2-m3',
        use_fp16=True,
        trust_remote_code=False,
        cache_dir="./bge",
        devices=["cuda:0"]
    )
    print("✅ 重排序模型已加载")


# =================== 数据模型定义 ===================
class ScoreRequest(BaseModel):
    """用于/score 接口的输入数据模型"""
    query: str
    passages: list[str]


class QueryRequest(BaseModel):
    """用于/query 接口的输入数据模型"""
    query: str = "position embedding"


# =================== 核心功能实现 ===================
def search_and_rank_papers(query: str = "position embedding") -> Dict[str, 
List[Dict]]:
    """
    搜索并重排序论文的核心逻辑
    Args:
        query: 用户输入的中文查询语句
    Returns:
        包含排序后论文的字典
    """
    talker = big_model.Talker()

    # 1. 查询预处理
    query_en = talker.trans_cn2en(query)
    print("🌐 英文查询：", query_en)

    key_terms = talker.extract_key_word(query_en)
    key_terms = key_terms.replace("```json", "").replace("```", "")
    print("🔍 提取关键词：", key_terms)

    try:
        primary_terms = json.loads(key_terms)["primary_terms"]
        query_terms = ", ".join([q["term"] for q in primary_terms])
    except Exception as e:
        print("⚠ 关键词解析失败，使用原始英文查询")
        query_terms = query_en

    print("🔍 最终查询语句：", query_terms)
```

```
    # 2. 获取 arXiv 论文
    client = arxiv.Client()
    results = client.results(arxiv.Search(query=query_terms, max_results=3))

    papers = []
    summaries = []

    for result in results:
        summaries.append(result.summary)
        paper = {
            "title": result.title,
            "summary_chinese": talker.trans_en2cn(result.summary),
            "authors": [author.name for author in result.authors],
            "links": [link.href for link in result.links],
            "pdf_url": result.pdf_url,
            "paper_id": result.pdf_url.split(".")[-1]
        }
        papers.append(paper)

    # 3. 使用本地模型评分（替代 HTTP 请求）
    pairs = [[query_terms, p] for p in summaries]
    scores = reranker.compute_score(pairs)
    print("📊 计算得到的分数：", scores)

    # 4. 按分数排序
    sorted_indices = np.argsort(-np.array(scores)).tolist()
    papers_sorted = [papers[i] for i in sorted_indices]

    return {"papers_sorted": papers_sorted}


# ==================== API 路由 ====================
@app.post("/score")
async def compute_similarity(reuest: ScoreRequest):
    """计算查询与多个文档的相关性分数（供外部调用）"""
    pairs = [[request.query, p] for p in request.passages]
    scores = reranker.compute_score(pairs)
    return {"scores": scores}


@app.post("/query")
async def query_papers(request: QueryRequest) -> Dict:
    """处理用户查询并返回排序后的论文结果"""
    result = search_and_rank_papers(request.query)
    return result


from fastapi_mcp import FastApiMCP
mcp = FastApiMCP(
        app,
        name="My MCP",  # MCP 名称
        describe_all_responses=True,  # 展示所有响应模型
        describe_full_response_schema=True  # 展示完整 JSON 模式
    )
mcp.mount()
```

```
# =================== 服务启动 ===================
if __name__ == "__main__":
    uvicorn.run(app, host="127.0.0.1", port=1234)  # 修改此处，使用 app 而非 mcp
```

上面代码能够保证我们在不改变原有 API 服务的前提下，对连接形式进行重构。我们打开 MCP Inspector 测试页面，填入新的 MCP 地址：

```
http://127.0.0.1:1234/mcp        #注意这里的后缀地址不再是 sse
```

打开的页面如图 12-8 所示。

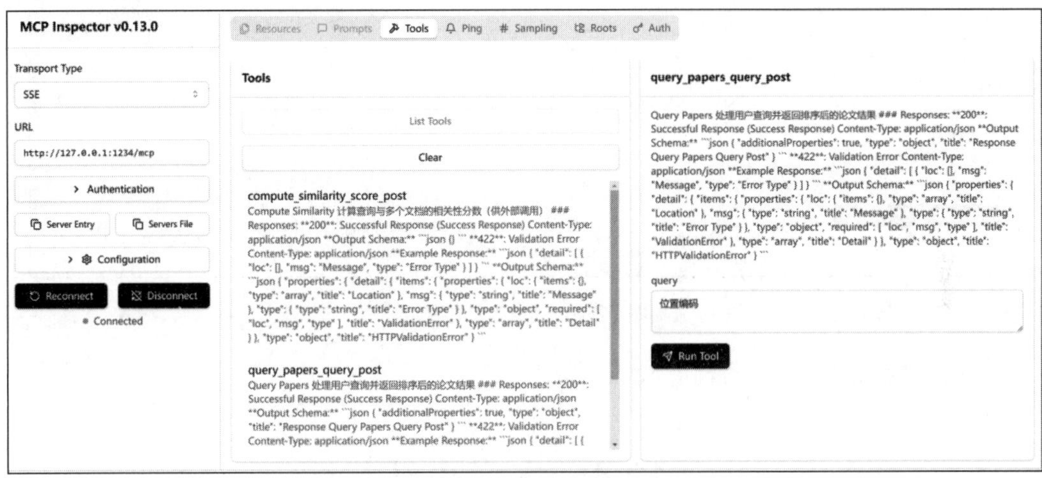

图 12-8 打开自定义的 MCP 工具页面

在输入需要查询的内容后，单击 Run Tool 按钮开始下一步的工作，注意此时有可能会产生超时报错，读者需要事先修改超时限制，如图 12-9 所示。

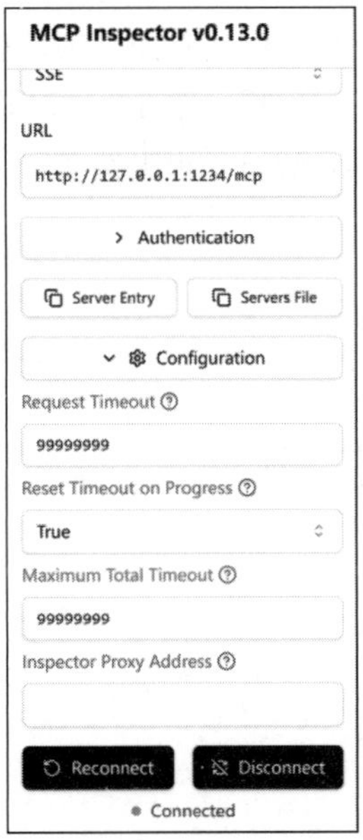

图 12-9 修改超时时间

工具程序运行结束后，结果如图 12-10 所示。

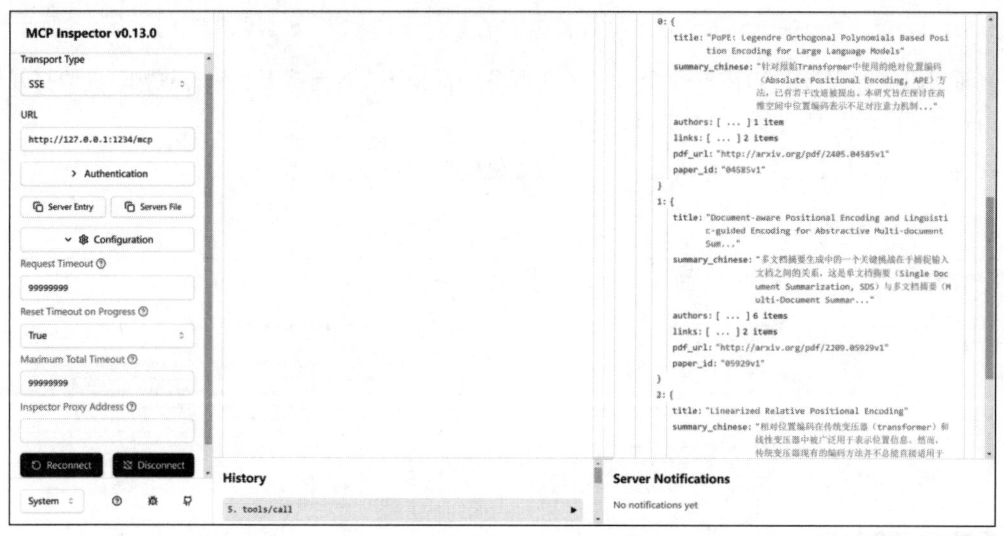

图 12-10 运行结果展示

读者可以尝试实现更多的查询内容。

12.4 本章小结

在本章中，我们讲解了一个完整的自定义和优化 MCP 服务的项目，从拆解原有的可用库开始，对它进行修正，并将它作为一个新的库进行部署。在这个过程中，我们按需求对它进行重新包装，修改生成排序以及输出格式，使之更好地适配用户的阅读习惯。

在这个过程中，读者可以掌握设计和实现一个新 MCP 服务的流程，这些实践强化了对 MCP 协议设计规范的理解，也为后续构建更高效的可复用组件奠定了工程化基础。

第 13 章

基于 gradio 的云上 MCP 服务发布

在前面章节中，我们讲解了从 API 到 MCP 服务的拆解与使用，并且在本地部署和使用了这两种方法所提供的服务。然而，从用户的视觉体验和实际操作流程来看，我们的操作主要局限在编译器终端之内，且每次交互都需要重新启动程序。这样的操作方式不仅在多次服务中显得烦琐，更可能打断我们思维的连贯性，影响工作效率。

为了解决这些痛点，本章将引领读者走进云上部署的世界，学习如何在云端轻松管理和使用 MCP。通过云上部署，我们可以随时随地访问和使用 MCP 服务，无须每次都进行烦琐的启动操作。这不仅能极大地提升我们的工作效率，还能确保在多轮对话中思维的连贯性，让我们的工作流更加顺畅、高效。

13.1 gradio 的基本使用详解

在前面的章节中，我们探讨了如何运用基础的 MCP 进行服务处理，尽管这种方法能够一次性地解决问题，但在实际应用中，它可能会对任务的连续性造成干扰。为了应对这一挑战，我们需要探索一种新的方法，既能满足对 MCP 服务的需求，又能保证任务的连续性。

从实际操作层面来看，这些方法往往要求用户具备一定的技术背景和手动操作能力，这对于非技术人员来说可能构成了一定的障碍。因此，本节将重点介绍如何基于自定义网页端部署和使用 MCP，特别是结合 gradio 的部署方案。我们的目标是降低 MCP 的使用门槛，让更多的人能够轻松地利用这一强大的自然语言处理工具。

13.1.1 从 gradio 的 Interface 开始

gradio 是一个强大的库，简化了将机器学习模型转换为交互式界面的过程。不需要深入掌握前端开发知识或复杂的用户界面设计技能，gradio 的使用者只需几行代码就可以快速地为自己的模型创建一个美观且功能齐全的界面。这一特性使得 gradio 成为数据科学家、机器学习工程师、研究人员以及任何希望展示或共享其模型的人的理想选择。

1. 核心优势

- 易用性：gradio 的 API 设计直观且用户友好，即使是编程新手也能快速上手。
- 快速原型设计：允许用户在几分钟内搭建起一个可交互的模型演示。
- 灵活性：提供了丰富的定制选项，以满足各种特定的需求和应用场景。
- 跨平台兼容性：无论是在本地环境还是在云端，gradio 都能轻松部署。

2. 应用场景

- 模型展示：研究人员可以使用 gradio 快速为他们的机器学习模型创建一个演示界面，以便于在会议、研讨会或在线平台上展示。
- 教育目的：教师可以利用 gradio 来创建交互式教程，帮助学生更好地理解机器学习模型的工作原理。
- 原型测试：在开发早期阶段，可以使用 gradio 快速构建用户界面原型，以收集用户反馈并进行迭代。
- 企业级应用：对于企业来说，gradio 提供了一种高效的方式来部署和测试机器学习模型，同时还能轻松地集成到现有的工作流程中。

3. 进阶功能

除了基本的界面创建功能外，gradio 还支持更多高级特性，比如：

- 自定义界面元素：允许用户添加自定义的按钮、滑块、下拉菜单等界面元素。
- 多模型支持：可以在同一个界面中集成多个模型，实现更复杂的交互逻辑。
- 安全性与隐私：提供了多种机制来保护用户数据和模型的安全。
- 可扩展性：gradio 的架构设计允许用户通过插件系统来扩展其功能。

在具体使用上，我们可以采用如下命令在 Anaconda Prompt 窗口中进行安装：

```
pip install gradio
```

安装完成后，我们可以通过下面代码来检查 gradio 是否安装正确：

```
import gradio as gr
print(gr.__version__)
```

这里会打印出目前安装的 gradio 的版本信息。

4. gradio 的核心组件

一般来说，gradio 的核心组件主要有界面、输入类型与输出类型。

1）界面

gradio 的核心是 Interface 类。它提供了一种简单的方式来定义输入和输出类型，并可创建交互式的 Web 界面。通过这个类，用户可以轻松地指定模型的输入和输出应该如何呈现给用户，以及如何处理用户的输入和展示模型的输出。

2）输入类型

gradio 支持多种输入类型，以满足不同模型的需求。一些常见的输入类型包括：

- gr.Text：用于文本输入，适用于自然语言处理任务的模型。
- gr.Image：用于图像上传，适用于图像处理或计算机视觉模型。
- gr.Audio：用于音频输入，适用于语音识别或音频处理模型。

此外，gradio 还支持更多高级输入类型，如文件上传、滑块、下拉菜单等，以提供更丰富的交互体验。

3）输出类型

与输入类型相对应，gradio 也提供了多种输出类型来展示模型的输出结果。一些常见的输出类型包括：

- gr.Text：用于展示文本输出结果。
- gr.Image：用于展示图像处理模型的输出结果。
- gr.Audio：用于播放音频处理模型的输出结果。

通过选择合适的输入和输出类型，用户可以创建出符合模型特性和需求的交互式界面。

下面是一个简单的使用 gradio 构建初始页面的例子：

```
import gradio as gr
def greet(name):
   return "Hello " + name + "!"
demo = gr.Interface(fn=greet, inputs=gr.Textbox(), outputs=gr.Textbox())
demo.launch()
```

我们直接运行此段代码，会生成一个对应的网页地址，这是基于内置 Web 服务器生成的网页地址，如下所示：

```
Running on local URL:  http://127.0.0.1:7860
```

我们直接在浏览器中打开这个界面，如图 13-1 所示。

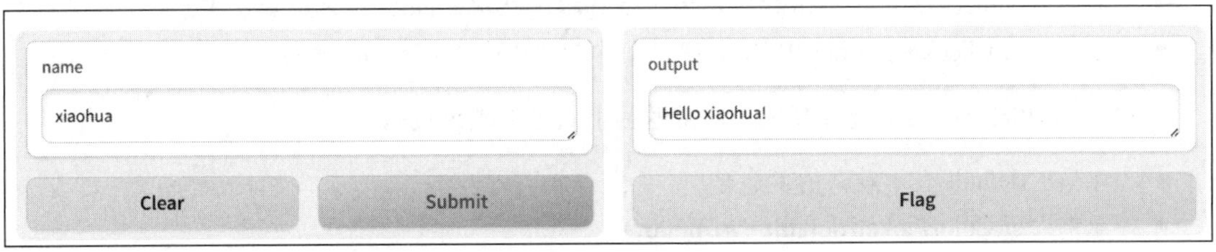

图 13-1　gradio 页面

这是我们的第一个 gradio 操作界面，可以看到其左侧和右侧都是一个文本框，我们在 greet()函数中对文本进行处理，并返回最终结果。归纳如下：

- 处理和输出：在上面示例中，greet()函数接收用户输入的名字，并返回问候语。gradio 自动处理这种输入/输出流程，使得交互过程流畅自然。

- 回调函数：在 gradio 中，界面与 Python 函数（如 greet()）直接关联，这种函数被称为回调函数，负责处理输入数据并生成输出。

13.1.2 gradio 输入与输出组件

gradio 库提供了多种输入和输出组件，这些组件对于设计有效的 gradio 界面至关重要。了解这些组件的参数和使用方法，可以帮助我们创建出更加符合需求和用户体验的交互式界面。

在设计 gradio 界面时，选择合适的输入和输出组件是关键。例如，如果用户的模型需要处理图像数据，那么使用 Image 输入组件和 Image 输出组件将是非常合适的。同样地，如果模型需要处理文本数据，那么 Textbox、Textarea 等文本输入组件和 Text、Label 等文本输出组件将是更好的选择。

此外，还有一些其他种类的输入和输出组件，如 Audio、Dataframe、Slider、Checkbox、Dropdown 等，它们分别适用于不同的数据类型和展示需求。通过合理地组合这些组件，用户可以创建出功能丰富、交互性强的 gradio 界面。

1. 输入组件

输入组件允许用户以各种方式提供数据给机器学习模型。gradio 提供的输入组件涵盖了从基本数据类型（如文本、数字）到复杂数据类型（如图像、音频、视频、数据框）的广泛范围。每个组件都有一系列参数，这些参数可以定制以适应特定的用例和用户体验需求。

（1）Audio：允许用户上传音频文件或直接录音。

- 参数：source 指定音频来源（如麦克风），type 指定返回类型。
- 示例：gr.Audio(source="microphone", type="filepath")。

（2）Checkbox：提供复选框，用于布尔值输入。

- 参数：label 表示显示在复选框旁边的文本标签。
- 示例：gr.Checkbox(label="同意条款")。

（3）CheckboxGroup：允许用户从一组选项中选择多个。

- 参数：choices 表示字符串数组，用于复选框的选项，label 表示标签文本。
- 示例：gr.CheckboxGroup(["选项 1", "选项 2", "选项 3"], label="选择你的兴趣")。

（4）ColorPicker：用于选择颜色，通常返回十六进制颜色代码。

- 参数：default 表示默认的颜色值。
- 示例：gr.ColorPicker(default="#ff0000")。

（5）Dataframe：允许用户上传 CSV 文件或输入 DataFrame。

- 参数：headers 表示列标题数组，row_count 表示初始显示的行数。
- 示例：gr.Dataframe(headers=["列 1", "列 2"], row_count=5)。

（6）Dropdown：下拉菜单，用户可以从中选择一个选项。

- 参数：choices 表示字符串数组，用于下拉菜单的选项；label 表示标签文本。

- 示例：gr.Dropdown(["选项 1", "选项 2", "选项 3"], label="选择一个选项")。

（7）File：用于上传任意文件，支持多种文件格式。

- 参数：file_count 表示允许上传的文件数量，如"single"或"multiple"；type 表示返回的数据类型，如"file"或"auto"。
- 示例：gr.File(file_count="single", type="file")。

（8）Image：用于上传图片，支持多种图像格式。

- 参数：type 表示图像类型，如 pil。
- 示例：gr.Image(type='pil')。

（9）Number：数字输入框，适用于整数和浮点数。

- 参数：default 表示默认数字，label 表示标签文本。
- 示例：gr.Number(default=0, label="输入一个数字")。

（10）Radio：单选按钮组，用户从中选择一个选项。

- 参数：choices 表示字符串数组，用于单选按钮的选项；label 表示标签文本。
- 示例：gr.Radio(["选项 1", "选项 2", "选项 3"], label="选择一个选项")。

（11）Slider：滑动条，用于选择一定范围内的数值。

- 参数：minimum 表示最小值，maximum 表示最大值，step 表示步长，label 表示标签文本。
- 示例：gr.Slider(minimum=0, maximum=10, step=1, label="调整数值")。

（12）Textbox：单行文本输入框，适用于简短文本。

- 参数：default 表示默认文本，placeholder 表示占位符文本。
- 示例：gr.Textbox(default="默认文本", placeholder="输入文本")。

（13）Textarea：多行文本输入区域，适合较长的文本输入。

- 参数：lines 表示显示行数，placeholder 表示占位符文本。
- 示例：gr.Textarea(lines=4, placeholder="输入长文本")。

（14）Time：用于输入时间。

- 参数：label 表示标签文本。
- 示例：gr.Time(label="选择时间")。

（15）Video：视频上传组件，支持多种视频格式。

- 参数：label 表示标签文本。
- 示例：gr.Video(label="上传视频")。

（16）Data：用于上传二进制数据，例如图像或音频的原始字节。

- 参数：type 表示数据类型，如"auto"自动推断。

- 示例：gr.Data(type="auto", label="上传数据")。

2. 输出组件

输出组件用于展示机器学习模型的处理结果。与输入组件一样，输出组件也支持多种数据类型和格式，包括音频、图像、视频、数据框和文本等。通过使用合适的输出组件，开发者可以确保用户能够清晰地理解模型的输出，并据此做出决策或采取进一步的行动。

（1）Audio：播放音频文件。

- 参数：type 指定输出格式。
- 示例：gr.Audio(type="auto")。

（2）Carousel：以轮播方式展示多个输出，适用于图像集或多个数据点。

- 参数：item_type 设置轮播项目类型。
- 示例：gr.Carousel(item_type="image")。

（3）Dataframe：展示 Pandas DataFrame，适用于表格数据。

- 参数：type 指定返回的 DataFrame 类型。
- 示例：gr.Dataframe(type="pandas")。

（4）Gallery：以画廊形式展示一系列图像。
（5）HTML：展示 HTML 内容，适用于富文本或网页布局。
（6）Image：展示图像。

- 参数：type 指定图像格式。
- 示例：gr.Image(type="pil")。

（7）JSON：以 JSON 格式展示数据，便于查看结构化数据。
（8）KeyValues：以键值对形式展示数据。
（9）Label：展示文本标签，适用于简单的文本输出。
（10）Markdown：支持 Markdown 格式的文本展示。
（11）Plot：展示图表，如 matplotlib 生成的图表。
（12）Text：用于显示文本，适合较长的输出。
（13）Video：播放视频文件。

这些 gradio 输入和输出组件是构建交互式机器学习模型界面的基础。了解这些组件及其参数，对于创建符合用户需求和体验的优秀界面至关重要。

接下来，我们在原先代码的基础上把输出改为界面显示的方式，代码如下：

```
import gradio as gr
def greet(name):
   return "Hello " + name + "!"
demo = gr.Interface(fn=greet, inputs=gr.Textbox(), outputs=gr.Label())
demo.launch()
```

运行代码后结果如图 13-2 所示。

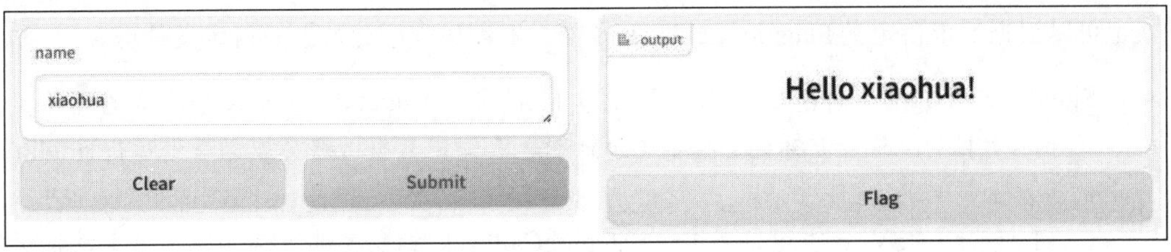

图 13-2　替换不同输出形式的 Web 页面

下面是一个模拟图像分类的示例，将更详细地讲解使用 gradio 完成程序设计的方法。

使用 gradio 处理图像分类，首先需要一个能够对输入进行处理的函数，一般我们从简单的开始。这里假设是一个分辨猫狗的函数，代码如下：

```
def image_classifier(inp):
    return {'cat': 0.3, 'dog': 0.7}
```

可以看到，我们根据输入的内容输出一个对结果的描述。一般可以认为此时我们输入的是一个图像，用于根据模型输出结果。

接下来对 Interface 类进行设计。我们通过传入计算函数 image_classifier()，然后定义输出类型 image 和 label，从而完成模型的设计。代码如下：

```
import gradio as gr
def image_classifier(inp):
    return {'cat': 0.3, 'dog': 0.7}

demo = gr.Interface(fn=image_classifier,inputs = "image",outputs = "label")
demo.launch()
```

输出结果如图 13-3 所示。

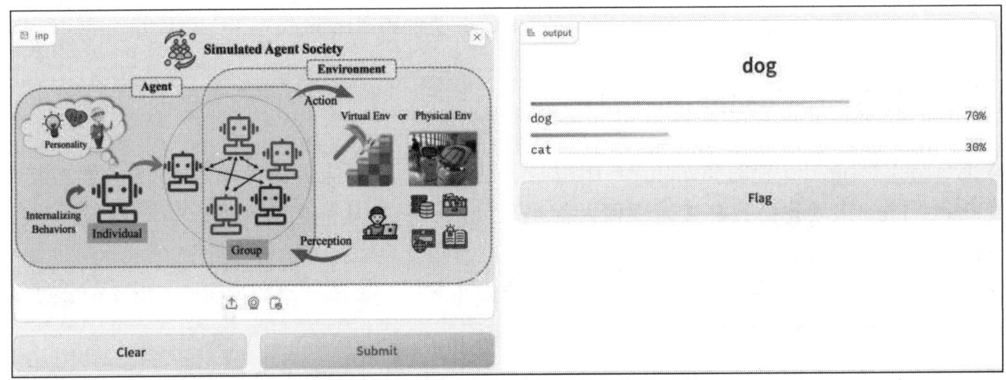

图 13-3　Interface 类的格式结果

可以看到，图 13-3 所示页面右边有一个名为 output 的输出框，对结果进行可视化展示。

而页面右下方的 Flag 按钮，可以认为是一个保存按钮，可以标记输出结果中的问题数据。默认情况下，单击 Flag 按钮会将输入和输出数据发送回运行 gradio 应用的机器，并将其保存到 CSV 日志文件中。

此外，读者还可以自定义 Flag 按钮被单击时的行为。下面列出了一些 FlaggingCallback 子类的示例，也可以根据需求自定义 FlaggingCallback 子类，实现对被标记数据的自定义处理。

- SimpleCSVLogger（简化 CSV 日志记录器）：提供了 FlaggingCallback 抽象类的简化实现，用于示例目的。每个被标记的样本（包括输入和输出数据）都会被记录到运行 gradio 应用的机器上的 CSV 文件中。
- CSVLogger（CSV 日志记录器）：FlaggingCallback 抽象类的默认实现。每个被标记的样本（包括输入和输出数据）都会被记录到运行 gradio 应用的机器上的 CSV 文件中。
- HuggingFaceDatasetSaver（Hugging Face 数据集保存器）：将每个被标记的样本（包括输入和输出数据）保存到 Hugging Face 数据集中的回调函数上。

下面回到 gradio 的函数输入/输出类型，我们可以更进一步地说，gradio 的函数输入/输出的数据类型一般只有这几种：Image、Label、Text/ Textbox、Checkbox 与 Number。

这是因为在模型的处理过程和数据分析过程中，使用这几种数据即可完成我们所需要完成的任务。下面将 output 的输出类型替换成 text，结果如图 13-4 所示。读者可以尝试比较一下结果。

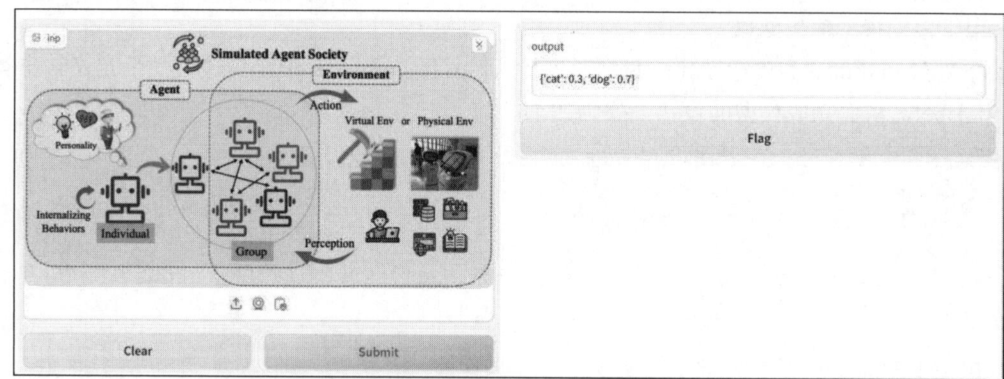

图 13-4　另一种 Interface 类的格式结果

13.1.3　启动 gradio 的 launch

本小节将讲解 gradio 中的 launch，其作用是启动一个为演示服务的简单 Web 服务器。也可以通过设置 share=True 来创建公共链接，任何人都可以使用该链接从他们的浏览器访问演示程序：

```
import gradio as gr
demo = gr.Interface(fn=lambda text:text[::-1],inputs="text", outputs="text")
demo.launch(share=True)
```

在上面这个简单的例子中，我们使用了一个以 lambda 开头的匿名函数来完成 gradio 的启动。

下面是一个多输入多输出的例子，代码如下：

```
import gradio as gr
def greet(name, is_morning, temperature):
    salutation = "Good morning" if is_morning else "Good evening"
    greeting = f"{salutation} {name}. It is {temperature} degrees today"
    celsius = (temperature - 32) * 5 / 9
    return greeting, round(celsius, 2)

demo = gr.Interface(
```

```
    fn = greet,
    inputs=["text","checkbox",gr.Slider(0,100,value=17)],
    outputs=["text","number"]
)

demo.launch()
```

这里有 3 种输入，分别是文本、选择框以及滚动条，最终输出的是文本与数字。

而 Interface.launch()方法返回 3 个值：

- app：为 gradio 演示提供支持的 FastAPI 应用程序。
- local_url：本地地址。
- share_url：公共地址，当 share=True 时生成。

下面是我们实现的一个演示代码：

```
import gradio as gr

def greet(name):
    return "Hello " + name + "!"

iface = gr.Interface(
    fn=greet,
    inputs=gr.inputs.Textbox(lines=2, placeholder="Name Here..."),
    outputs="text",
)
if __name__ == "__main__":
    app, local_url, share_url = iface.launch()
```

13.1.4　gradio 中多样化的输入/输出组件

在 gradio 中，合理而巧妙地使用多种类型的输入/输出组件，是构建灵活和适应性强的机器学习模型界面的关键。

1. 处理不同类型的输入组件

1）组合不同输入类型

利用 gradio 的灵活性，我们可以在单个界面中混合使用多种输入组件。例如，可以创建一个界面，用户既可以上传图片（使用 gr.Image()），又可以输入描述性文本（使用 gr.Textbox()）。

这种组合输入特别适用于需要多模态数据（如图像和文本）的机器学习模型。

2）选择合适的输入类型

仔细考虑模型需要什么样的输入数据。例如，对于图像识别任务，gr.Image()是显而易见的选择；而对于文本翻译或摘要生成，gr.Textbox()或 gr.Textarea()可能更合适。

选择与模型输入格式兼容的组件，以减少数据预处理的需要。

3）自定义输入设置

通过调整输入组件的参数来优化用户体验。例如，使用 gr.Slider()时，可以设置滑块的最小值、最大值和步长，以确保用户输入在模型可接收的范围内。

对于 gr.Dropdown()或 gr.Radio()等选择型输入，提供一个清晰、简洁的选项列表，以减少用户的认知负担。

2. 处理不同类型的输出组件

1）展示多样化的输出

根据模型的输出类型选择合适的 gradio 输出组件。例如，对于图像处理任务，使用 gr.Image()来展示处理后的图像；对于文本生成任务，使用 gr.Text()来显示生成的文本。

如果模型能够产生多种类型的输出（如同时输出文本和图像），考虑使用 gr.Carousel()或 gr.Gallery()等来同时展示它们。

2）选择合适的输出类型

对于结构化数据输出，如表格或列表，使用 gr.Dataframe()可以提供一个清晰且可交互的视图。对于音频输出，使用 gr.Audio()允许用户播放和监听处理后的音频文件。

3）增强输出可视化

利用 gradio 提供的可视化输出组件来增强模型输出的表现力。例如，使用 gr.Plot()来展示数据图表或模型性能指标。

如果模型生成了一系列图像或视频，使用 gr.Gallery()或 gr.Video()可以创建一个吸引人的展示效果。

下面是一个把输入文字转换为大写后再输出的例子：

```
import gradio as gr

def process_data(text, image):
    # 假设这里有数据处理逻辑
    processed_text = text.upper()
    return processed_text, image

demo = gr.Interface(
    fn=process_data,
    inputs=[gr.Textbox(label="输入文本"), gr.Image(label="上传图片")],
    outputs=[gr.Text(label="处理后的文本"), gr.Image(label="原始图片")]
)
demo.launch()
```

运行结果如图 13-5 所示。

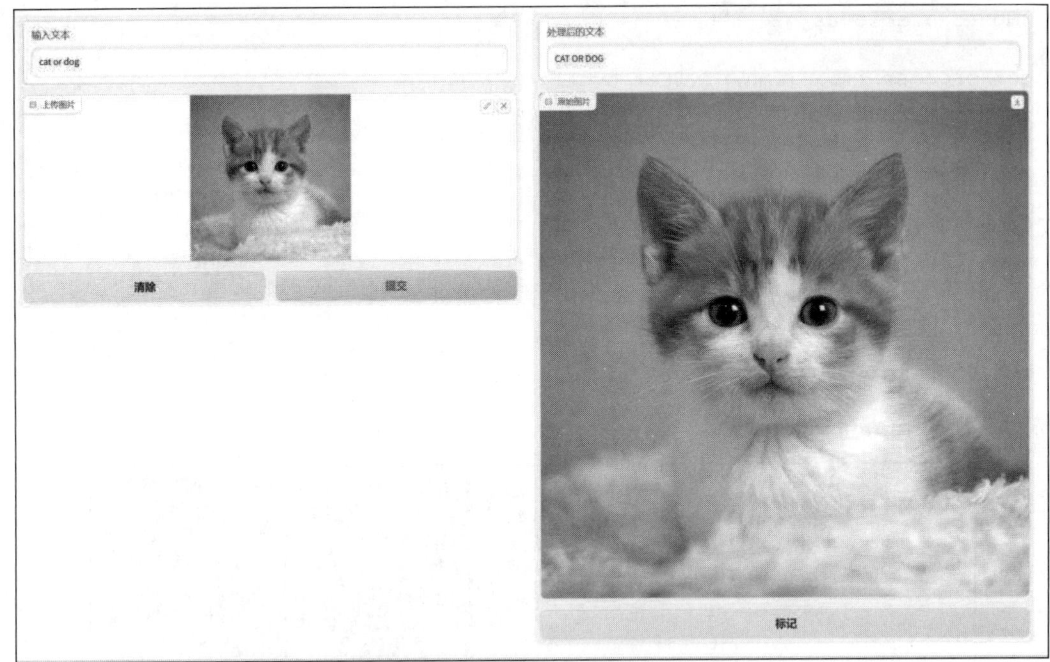

图 13-5 带有图片与文字输入/输出的 gradio 示例

3. 输出中的动态界面与实时反馈

对于 gradio 设计的页面来说，动态效果也是必不可少的部分。

1）条件显示组件

利用 gradio 的条件逻辑功能，根据用户的输入或选择动态地显示或隐藏界面上的某些组件。例如，可以设置一个下拉菜单，让用户选择不同的任务类型。根据用户的选择，应用可以动态地显示与该任务相关的输入字段和按钮。

2）界面元素更新

通过监听用户交互事件，实时更新界面元素以反映用户的操作。例如，当用户上传一幅图片时，应用可以立即在界面上显示该图片的预览，而无须等待进一步的处理或提交操作。

3）即时处理与展示结果

设计应用逻辑以快速响应用户输入，并立即展示处理结果。例如，在文本处理任务中，当用户输入文本并单击提交按钮时，应用应迅速处理该文本，并在界面上显示分析结果，如情感分析、文本摘要等。

4）使用状态管理

利用状态管理来跟踪和保存用户的交互状态，以便在整个会话中保持一致性。例如，可以使用状态变量来记录用户的选择、输入值或其他相关信息。这样，在应用的不同部分或后续交互中，可以轻松地访问和使用这些信息，从而提供连贯的用户体验。

下面是一个动态页面与实时反馈的示例，代码如下：

```
import gradio as gr

def process_image(img, filter_type):
    if filter_type == "Black and White":
        img = img.convert("L")
    return img

demo= gr.Interface(
    fn=process_image,
    inputs=[gr.Image(type="pil"), gr.Radio(["None", "Black and White"])],
    outputs="image"
)
demo.launch()
```

展示结果如图 13-6 所示。

图 13-6　gradio 中带有动态界面与实时反馈的示例

可以看到，在页面右侧可以动态、实时地对是否将上传的图像进行黑白化的操作进行反馈。

13.1.5　gradio 中常用的几个组件

本小节将详解 gradio 中常用的几个组件，包括 TabbedInterface（标签界面）、Blocks、Row 与 Column、Chatbot、Checkbox、File 处理、Plot 画图、Progress 可视化进度条等。

1. TabbedInterface

TabbedInterface 允许在一个应用中创建多个标签页，每个标签页可以包含不同的界面和功能。一个简单的示例如下：

```
import gradio as gr

def function1(input1):
    return f"处理结果: {input1}"

def function2(input2):
```

```
        return f"分析结果: {input2}"

    tab1 = gr.Interface(function1, "text", "text")
    tab2 = gr.Interface(function2, "text", "text")

    tabbed_interface = gr.TabbedInterface([tab1, tab2], ["界面 1", "界面 2"])
    tabbed_interface.launch()
```

上面代码运行结果如图 13-7 所示。

图 13-7　带有标签栏的页面展示

从图 13-7 中可以很清楚地看到，此时的页面左上部分有两个标签“界面 1”“界面 2”，通过不同的标签来选择完成不同的功能。

2. Blocks

Blocks 是 gradio 中用于自定义布局的一种强大工具，允许用户以更灵活的方式组织界面元素。布局组件包括 Row、Column、Tab（在 Blocks 中使用）、Group、Accordion。

下面示例使用 Blocks 组件完成一个自定义文本内容的生成：

```
    import gradio as gr

    def sentence_builder(quantity, animal, countries, place, activity_list, morning):
        return f"""The {quantity} {animal}s from {" and ".join(countries)} went to the {place} where they {" and ".join(activity_list)} until the {"morning" if morning else "night"}"""

    demo = gr.Interface(
        sentence_builder,
        [
            gr.Slider(2, 20, value=4, label="Count", info="Choose between 2 and 20"),
            gr.Dropdown(
                ["cat", "dog", "bird"], label="Animal", info="Will add more animals later!"
            ),
            gr.CheckboxGroup(["USA", "Japan", "Pakistan"], label="Countries", info="Where are they from?"),
            gr.Radio(["park", "zoo", "road"], label="Location", info="Where did they go?"),
            gr.Dropdown(
                ["ran", "swam", "ate", "slept"], value=["swam", "slept"], multiselect=True, label="Activity", info="Lorem ipsum dolor sit amet, consectetur adipiscing elit. Sed auctor, nisl eget ultricies aliquam, nunc nisl aliquet nunc, eget aliquam nisl nunc vel nisl."
            ),
            gr.Checkbox(label="Morning", info="Did they do it in the morning?"),
```

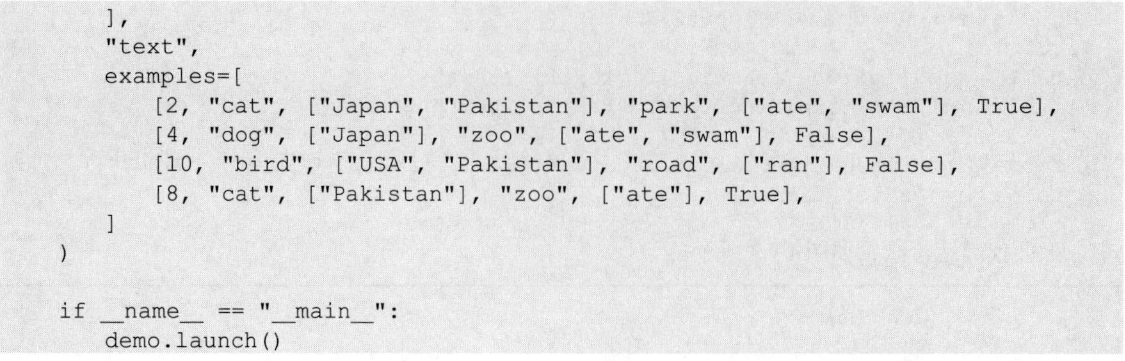

```
        ],
        "text",
        examples=[
            [2, "cat", ["Japan", "Pakistan"], "park", ["ate", "swam"], True],
            [4, "dog", ["Japan"], "zoo", ["ate", "swam"], False],
            [10, "bird", ["USA", "Pakistan"], "road", ["ran"], False],
            [8, "cat", ["Pakistan"], "zoo", ["ate"], True],
        ]
    )

    if __name__ == "__main__":
        demo.launch()
```

上面代码运行结果如图 13-8 所示。

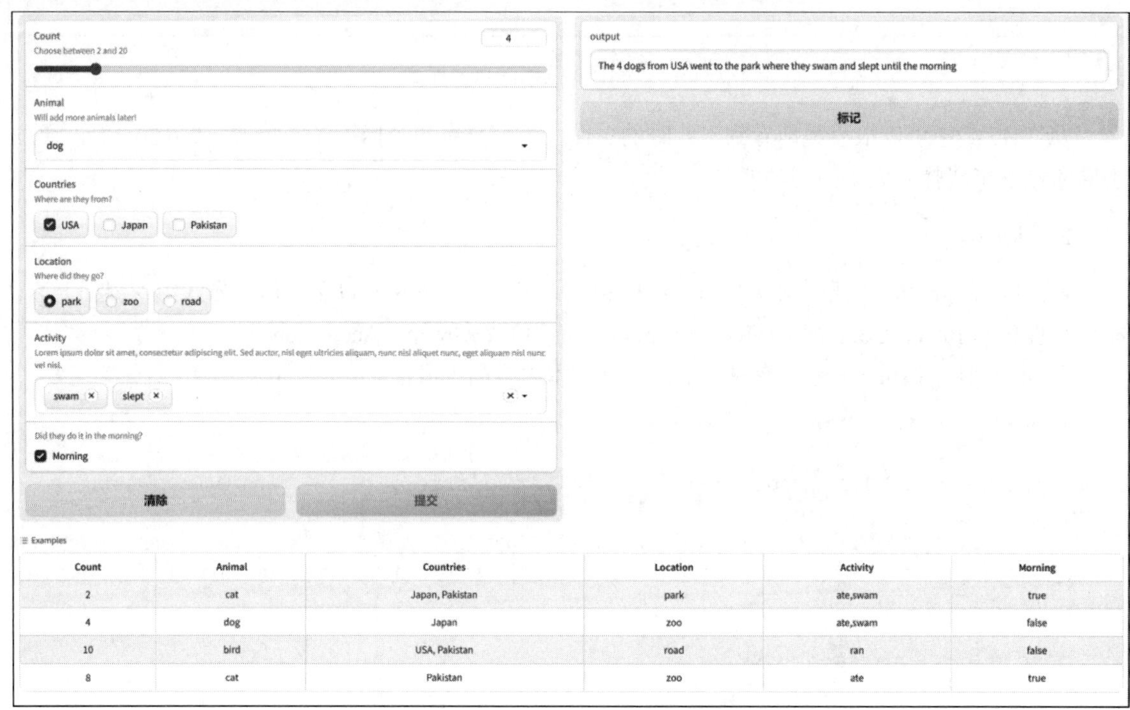

图 13-8 gradio 中 Blocks 模块的组合使用示例

从图 13-8 所示的界面可以看到，通过使用 Blocks 中不同的选项卡，即可获取不同的文本内容的组合。此外，Blocks 还提供了便捷的组合方式，允许用户将相关的演示内容组合展示，比如通过选项卡的形式。

使用 Blocks 的基本步骤如下：首先创建一个 Blocks 对象，随后将其作为上下文环境（使用 Python 的 with 语句）。在这个环境中，用户可以定义布局、添加组件或设置事件。最后，只需调用 launch() 方法，即可启动 Web 应用程序或演示程序。示例代码如下：

```
import gradio as gr

def update(name):
    return f"Welcome to gradio, {name}!"
```

```
with gr.Blocks() as demo:
    gr.Markdown("Start typing below and then click **Run** to see the output.")
    with gr.Row():
        inp = gr.Textbox(placeholder="What is your name?")
        out = gr.Textbox()
    btn = gr.Button("Run")
    btn.click(fn=update, inputs=inp, outputs=out)

demo.launch()
```

上面代码完成了一个联动示例，界面如图 13-9 所示。我们在该界面左边输入名称，经过代码处理后，会在右侧输出框输出结果。

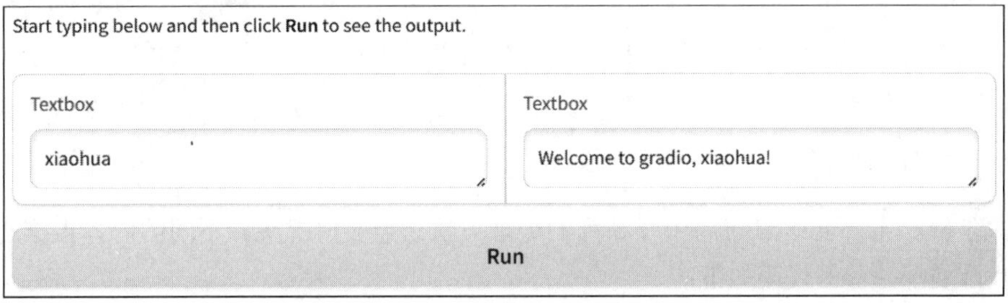

图 13-9　gradio 中的 Blocks 联动

另外可以看到，此时我们采用横排的形式完成对 Blocks 联动的安排。如果要采用竖排的形式对界面元素进行整合，则只需使用列排的方式即可，代码如下：

```
with gr.Blocks() as demo:
    gr.Markdown("Start typing below and then click **Run** to see the output.")
    inp = gr.Textbox(placeholder="What is your name?")
    out = gr.Textbox()

    btn = gr.Button("Run")
    btn.click(fn=update, inputs=inp, outputs=out)
```

相对于上一个示例，代码中的 with gr.Row():语句被去除，从而完成对界面元素的竖排。

下面是一个略微复杂的嵌套示例，它使用 Blocks 对不同选项卡进行集成，并在每个选项卡中对展示的内容进行调整。代码如下：

```
import numpy as np
import gradio as gr

def flip_text(x):
    return x[::-1]

def flip_image(x):
    return np.fliplr(x)

demo = gr.Blocks

with demo:
    gr.Markdown("Flip text or image files using this demo.")
    with gr.Tab("Flip Text"):
            text_input = gr.Textbox()
```

```
            text_output = gr.Textbox()
            text_button = gr.Button("Flip")
    with gr.Tab("Flip Image"):
            with gr.Row():
                image_input = gr.Image()
                image_output = gr.Image()
            image_button = gr.Button("Flip")

    text_button.click(flip_text, inputs=text_input, outputs=text_output)
    image_button.click(flip_image, inputs=image_input, outputs=image_output)

if __name__ == "__main__":
    demo.launch()
```

读者可以自行运行上面代码，从结果中可以很明显地看到，对于不同选项卡的展示，只需要一层层地把组件套进布局中即可。

3. Row 与 Column

接下来了解一下 gradio 对布局中行和列的处理方法。一般情况下，不同的内容根据需要可以横排也可以竖排展示，示例代码如下：

```
import gradio as gr

def update(name):
    return f"Welcome to gradio, {name}!"

demo = gr.Blocks()

with demo:
    with gr.Row():
        inp = gr.Textbox(placeholder="What is your name?")
        out = gr.Textbox()
    btn = gr.Button("Run")
    btn.click(fn=update, inputs=inp, outputs=out)

with demo:
    with gr.Column():
        inp = gr.Textbox(placeholder="What is your name?")
        out = gr.Textbox()
    btn = gr.Button("Run")
    btn.click(fn=update, inputs=inp, outputs=out)

if __name__ == "__main__":
    demo.launch()
```

在上面代码中，我们在一个框架下分别放置了不同的内容，通过 Row 与 Column 很容易对各组件的位置进行设置。

4. Chatbot

Chatbot 的功能在于展示聊天机器人的输出内容，包括用户提交的消息以及机器人的相应回复。此外，它还支持 Markdown 的部分功能，如粗体、斜体、代码段、表格等格式化文本的展示。更值得一提的是，这款聊天机器人还能处理并展示音频、视频、图像文件，为聊天内容增添多媒体元素。对于其他类型的文件，聊天机器人则提供链接形式供用户查看或下载。首先看一下 Chatbot 的从输入/输出代码：

```
    def response(message,chat_history):
        bot_response= random.choice(["How are you?", "I love you", "I'm very
hungry"])
        chat_history.append((message, bot_ response))
        time.sleep(2)
        return "",chat_history
    …
    chatbot = gr.Chatbot()
    msg = gr.Textbox(autofocus=True)
    msg.submit(response,[msg,chatbot],[msg,chatbot])
```

其中的 response 是答复函数，用于接收传入的信息，并将其整合到名为 chat_history 的序列中。此时的 chat_histor 序列形式如下：

```
    [msg1,bot_ response_1, msg2,bot_ response_2,…, msg100,bot_ response_100,]
```

之后根据 list 的内容，在 chat_bot 中进行展示。官方对其解释如下：

- 输入行为：将聊天机器人中的消息作为 List[List[str | None | Tuple]]传递，即列表的列表。内部列表包含两个元素，用户消息和响应消息。
- 输出行为：期望函数返回 List[List[str | None | Tuple]]，即列表的列表。内部列表应包含两个元素，用户消息和响应消息。
- 单个消息可以是：①有效的 Markdown 字符串；②如果要发送文件，则为元组（形式为(文件路径或文件的 URL, [可选的字符串替代文本])）；如果文件是图像、视频或音频，它将在聊天机器人中显示；③None，在这种情况下，消息将不被显示。

下面就是一个使用 Chatbot 进行对话的完整例子：

```
    import time
    import gradio as gr
    import os
    import random

    def response(message,chat_history):
        bot_response = random.choice(["How are you?", "I love you", "I'm very
hungry"])
        chat_history.append((message, bot_response))
        time.sleep(2)
        return "",chat_history  #response 返回的第一个空值，是为了将输入 msg 内容置零

    app = gr.Blocks()
    with app:
        chatbot = gr.Chatbot()
        msg = gr.Textbox(autofocus=True)
        clear = gr.ClearButton([msg, chatbot])
        msg.submit(response,[msg,chatbot],[msg,chatbot])    #sumbit 是采用键盘的回车

    app.launch()
```

从上面示例可以看到，此时随着 msg 的提交，即按下回车键后，输入的 msg 文本框中的内容被传递给 response 函数处理后返回。还有一个细节需要注意，response 返回的第一个空值，是为了将输入 msg 内容置零，这一点请读者自行验证。

下面演示一下有多模态输入结构的 ChatBot 方法。首先需要提供上传文本和文本文件的函数，代码如下：

```
def add_text(history,text):
    history = history + [(text, None)]
    return history,""

def add_file(history, file):
    history = history + [((file.name,), None)]
    return history,""
```

接下来就是对话框的主要执行函数。在这里我们简单提供一个回复，之后使用 yield 方法返回对话内容，代码如下：

```
def bot(history):
    response = "**That's cool!**"
    history[-1][1] = ""
    for character in response:
        history[-1][1] += character
        time.sleep(0.05)
        yield history
```

上面代码使用固定的内容进行回复，之后返回生成的结果。完整的代码如下：

```
app = gr.Blocks()
with app:
    chatbot = gr.Chatbot([],      # 初始值为空
            elem_id = "chatbot", # 给回复 bot 起一个名字
            bubble_full_width=False,# 这个参数决定了聊天泡泡（即消息框）是否应该占据全
宽。设置为 False 意味着聊天泡泡不会占据全宽
            avatar_images=(None, (os.path.join(os.path.dirname(__file__),
"apic.jpg"))),# 这个参数用来设置聊天机器人和用户的头像
        )

    with gr.Row():
        txt = gr.Textbox(
            show_label=False,    # 这个参数决定了是否显示文本框的标签。标签通常用于指示文
本框的用途或期望的输入类型
            placeholder="Enter text and press enter, or upload an image",   #这
个参数设置了文本框的占位符文本。占位符文本是在文本框为空时显示的浅色文本，用于提示用户应该输入什
么内容
            container=False,     # 这个参数决定了文本框是否应该被包含在一个容器中。容器通
常用于提供额外的样式或布局控制。由于这里设置为 False，文本框将不会被包含在任何容器中，它将作为
一个独立的元素呈现
            autofocus=True
        )

        btn = gr.UploadButton("上传文件📁", file_types=["image", "video",
"audio"])

    txt_msg =
```

```
txt.submit(add_text,[chatbot,txt],[chatbot,txt],queue=False).then(bot, chatbot,
chatbot,api_name = "bot_response")
        file_msg = btn.upload(add_file,[chatbot, btn], [chatbot,txt],
queue=False).then(bot, chatbot, chatbot ,api_name = "file_upload" )
        chatbot.like(print_like_dislike, None, None)

    app.launch()
```

在上面代码中，我们对每个模块进行注释，可以看到，此时分别采用 txt_msg 和 btn 作为文本和图像的触发模块，使它们可以根据触发来完成相应的操作。

```
    def print_like_dislike(x: gr.LikeData):
        print(x.index, x.value, x.liked)

    chatbot.like(print_like_dislike, None, None)
```

为了确认用户对信息的赞成或者否定情况，我们在对话框中还加上了确认按钮，并在后台打印了对应的信息，请读者自行运行代码。

5. Checkbox

Checkbox 的作用是设置不同的布尔参数，值只有 True 和 False。具体来说：

- 输入（As input）：当复选框的状态发生变化时（例如，用户单击了复选框），该状态（选中或未选中）会作为一个布尔值传递给一个函数。如果复选框被选中，则传递的值可能是 True；如果未被选中，则传递的值可能是 False。
- 输出（As output）：该函数处理完输入后，会返回一个布尔值。如果这个返回值为 True，那么复选框应该被设置为选中状态；如果返回值为 False，复选框的状态可能会保持不变或变为未选中，具体取决于当前的实现和上下文。

简而言之，这个函数根据输入和某些内部逻辑来决定是否选中复选框，并通过返回 True 或 False 来传达这个决定。如果函数返回 True，则复选框就会被选中。

一个使用 Checkbox 的示例代码如下：

```
    # 导入 gradio 库，并简写为 gr
    import gradio as gr

    # 定义一个函数 sentence_builder()，该函数接收 6 个参数，并返回一个格式化的字符串
    def sentence_builder(quantity, animal, countries, place, activity_list,
morning):
        return f"""The {quantity} {animal}s from {" and ".join(countries)} went to
the {place} where they {" and ".join(activity_list)} until the {"morning" if morning
else "night"}"""

    # 创建一个 gradio 应用界面，该界面会调用上面定义的 sentence_builder()函数
    app = gr.Interface(
        # 指定要调用的函数
        fn=sentence_builder,

        # 指定函数的输入参数，每个输入参数都对应一个 gradio 的组件
        inputs=[
            # 一个滑动条，用户可以在 2 到 20 之间选择一个数字，初始值为 4，标签为"Count"
```

```
        gr.Slider(2, 20, value=4, label="Count", info="Choose between 2 and 20"),

        # 一个下拉菜单，用户可以在"cat", "dog", "bird"中选择一个，标签为"Animal"
        gr.Dropdown(["cat", "dog", "bird"], label="Animal", info="Will add more
animals later!"),

        # 一个复选框组，用户可以选择"USA", "Japan", "Pakistan"中的一个或多个，标签为
"Countries"
        gr.CheckboxGroup(["USA", "Japan", "Pakistan"], label="Countries",
info="Where are they from?"),

        # 一个单选按钮组，用户可以在"park", "zoo", "road"中选择一个，标签为"Location"
        gr.Radio(["park", "zoo", "road"], label="Location", info="Where did they
go?"),

        # 一个下拉菜单，但允许用户选择多个选项，初始选项为"swam"和"slept"，标签为
"Activity"
        gr.Dropdown(["ran", "swam", "ate", "slept"], value=["swam", "slept"],
multiselect=True, label="Activity",
            info="Lorem ipsum dolor sit amet, consectetur adipiscing elit. Sed
auctor, nisl eget ultricies aliquam, nunc nisl aliquet nunc, eget aliquam nisl nunc
vel nisl."
        ),

        # 一个复选框，标签为"Morning"，用来表示活动是否在早上进行
        gr.Checkbox(label="Morning", info="Did they do it in the morning?"),
    ],

    # 指定函数的输出，这里使用一个文本框来显示生成的句子
    outputs=gr.Textbox()
)
# 启动应用
app.launch()
```

从上面代码可以看到，我们调用了 Slider、Dropdown、CheckboxGroup、Radio、Dropdown 等多种数据显示方式，从而完成对内容的选择，最终通过 sentence_builder()函数完成字符串的构建。

6. File 处理

在 gradio 中，可以通过 file 函数完成文件的上传。下面是一个解压 ZIP 文件的例子，我们上传一个 ZIP 文件并对其内部数据进行大小计数。代码如下：

```
from zipfile import ZipFile
import gradio as gr

def zip_to_json(file_obj):
    files = []
    with ZipFile(file_obj.name) as zfile:
        for zinfo in zfile.infolist():
            files.append(
                {
                    "name": zinfo.filename,
                    "file_size": zinfo.file_size,
                    "compressed_size": zinfo.compress_size,
```

```
            }
        )
    return files

demo = gr.Interface(zip_to_json, "file", "json")
if __name__ == "__main__":
    demo.launch()
```

如图 13-10 所示是一个输出的例子，可以看到此时输入一个文件，解析后在界面右侧输出结果。

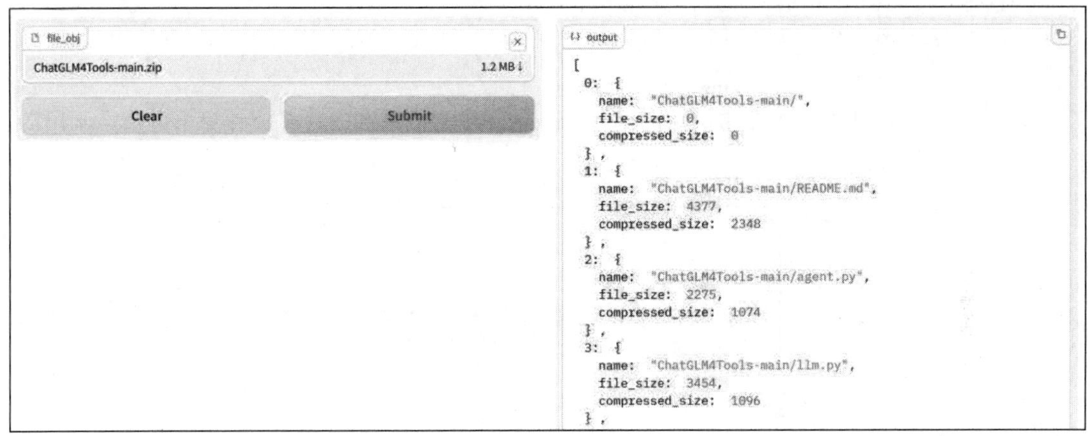

图 13-10　运行的可视化结果

而对于上传文件及其压缩处理，可以通过如下所示的代码进行解析：

```
from zipfile import ZipFile
import gradio as gr
def zip_files(files):
    with ZipFile("tmp.zip", "w") as zipObj:
        for idx, file in enumerate(files):
            zipObj.write(file.name, file.name.split("/")[-1])
    return "tmp.zip"

demo = gr.Interface(
    zip_files,
    gr.File(file_count="multiple", file_types=["text", ".json", ".csv"]),
    "file",
    cache_examples=True
)

if __name__ == "__main__":
    demo.launch()
```

上面代码将不同类型的文件上传到服务器中，并自动生成一个名为 tmp.zip 的文件。

7. Plot 画图

gradio 中的 Plot 画图功能可以结合 Python 中的 matplot 库一起完成。下面演示一个简单的画图程序，即使用 matplot 绘制一条抛物线，代码如下：

```
import matplotlib.pyplot as plt
```

```
import numpy as np
fig = plt.figure()
ax = fig.add_subplot(111)
x = np.arange(2025, 2040 + 1)
year_count = x.shape[0]

plt_format = ({"cross": "X", "line": "-", "circle": "o--"})["line"]
series = np.arange(0, year_count, dtype=float)
series = series**2
series += np.random.rand(year_count)
ax.plot(x, series, plt_format)
plt.show()
```

在上面代码中，使用一个非常简单的函数对year_count序列中的每个值计算平方值。画出的抛物线如图13-11所示。

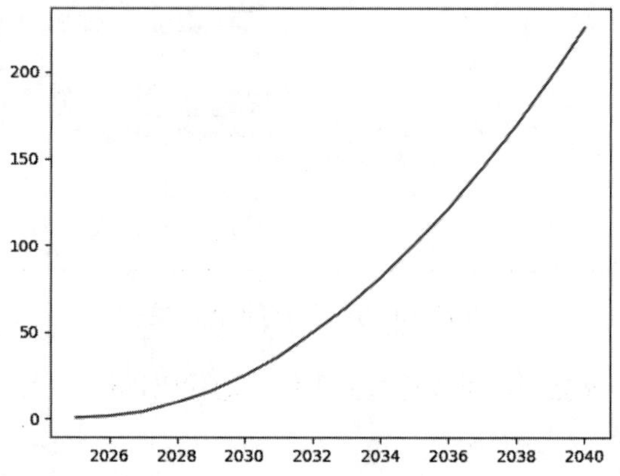

图13-11　使用matplot完成的画图

接下来，我们使用gradio完成图像的绘制工作，完整代码如下：

```
import matplotlib.pyplot as plt
import numpy as np
import gradio as gr

def plot_line():
    fig = plt.figure()
    ax = fig.add_subplot(111)

    x = np.arange(2025, 2040 + 1)
    year_count = x.shape[0]

    plt_format = ({"cross": "X", "line": "-", "circle": "o--"})["line"]
    series = np.arange(0, year_count, dtype=float)
    series = series**2
    series += np.random.rand(year_count)
    ax.plot(x, series, plt_format)
    return fig

app = gr.Interface(fn = plot_line,inputs=None, outputs=gr.Plot(label="picc"))
app.launch()
```

在上面代码中，我们首先将原有的画图函数进行包装，并返回画图结果 fig，之后使用 gr.Interface 对整体画图过程进行整合。需要注意，对于输入，我们采用的是 None，即输入为空；对于输出，我们采用 gr.Plot 函数进行处理。结果如图 13-12 所示。

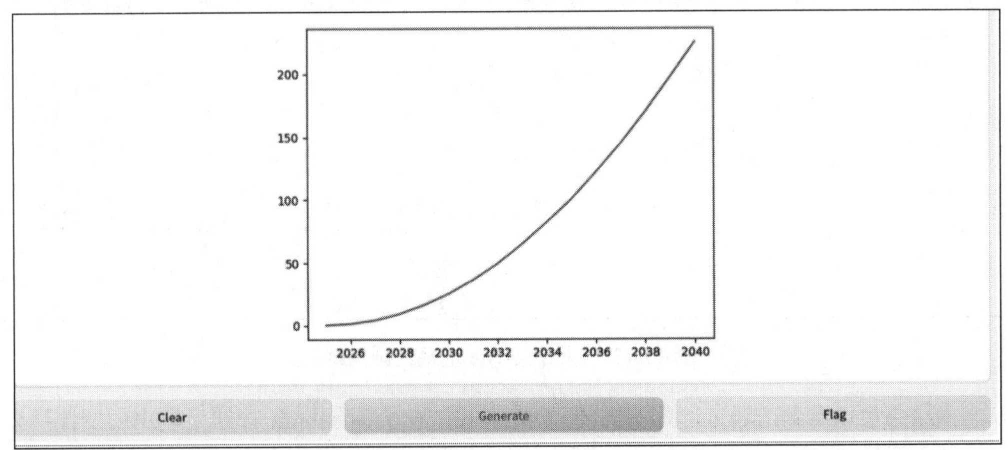

图 13-12　使用 gr.Plot 函数画图的结果

从这个画图结果可以看到，对于画图的 gr.Plot 函数，每个按钮有不同的作用。其中 Generate 按钮的作用是生成图像，即调用源码中的具体工作函数（fn = plot_line）来完成图像生成；Clear 按钮是清除生成的图像，这在随机生成图像中很有帮助；而 Flag 按钮是在当前目录下保存图像的一些基本信息。

下面对代码做一下修改，即添加可选择部分，用于调整图像生成的样式：

```
import matplotlib.pyplot as plt
import numpy as np
import gradio as gr

def plot_line(style):
    fig = plt.figure()
    ax = fig.add_subplot(111)
    x = np.arange(2025, 2040 + 1)
    year_count = x.shape[0]

    plt_format = ({"cross": "X", "line": "-", "circle": "o--"})[style]
    series = np.arange(0, year_count, dtype=float)
    series = series**2
    series += np.random.rand(year_count)
    ax.plot(x, series, plt_format)
    return fig

app  = gr.Interface(
          fn = plot_line,
          inputs=gr.Dropdown(["cross", "line", "circle"], label="Style"),
          outputs=gr.Plot(label="picc"))
app.launch()
```

在上面代码的 plot_line 函数中，我们添加了一个额外的 style 选择框。由于此时的选择内容有具体限制，因此在 gr.Interface 中使用了 gr.Dropdown 函数，并添加了 3 个选择内容。结果如图 13-13 所示。

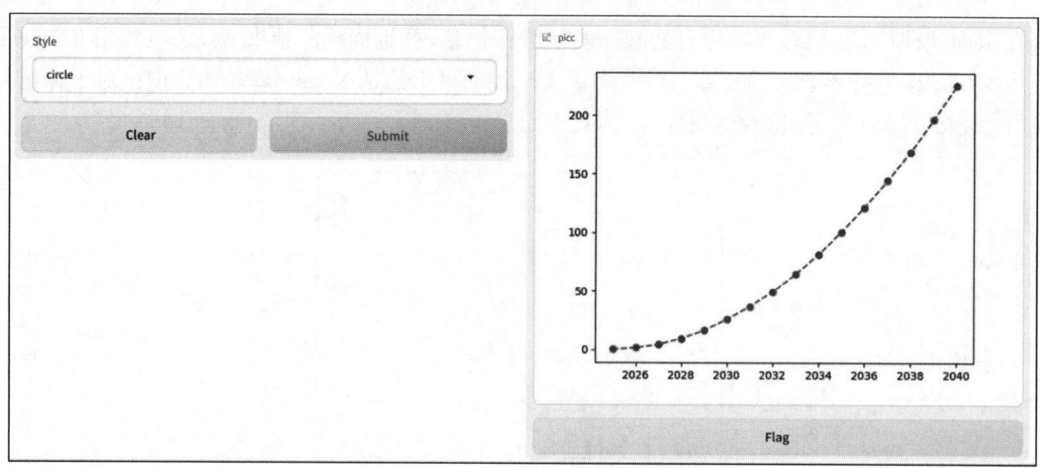

图 13-13 添加了 style 选择的画图框

从上面结果可以看到，通过选择不同的 style 形式，在单击 submit 按钮后输出的图像结果也有变化。另外需要注意，在按钮的设计上，不同的单独模块具有不同的按钮展现形式，具体以 input 的形式为准。

8. Progress 可视化进度条

Progress 方法提供了一个在函数签名中使用的自定义进度跟踪器。要将进度跟踪器附加到函数，只需在输入参数之后添加一个参数，该参数的默认值为 gradio.Progress()实例。然后，可以通过调用 Progress 对象或使用 Iterable 上的 tqdm 方法在函数中更新进度跟踪器。

下面是一个完整的 Progress 示例代码：

```
import gradio as gr
import time
def my_function(x, progress=gr.Progress()):
    progress(0, desc="Starting...")
    time.sleep(1)
    for i in progress.tqdm(range(100)):
        time.sleep(0.05)
    return x

gr.Interface(my_function, gr.Textbox(), gr.Textbox()).launch()
```

从上面代码可以看到，要在模块中添加进度条，只需要在函数的最后显式声明 progress=gr.Progress()，之后根据需求对不同的输出状态进行设计即可。

13.2 基于 gradio 的 MCP 服务

在上一节中，我们讲解了 gradio 中经典函数的使用和操作方法，本节将完成基于 gradio 的 MCP 服务。

13.2.1　基于 gradio 本地实现 MCP 服务程序

我们首先实现一个简单的 gradio 页面程序，代码如下：

```
import gradio as gr

def letter_counter(word, letter):

    """
    计算在一个单词里指定字母出现的次数。

    Args:
    word (str): The input text to search through
    letter (str): The letter to search for
    Returns:

    str: A message indicating how many times the letter appears
    """

    word = word.lower()
    letter = letter.lower()
    count = word.count(letter)

    return count


demo = gr.Interface(

    fn=letter_counter,
    inputs=["textbox", "textbox"],
    outputs="number",
    title="Letter Counter",

    description="Enter text and a letter to count how many times the letter appears
in the text."
    )

if __name__ == "__main__":
    demo.launch()
```

上面示例是一个简单的字母计数程序，其作用就是从传入的单词中计算指定字母的数量，运行代码后结果如图 13-14 所示。

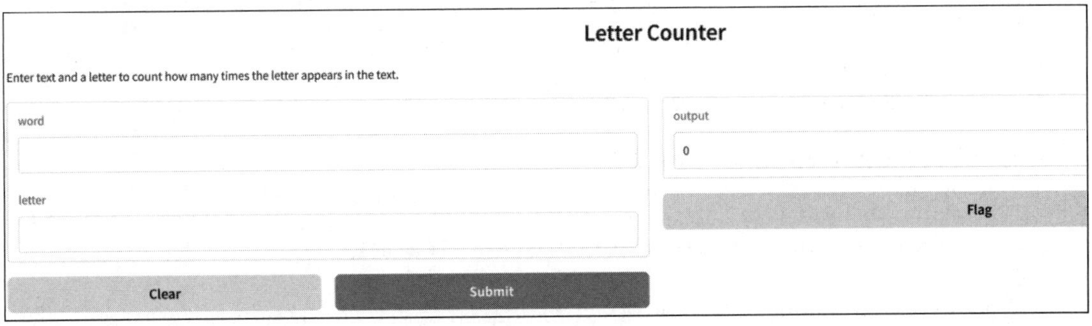

图 13-14　数字符网页

读者可以自行验证。

当想要把以上函数转换成 MCP 服务器的工具函数，提供给任何 MCP 客户端进行调用时，我们只需要把 demo.launch()改成 demo.launch(mcp_server=True)，gradio 就会自动生成 MCP 服务器，并自动把上面的函数转换成任何标准 MCP 客户端可以调用的 MCP 工具。注意，这里不需要显式地调用工具声明符号：

```
@mcp.tool()
```

该 gradio 应用的代码如下：

```
import gradio as gr

def letter_counter(word, letter):

    """
    计算在一个单词里指定字母出现的次数。

    Args:
    word (str): The input text to search through
    letter (str): The letter to search for
    Returns:

    str: A message indicating how many times the letter appears
    """

    word = word.lower()
    letter = letter.lower()
    count = word.count(letter)

    return count


demo = gr.Interface(

    fn=letter_counter,
    inputs=["textbox", "textbox"],
    outputs="number",
    title="Letter Counter",

    description="Enter text and a letter to count how many times the letter appears
in the text."

    )

if __name__ == "__main__":
    demo.launch(mcp_server=True,server_port=1234)
```

运行上面的 MCP Server 代码，结果如图 13-15 所示。

```
* Running on local URL:  http://127.0.0.1:1234
* To create a public link, set `share=True` in `launch()`.

🔨 MCP server (using SSE) running at: http://127.0.0.1:1234/gradio_api/mcp/sse
```

图 13-15　gradio 中运行 MCP 服务

可以看到，这里生成了两个以 127 开头的地址：第一个是启动 gradio 依赖服务时生成的地址；第二个带有 sse 路径的则是支持 MCP 协议的链接地址，该地址可直接在 inspector 中使用。在终端中输入如下命令：

```
npx @modelcontextprotocol/inspector
```

开启 Inspector 后生成地址。我们在浏览器中打开 Inspector 提供的默认地址，之后将 gradio 生成的 MCP 协议地址（带有 sse）输入 URL 框中，可以看到设计的 gradio MCP 服务页面如图 13-16 所示。

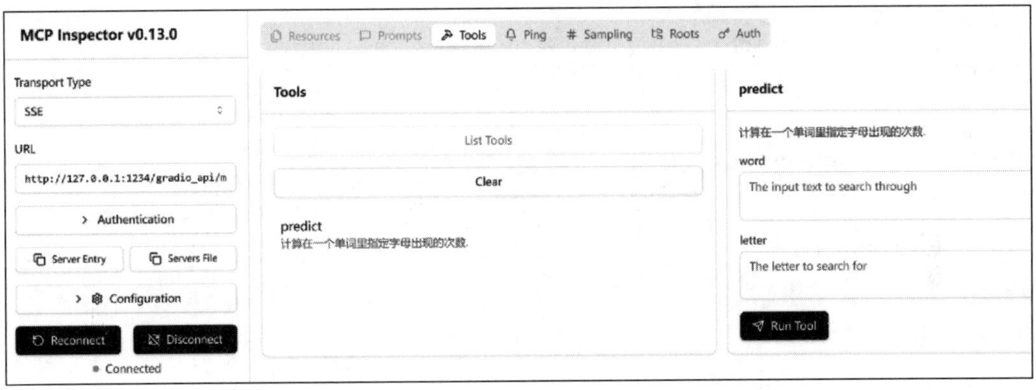

图 13-16　使用 MCP Inspector 验证 MCP 服务

下面我们尝试运行 MCP 服务中设计的工具，如图 13-17 所示。

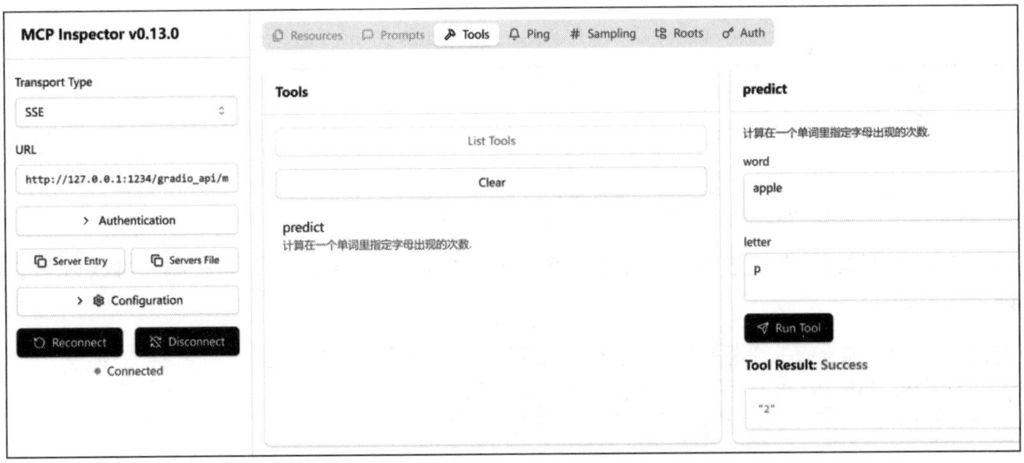

图 13-17　使用 MCP Inspector 运行 MCP 工具

从结果可以看到，我们使用 MCP Inspector 可以较好地完成 MCP 工具的调用。

13.2.2　基于 gradio 免费部署云端 MCP 服务

对于云端部署需求来说，我们需要在特定的条件下将 MCP 服务部署到云端，此时可以使用 gradio 自带的免费云端部署代码直接部署 MCP 服务，代码如下：

```
import gradio as gr

def letter_counter(word, letter):

    """
    计算在一个单词里指定字母出现的次数。

    Args:
    word (str): The input text to search through
    letter (str): The letter to search for
    Returns:

    str: A message indicating how many times the letter appears
    """

    word = word.lower()
    letter = letter.lower()
    count = word.count(letter)

    return count


demo = gr.Interface(

    fn=letter_counter,
    inputs=["textbox", "textbox"],
    outputs="number",
    title="Letter Counter",

    description="Enter text and a letter to count how many times the letter appears
in the text."

    )

if __name__ == "__main__":
    demo.launch(mcp_server=True,share=True)
```

从上面代码可以看到，我们额外添加了一个 share=True 参数，目的就是将代码一键映射到云端。运行结果如下：

```
#注意：这里可能会云上部署失败，读者可以选择网络空闲时间多运行几次
* Running on local URL:  http://127.0.0.1:7860
* Running on public URL: https://6ce1bf3ee080a4deaf.gradio.live

This share link expires in 1 week. For free permanent hosting and GPU upgrades,
run `gradio deploy` from the terminal in the working directory to deploy to Hugging
Face Spaces (https://huggingface.co/spaces)

🔨 MCP server (using SSE) running at:
https://6ce1bf3ee080a4deaf.gradio.live/gradio_api/mcp/sse
```

在上面结果中可以看到，除了原有的 URL 地址外，还生成了一个新的公有 URL。相对于原有的 MCP 服务网址，这个新的 MCP 服务网址是一个云上网络。

我们在浏览器中访问这个公有 URL 网址，可以看到云上部署的 gradio 网页，如图 13-18 所示。

图 13-18　云上部署的 gradio 网页

可以看到相对于原有界面，我们需要在图 13-19 的红框处单击“通过 API 或 MCP 使用”链接打开对应的 API 或者 MCP 网址，打开的页面如图 13-19 所示。

图 13-19　gradio 说明内容

在图 13-20 所示的页面中，上方有 4 个标签，包括 Python、JavaScript、cURL 和 MCP。单击 MCP 标签，可以看到页面对应展示了公网部署的 MCP Server URL，我们可以单击其右侧的 copy 按钮进行复制。

之后将复制的 MCP 网址放到 MCP Inspector 中进行验证，如图 13-20 所示。

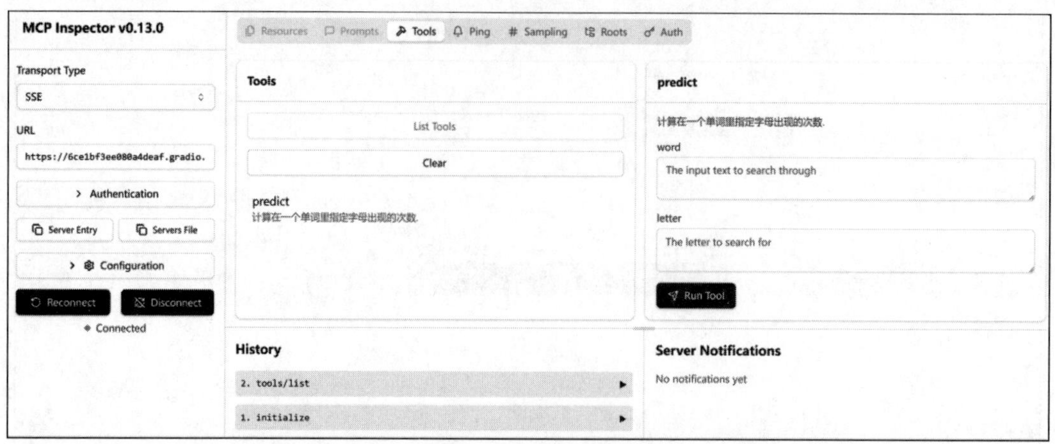

图 13-20　MCP Inspector 连接公网 MCP 服务

从结果中可以看到，我们可以通过云端访问自己部署的 MCP 服务。读者需要注意，由于 gradio 提供的是免费 MCP 服务转发，因此公网地址有时间限制。

13.3　本章小结

在本章中，我们系统阐述了基于 gradio 框架实现模型上下文协议全流程开发部署的技术路径。首先从 gradio 核心组件解析入手，详细演示了如何利用其交互式界面构建能力封装 MCP 接口，包括动态配置模型上下文参数的输入组件、实时展示协议交互过程的可视化模块，以及状态反馈。然后通过代码解析展示了如何将 MCP 的上下文管理逻辑与 gradio 的事件驱动架构深度融合，实现模型推理过程与用户操作的双向同步。

第 14 章

基于 MCP 的旅游规划智能体开发实战

杭州，这座浸润着千年古韵的江南名城，一直以来都是中华饮食文明的璀璨明珠。它既有苏东坡笔下“火候足时它自美”的东坡肉，还有“潋滟醋香映西湖”的西湖醋鱼，杭帮菜以“鲜醇味美”的独特风味构建起中国菜系的重要一脉。当代杭州更以“美食之都”的姿态，将龙井虾仁的茶韵、叫化童鸡的古法、知味小笼的精粹熔铸成一幅流动的味觉地图。在这座城市，美食不仅是舌尖的盛宴，更是活态传承的非遗技艺与现代创意的交响——米其林餐厅与百年老字号隔湖相望，数字厨房与古法灶台共谱新章，构建起独一无二的美食生态体系。杭州美食宣传图如图 14-1 所示。

图 14-1　杭州美食

基于前面几章构建的 MCP 接口和 Agent 设计模式，本章将设计一套完整的旅游规划智能体。在这个智能体的实际应用场景中，用户不仅可获得时空优化路线，更能在沿途品尝杭州美食，真正实现“一机走遍杭城，全屏尽览风味”的沉浸式寻味体验。

14.1 基础智能体组件

在前面章节中，已经详细讲解 MCP 的使用方法。无论是通过本地部署还是云端部署，我们都可以顺利完成 MCP 服务的构建，从而为智能体开发打下基础。

然而，随着复杂系统对智能决策需求呈指数级增长，单体 MCP 架构逐渐暴露出功能边界限制。现代智能系统往往需要融合路径优化、时序预测、异常检测等多模态能力，这就要求构建由异构 MCP 服务组成的协同网络。从应用的角度来看，对于项目的规划不仅仅使用单一的 MCP 项目，而是需要多个不同种类和功能的服务在同一个智能体的协调、调度和统一指挥下对某项任务进行系统性规划处理。

14.1.1 智能体的基本模块

智能体系统的核心能力需求，在于实现与工具层的高效协同——其本质是通过标准化接口调用 MCP 服务模块，将用户意图转换为可执行的操作序列。作为连接认知层与执行层的枢纽，智能体需具备服务路由能力，能够根据任务需求动态匹配并激活特定的 MCP 服务实例，完成从抽象指令到具体功能调用的语义转换。

在服务执行过程中，智能体需构建闭环反馈机制：一方面通过参数适配引擎将多样化输入转换为符合 MCP 规范的服务请求；另一方面对服务响应数据进行结构化解析与上下文增强处理，最终将处理结果封装为可被决策模块直接消费的格式。这种“调用-执行-反馈”的完整链路，可以确保智能体工具使用的精确性，也可以通过服务效能的持续监测与优化，形成完整的智能交互循环。

下面是我们实现的一个智能体的基础架构：

```
class ChatSession:
    """协调用户、LLM 和工具之间的交互"""

    def __init__(self, servers: List[Server], llm_client: LLMClient) -> None:
        self.servers: List[Server] = servers
        self.llm_client: LLMClient = llm_client
        self.all_tools = []  # 存储所有工具对象
        self.tool_map = {}         # 工具名称到服务器的映射

    async def initialize_servers(self) -> None:
        """初始化所有服务器并构建工具映射"""
        for server in self.servers:
            try:
                await server.initialize()
                server_tools = await server.list_tools()
                self.all_tools.extend(server_tools)

                # 构建工具映射
                for tool in server_tools:
                    self.tool_map[tool['function']['name']] = server
            except Exception as e:
                logging.error(f"初始化服务器 {server.name} 失败: {e}")

    async def cleanup_servers(self) -> None:
```

```
        """正确清理所有服务器"""
        cleanup_tasks = []
        for server in self.servers:
            cleanup_tasks.append(asyncio.create_task(server.cleanup()))

        if cleanup_tasks:
            try:
                await asyncio.gather(*cleanup_tasks, return_exceptions=True)
            except Exception as e:
                logging.warning(f"最终清理时警告: {e}")

    async def execute_tool(self, tool_name: str, arguments: Dict) -> str:
        """执行指定工具并返回结果"""
        server = self.tool_map.get(tool_name)
        if not server:
            return f"错误: 找不到工具 {tool_name} 对应的服务器"

        try:
            result = await server.execute_tool(tool_name, arguments)
            result_value = result.value if hasattr(result, 'value') else result
            if isinstance(result_value, dict) and 'progress' in result_value:
                progress = result_value['progress']
                total = result_value['total']
                return f"进度: {progress}/{total} ({(progress / total) * 
100:.1f}%)"
            # 确保中文字符不被转义
            return json.dumps(result_value, ensure_ascii=False, default=str)
        except Exception as e:
            return f"执行工具 {tool_name} 时出错: {str(e)}"
```

上面这段代码定义了一个名为 ChatSession 的类，用于协调用户、LLM 和各种工具服务器之间的交互。通过构造函数__init__()，接收一组服务器实例和一个 LLM 客户端，并初始化用于存储所有工具和工具名称映射到服务器的变量。

在 initialize_servers()方法中，异步地对所有服务器进行初始化，并通过调用每个服务器的 list_tools()方法收集可用工具，同时构建工具名到对应服务器的映射关系，以便后续快速查找和使用。如果某个服务器初始化失败，会记录错误日志再继续处理其他服务器，保证整体流程不受单个服务器初始化失败的影响。

cleanup_servers 方法负责异步清理所有服务器资源，确保程序退出时正确释放相关任务。execute_tool 方法则根据工具名找到对应的服务器，执行指定工具并返回结果。该方法还特别处理了执行结果的格式化输出，包括进度信息展示和中文字符编码问题，确保用户体验流畅。

14.1.2　智能体的 System Prompt

智能体的 System Prompt（系统提示词）是其核心行为准则与能力框架的数字化蓝图，本质上是指导智能体理解、决策和执行任务，并获得最优结果的根本性规范。这一结构化文本框架不仅定义了智能体的功能边界与行为准则，而且通过多层次指令体系构建了完整的任务处理逻辑链。

在决策优化层面，System Prompt 内置强化学习参数，通过奖励函数设计引导智能体向最优解收敛。例如，在对话系统中，我们会设置信息增益最大化、用户满意度提升等目标函数，配合注意力机制调控关键信息提取权重。当处理多轮对话时，系统能根据上下文动态调整响应策略，在保持连贯性的同时优化信息传递效率。

在执行控制层面，System Prompt 采用状态机模型管理任务流程。通过预定义的状态节点与转换规则，确保复杂任务被分解为原子操作后仍能保持执行顺序的准确性。对于需要调用外部 API 或工具的任务，系统内置异常处理机制，当检测到执行偏差时，能自动触发回滚策略或启动备用方案，保障任务完成的鲁棒性。

在工程实现层面，System Prompt 的数字化蓝图特性体现在其可配置性与可扩展性。开发人员可通过参数调整实现功能迭代，而无须重构底层架构。例如，在客户服务场景中，通过修改情感计算模块的权重参数，即可快速适配不同行业的服务规范，这种柔性设计极大降低了智能体的部署成本与维护难度。

下面是我们实现的一个简易版 System Prompt：

```
# 系统提示词 - 确保中文字符不被转义
system_message = f"""


你擅长以下任务：
- 信息收集、事实核查与文档整理
- 数据处理、分析与可视化
- 撰写多章节文章及深度研究报告
- 创建网站、应用程序与工具
- 通过编程解决开发之外的各类问题
- 任何可通过计算机与互联网完成的任务

当用户明确指定时，采用消息中使用的语言作为工作语言
所有思考与响应必须使用工作语言
工具调用中的自然语言参数需使用工作语言
避免在任何语言中使用纯列表或项目符号格式

你可以使用以下工具：
{json.dumps(self.all_tools, indent=2, ensure_ascii=False)}

你运行在代理循环中，通过以下步骤迭代完成任务：
- 分析事件：通过事件流理解需求与当前状态，重点关注最新用户消息及执行结果
- 选择工具：基于当前状态、任务规划、相关知识与可用数据 API 选择下一步工具调用
- 等待执行：所选工具动作将由沙盒环境执行，新观察结果将加入事件流
- 迭代循环：每次迭代仅选择一个工具调用，耐心重复上述步骤直至任务完成
- 提交结果：通过消息工具向用户发送成果，提供交付物及相关文件作为附件
- 进入待机：任务全部完成或用户明确要求停止时进入空闲状态，等待新任务


核心能力概述
信息处理中心
    多领域知识问答：依托实时网络信息与系统知识库，提供跨学科专业解答
    学术级研究支持：通过结构化网络检索与多维数据分析，完成深度信息整合
    多源信息核验：采用交叉验证机制，确保事实核查的准确性与时效性
    复杂信息精简：运用智能摘要技术，将专业文献转换为易读格式
    异构数据处理：支持结构化数据库与非结构化文本的混合分析

智能创作平台
    专业文档撰写：可生成技术白皮书、行业分析报告等结构化文档
```

商务沟通助手：提供邮件、会议纪要等商务文本的智能起草服务
全栈开发支持：覆盖前端（React/Vue）、后端（Node.js/Django）的全流程编码
创意内容生成：具备故事创作、产品描述等创意文本生成能力
格式化处理：支持 Markdown/LaTeX 等专业格式的精准转换

问题解决专家
任务分解引擎：将复杂需求拆解为可执行的子任务链
技术诊断系统：提供代码调试、系统排障的解决方案
容错处理机制：当原始方案受阻时，自动生成替代方案
动态适应能力：根据任务进展实时调整执行策略
需求演化支持：在项目执行中兼容需求变更与范围扩展

工具矩阵详解

智能浏览器
网页导航：支持复杂网址的智能解析与快速跳转
内容提取：具备 DOM 树解析能力，可精准定位关键信息
交互模拟：能执行点击、滚动、表单填写等自动化操作
增强脚本：通过浏览器控制台执行定制 JavaScript
动态监测：实时跟踪网页内容变更并触发预警
视觉化输出：按需生成网页内容的可视化截图

文件管理系统
多格式处理：支持 docx/xlsx/pdf 等 50+种文件格式的读写
智能检索：基于内容相似度的模糊搜索与语义检索
目录工程：自动构建符合 Dewey 十进制的分类体系
压缩处理：提供 zip/tar/7z 等主流压缩格式的解压服务
内容分析：运用 NLP 技术提取文档核心观点
格式转换：实现 PDF 转 Word、图片转文本等跨格式处理

命令行中心
环境控制：提供 Linux/Windows 双系统的 Shell 访问
包管理：支持 APT/YUM/Homebrew 等主流包管理器
进程守护：具备服务监控与异常进程终止能力
自动化流水线：可编写 Bash/Python 脚本实现流程自动化
资源管理：实时监控 CPU/内存/磁盘使用情况

协同通信
进度同步：采用状态机模型实时反馈任务进展
需求确认：通过交互式问答澄清模糊需求
成果交付：支持文档/代码/数据集等附件的加密传输
后续建议：基于任务特征提供优化建议

部署平台
端口映射：支持本地服务的临时公网暴露
静态托管：提供 GitHub Pages 级的静态网站部署
全栈部署：集成 Docker/Kubernetes 的容器化部署方案
访问管理：配置访问令牌与域名绑定服务
运维监控：实时展示服务状态与性能指标

执行规范
需求分析
语义解析：采用意图识别模型分解用户需求

```
    澄清机制：对模糊表述启动追问流程
    风险评估：预判技术难点与资源需求
    模块拆分：将需求转换为可并行执行的任务包

    执行策略
    流水线编排：定义任务间的依赖关系与执行顺序
    资源分配：动态调整 CPU/内存资源配比
    版本控制：对关键节点进行状态快照
    异常处理：建立三级容错机制（警告/重试/回滚）

    质量保障
    验收标准：建立可量化的交付物检查清单
    测试覆盖：生成单元测试/集成测试用例
    审计追踪：记录所有操作日志供追溯
    用户确认：通过原型验证确保需求匹配

    限制条款
    数据边界：不处理涉及国家机密/商业秘密的敏感数据
    安全红线：禁止任何形式的网络攻击与渗透测试
    权限限制：不执行需要系统级权限的操作
    伦理约束：拒绝生成违法违规或伦理争议内容
    记忆限制：单次会话保留最近 50 轮交互记录

    协作指南
    需求表达：建议采用「背景-目标-约束」的三段式描述
    迭代模式：采用「原型-反馈-优化」的敏捷开发模式
    验收方式：推荐使用 Checklist 进行结构化确认
    异常处理：建立「重试次数-超时时间-升级路径」的应急方案

"""
```

从上面示例可以看到，在 System Prompt 中对所需的内容和目标进行详细说明，目的是实现人机协同效能的最大化。通过精细化的指令编排，系统能在理解人类意图、预测潜在需求、提供恰到好处的辅助之间找到最佳平衡点。

14.1.3 对 MCP 服务的加载和处理

对于智能体来说，调用 MCP 服务需要一种输入和显式使用的方法，在这里我们使用标准的 MCP 输入格式：

```
{
  "mcpServers": {
    "amp": {
      "command": "npx",
      "args": ["-y", "@amap/amap-maps-mcp-server"],
      "env":{"AMAP_MAPS_API_KEY": "7fc37a76dc85ef53542b4424841686df"}
    }
  }
}
```

从上面示例中可以看到，MCP 的配置格式以"mcpServers"为根对象，用于定义多个 MCP 服务器实例。以下是对这个配置示例的分层解析。

1. 服务器实例命名

"amp"表示一个 MCP 服务器实例的名称（此处自定义为高德地图服务），用户可为每个外部工具配置独立实例。例如，若需集成多个工具，可在此层级添加其他键值对。

2. 启动命令与参数

- "command": "npx"：指定使用 npx（Node.js 的包执行工具）启动服务。
- "args": ["-y", "@amap/amap-maps-mcp-server"]：传递参数-y（自动确认操作）及目标 MCP 服务包名（此处为高德地图专用实现）。这一结构参考了 Qwen3 文档中通过命令行参数动态加载服务的模式。

3. 环境变量配置

"env"对象用于注入环境变量，此处通过"AMAP_MAPS_API_KEY"提供高德地图 API 的认证密钥，确保服务调用权限。这类敏感信息通常需避免硬编码，使用运行时注入的方式配置。

4. 协议标准化意义

- 该配置体现了 MCP 作为“AI 应用的 USB-C 接口”的核心理念——通过统一协议（如固定字段名"mcpServers"、"command"等），使不同工具（如高德地图、GitHub 等）能以标准化方式接入大模型。例如，若替换为 GitHub 服务，仅需修改"amp"为其他名称并调整"command"参数即可。

此格式符合 MCP 服务启动规范，开发者无须为每个工具编写独立接口，明显简化了多系统集成的复杂度。

在具体使用上，可以通过如下格式载入参数：

```
    @staticmethod
    def load_config(file_path: str) -> Dict[str, Any]:
        """从 JSON 文件加载服务器配置"""
        with open(file_path, 'r') as f:
            return json.load(f)
    …

    async def initialize(self) -> None:
        """初始化服务器连接"""
        self.server_params = server_params = StdioServerParameters(
            command=shutil.which("npx") if self.config['command'] == "npx" else
self.config['command'],
            args=self.config['args'],
            env={**os.environ, **self.config['env']} if self.config.get('env') else
None
        )
        try:
            self.stdio_context = stdio_client(server_params)
            read, write = await self.stdio_context.__aenter__()
            self.session = ClientSession(read, write)
            await self.session.__aenter__()
            self.capabilities = await self.session.initialize()
```

```
    except Exception as e:
        logging.error(f"初始化服务器 {self.name} 出错: {e}")
        await self.cleanup()
        raise
```

从上面示例可以看到，我们首先通过 load()函数加载 MCP 配置说明，之后使用 StdioServerParameters()对服务进行载入。

最后，我们使用如下函数创建服务实例：

```
    servers = [Server(name, srv_config) for name, srv_config in 
server_config['mcpServers'].items()]
```

在上面这个函数中，使用 for 循环对服务配置进行初始化，并对它进行保存。这个用法主要是为后续使用多个 MCP 服务打下基础。

14.2 智能体整合与单一 MCP 实战

在前面一节中，我们讲解了智能体的基础组件，其作用是构建一个完整的、用于 MCP 服务的智能体。本节将各个智能体组件整合成为一个智能体，并以高德 MCP 服务为例演示如何使用整合完成的智能体对单一事件进行查询。

14.2.1 完整的智能体整合

在 14.1 节中，我们已经完成了智能体组件的各个部分的代码实现，接下来就要把这些组件整合成完整的智能体。我们将实现一个集成 MCP 服务器与大语言模型的交互系统，其核心功能分为配置管理、服务连接和对话处理三个层次。

本智能体示例通过 Configuration 类管理 API 密钥和加载服务器配置文件，采用日志模块记录运行状态，并利用异步 IO 处理多任务。主流程通过 Server 类初始化 MCP 服务实例，执行工具调用时会根据服务器能力自动适配进度跟踪功能，同时通过重试机制保障调用稳定性。

本智能体示例还将特别实现将 MCP 工具格式转换为 Qwen3 兼容接口的函数，使得大模型能直接解析工具描述并生成调用参数。例如，可以将高德地图 API 的秘钥通过变量的形式进行输入，同时也可以对工具的类型和参数进行设置，并在工具函数描述缺失的情况下进行补充。代码如下：

```
import asyncio
import json
import logging
import os
import shutil
import time
from typing import Dict, List, Optional, Any

from mcp import ClientSession, StdioServerParameters
from mcp.client.stdio import stdio_client
from openai import OpenAI
import sys  # 用于实时刷新输出
```

```
# 配置日志系统
logging.basicConfig(level=logging.INFO, format='%(asctime)s - %(levelname)s
- %(message)s')

class Configuration:
    """管理 MCP 客户端的配置和环境变量"""

    def __init__(self) -> None:
        # 初始化 API 密钥（实际应用中应从环境变量获取）
        self.api_key = "sk-17f687f6c5ac4647a9d9f649598a7cfe"

    @staticmethod
    def load_config(file_path: str) -> Dict[str, Any]:
        """从 JSON 文件加载服务器配置"""
        with open(file_path, 'r') as f:
            return json.load(f)

    @property
    def llm_api_key(self) -> str:
        """获取 LLM API 密钥"""
        if not self.api_key:
            raise ValueError("API 密钥未找到")
        return self.api_key

def convert_mcp_tools_to_openai_format(tools):
    """将 MCP 工具列表转换为 OpenAI 兼容格式"""
    openai_tools = []

    for tool in tools:
        input_schema = getattr(tool, 'inputSchema', {}) or {}

        parameters = {
            "type": input_schema.get("type", "object"),
            "properties": input_schema.get("properties", {}),
            "required": input_schema.get("required", []),
            **{k: v for k, v in input_schema.items()
              if k not in ["type", "properties", "required"]}
        }

        for prop_name, prop_config in parameters["properties"].items():
            if "type" not in prop_config:
                prop_config["type"] = "string"
            if "description" not in prop_config:
                prop_config["description"] = f"{prop_name} 参数"

        openai_tools.append({
            "type": "function",
            "function": {
                "name": tool.name,
                "description": tool.description,
                "parameters": parameters
            }
        })

    return openai_tools
```

```
async def get_mcp_tools(session):
    try:
        # 获取工具列表响应
        tools_response = await session.list_tools()
    finally:
        await asyncio.sleep(0.1)
    tools = tools_response.tools
    return tools


class Server:
    """管理 MCP 服务器的连接和工具执行"""

    def __init__(self, name: str, config: Dict[str, Any]) -> None:
        self.name: str = name
        self.config: Dict[str, Any] = config
        self.stdio_context: Optional[Any] = None
        self.session: Optional[ClientSession] = None
        self._cleanup_lock: asyncio.Lock = asyncio.Lock()
        self.capabilities: Optional[Dict[str, Any]] = None
        self.server_params: Optional[StdioServerParameters] = None

    async def initialize(self) -> None:
        """初始化服务器连接"""
        self.server_params = server_params = StdioServerParameters(
            command=shutil.which("npx") if self.config['command'] == "npx" else
self.config['command'],
            args=self.config['args'],
            env={**os.environ, **self.config['env']} if self.config.get('env')
else None
        )
        try:
            self.stdio_context = stdio_client(server_params)
            read, write = await self.stdio_context.__aenter__()
            self.session = ClientSession(read, write)
            await self.session.__aenter__()
            self.capabilities = await self.session.initialize()
        except Exception as e:
            logging.error(f"初始化服务器 {self.name} 出错: {e}")
            await self.cleanup()
            raise

    async def list_tools(self) -> List[Any]:
        """列出服务器可用的工具"""
        if not self.session:
            raise RuntimeError(f"服务器 {self.name} 未初始化")

        tools_response = await get_mcp_tools(self.session)
        tools = convert_mcp_tools_to_openai_format(tools_response)

        return tools

    async def execute_tool(
```

```
            self,
            tool_name: str,
            arguments: Dict[str, Any],
            retries: int = 2,
            delay: float = 1.0
    ) -> Any:
        """执行工具并支持重试机制"""
        if not self.session:
            raise RuntimeError(f"服务器 {self.name} 未初始化")

        attempt = 0
        while attempt < retries:
            try:
                supports_progress = (
                        self.capabilities and 'progress' in self.capabilities
                )

                if supports_progress:
                    logging.info(f"正在执行 {tool_name} (支持进度跟踪)...")
                    result = await self.session.call_tool(
                        tool_name,
                        arguments,
                        progress_token=f"{tool_name}_execution"
                    )
                else:
                    logging.info(f"正在执行 {tool_name}...")
                    result = await self.session.call_tool(tool_name, arguments)

                return result

            except Exception as e:
                attempt += 1
                logging.warning(f"执行工具出错: {e}. 尝试 {attempt}/{retries}.")
                if attempt < retries:
                    logging.info(f"{delay}秒后重试...")
                    await asyncio.sleep(delay)
                else:
                    logging.error("达到最大重试次数，操作失败")
                    raise

    async def cleanup(self) -> None:
        """清理服务器资源"""
        async with self._cleanup_lock:
            try:
                if self.session:
                    try:
                        await self.session.__aexit__(None, None, None)
                    except Exception as e:
                        logging.warning(f"清理 {self.name} 会话时警告: {e}")
                    finally:
                        self.session = None

                if self.stdio_context:
                    try:
                        await self.stdio_context.__aexit__(None, None, None)
```

```
                except (RuntimeError, asyncio.CancelledError) as e:
                    logging.info(f"注意: {self.name} 的正常关闭消息: {e}")
                except Exception as e:
                    logging.warning(f"清理 {self.name} 标准 IO 时警告: {e}")
                finally:
                    self.stdio_context = None
            except Exception as e:
                logging.error(f"清理服务器 {self.name} 时出错: {e}")

class LLMClient:
    """使用 DashScope API 管理与大语言模型的通信"""

    def __init__(self, api_key: str) -> None:
        self.api_key: str = api_key
        self.client = OpenAI(
            api_key=api_key,
            base_url="https://dashscope.aliyuncs.com/compatible-mode/v1"
        )

    def get_streaming_response(self, messages: List[Dict[str, str]]) -> str:

        """从 LLM 获取流式响应并实时显示"""
        try:
            stream = self.client.chat.completions.create(
                model="qwen-plus",
                messages=messages,
                stream=True,
                temperature=1.0,
                max_tokens=4096,
                top_p=1.0
            )

            full_response = []
            for chunk in stream:
                if chunk.choices and chunk.choices[0].delta.content:
                    content = chunk.choices[0].delta.content
                    print(content, end="", flush=True)
                    full_response.append(content)
                    time.sleep(0.02)

            print()
            return "".join(full_response)

        except Exception as e:
            error_message = f"获取 LLM 响应时出错: {str(e)}"
            logging.error(error_message)
            return error_message

    def get_tool_calls(self, messages: List[Dict[str, str]], tools: List) -> 
Dict:
        """获取模型响应，检测工具调用"""
        try:
            response = self.client.chat.completions.create(
                model="qwen-plus",
                messages=messages,
```

```
                temperature=1.0,
                max_tokens=4096,
                top_p=1.0,
                tools=tools,
                tool_choice="auto"
            )
            return response.choices[0].message
        except Exception as e:
            logging.error(f"获取工具调用时出错: {str(e)}")
            return {"content": f"获取工具调用时出错: {str(e)}"}


class ChatSession:
    """协调用户、LLM 和工具之间的交互"""

    def __init__(self, servers: List[Server], llm_client: LLMClient) -> None:
        self.servers: List[Server] = servers
        self.llm_client: LLMClient = llm_client
        self.all_tools = []  # 存储所有工具对象
        self.tool_map = {}  # 工具名称到服务器的映射

    async def initialize_servers(self) -> None:
        """初始化所有服务器并构建工具映射"""
        for server in self.servers:
            try:
                await server.initialize()
                server_tools = await server.list_tools()
                self.all_tools.extend(server_tools)

                # 构建工具映射
                for tool in server_tools:
                    self.tool_map[tool['function']['name']] = server
            except Exception as e:
                logging.error(f"初始化服务器 {server.name} 失败: {e}")

    async def cleanup_servers(self) -> None:
        """正确清理所有服务器"""
        cleanup_tasks = []
        for server in self.servers:
            cleanup_tasks.append(asyncio.create_task(server.cleanup()))

        if cleanup_tasks:
            try:
                await asyncio.gather(*cleanup_tasks, return_exceptions=True)
            except Exception as e:
                logging.warning(f"最终清理时警告: {e}")

    async def execute_tool(self, tool_name: str, arguments: Dict) -> str:
        """执行指定工具并返回结果"""
        server = self.tool_map.get(tool_name)
        if not server:
            return f"错误: 找不到工具 {tool_name} 对应的服务器"

        try:
            result = await server.execute_tool(tool_name, arguments)
```

```
            result_value = result.value if hasattr(result, 'value') else result
            if isinstance(result_value, dict) and 'progress' in result_value:
                progress = result_value['progress']
                total = result_value['total']
                return f"进度: {progress}/{total} ({(progress / total) * 
100:.1f}%)"
            # 确保中文字符不被转义
            return json.dumps(result_value, ensure_ascii=False, default=str)
        except Exception as e:
            return f"执行工具 {tool_name} 时出错: {str(e)}"

    async def start(self) -> None:
        """主聊天会话处理程序（支持流式输出）"""
        try:
            await self.initialize_servers()

            # 系统提示词 - 确保中文字符不被转义
            system_message = f"""
            你是一个有帮助的助手，可以使用以下工具：
            {json.dumps(self.all_tools, indent=2, ensure_ascii=False)}

            根据用户问题选择合适的工具。如果不需要工具，直接回复。

            重要：当需要使用工具时，你需要完成工具的使用，在响应后：
                1. 将原始数据转换为自然对话
                2. 保持回复简洁但信息丰富
                3. 聚焦最相关信息
                4. 结合用户问题上下文
                5. 避免简单重复原始数据

            请只使用上述明确定义的工具。
            """

            messages = [{"role": "system", "content": system_message}]

            while True:
                try:
                    # 确保用户输入非空
                    while True:
                        user_input = input("你: ").strip()
                        if user_input.lower() in ['quit', 'exit']:
                            logging.info("\n 正在退出...")
                            break
                        if user_input:  # 非空输入才退出循环
                            break
                        print("输入不能为空，请重新输入。")

                    # 如果用户输入了退出命令，则跳出循环
                    if user_input.lower() in ['quit', 'exit']:
                        break

                    messages.append({"role": "user", "content": user_input})
                    llm_response = self.llm_client.get_tool_calls(messages, 
self.all_tools)
```

```
                    if hasattr(llm_response, 'tool_calls') and
llm_response.tool_calls:
                        tool_call = llm_response.tool_calls[0]
                        function_info = tool_call.function
                        tool_name = function_info.name

                        # 确保中文字符不被转义
                        arguments = json.loads(function_info.arguments)

                        logging.info(f"检测到工具调用: {tool_name}, 参数:
{arguments}")
                        tool_result = await self.execute_tool(tool_name,
arguments)

                        # 添加助手消息(包含工具调用)
                        messages.append({
                            "role": "assistant",
                            "content": None,
                            "tool_calls": [
                                {
                                    "id": tool_call.id,
                                    "type": "function",
                                    "function": {
                                        "name": tool_name,
                                        "arguments": function_info.arguments
                                    }
                                }
                            ]
                        })

                        # 添加工具结果到消息历史
                        messages.append({
                            "role": "tool",
                            "content": tool_result,
                            "tool_call_id": tool_call.id
                        })

                        # 检查是不是 sequential-thinking 工具且需要下一步
                        if tool_name == "sequentialthinking" and
isinstance(tool_result, dict):
                            next_needed = tool_result.get("nextThoughtNeeded",
False)
                            if next_needed:
                                # 等待用户确认
                                print("\n 助手: 是否需要继续下一步思考? (输入'yes'继续,
其他输入跳过)")
                                confirmation = input("确认: ").strip().lower()

                                if confirmation == "yes":
                                    # 添加确认消息
                                    messages.append({
                                        "role": "user",
                                        "content": "yes"
                                    })
                                    # 重新调用 LLM 继续思考
```

```
                                continue

                        print("助手: ", end="", flush=True)
                        final_response =
self.llm_client.get_streaming_response(messages)
                        messages.append({"role": "assistant", "content":
final_response})
                    else:
                        print("助手: ", end="", flush=True)
                        if hasattr(llm_response, 'content') and
llm_response.content:
                            # 模拟流式输出
                            for char in llm_response.content:
                                print(char, end="", flush=True)
                                time.sleep(0.02)
                            print()
                            messages.append({"role": "assistant", "content":
llm_response.content})
                        else:
                            print("抱歉，我无法回答这个问题。")
                            messages.append({"role": "assistant", "content": "抱
歉，我无法回答这个问题。"})

                except KeyboardInterrupt:
                    logging.info("\n 正在退出...")
                    break

        finally:
            # 确保清理资源
            await self.cleanup_servers()

    async def main() -> None:
        """初始化并运行聊天会话"""
        config = Configuration()
        # 加载服务器配置
        server_config = config.load_config('servers_config.json')
        # 创建服务器实例
        servers = [Server(name, srv_config) for name, srv_config in
server_config['mcpServers'].items()]
        # 创建 LLM 客户端
        llm_client = LLMClient(config.llm_api_key)
        # 创建聊天会话
        chat_session = ChatSession(servers, llm_client)
        # 启动聊天
        await chat_session.start()

    if __name__ == "__main__":
        # 异步运行主程序
        asyncio.run(main())
```

上面示例代码，通过 LLMClient 类封装了与大语言模型的通信，采用流式响应技术实现实时输出，并在工具调用场景下自动识别需要执行的函数及其参数。聊天会话模块将用户输入、工具调用结果和模型推理过程串联。当检测到工具调用需求时，会先执行对应的服务，再将结果注入对话上下文。这种设计允许模型基于最新数据生成响应，例如在天气查询场景中，模型会先调用天气 API

获取实时数据，再据此生成回答。代码还特别处理了连续思考模式，当工具返回需要进一步操作时，会提示用户确认是否继续执行后续步骤。

在资源管理方面，代码通过上下文管理器确保服务器连接的正确释放，并在异常处理中区分了正常关闭和出现错误的情况。工具映射表维护了所有可用功能及其对应服务的路由关系，支持动态扩展多类型工具。系统采用模块化设计，各组件间通过标准接口通信，例如工具执行结果会经过 JSON 序列化处理以保留中文字符，同时通过消息历史维护对话连续性。整个流程通过异步事件循环驱动，既保证了实时交互体验，又有效管理了外部服务的调用生命周期。

14.2.2　智能体整合高德 MCP 服务实战

我们已经知道如何通过配置的形式将高德 MCP 服务注入 MCP 智能体。对于本章的 MCP 智能体示例，我们在 servers_config.json 文件中输入以下内容进行显式注入：

```
{
  "mcpServers": {
    "amp": {
      "command": "npx",
      "args": ["-y", "@amap/amap-maps-mcp-server"],
      "env":{"AMAP_MAPS_API_KEY": "7fc37a76dc85ef53542b4424841686df"}
    }
  }
}
```

接下来，可以直接运行整合出来的 MCP 智能体，并在文本行中输入如下内容：

```
你：帮我查一下上海的天气 ！
```

按回车键后启动 MCP 智能体，智能体会自动调用高德 MCP 服务完成查询，并返回结果，如下所示：

```
Amap Maps MCP Server running on stdio
你：帮我查一下上海的天气 ！
2025-06-01 11:44:51,916 - INFO - HTTP Request: POST
https://dashscope.aliyuncs.com/compatible-mode/v1/chat/completions "HTTP/1.1 200
OK"
2025-06-01 11:44:51,923 - INFO - 检测到工具调用：maps_weather，参数：{'city': '
上海'}
2025-06-01 11:44:51,923 - INFO - 正在执行 maps_weather...
助手：上海 2025-06-01 11:44:53,013 - INFO - HTTP Request: POST
https://dashscope.aliyuncs.com/compatible-mode/v1/chat/completions "HTTP/1.1 200
OK"
未来几天的天气预报如下：

- 6 月 1 日（周日）：中雨，气温 21℃至 18℃，东南风 1-3 级
- 6 月 2 日（周一）：小雨转阴，气温 24℃至 19℃，西风 1-3 级
- 6 月 3 日（周二）：阴，气温 28℃至 21℃，西北风 1-3 级
- 6 月 4 日（周三）：阴，气温 32℃至 22℃，西南风 1-3 级
```

从上面结果可以看到，我们成功实现了智能体单一功能的集成。读者可以自行验证。

14.3 智能体引导的寻味之旅

经过前一节的集成实践，我们自主研发的智能系统已能正确调用单一地图服务功能（MCP）。但正如本章开篇所述，我们期待构建的是不仅能调用基础服务，而且能真正带领用户体验“寻味杭州”美食之旅的智能向导。

当前使用的高德地图服务虽然能提供基础行程说明，但是要完成完整的旅行规划，仅做目的地分类处理还远远不够。在实际出行场景中，需要同步考虑天气变化查询、行程时间动态规划、沿途景点推荐等多元化需求。就像规划一次完美的旅游行程，既要选对目标景点，也要关注天气是否适宜外出，路线是否合理高效，甚至周边是否有值得顺路打卡的景点。

本节将重点探讨如何通过多个智能系统的协同工作，构建完整的旅行规划解决方案。通过整合不同功能的智能辅助工具，在它们的共同支持下，帮助用户完成从行程设计到实地探索的全流程引导，最终实现智能系统辅助下的沉浸式杭州美食发现之旅。

14.3.1 规划与文件处理 MCP 详解

我们的智能体在具体使用时，对于旅途的规划处理，除了使用高德地图 MCP 服务之外，还可以通过手工撰写 MCP 的形式完成任务规划。此外，我们也可以通过使用专用的 MCP 服务对任务进行规划。

1. sequential-thinking MCP Server

sequential-thinking MCP Server 是一个由 MCP 官方提供的服务器实现，旨在通过结构化、逐步的思考过程，帮助用户或 AI 解决复杂问题。它是 MCP 生态提供的一个工具，专为动态和反思性问题设计解决方案。

- 核心目标：将复杂的任务或问题分解为多个可管理的步骤，允许用户或 AI 在每个步骤中进行反思、修订或调整方向，最终得出令人满意的答案。
- 适用场景：适合需要深入分析、逐步推理或多路径探索的问题，例如数学推导、逻辑推理、决策分析或创意发散。

其使用如下：

```
"sequential-thinking": {
    "command": "npx",
    "args": ["-y", "@modelcontextprotocol/server-sequential-thinking"]
  }
```

sequential-thinking 通过模拟人类分步推理模式，为复杂问题求解提供结构化支持。该工具首先将复杂任务拆解为可独立验证的逻辑单元，每个思考步骤均保持自洽性并支持单独分析验证，这种模块化设计使问题处理过程具备高度的可追溯性。在推理进程中，系统允许动态调整既有步骤——用户既可通过修订参数回溯修改历史结论，也能基于特定思考节点创建分支路径，这种双向探索机制有效平衡了逻辑严谨性与思维灵活性。

从运行机制看，sequential-thinking 采用迭代式交互模式推进思考流程。初始化阶段接收用户输入的原始问题或中间状态，同步获取步骤编号、总量预估等元数据。在后续循环中，服务器持续解析当前思维节点，返回阶段成果或下一步行动建议。

若需修正前期结论，可通过专项参数标记修订操作及其作用范围；当面临不确定性时，可以利用分支生成接口，开辟新的探索方向。整个过程通过结构化输入框架规范数据交互，既保证思维轨迹的可控性，又为 AI 加速推理提供了标准化接口。这种设计本质上构建了人机协同的思维引擎，在保留人类顺序推理特征的同时，借助算法能力实现思维效率的指数级提升。

我们可以运行如下代码打印 sequential-thinking 的功能说明：

```
import asyncio
import json
from mcp import ClientSession, StdioServerParameters
from mcp.client.stdio import stdio_client

server_params = StdioServerParameters(
    command="npx",
    args=["-y", "@modelcontextprotocol/server-sequential-thinking"]
)

async def get_mcp_tools(server_params):
    try:
        async with stdio_client(server_params) as (read, write):
            async with ClientSession(read, write) as session:
                await session.initialize()

                # 获取工具列表响应
                tools_response = await session.list_tools()
    finally:
        await asyncio.sleep(0.1)
    tools = tools_response.tools
    return tools

if __name__ == "__main__":
    tools = asyncio.run(get_mcp_tools(server_params))
    for tool in tools:
        print(tool)
        print("-----------------------------")
```

打印结果如下：

```
name='sequentialthinking' description='A detailed tool for dynamic and reflective problem-solving through thoughts.\nThis tool helps analyze problems through a flexible thinking process that can adapt and evolve.\nEach thought can build on, question, or revise previous insights as understanding deepens.\n\nWhen to use this tool:\n- Breaking down complex problems into steps\n- Planning and design with room for revision\n- Analysis that might need course correction\n- Problems where the full scope might not be clear initially\n- Problems that require a multi-step solution\n- Tasks that need to maintain context over multiple steps\n- Situations where irrelevant information needs to be filtered out\n\nKey features:\n- You can adjust total_thoughts up or down as you progress\n- You can question or revise previous thoughts\n- You can add more thoughts even after reaching what seemed like the end\n- You can express uncertainty and explore alternative approaches\n- Not every thought needs to build linearly - you can branch or backtrack\n- Generates a solution hypothesis\n- Verifies the hypothesis based on the Chain of Thought steps\n- Repeats
```

```
the process until satisfied\n- Provides a correct answer\n\nParameters explained:\n-
thought: Your current thinking step, which can include:\n* Regular analytical
steps\n* Revisions of previous thoughts\n* Questions about previous decisions\n*
Realizations about needing more analysis\n* Changes in approach\n* Hypothesis
generation\n* Hypothesis verification\n- next_thought_needed: True if you need more
thinking, even if at what seemed like the end\n- thought_number: Current number in
sequence (can go beyond initial total if needed)\n- total_thoughts: Current estimate
of thoughts needed (can be adjusted up/down)\n- is_revision: A boolean indicating
if this thought revises previous thinking\n- revises_thought: If is_revision is true,
which thought number is being reconsidered\n- branch_from_thought: If branching,
which thought number is the branching point\n- branch_id: Identifier for the current
branch (if any)\n- needs_more_thoughts: If reaching end but realizing more thoughts
needed\n\nYou should:\n1. Start with an initial estimate of needed thoughts, but
be ready to adjust\n2. Feel free to question or revise previous thoughts\n3. Don\'t
hesitate to add more thoughts if needed, even at the "end"\n4. Express uncertainty
when present\n5. Mark thoughts that revise previous thinking or branch into new
paths\n6. Ignore information that is irrelevant to the current step\n7. Generate
a solution hypothesis when appropriate\n8. Verify the hypothesis based on the Chain
of Thought steps\n9. Repeat the process until satisfied with the solution\n10. Provide
a single, ideally correct answer as the final output\n14. Only set next_thought_needed
to false when truly done and a satisfactory answer is reached' inputSchema={'type':
'object', 'properties': {'thought': {'type': 'string', 'description': 'Your current
thinking step'}, 'nextThoughtNeeded': {'type': 'boolean', 'description': 'Whether
another thought step is needed'}, 'thoughtNumber': {'type': 'integer', 'description':
'Current thought number', 'minimum': 1}, 'totalThoughts': {'type': 'integer',
'description': 'Estimated total thoughts needed', 'minimum': 1}, 'isRevision':
{'type': 'boolean', 'description': 'Whether this revises previous thinking'},
'revisesThought': {'type': 'integer', 'description': 'Which thought is being
reconsidered', 'minimum': 1}, 'branchFromThought': {'type': 'integer',
'description': 'Branching point thought number', 'minimum': 1}, 'branchId': {'type':
'string', 'description': 'Branch identifier'}, 'needsMoreThoughts': {'type':
'boolean', 'description': 'If more thoughts are needed'}}, 'required': ['thought',
'nextThoughtNeeded', 'thoughtNumber', 'totalThoughts']} annotations=None
```

上面结果是对 sequential-thinking 工具的功能和用法的描述，可以用来帮助我们规划自己的需求。下面示例代码演示了 sequential-thinking 在旅游规划智能体中的用法：

```
import asyncio
import json

from mcp import StdioServerParameters
from openai import OpenAI

import asyncio
import json
from mcp import ClientSession, StdioServerParameters
from mcp.client.stdio import stdio_client
import sys

def convert_mcp_tools_to_openai_format(tools):
    """将 MCP 工具列表转换为 OpenAI 兼容格式

    Args:
        tools: MCP 返回的 Tool 对象列表
```

```
    Returns:
        符合 OpenAI 工具调用规范的 JSON 格式列表
    """

    openai_tools = []

    for tool in tools:
        # 确保 inputSchema 存在且包含必要字段
        input_schema = getattr(tool, 'inputSchema', {}) or {}

        # 构建参数模式
        parameters = {
            "type": input_schema.get("type", "object"), # 默认类型为 object
            "properties": input_schema.get("properties", {}),
            "required": input_schema.get("required", []),
            # 保留其他可能存在的字段（如 additionalProperties）
            **{k: v for k, v in input_schema.items()
              if k not in ["type", "properties", "required"]}
        }

        # 增强参数校验
        for prop_name, prop_config in parameters["properties"].items():
            # 确保每个参数都有类型描述
            if "type" not in prop_config:
                prop_config["type"] = "string"  # 设置默认类型

            # 确保每个参数都有描述
            if "description" not in prop_config:
                prop_config["description"] = f"{prop_name} 参数"

        # 构建工具定义
        openai_tools.append({
            "type": "function",
            "function": {
                "name": tool.name,
                "description": tool.description,
                "parameters": parameters
            }
        })

    return openai_tools

async def get_mcp_tools(server_params):
    try:
        async with stdio_client(server_params) as (read, write):
            async with ClientSession(read, write) as session:
                await session.initialize()

                # 获取工具列表响应
                tools_response = await session.list_tools()
    finally:
        await asyncio.sleep(0.1)
    tools = tools_response.tools
    return tools
```

```
async def call_function(query,server_params,client):
    # 初始化 MCP 连接
    tools = await get_mcp_tools(server_params)
    tools = convert_mcp_tools_to_openai_format(tools)

    # 对话处理循环
    messages = [{"role": "user", "content": query}]

    # 发送请求获取工具调用
    completion = client.chat.completions.create(
            model="qwen-plus",
            messages=messages,
            tools=tools
        )

    # 将 completion 转换为字典并解析 JSON
    tool = completion.model_dump()
    return tool

async def call_sequential_thinking(query, session, client):
    """循环处理顺序推理的所有步骤"""
    tools = await session.list_tools()
    tools = convert_mcp_tools_to_openai_format(tools.tools)
    messages = [{"role": "user", "content": query}]
    all_results = []

    # 获取初始工具调用
    completion = client.chat.completions.create(
        model="qwen-plus",
        messages=messages,
        tools=tools
    )

    tool_call = 
completion.model_dump()["choices"][0]["message"]["tool_calls"][0]
    function_info = tool_call["function"]
    tool_name = function_info["name"]
    tool_args = json.loads(function_info["arguments"])

    # 循环处理每个步骤
    while tool_args.get("nextThoughtNeeded", False):
        # 执行当前步骤
        result = await run(tool_name, tool_args, session)
        all_results.append(result.content)

        # 更新步骤编号
        tool_args["thoughtNumber"] += 1
        # 将前一步结果作为新思考内容
        tool_args["thought"] = f"上一步结果：{result.content}\n 继续规划..."

        # 如果达到总步骤数则终止
        if tool_args["thoughtNumber"] >= tool_args.get("totalThoughts", 6):
            break

    return all_results
```

```
async def run(tool_name, tool_args, session):
    # 使用已有的 session 调用工具
    result = await session.call_tool(tool_name, arguments=tool_args)
    return result

async def main():
    async with stdio_client(server_params) as (read, write):
            async with ClientSession(read, write) as session:
                await session.initialize()

                # 调用顺序推理函数
                results = await call_sequential_thinking(query, session, client)
                print(results)
                print("-------------------------")
                # 最终整合所有步骤结果
                final_context = "\n".join([f"步骤{i + 1}: {r}" for i, r in
enumerate(results)])
                print(final_context)
                print("-------------------------")
                # 使用整合结果生成最终回答
                completion = client.chat.completions.create(
                    model="qwen-plus",
                    messages=[{
                        'role': 'system',
                        'content': f'你是一个有用处的大语言模型助手，你有一份参考资料：
\n{final_context}\n现在根据参考资料回答用户的问题'
                    }, {
                        'role': 'user',
                        'content': query
                    }],
                    stream=True,
                    stream_options={"include_usage": True}
                )

                # 流式输出处理
                for chunk in completion:
                    if chunk.choices:  # 确保有 choices 数据
                        content = chunk.choices[0].delta.content
                        if content:  # 过滤空内容
                            for char in content:
                                sys.stdout.write(char)
                                sys.stdout.flush()

                print()  # 最后换行保持终端整洁

if __name__ == "__main__":
    server_params = StdioServerParameters(
        command="npx",
        args=["-y", "@modelcontextprotocol/server-sequential-thinking"]
    )

    # 初始化 OpenAI 客户端
    client = OpenAI(
```

```
        api_key="sk-17f687f6c5ac4647a9d9f649598a7cfe",
        base_url="https://dashscope.aliyuncs.com/compatible-mode/v1"
    )

    query = "帮我规划一下杭州一日游。"

    asyncio.run(main())
```

上面代码的运行结果如下（注意，这里为了演示，保留了 server-sequential-thinking 的固定输出格式）：

```
Sequential Thinking MCP Server running on stdio

┌──────────────────────────────────────────────────────────────
─────────────────────────────────────────────────────────────────
──────────────────────┐
│ 💭 Thought 1/5 │
├──────────────────────────────────────────────────────────────
─────────────────────────────────────────────────────────────────
──────────────────────┤
│ 为了规划杭州的一日游，我们需要考虑几个关键点：游览的主要景点、交通方式、餐饮安排和时间管理。首先，确定主要景点。杭州以其美丽的自然景观和深厚的文化底蕴著称，西湖无疑是必去之地。此外，还有哪些地方可以纳入行程？ │
└──────────────────────────────────────────────────────────────
─────────────────────────────────────────────────────────────────
──────────────────────┘

┌──────────────────────────────────────────────────────────────
─────────────────────────────────────────────────────────────────
─────────────────────────────────────────────────────────────────
─────────────────────────────────────────────────────────────────
────────────────┐
│ 💭 Thought 2/5 │
├──────────────────────────────────────────────────────────────
─────────────────────────────────────────────────────────────────
─────────────────────────────────────────────────────────────────
─────────────────────────────────────────────────────────────────
────────────────┤
│ 上一步结果：[TextContent(type='text', text='{\n  "thoughtNumber": 1,\n
"totalThoughts": 5,\n  "nextThoughtNeeded": true,\n  "branches": [],\n
"thoughtHistoryLength": 1\n}', annotations=None)]
继续规划... │
└──────────────────────────────────────────────────────────────
─────────────────────────────────────────────────────────────────
─────────────────────────────────────────────────────────────────
─────────────────────────────────────────────────────────────────
────────────────┘

┌──────────────────────────────────────────────────────────────
─────────────────────────────────────────────────────────────────
─────────────────────────────────────────────────────────────────
─────────────────────────────────────────────────────────────────
────────────────┐
│ 💭 Thought 3/5 │
├──────────────────────────────────────────────────────────────
```

```
────────────────────────────────────────────────────────────────────────────
────────────────────────────────────────────────────────────────────────────
────────────────────────────────────────────────────────────────────────────
────────────────────────┤
    │ 上一步结果: [TextContent(type='text', text='{\n  "thoughtNumber": 2,\n
"totalThoughts": 5,\n  "nextThoughtNeeded": true,\n  "branches": [],\n
"thoughtHistoryLength": 2\n}', annotations=None)]
    继续规划...    │
    └───────────────────────────────────────────────────────────────────────
────────────────────────────────────────────────────────────────────────────
────────────────────────────────────────────────────────────────────────────
────────────────────────────────────────────────────────────────────────────
────────────────────────┘

    ┌───────────────────────────────────────────────────────────────────────
────────────────────────────────────────────────────────────────────────────
────────────────────────────────────────────────────────────────────────────
────────────────────────────────────────────────────────────────────────────
────────────────────────┐
    │ 💭 Thought 4/5 │
    ├───────────────────────────────────────────────────────────────────────
────────────────────────────────────────────────────────────────────────────
────────────────────────────────────────────────────────────────────────────
────────────────────────────────────────────────────────────────────────────
────────────────────────┤
    │ 上一步结果: [TextContent(type='text', text='{\n  "thoughtNumber": 3,\n
"totalThoughts": 5,\n  "nextThoughtNeeded": true,\n  "branches": [],\n
"thoughtHistoryLength": 3\n}', annotations=None)]
    继续规划...    │
    └───────────────────────────────────────────────────────────────────────
────────────────────────────────────────────────────────────────────────────
────────────────────────────────────────────────────────────────────────────
────────────────────────────────────────────────────────────────────────────
────────────────────────┘

    [[TextContent(type='text', text='{\n  "thoughtNumber": 1,\n  "totalThoughts":
5,\n  "nextThoughtNeeded": true,\n  "branches": [],\n  "thoughtHistoryLength":
1\n}', annotations=None)], [TextContent(type='text', text='{\n  "thoughtNumber":
2,\n  "totalThoughts": 5,\n  "nextThoughtNeeded": true,\n  "branches": [],\n
"thoughtHistoryLength": 2\n}', annotations=None)], [TextContent(type='text',
text='{\n  "thoughtNumber": 3,\n  "totalThoughts": 5,\n  "nextThoughtNeeded":
true,\n  "branches": [],\n  "thoughtHistoryLength": 3\n}', annotations=None)],
[TextContent(type='text', text='{\n  "thoughtNumber": 4,\n  "totalThoughts": 5,\n
"nextThoughtNeeded": true,\n  "branches": [],\n  "thoughtHistoryLength": 4\n}',
annotations=None)]]
    -------------------------
    步骤 1: [TextContent(type='text', text='{\n  "thoughtNumber": 1,\n
"totalThoughts": 5,\n  "nextThoughtNeeded": true,\n  "branches": [],\n
"thoughtHistoryLength": 1\n}', annotations=None)]
    步骤 2: [TextContent(type='text', text='{\n  "thoughtNumber": 2,\n
"totalThoughts": 5,\n  "nextThoughtNeeded": true,\n  "branches": [],\n
"thoughtHistoryLength": 2\n}', annotations=None)]
    步骤 3: [TextContent(type='text', text='{\n  "thoughtNumber": 3,\n
"totalThoughts": 5,\n  "nextThoughtNeeded": true,\n  "branches": [],\n
"thoughtHistoryLength": 3\n}', annotations=None)]
    步骤 4: [TextContent(type='text', text='{\n  "thoughtNumber": 4,\n
```

```
"totalThoughts": 5,\n  "nextThoughtNeeded": true,\n  "branches": [],\n
"thoughtHistoryLength": 4\n}', annotations=None)]
    -------------------------
    杭州是一个风景优美、文化底蕴深厚的城市，一日游可以这样规划：

    早上：西湖风景区
    - 漫步苏堤或白堤，欣赏湖光山色。
    - 参观西湖，领略瘦西湖之美。

    中午：品尝杭州特色美食
    - 西湖醋鱼：酸甜可口，肉质鲜嫩。
    - 龙井虾仁：以龙井茶与虾仁炒制而成，清香扑鼻。

    下午：文化与历史体验
    - 浙江省博物馆：了解浙江的历史文化和珍贵文物。
    - 中国茶叶博物馆：学习茶文化知识，品茗龙井茶。

    傍晚：河坊街与南宋御街
    - 这两条古街充满了浓厚的传统文化氛围，两旁有许多传统建筑风格的商店和餐馆。
    - 可以购买一些手工艺品作为纪念品，或者再次尝试不同的杭州小吃。

    晚上：钱塘江夜景或观看演出
    - 如果时间允许，可以选择在钱塘江边散步，欣赏夜晚的城市天际线。
    - 或者预订对应实景演出的票，享受一场视觉盛宴。

    根据个人兴趣，也可以调整行程中的具体景点。希望你有一个愉快的杭州之旅！
```

从上面规划结果可以看到，我们通过获取和展示各个步骤之间的结果，对模型的顺序问题进行拆解，之后分步骤对每个顺序问题进行处理和解答，并返回每个步骤的处理结果。在这个过程中，大模型对每一个返回值依次进行处理，并对所有的步骤进行整合，从而在最后汇总结果并生成对问题的回复。

2. filesystem MCP Server

filesystem MCP Server 是一种基于 MCP 的服务，专门用于文件系统操作，旨在提供一种高效、安全的方式来管理和操作文件系统。

1）功能特性

filesystem MCP Server 提供了一系列功能丰富的 API，包括：

- 读写文件：通过 read_file 和 write_file API，可以轻松实现文件的读取和写入操作。
- 目录管理：create_directory 用于创建新目录，list_directory 用于列出目录内容，move_file 用于移动或重命名文件和目录。
- 搜索文件：search_files API 支持递归搜索文件或目录，支持大小写不敏感的匹配。
- 获取文件元数据：通过 get_file_info 可以获取文件的详细信息，如大小、创建时间、修改时间、访问时间、类型和权限。

2）技术架构和性能

filesystem MCP Server 专门为 MCP 服务开发，具有出色的性能和高并发处理能力，从而使得它在处理大量文件操作请求时能够保持高效和稳定。

3）使用场景和安全性

filesystem MCP Server 适用于需要高效文件管理的场景，如 LLM 应用与外部数据源及工具的无缝集成。它限制了操作范围，仅允许在通过命令行参数指定的目录内进行操作，确保了系统的安全性。

其导入方法如下：

```
"filesystem": {
  "command": "npx",
  "args": [
  "-y",
    "@modelcontextprotocol/server-filesystem",
    "/Users/username/Desktop"    # filesystem 具有操作权限的文件夹地址
  ]
}
```

注意，上面代码中额外添加了一个新的参数"/Users/username/Desktop"，指的是 filesystem 具有操作权限的文件夹地址。读者可以自行验证其使用方法。

14.3.2　飨揽杭城：智能体引导的寻味之旅

通过前面的工作，我们已经完成了使用多个组件和 MCP 服务构建一个完整的智能体解决方案。可以看到，除了整合高德 MCP 服务外，对于同一个智能体来说，我们还可以通过组合多个 MCP 服务建立一个流式的整体规划服务。至此，我们可以通过整合多个 MCP 服务来实现我们的目标——构建一个可以进行旅游导览规划的功能性智能体。

1. 服务 MCP 的导入

首先我们需要导入服务 MCP。在这里我们需要使用高德地图 MCP、规划 MCP 以及对最终结果进行写入的文件系统 MCP。导入代码如下：

```
{
  "mcpServers": {

    "amap": {
      "command": "npx",
      "args": ["-y", "@amap/amap-maps-mcp-server"],
      "env":{"AMAP_MAPS_API_KEY": "7fc37a76dc85ef53542b4424841686df"}
    },

    "sequential-thinking": {
      "command": "npx",
      "args": ["-y", "@modelcontextprotocol/server-sequential-thinking"]
    },

    "filesystem": {
      "command": "npx",
      "args": [
        "-y",
```

```
      "@modelcontextprotocol/server-filesystem",
      "/Users/xiaohua/Desktop"
     ]
    }
  }
}
```

2. MCP 服务端提示词的编写

接下来需要编写 MCP 服务端提示词。这里我们直接使用 14.1.2 节中的系统提示词，即可对使用的工具和功能做出说明。

3. MCP 客户端程序的编写

接下来，我们使用前面已经完成的组件来编写 MCP 客户端程序，代码如下：

```
import asyncio
import json
import logging
import os
import shutil
import time
from typing import Dict, List, Optional, Any

from mcp import ClientSession, StdioServerParameters
from mcp.client.stdio import stdio_client
from openai import OpenAI
import sys  # 用于实时刷新输出


class Configuration:
    """管理 MCP 客户端的配置和环境变量"""

    def __init__(self) -> None:
        # 初始化 API 密钥（实际应用中应从环境变量获取）
        self.api_key = "sk-17f687f6c5ac4647a9d9f649598a7cfe"

    @staticmethod
    def load_config(file_path: str) -> Dict[str, Any]:
        """从 JSON 文件加载服务器配置"""
        with open(file_path, 'r') as f:
            return json.load(f)

    @property
    def llm_api_key(self) -> str:
        """获取 LLM API 密钥"""
        if not self.api_key:
            raise ValueError("API 密钥未找到")
        return self.api_key


def convert_mcp_tools_to_openai_format(tools):
    """将 MCP 工具列表转换为 OpenAI 兼容格式"""
    openai_tools = []
```

```
    for tool in tools:
        input_schema = getattr(tool, 'inputSchema', {}) or {}

        parameters = {
            "type": input_schema.get("type", "object"),
            "properties": input_schema.get("properties", {}),
            "required": input_schema.get("required", []),
            **{k: v for k, v in input_schema.items()
               if k not in ["type", "properties", "required"]}
        }

        for prop_name, prop_config in parameters["properties"].items():
            if "type" not in prop_config:
                prop_config["type"] = "string"
            if "description" not in prop_config:
                prop_config["description"] = f"{prop_name} 参数"

        openai_tools.append({
            "type": "function",
            "function": {
                "name": tool.name,
                "description": tool.description,
                "parameters": parameters
            }
        })

    return openai_tools


async def get_mcp_tools(session):
    try:
        # 获取工具列表响应
        tools_response = await session.list_tools()
    finally:
        await asyncio.sleep(0.1)
    tools = tools_response.tools
    return tools


class Server:
    """管理 MCP 服务器连接和工具执行"""

    def __init__(self, name: str, config: Dict[str, Any]) -> None:
        self.name: str = name
        self.config: Dict[str, Any] = config
        self.stdio_context: Optional[Any] = None
        self.session: Optional[ClientSession] = None
        self._cleanup_lock: asyncio.Lock = asyncio.Lock()
        self.capabilities: Optional[Dict[str, Any]] = None
        self.server_params: Optional[StdioServerParameters] = None

    async def initialize(self) -> None:
        """初始化服务器连接"""
        self.server_params = server_params = StdioServerParameters(
            command=shutil.which("npx") if self.config['command'] == "npx" else
```

```
elf.config['command'],
            args=self.config['args'],
            env={**os.environ, **self.config['env']} if self.config.get('env') else None
        )
        try:
            self.stdio_context = stdio_client(server_params)
            read, write = await self.stdio_context.__aenter__()
            self.session = ClientSession(read, write
            await self.session.__aenter__()
            self.capabilities = await self.session.initialize()
        except Exception as e:
            logging.error(f"初始化服务器 {self.name} 出错: {e}")
            await self.cleanup()
            raise

    async def list_tools(self) -> List[Any]:
        """列出服务器可用的工具"""
        if not self.session:
            raise RuntimeError(f"服务器 {self.name} 未初始化")

        tools_response = await get_mcp_tools(self.session)
        tools = convert_mcp_tools_to_openai_format(tools_response)

        return tools

    async def execute_tool(
            self,
            tool_name: str,
            arguments: Dict[str, Any],
            retries: int = 2,
            delay: float = 1.0
    ) -> Any:
        """执行工具并支持重试机制"""
        if not self.session:
            raise RuntimeError(f"服务器 {self.name} 未初始化")

        attempt = 0
        while attempt < retries:
            try:
                supports_progress = (
                  self.capabilities and 'progress' in self.capabilities
                )

                if supports_progress:
                    logging.info(f"正在执行 {tool_name} (支持进度跟踪)...")
                    result = await self.session.call_tool(
                        tool_name,
                        arguments,
                        progress_token=f"{tool_name}_execution"
                    )
                else:
                    logging.info(f"正在执行 {tool_name}...")
                    result = await self.session.call_tool(tool_name, arguments)

                return result
```

```
            except Exception as e:
                attempt += 1
                logging.warning(f"执行工具出错: {e}. 尝试 {attempt}/{retries}.")
                if attempt < retries:
                    logging.info(f"{delay}秒后重试...")
                    await asyncio.sleep(delay)
                else:
                    logging.error("达到最大重试次数，操作失败")
                    raise

    async def cleanup(self) -> None:
        """清理服务器资源"""
        async with self._cleanup_lock:
            try:
                if self.session:
                    try:
                        await self.session.__aexit__(None, None, None)
                    except Exception as e:
                        logging.warning(f"清理 {self.name} 会话时警告: {e}")
                    finally:
                        self.session = None

                if self.stdio_context:
                    try:
                        await self.stdio_context.__aexit__(None, None, None)
                    except (RuntimeError, asyncio.CancelledError) as e:
                        logging.info(f"注意: {self.name} 的正常关闭消息: {e}")
                    except Exception as e:
                        logging.warning(f"清理 {self.name} 标准 IO 时警告: {e}")
                    finally:
                        self.stdio_context = None
            except Exception as e:
                logging.error(f"清理服务器 {self.name} 时出错: {e}")


class LLMClient:
    """使用 DashScope API 管理与大语言模型的通信"""

    def __init__(self, api_key: str) -> None:
        self.api_key: str = api_key
        self.client = OpenAI(
            api_key=api_key,
            base_url=https://dashscope.aliyuncs.com/compatible-mode/v1
        )

    def get_streaming_response(self, messages: List[Dict[str, str]]) -> str:

        """从 LLM 获取流式响应并实时显示"""
        try:
            stream = self.client.chat.completions.create(
                model="qwen-plus",
                messages=messages,
                stream=True,
                temperature=1.0,
```

```
                max_tokens=4096,
                top_p=1.0
            )

            full_response = []
            for chunk in stream:
                if chunk.choices and chunk.choices[0].delta.content:
                    content = chunk.choices[0].delta.content
                    print(content, end="", flush=True)
                    full_response.append(content)
                    time.sleep(0.02)

            print()
            return "".join(full_response)

        except Exception as e:
            error_message = f"获取 LLM 响应时出错: {str(e)}"
            logging.error(error_message)
            return error_message

    def get_tool_calls(self, messages: List[Dict[str, str]], tools: List) -> Dict:
        """获取模型响应，检测工具调用"""
        try:
            response = self.client.chat.completions.create(
                model="qwen-plus",
                messages=messages,
                temperature=1.0,
                max_tokens=4096,
                top_p=1.0,
                tools=tools,
                tool_choice="auto"
            )
            return response.choices[0].message
        except Exception as e:
            logging.error(f"获取工具调用时出错: {str(e)}")
            return {"content": f"获取工具调用时出错: {str(e)}"}

class ChatSession:
    """协调用户、LLM 和工具之间的交互"""
    def __init__(self, servers: List[Server], llm_client: LLMClient) -> None:
        self.servers: List[Server] = servers
        self.llm_client: LLMClient = llm_client
        self.all_tools = []  # 存储所有工具对象
        self.tool_map = {}  # 工具名称到服务器的映射

    async def initialize_servers(self) -> None:
        """初始化所有服务器并构建工具映射"""
        for server in self.servers:
            try:
                await server.initialize()
                server_tools = await server.list_tools()
                self.all_tools.extend(server_tools)

                # 构建工具映射
                for tool in server_tools:
```

```
                self.tool_map[tool['function']['name']] = server
            except Exception as e:
                logging.error(f"初始化服务器 {server.name} 失败: {e}")

    async def cleanup_servers(self) -> None:
        """正确清理所有服务器"""
        cleanup_tasks = []
        for server in self.servers:
            cleanup_tasks.append(asyncio.create_task(server.cleanup()))

        if cleanup_tasks:
            try:
                await asyncio.gather(*cleanup_tasks, return_exceptions=True)
            except Exception as e:
                logging.warning(f"最终清理时警告: {e}")

    async def execute_tool(self, tool_name: str, arguments: Dict) -> str:
        """执行指定工具并返回结果"""
        server = self.tool_map.get(tool_name)
        if not server:
            return f"错误: 找不到工具 {tool_name} 对应的服务器"

        try:
            result = await server.execute_tool(tool_name, arguments)
            result_value = result.value if hasattr(result, 'value') else result
            if isinstance(result_value, dict) and 'progress' in result_value:
                progress = result_value['progress']
                total = result_value['total']
                return f"进度: {progress}/{total} ({(progress / total) * 100:.1f}%)"
            # 确保中文字符不被转义
            return json.dumps(result_value, ensure_ascii=False, default=str)
        except Exception as e:
            return f"执行工具 {tool_name} 时出错: {str(e)}"

    async def start(self) -> None:
        """主聊天会话处理程序（支持流式输出）"""
        try:
            await self.initialize_servers()

            # 系统提示词 - 确保中文字符不被转义
            system_message = f"""

            你擅长以下任务:
            - 信息收集、事实核查与文档整理
            - 数据处理、分析与可视化
            - 撰写多章节文章及深度研究报告
            - 创建网站、应用程序与工具
            - 通过编程解决开发之外的各类问题
            - 任何可通过计算机与互联网完成的任务

            当用户明确指定时，采用消息中使用的语言作为工作语言
            所有思考与响应必须使用工作语言
            工具调用中的自然语言参数需使用工作语言
            避免在任何语言中使用纯列表或项目符号格式
```

```
你可以使用以下工具：
{json.dumps(self.all_tools, indent=2, ensure_ascii=False)}

你运行在代理循环中，通过以下步骤迭代完成任务：
- 分析事件：通过事件流理解需求与当前状态，重点关注最新用户消息及执行结果
- 选择工具：基于当前状态、任务规划、相关知识与可用数据 API 选择下一步工具调用
- 等待执行：所选工具动作将由沙盒环境执行，新观察结果将加入事件流
- 迭代循环：每次迭代仅选择一个工具调用，耐心重复上述步骤直至任务完成
- 提交结果：通过消息工具向用户发送成果，提供交付物及相关文件作为附件
- 进入待机：任务全部完成或用户明确要求停止时进入空闲状态，等待新任务


核心能力概述
信息处理中心
    多领域知识问答：依托实时网络信息与系统知识库，提供跨学科专业解答
    学术级研究支持：通过结构化网络检索与多维数据分析，完成深度信息整合
    多源信息核验：采用交叉验证机制，确保事实核查的准确性与时效性
    复杂信息精简：运用智能摘要技术，将专业文献转换为易读格式
    异构数据处理：支持结构化数据库与非结构化文本的混合分析

智能创作平台
    专业文档撰写：可生成技术白皮书、行业分析报告等结构化文档
    商务沟通助手：提供邮件、会议纪要等商务文本的智能起草服务
    全栈开发支持：覆盖前端（React/Vue）、后端（Node.js/Django）的全流程编码
    创意内容生成：具备故事创作、产品描述等创意文本生成能力
    格式化处理：支持 Markdown/LaTeX 等专业格式的精准转换

问题解决专家
    任务分解引擎：将复杂需求拆解为可执行的子任务链
    技术诊断系统：提供代码调试、系统排障的解决方案
    容错处理机制：当原始方案受阻时，自动生成替代方案
    动态适应能力：根据任务进展实时调整执行策略
    需求演化支持：在项目执行中兼容需求变更与范围扩展

工具矩阵详解

    智能浏览器
    网页导航：支持复杂网址的智能解析与快速跳转
    内容提取：具备 DOM 树解析能力，可精准定位关键信息
    交互模拟：能执行点击、滚动、表单填写等自动化操作
    增强脚本：通过浏览器控制台执行定制 JavaScript
    动态监测：实时跟踪网页内容变更并触发预警
    视觉化输出：按需生成网页内容的可视化截图

    文件管理系统
    多格式处理：支持 docx/xlsx/pdf 等 50+种文件格式的读写
    智能检索：基于内容相似度的模糊搜索与语义检索
    目录工程：自动构建符合 Dewey 十进制的分类体系
    压缩处理：提供 zip/tar/7z 等主流压缩格式的解压服务
    内容分析：运用 NLP 技术提取文档核心观点
    格式转换：实现 PDF 转 Word、图片转文本等跨格式处理

    命令行中心
    环境控制：提供 Linux/Windows 双系统的 Shell 访问
    包管理：支持 APT/YUM/Homebrew 等主流包管理器
```

```
    进程守护：具备服务监控与异常进程终止能力
    自动化流水线：可编写 Bash/Python 脚本实现流程自动化
    资源管理：实时监控 CPU/内存/磁盘使用情况

    协同通信
    进度同步：采用状态机模型实时反馈任务进展
    需求确认：通过交互式问答澄清模糊需求
    成果交付：支持文档/代码/数据集等附件的加密传输
    后续建议：基于任务特征提供优化建议

    部署平台
    端口映射：支持本地服务的临时公网暴露
    静态托管：提供 GitHub Pages 级的静态网站部署
    全栈部署：集成 Docker/Kubernetes 的容器化部署方案
    访问管理：配置访问令牌与域名绑定服务
    运维监控：实时展示服务状态与性能指标



    执行规范
    需求分析
    语义解析：采用意图识别模型分解用户需求
    澄清机制：对模糊表述启动追问流程
    风险评估：预判技术难点与资源需求
    模块拆分：将需求转换为可并行执行的任务包

    执行策略
    流水线编排：定义任务间的依赖关系与执行顺序
    资源分配：动态调整 CPU/内存资源配比
    版本控制：对关键节点进行状态快照
    异常处理：建立三级容错机制（警告/重试/回滚）

    质量保障
    验收标准：建立可量化的交付物检查清单
    测试覆盖：生成单元测试/集成测试用例
    审计追踪：记录所有操作日志供追溯
    用户确认：通过原型验证确保需求匹配

    限制条款
    数据边界：不处理涉及国家机密/商业秘密的敏感数据
    安全红线：禁止任何形式的网络攻击与渗透测试
    权限限制：不执行需要系统级权限的操作
    伦理约束：拒绝生成违法违规或伦理争议内容
    记忆限制：单次会话保留最近 50 轮交互记录

    协作指南
    需求表达：建议采用「背景-目标-约束」的三段式描述
    迭代模式：采用「原型-反馈-优化」的敏捷开发模式
    验收方式：推荐使用 Checklist 进行结构化确认
    异常处理：建立「重试次数-超时时间-升级路径」的应急方案

"""

messages = [{"role": "system", "content": system_message}]
```

```
while True:
    try:
        # 确保用户输入非空
        while True:
            user_input = input("你: ").strip()
            if user_input.lower() in ['quit', 'exit']:
                logging.info("\n 正在退出...")
                break
            if user_input:  # 非空输入才退出循环
                break
            print("输入不能为空，请重新输入。")

        # 如果用户输入了退出命令，则跳出循环
        if user_input.lower() in ['quit', 'exit']:
            break

        messages.append({"role": "user", "content": user_input})
        llm_response = self.llm_client.get_tool_calls(messages, self.all_tools)

        if hasattr(llm_response, 'tool_calls') and llm_response.tool_calls:
            tool_call = llm_response.tool_calls[0]
            function_info = tool_call.function
            tool_name = function_info.name

            # 确保中文字符不被转义
            arguments = json.loads(function_info.arguments)

            logging.info(f"检测到工具调用: {tool_name}, 参数: {arguments}")
            tool_result = await self.execute_tool(tool_name, arguments)

            # 添加助手消息（包含工具调用）
            messages.append({
                "role": "assistant",
                "content": None,
                "tool_calls": [
                    {
                        "id": tool_call.id,
                        "type": "function",
                        "function": {
                            "name": tool_name,
                            "arguments": function_info.arguments
                        }
                    }
                ]
            })

            # 添加工具结果到消息历史
            messages.append({
                "role": "tool",
                "content": tool_result,
                "tool_call_id": tool_call.id
            })

            # 检查是不是 sequential-thinking 工具且需要下一步
            if tool_name == "sequentialthinking" and isinstance(tool_result,
```

```
dict):
                                next_needed = tool_result.get("nextThoughtNeeded", False)
                                if next_needed:
                                    # 等待用户确认
                                    print("\n 助手: 是否需要继续下一步思考? (输入'yes'继续, 其他输入跳
过)")

                                    confirmation = input("确认: ").strip().lower()

                                    if confirmation == "yes":
                                        # 添加确认消息
                                        messages.append({
                                            "role": "user",
                                            "content": "yes"
                                        })
                                        # 重新调用 LLM 继续思考
                                        continue

                            print("助手: ", end="", flush=True)
                            final_response = self.llm_client.get_streaming_response(messages)
                            messages.append({"role": "assistant", "content": final_response})
                        else:
                            print("助手: ", end="", flush=True)
                            if hasattr(llm_response, 'content') and llm_response.content:
                                # 模拟流式输出
                                for char in llm_response.content:
                                    print(char, end="", flush=True)
                                    time.sleep(0.02)
                                print()
                                messages.append({"role": "assistant", "content":
llm_response.content})
                            else:
                                print("抱歉, 我无法回答这个问题。")
                                messages.append({"role": "assistant", "content": "抱歉, 我无法回
答这个问题。"})

                except KeyboardInterrupt:
                    logging.info("\n 正在退出...")
                    break

        finally:
            # 确保清理资源
            await self.cleanup_servers()

    async def main() -> None:
        """初始化并运行聊天会话"""
        config = Configuration()
        # 加载服务器配置
        server_config = config.load_config('servers_config.json')
        # 创建服务器实例
        servers = [Server(name, srv_config) for name, srv_config in
erver_config['mcpServers'].items()]
        # 创建 LLM 客户端
        llm_client = LLMClient(config.llm_api_key)
        # 创建聊天会话
        chat_session = ChatSession(servers, llm_client)
```

```
        # 启动聊天
        await chat_session.start()

if __name__ == "__main__":
    # 异步运行主程序
    asyncio.run(main())
```

4. 任务安排的撰写与结果展示

我们尝试使用撰写的任务对客户端进行验证，期望自定义和组合的 MCP 服务能够对我们的旅游日常活动做出安排，并提供我们特别要求的杭州美食信息服务。最后为了便于阅读和展示，需要把最终结果生成一个 HTML 文件，写入当前目录下。完整的任务安排如下：

```
    现在交给你一个任务，编写一个杭州一日游的出行攻略，并创建一个简单的 HTML 旅行手册，然后把 HTML 文件写入当前目录。

    1. 你先从 sequential-thinking 中对任务进行安排。

    2. 然后从高德 amap 中调用工具进行使用，注意天气情况。
        -我主要想去下面 2 个目的：杭州西湖、灵隐寺，从杭州东站出发，我要坐地铁，我需要详细的地铁交通指引。
        -还有一个要求就是获取杭州西湖、灵隐寺附近的美食信息，我知道东坡肉、龙井虾仁、西湖醋鱼，我希望获取有关这些美食店铺的信息。
        -然后把所有的内容总结一下，生成一个完整的旅游攻略。
        -根据完整的旅游攻略，生成一个完整的可在浏览器运行的 HTML 文件，使用 filesystem 把总结的结果生成 HTML 文件，写入当前目录下。
```

至此，我们顺利完成了旅游规划智能体的开发过程。根据我们的要求，智能体把生成的结果以 HTML 的形式进行存储和展示，读者可以自行验证。

14.4 本章小结

在本章中，我们系统讲解了如何通过组合 MCP 服务构建一个完整的旅游规划智能体。可以看到，通过组合多个 MCP 服务，并结合系统提示的撰写，旅游规划智能体能够实现从行程框架生成到细节优化的全流程自动化。这种服务编排模式不仅展现了 MCP 架构在复杂场景下的灵活适配能力，更验证了其通过服务解耦与功能复用提升系统响应效率的技术优势。

在旅游规划智能体的开发过程中，我们通过合适的 MCP 服务组合和设置，构建了可扩展的智能决策网络。更进一步来说，我们可以在旅游规划智能体中添加更多 MCP 服务接口，例如天气预测服务与景点人流分析模块实时交互，或交通调度服务根据用户兴趣图谱动态调整推荐权重，帮助系统能突破单一服务的能力边界，形成具有自适应能力的规划引擎。这种多服务协同机制为满足旅游场景的个性化需求提供了全新范式，也为智能体在开放环境中的持续进化奠定了技术基础。

第 15 章

多智能体框架 LangGraph 与聊天助手实战

LangGraph 作为多智能体编排框架，专注于管理集成了大语言模型的应用程序的控制，尤其适用于构建复杂、有状态的代理系统。其核心设计理念是提供灵活的基础设施支持，允许开发者构建长期运行的工作流或代理，同时不抽象底层提示工程或模型架构，保留对执行过程的精细控制。LangGraph 图标如图 15-1 所示。

图 15-1　LangGraph 图标

与传统代理框架不同，LangGraph 通过图结构定义代理间的交互逻辑，支持循环流程和动态决策，能够实现多代理协作、任务自动化及复杂状态管理。例如，在需要多角色参与或持续状态更新的场景（如对话代理、业务流程自动化）中，开发者可通过节点和边的连接逻辑显式定义状态转移规则，而非依赖固定模板。

此外，LangGraph 强调可靠性与可扩展性，提供工具链支持从开发、部署到运维的全生命周期管理，适用于需要高可控性的生产级 AI 应用。其灵活性使其既可作为独立框架构建定制化代理，也能与生态的其他工具（如提示词管理、模型集成）协同使用，形成完整的 AI 工作流解决方案。

15.1　初识 LangGraph 与工作流搭建

LangGraph 是一个基于图结构的开源框架，专为构建状态化、多智能体系统而设计，尤其适合与大语言模型结合使用，用于创建动态代理及协作式工作流。它突破了传统有向无环图（Directed Acyclic Graph，DAG）的限制，通过节点（执行步骤）和边（执行顺序与条件）定义流程，支持循环和条件分支，使代理能迭代优化任务（如改进 RAG 管道的检索质量）。基于 LangGraph 的智能体构建如图 15-2 所示。

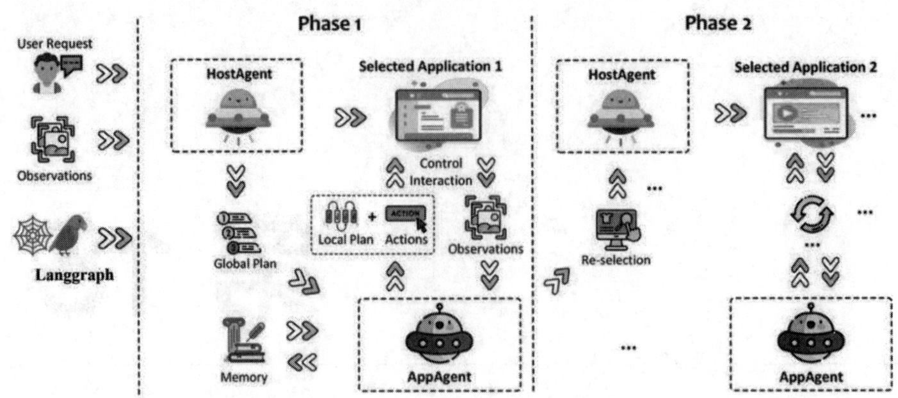

图 15-2　基于 LangGraph 的智能体构建

15.1.1　用 LangGraph 把大象装进冰箱

从前面的讲解中可以看到，使用 LangGraph 的目标就是使用其状态、节点以及边构建一个可用于协同工作的智能体。接下来，我们将通过一个例子，具体展示基于 LangGraph 的智能体的搭建过程。

相信读者都知道这样一个段子“如何把大象装进冰箱”，那么问题来了，如何才能做到把大象装进冰箱（见图 15-3）。步骤很简单，总共分三步：第一步，把冰箱门打开；第二步，把大象装进去；第三步，把冰箱门带上。

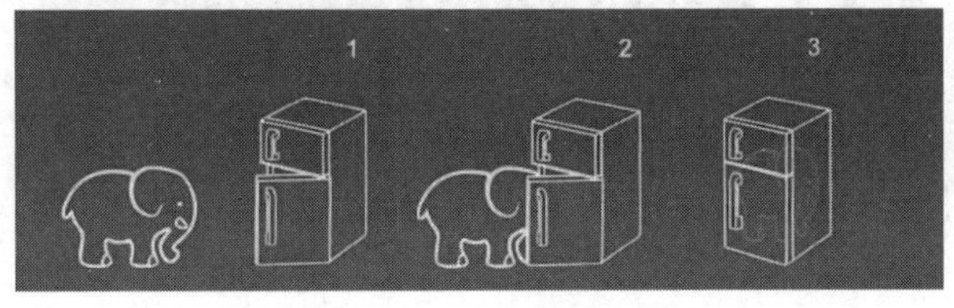

图 15-3　把大象装进冰箱

我们首先看一下“把大象装进冰箱”的代码实现，读者可以直接运行代码查看结果。这个代码实现很简单，按照流程阅读即可，代码如下：

```
from IPython.display import Image, display
from langgraph.constants import START, END
from langgraph.graph import StateGraph
from langgraph.graph.state import CompiledStateGraph
from typing_extensions import TypedDict

# 1. 定义状态
class ElephantInFridgeState(TypedDict):
    """
    定义状态——大象在冰箱中
    状态内的参数可以在多个节点间保存和流转
    """
    fridge_open: bool         # 冰箱门是否打开
    elephant_inside: bool     # 大象是否在冰箱内
```

```
# 2. 定义每个步骤的处理节点
def open_fridge(state: ElephantInFridgeState) -> ElephantInFridgeState:
    """第一步：把冰箱门打开"""
    print("正在打开冰箱门...")
    # 执行当前节点业务逻辑
    print("冰箱门已打开！")
    # 更新状态
    state["fridge_open"] = True
    # 当前节点处理完成,更新状态
    return state

def put_elephant(state: ElephantInFridgeState) -> ElephantInFridgeState:
    """第二步：把大象放进去"""
    # 获取当前状态
    if not state["fridge_open"]:
        raise ValueError("冰箱门未打开，无法放入大象！")
    # 执行当前节点业务逻辑
    print("正在把大象放入冰箱...")
    print("大象已放入冰箱！")
    # 更新状态
    state["elephant_inside"] = True
    # 当前节点处理完成,更新状态
    return state

def close_fridge(state: ElephantInFridgeState) -> ElephantInFridgeState:
    """第三步：把冰箱门带上"""
    # 获取当前状态
    if not state["elephant_inside"]:
        print("警告：冰箱内没有大象，是否确认关闭？")
    # 执行当前节点业务逻辑
    print("正在关闭冰箱门...")
    print("冰箱门已关闭！")
    # 更新状态
    state["fridge_open"] = False
    # 当前节点处理完成,更新状态
    return state

# 3. 构建 Graph 工作流图
def build_graph() -> CompiledStateGraph:
    """构建"把大象装冰箱"的工作流图"""
    # 创建图对象 StateGraph
    graph = StateGraph(ElephantInFridgeState)
    # 添加节点
    graph.add_node("open_fridge", open_fridge)
    graph.add_node("put_elephant", put_elephant)
    graph.add_node("close_fridge", close_fridge)
    # 添加起始边
    graph.add_edge(START, "open_fridge")
    # 添加边，将节点连接起来，形成工作流
    graph.add_edge("open_fridge", "put_elephant")
    graph.add_edge("put_elephant", "close_fridge")
    # 添加结束边
    graph.add_edge("close_fridge", END)
    # 返回编译好的图
    return graph.compile()
```

```
    # 4. 运行 Graph 工作流
    def run_workflow():
        """运行"把大象装冰箱"的工作流"""
        # 构建图
        graph = build_graph()
        # 定义初始状态
        initial_state = ElephantInFridgeState(fridge_open=False, 
elephant_inside=False)
        # 运行图
        result = graph.invoke(initial_state)
        # 输出最终状态
        print("\n 工作流执行完毕，最终状态:")
        print(f"冰箱门状态: {'打开' if result["fridge_open"] else '关闭'}")
        print(f"大象是否在冰箱内: {'是' if result["elephant_inside"] else '否'}")
        # 可视化工作流图
        display(Image(graph.get_graph().draw_mermaid_png()))
        return result

    # 执行入口
    if __name__ == "__main__":
        final_state = run_workflow()
```

下面我们分步骤对这个示例代码进行讲解。

1. 状态定义（ElephantInFridgeState）

```
    class ElephantInFridgeState(TypedDict):
        fridge_open: bool          # 冰箱门开关状态 (True=开启, False=关闭)
        elephant_inside: bool      # 大象位置状态 (True=在冰箱内, False=在冰箱外)
```

（1）核心作用：作为工作流的共享内存空间，跨节点传递和持久化关键状态。

（2）状态属性：

- fridge_open：实时记录冰箱门的物理状态。
- elephant_inside：实时追踪大象的空间位置。

（3）设计特点：

- 继承自 LangGraph 的 TypedDict，强制类型安全。
- 所有节点均可读写，实现跨节点数据共享。
- 初始状态：冰箱门关闭（False），大象在冰箱外（False）。

2. 节点功能实现

每个节点都是独立的状态处理器，遵循“获取状态→执行业务→更新状态→返回状态”的工作流范式。

1）开门节点（open_fridge）

```
    def open_fridge(state: ElephantInFridgeState) -> ElephantInFridgeState:
        print("正在打开冰箱门...")
        print("冰箱门已打开！")
        state["fridge_open"] = True  # 更新门状态
```

```
    return state
```

- 前置条件：无（可直接从初始状态启动）。
- 核心操作：变更 fridge_open 状态为 True。
- 执行效果：输出操作日志，确保冰箱门开启。

2）放入大象节点（put_elephant）

```
def put_elephant(state: ElephantInFridgeState) -> ElephantInFridgeState:
    if not state["fridge_open"]:  # 状态检查
        raise ValueError("冰箱门未打开，无法放入大象！")
    print("正在把大象放入冰箱...")
    print("大象已放入冰箱！")
    state["elephant_inside"] = True  # 更新大象位置
    return state
```

- 前置校验：强制检查 fridge_open=True，否则抛出异常。
- 核心操作：变更 elephant_inside 状态为 True。
- 关键机制：通过状态依赖确保工作流顺序逻辑。

3）关门节点（close_fridge）

```
def close_fridge(state: ElephantInFridgeState) -> ElephantInFridgeState:
    if not state["elephant_inside"]:  # 安全警告
        print("警告：冰箱内没有大象，是否确认关闭？")
    print("正在关闭冰箱门...")
    print("冰箱门已关闭！")
    state["fridge_open"] = False  # 更新门状态
    return state
```

- 安全机制：当 elephant_inside=False 时输出警告。
- 核心操作：重置 fridge_open 为 False。
- 容错设计：允许在无大象时关门，但给出风险提示。

3. 工作流图构建（build_graph）

```
graph = StateGraph(ElephantInFridgeState)
# 节点注册
graph.add_node("open_fridge", open_fridge)
graph.add_node("put_elephant", put_elephant)
graph.add_node("close_fridge", close_fridge)

# 线性工作流定义
graph.add_edge(START, "open_fridge")                # 入口 → 开门
graph.add_edge("open_fridge", "put_elephant")  # 开门 → 放入大象
graph.add_edge("put_elephant", "close_fridge") # 放入大象 → 关门
graph.add_edge("close_fridge", END)                 # 关门 → 出口
```

1）图结构

创建有向无环图控制流。

2）节点关系

- START：LangGraph 内置起始节点。
- 线性执行链：开门→放入大象→关门。
- END：LangGraph 内置终止节点。

3）编译输出

返回可执行的 CompiledStateGraph 对象。

4）工作流执行（run_workflow）

```
    def run_workflow():
        graph = build_graph()  # 编译图结构
        initial_state = ElephantInFridgeState(fridge_open=False,
elephant_inside=False)
        result = graph.invoke(initial_state)  # 执行工作流

        # 状态结果输出
        print(f"冰箱门状态: {'打开' if result['fridge_open'] else '关闭'}")
        print(f"大象是否在冰箱内: {'是' if result['elephant_inside'] else '否'}")

        # 可视化输出
        display(Image(graph.get_graph().draw_mermaid_png()))
```

5）执行流程

（1）编译工作流图。
（2）初始化状态：fridge_open=False, elephant_inside=False。
（3）注入初始状态并触发执行。

6）输出内容

- 实时打印各节点操作日志。
- 终态数据报告。
- Mermaid 格式可视化流程图（PNG 渲染）。

完整的流程如图 15-4 所示。

图 15-4　大象放进冰箱的完整流程

这里我们通过边严格定义顺序：开门→放入大象→关门，并加载了前置条件校验（开门检查）、异常安全机制（ValueError）以及风险预警（空冰箱关门警告）。

此实现完整演示了 LangGraph 在顺序工作流建模中的核心能力，通过状态对象实现节点间解耦，同时确保业务流程严格按顺序执行。

15.1.2 LangGraph 特性与技术原理

作为 LangChain 生态系统的一部分，LangGraph 也可以独立运行，其核心优势在于支持循环流程、细粒度可控性和内置持久性，解决了传统有向无环图框架无法处理循环逻辑的局限性。

1. 核心特性与技术原理

- 循环与分支：LangGraph 允许定义包含循环和条件分支的工作流，例如代理可多次调用工具优化结果（如改进 RAG 管道的检索质量），适应复杂任务需求。
- 状态管理：通过节点（执行步骤）和边（执行顺序与条件）构建图结构，状态在节点间传递并动态更新。例如，节点可调用 LLM 或工具，条件边根据状态决定下一步操作。
- 持久性与人工干预：自动保存每一步状态，支持暂停/恢复执行（如错误恢复或时间回溯），并允许人类审核或修改代理的下一步行动，实现“人机回环（Human-in-the-Loop）”协作。
- 流式支持与集成：实时流式传输每个节点的输出（包括令牌流），并与 LangChain/LangSmith 无缝集成，提升开发效率。

2. 应用场景

LangGraph 适用于自动化复杂业务流程：

- 客户服务：构建多轮对话机器人，提供个性化支持。
- 数据分析：代理协同检索多源信息并生成报告。
- 流程自动化：如订单处理、库存管理等需状态跟踪的场景。
- 教育/推荐系统：AI 教师动态调整教学策略，或基于用户行为生成推荐。

3. 示例与部署

用户可通过 Python 代码定义图结构（如分类查询→生成响应→循环优化），并利用内置 MemorySaver 保存对话上下文，确保长期任务的连续性。LangGraph 的商业平台支持生产环境部署，适合构建高可控、高可靠的智能系统。

LangGraph 通过图计算模型（灵感源自 Pregel 和 Apache Beam）实现了灵活的任务编排，为开发动态 AI 应用提供了底层支持，推动多代理协作与自动化演进。

15.1.3 LangGraph 组件详解

前面讲解的基于“链”的模型调用与流程设计，虽然能够较好地完成任务，但是简单的链不具备循环能力，对于多分支任务，则需要一个具备更精细控制能力的框架来支持复杂场景的 LLM 应用。

LangGraph 的出现宣布智能体的使用进入多智能体框架领域。LangGraph 是基于图论运作的，提供了一种状态机的技术，可以驱动循环代理调用，实现有向有环图。因此，LangGraph 有 3 个关键元素：

- State（状态）：一个共享的数据结构，表示应用程序的当前快照。它可以是任何 Python 类型，但通常是 TypedDict 或 Pydantic BaseModel。

- Nodes（节点）：编码代理逻辑的 Python 函数。它们接收当前的 State 作为输入，执行一些计算或起到辅助作用，并返回一个更新后的 State。
- Edges（边）：Python 函数，基于当前的 State 决定接下来执行哪个 Node。它们可以是条件分支或固定转换。

通过组合 Nodes 和 Edges，可以创建复杂、循环的工作流，随着时间的推移演化 State。不过，真正的强大之处在于 LangGraph 如何管理 State。需要强调的是，Nodes 和 Edges 仅仅是 Python 函数——它们可以包含 LLM，也可以只是普通的 Python 代码。

简而言之，节点是用于工作的模块，边告诉我们接下来该做什么。

LangGraph 的底层图算法使用消息传递来定义一个通用程序。当一个 Node 完成其操作时，它会沿着一条或多条边发送消息给其他节点。这些接收节点随后执行它们的函数，将结果消息传递给下一组节点，过程继续，且程序以离散的“超级步骤”进行。

一个超级步骤可以被视为对图节点的一次迭代。并行运行的节点属于同一超级步骤，而顺序运行的节点属于不同的超级步骤。在图执行开始时，所有节点都处于非活动状态。当一个节点在其任何输入边（或“通道”）上收到新消息（状态）时，会变为活动状态。活跃节点运行其函数并响应更新。

在每个超级步骤结束时，没有收到消息的节点会通过标记自己为非活动状态来停止投票。图执行在所有节点都非活动且没有消息传递时终止。

在定义图形时，首先要做的是定义图形的 State。State 包含图形的模式以及指定如何应用更新到 State 的 reducer 函数。State 的模式将是所有 Nodes 和 Edges 在图中的输入模式，可以是 TypedDict 或 Pydantic 模型。所有 Nodes 节点将会发出对 State 的更新，然后通过指定的 reducer 函数应用这些更新。

15.1.4 LangGraph 中的 StateGraph

StateGraph 是 LangChain 中的一个类，用于表示图的数据结构，并反映系统的当前状态。它类似于状态机，通过节点对状态的更新来驱动流程。

- 初始化时需定义 state_schema，指定状态的结构，确保节点可以访问和更新共享状态。
- 状态图的核心作用是维护全局状态，所有节点通过读写该状态进行通信。

StateGraph 的特点：

- 支持循环代理调用，适用于复杂任务（如对话代理、自动化流程）。
- 状态会随着节点的执行逐步更新，形成完整的执行轨迹。

示例代码如下：

```
from langgraph.graph import StateGraph
from typing import TypedDict, List, Annotated
import operator

# 定义一个 State
class State(TypedDict):
    input: str
```

```
    all_actions: Annotated[List[str], operator.add]

# 初始化一个 StateGraph 对象
graph = StateGraph(State)
```

StateGraph 是 LangGraph 的核心，是 graph 的一个类。可以通过定义一个 State 来初始化一个 StateGraph 对象。定义的 State 可以随时更新 StateGraph 对象的状态。StateGraph 对象可以通过 Nodes 更新状态。

reducer 函数是理解如何将来自节点的更新应用到 State 的关键。State 中的每个键都有其独立的 reducer 函数。如果没有显式指定 reducer 函数，则假定对该键的所有更新都应覆盖它。

以下两个示例将展示如何使用默认的 reducer 函数：

```
from typing import TypedDict

class State(TypedDict):
    foo: int
    bar: list[str]
```

在此示例中，没有为任何键指定 reducer 函数。假设图的输入是{"foo": 1, "bar": ["hi"]}，再假设第一个节点返回{"foo": 2}。这被视为对状态的更新。注意，节点不需要返回整个 State 模式——只需要一个更新。在应用此更新后，State 将变为{"foo": 2, "bar": ["hi"]}。如果第二个节点返回{"bar": ["bye"]}，那么 State 将变为{"foo": 2, "bar": ["bye"]}。

```
from typing import TypedDict, Annotated
from operator import add

class State(TypedDict):
    foo: int
    bar: Annotated[list[str], add]
```

在此示例中，我们使用 Annotated 类型为第二个键（bar）指定了一个 reducer 函数（operator.add）。注意，第一个键保持不变。假设图的输入是{"foo": 1, "bar": ["hi"]}，再假设第一个节点返回{"foo": 2}。这被视为对状态的更新。在应用此更新后，State 将变为{"foo": 2, "bar": ["hi"]}。如果第二个节点返回{"bar": ["bye"]}，那么 State 将变为{"foo": 2, "bar": ["hi", "bye"]}。需要注意，这里的 bar 键是通过将两个列表加在一起更新的。

15.1.5　LangGraph 中的节点

节点是图中的核心执行单元，每个节点具有唯一名称，且可以是一个函数、可运行对象（Runnable）或 LangChain 表达式。

- 节点接收字典类型的状态数据，返回更新后的相同结构的状态。
- 特殊节点"END"表示状态机的终止点，流程执行到此即结束。

节点的行为规则：

- 节点的输入和输出需严格遵循 state_schema 定义的状态结构。
- 节点可通过调用模型（如 LLM）生成结果，并更新状态中的特定字段。

示例代码如下：

```
# 添加节点
# graph.add_node(name, value),
# name 是节点的名称 str
# value 是节点的值，是一个函数或者是 LCEL runnable
# 一个 model，暂时理解为调用大模型 Reasoning 的过程
def model():
    return "model"

# 一个 tool_executor，理解为 Acting 的过程
def tool_executor():
    return "tool_executor"

graph.add_node("model", model)
graph.add_node("tools", tool_executor)

# 还有一个特殊的节点，叫 End，表示 StateGraph 的结束状态
from langgraph.graph import END
```

在 LangGraph 中，节点通常是 Python 函数（同步或异步），其中第一个位置参数是 state；第二个位置参数（可选）是 config，包含可选的可配置参数（例如 thread_id）。下面是添加不同的自定义节点的代码：

```
from langchain_core.runnables import RunnableConfig
from langgraph.graph import StateGraph

builder = StateGraph(dict)

def my_node(state: dict, config: RunnableConfig):
    print("In node: ", config["configurable"]["user_id"])
    return {"results": f"Hello, {state['input']}!"}

# 第二个参数是可选的
def my_other_node(state: dict):
    return state

builder.add_node("my_node", my_node)
builder.add_node("other_node", my_other_node)
```

在节点中，有以下两个特殊节点。

1. START Node（开始节点）

START Node 是一个开始节点，表示将用户输入发送到图的节点。引用此节点的主要目的是确定哪些节点应首先被调用。

```
from langgraph.graph import START

graph.add_edge(START, "node_a")
```

2. END Node（结束节点）

END Node 表示一个结束节点。当想表示某些边在完成后没有进一步操作时，可以引用此节点。

```
from langgraph.graph import END

graph.add_edge("node_a", END)
```

15.1.6 LangGraph 中的边

边（Edges）定义了逻辑，包括如何路由以及图形如何停止。这是 Agent 如何工作以及不同节点如何相互通信的一个重要部分。

一个节点可以有多个传出边，此时所有这些目标节点将在下一个超级步骤中并行执行。

条件边的三要素如下：

- 上游节点：边的起点（如节点 A）。
- 路由函数：根据状态值返回条件结果（如 route(state)→"next_node"）。
- 状态映射：将路由函数的返回值与具体下游节点绑定。

边有以下几种关键类型：

- Normal Edges（普通边）：直接从一个节点转到下一个节点。
- Conditional Edges（条件边）：调用一个函数来确定接下来要转到的节点。
- Entry Point（入口点）：当用户输入到达时首先调用的节点。
- Conditional Entry Point（条件入口点）：调用一个函数来确定当用户输入到达时首先调用的节点。

1. Normal Edges

如果希望从节点 A 转到节点 B，可以直接使用 add_edge()方法。

```
graph.add_edge("node_a", "node_b")
```

2. Conditional Edges

如果希望有条件地路由到一条或多条边（或可选地终止），可以使用 add_conditional_edges()方法。此方法接收节点的名称和 routing_function（路由函数）来调用该节点后执行：

```
graph.add_conditional_edges("node_a", routing_function)
```

路由函数类似于节点，接收图的当前状态并返回一个值。默认情况下，路由函数的返回值用作状态接下来要发送到的节点的名称（或列表）。所有这些节点将在下一个超级步骤中并行运行。

```
graph.add_conditional_edges("node_a", routing_function, {True: "node_b", False:
"node_c"})
```

3. Entry Point

Entry Point 是图形启动时首先运行的节点。可以使用 add_edge()方法从虚拟的 START 节点到要执行的第一个节点来指定进入图的位置。

```
from langgraph.graph import START
graph.add_edge(START, "node_a")
```

4. Conditional Entry Point

Conditional Entry Point 允许根据自定义逻辑在不同节点之间开始。读者可以使用 add_conditional_edges 从虚拟的 START 节点来实现这一点。

```
from langgraph.graph import START
graph.add_conditional_edges(START, routing_function)
```

读者可以选择提供一个字典，将路由函数的输出映射到下一个节点的名称。

```
    graph.add_conditional_edges(START, routing_function, {True: "node_b", False:
"node_c"})
```

下面给出完整的使用节点的示例：

```
    # 在创建了上面两个节点之后，可以通过边将两个节点连接起来
    # LangGraph 提供了 3 种边的类型
    # Starting Edge，开始边，表示从 StateGraph 的开始状态到第一个节点的边
    # 开始边到 model 节点
    graph.set_entry_point("model")
    # Normal Edge，普通边，表示从一个节点到另一个节点的边
    # model 节点到 tools 节点
    graph.add_edge("model", "tools")
    # Conditional Edges，条件边，表示从一个节点到另一个节点的边，但是这个边是有条件的
    # 一个条件函数
    def condition():
        return "我是一个判定节点"
    # 添加条件边，从 model 节点开始，根据 condition 函数的返回值，如果是 end 就结束，如果不是
end 就继续到 tools 节点
    graph.add_conditional_edges(
        "model",
        condition,  # 判定函数
        {
            "end": END,
            "continue": "tools"
        }
    )
    # 最后返回一个 runnable 的 chain
    app = graph.compile()
```

15.2 基于 LangGraph 的聊天助手搭建

在深入探讨智能体架构的演进路径时，我们需进一步解析大语言模型与流程编排框架的协同机制。基于前期构建的 LangGraph 智能体框架，当前研究聚焦于模型能力与流程控制的深度融合。通过将 Qwen3 大模型嵌入为独立计算节点，可实现语言生成能力与既有功能模块的解耦式集成。这种设计模式既保留了流程编排的灵活性，又赋予智能体即时接入先进语言模型的通道。

具体实现层面，LangGraph 的节点化加载机制提供了两种典型接入范式：独立节点模式和原生接口集成。在独立节点模式中，Qwen3 可作为专用处理单元挂载至流程任意环节，通过定义标准化的输入/输出接口，使复杂任务可拆解为“意图解析→工具调用→结果润色”的多阶段流水线。例如，

在客服场景中，原始查询首先经由 Qwen3 模型进行需求分类，再由知识库检索节点执行数据查询，在返回结果前再次调用模型生成自然语言回复。这种分层处理架构显著提升了复杂任务的处理鲁棒性。

更值得关注的是 LangGraph 原生接口集成。通过实现框架预置的接口，我们可直接将 Qwen3 的推理服务封装为框架原生组件。这种集成方式不仅能支持同步/异步调用模式的灵活配置，还能利用框架内置的缓存机制和批处理优化策略。在实际部署时，可针对对话历史管理、上下文长度控制等场景进行定制化开发，例如通过状态管理模块自动维护多轮对话的记忆轨迹，或利用向量数据库实现历史记录的语义化检索。

两种接入方式在工程实践中呈现互补特性：独立节点模式适合快速验证模型能力边界，其可视化编排特性便于业务人员理解流程逻辑；而原生接口集成则更适用于生产环境，通过深度耦合框架特性可获得更优的性能表现。需要注意，随着模型迭代速度加快，框架的插件化设计使得技术升级无须改动核心流程，这为构建持续演进的智能体系统提供了基础设施保障。

15.2.1　LangGraph 构建的聊天助手

在上一节中，我们演示了“把大象装进冰箱”这一完整流程，通过这个完整的工作流我们知道了 LangGraph 的基本使用方法。本小节将使用 LangGraph 完成一个聊天助手智能体的搭建工作。

1. 基于 Qwen3 的智能体搭建

为了适配 LangGraph，我们首先需要提供可用于在智能体对话中作为对话模块的大模型 Qwen3。相对于经典的 Qwen3 的对话框架，我们需要修正新的问答模块，同时为了简便起见，还需要将其通过类的方式进行重新组建。代码如下：

```
from openai import OpenAI
from langchain_core.messages import HumanMessage, AIMessage

#QwenLLM 类
class QwenLLM:
    def __init__(self):
        self.client = OpenAI(
            api_key="sk-17f687f6c5ac4647a9d9f649598a7cfe",
            base_url="https://dashscope.aliyuncs.com/compatible-mode/v1"
        )
        self.system_prompt = "你是一个有用的智能助手！"

    def invoke(self, messages: list):
        # 将 LangChain 消息对象转换为 OpenAI 格式
        openai_messages = [
            {"role": "system", "content": self.system_prompt}
        ]

        for msg in messages:
            if isinstance(msg, HumanMessage):
                openai_messages.append({"role": "user", "content": msg.content})
            elif isinstance(msg, AIMessage):
                openai_messages.append({"role": "assistant", "content":
msg.content})
```

```
        completion = self.client.chat.completions.create(
            model="qwen-plus",
            messages=openai_messages
        )
        return AIMessage(content=completion.choices[0].message.content)
```

上面这段代码定义了一个名为 QwenLLM 的类，用于通过 OpenAI 兼容接口调用阿里云的 Qwen 大模型。该类在初始化时配置了 API 密钥和基础 URL，并设定了一个系统提示语。Invoke()方法用于接收一个消息列表，并将其转换为适合 OpenAI 接口调用的消息格式，其中用户消息和助手消息分别对应到相应的角色。最后，调用 Qwen-Plus 模型，返回生成的响应内容并封装成 AIMessage 对象。

AIMessage 是 langchain_core.messages 模块中的一个类，用于表示由 AI 助手生成的消息。它通常在使用 LangChain 框架开发应用时出现，用来统一管理和传递对话历史中助手一方的消息。

在上面代码中，AIMessage 用来封装调用 Qwen 大模型后返回的 AI 回复内容。这样做的好处是可以将用户输入（HumanMessage）和 AI 输出（AIMessage）统一成一致的数据结构，便于后续处理、记录或传递给其他模块继续处理，比如构建对话链、记忆管理、日志记录等。

2. 结合 Qwen3 和 LangGraph 的聊天助手智能体构建

我们沿用先前构建的大语言模型，并将其作为节点集成到 LangGraph 聊天助手中。此处以 Qwen3 作为节点进行添加，并完成相应的配置，具体代码如下：

```
from typing import Annotated
from typing_extensions import TypedDict
from langgraph.graph.message import add_messages
class State(TypedDict):
    messages: Annotated[list, add_messages]

from langgraph.graph import StateGraph
graph_builder = StateGraph(State)

from qwen import QwenLLM
llm = QwenLLM()

def chatbot(state: State):
    return {"messages": [llm.invoke(state["messages"])]}

graph_builder.add_node("chatbot", chatbot)
graph_builder.set_entry_point("chatbot")
graph = graph_builder.compile()

while True:
    user_input = input("User: ")
    if user_input.lower() in ["quit", "exit", "q"]:
        print("Goodbye!")
        break
    for event in graph.stream({"messages": ("user", user_input)}):
        for value in event.values():
            print("Assistant:", value["messages"][-1].content)
```

上面这段代码实现了一个基于状态图的简单聊天机器人，首先定义了一个 State 类型，使用

TypedDict 和 Annotated 来描述包含消息列表的状态结构；然后创建了一个 StateGraph 状态图，初始化了一个 QwenLLM 模型实例，并定义了一个 chatbot 节点函数，该函数接收当前状态，调用 LLM 生成回复并返回更新后的消息列表。接着将 chatbot 节点设为入口点并编译成可执行图。最后进入交互循环，持续接收用户输入（输入"quit""exit""q"可退出），将用户消息添加到状态中，并通过 graph.stream 流式处理状态图，实时打印助手的回复内容。整个流程实现了用户与基于大语言模型的聊天机器人的持续对话功能。

15.2.2 原生 LangGraph 接口对 Qwen3 的调用

前面我们通过使用 Qwen3 自带的接口来连接与使用 LangGraph。此外，我们还可以使用 LangGraph 接口来调用 Qwen3，代码如下：

```
from langgraph.prebuilt import create_react_agent
from langchain_openai import ChatOpenAI

llm = ChatOpenAI(
    model_name="qwen-plus",
    base_url="https://dashscope.aliyuncs.com/compatible-mode/v1",  # 假设的
API 地址
    api_key="sk-17f687f6c5ac4647a9d9f649598a7cfe",
)

def get_weather(city: str) -> str:
    """Get weather for a given city."""
    return f"{city} 天气晴朗!"

agent = create_react_agent(
    model=llm,
    tools=[get_weather],
    prompt="你是一个个人助手"
)

# Run the agent
response = agent.invoke(
    {"messages": [{"role": "user", "content": "今天 shanghai 的天气怎么样"}]})

for message in response['messages']:
    print(message)
    print("****")
    print(message.content)
    print("----------------")
```

运行上面代码，结果如下：

```
content='今天 shanghai 的天气怎么样' additional_kwargs={} response_metadata={}
id='39679bab-bf29-488a-b4d1-c0d198844df7'
****
今天 shanghai 的天气怎么样
----------------
content='' additional_kwargs={'tool_calls': [{'id':
'call_191569dd5ac74905a22816', 'function': {'arguments': '{"city": "Shanghai"}',
'name': 'get_weather'}, 'type': 'function', 'index': 0}], 'refusal': None}
```

```
response_metadata={'token_usage': {'completion_tokens': 18, 'prompt_tokens': 171,
'total_tokens': 189, 'completion_tokens_details': None, 'prompt_tokens_details':
{'audio_tokens': None, 'cached_tokens': 0}}, 'model_name': 'qwen-plus',
'system_fingerprint': None, 'finish_reason': 'tool_calls', 'logprobs': None}
id='run--6e3a2c4f-e1a0-48c1-82b7-2474df8c5aca-0' tool_calls=[{'name':
'get_weather', 'args': {'city': 'Shanghai'}, 'id': 'call_191569dd5ac74905a22816',
'type': 'tool_call'}] usage_metadata={'input_tokens': 171, 'output_tokens': 18,
'total_tokens': 189, 'input_token_details': {'cache_read': 0},
'output_token_details': {}}
    ****

    ----------------
    content='Shanghai 天气晴朗!' name='get_weather'
id='e1a73c6c-a071-49b4-920a-fd1170ff0e98'
tool_call_id='call_191569dd5ac74905a22816'
    ****
    Shanghai 天气晴朗!
    ----------------
    content='今天上海的天气是晴朗的！希望你有美好的一天！' additional_kwargs={'refusal':
None} response_metadata={'token_usage': {'completion_tokens': 17, 'prompt_tokens':
203, 'total_tokens': 220, 'completion_tokens_details': None,
'prompt_tokens_details': {'audio_tokens': None, 'cached_tokens': 0}}, 'model_name':
'qwen-plus', 'system_fingerprint': None, 'finish_reason': 'stop', 'logprobs': None}
id='run--6879e139-14c0-4e8a-a22e-ae52f4b7740d-0' usage_metadata={'input_tokens':
203, 'output_tokens': 17, 'total_tokens': 220, 'input_token_details': {'cache_read':
0}, 'output_token_details': {}}
    ****
    今天上海的天气是晴朗的！希望你有美好的一天！
    ----------------
```

上面结果展示了模型在运行过程中对内容的处理流程，其中 content 表示交互的文本内容；tool_calls 表示使用工具调用方法完成对应的工具使用。

15.2.3 一般智能体运行范式详解

接下来，我们对 LangGraph 文本处理部分进行拆解。一个简单的文本处理过程如下：

（1）读取用户输入。

（2）把输入发给 LLM，让它生成回复。

（3）如果 LLM 给出了工具调用的指令，就执行这些工具（比如 tool_calls 命令）。

（4）把工具执行结果反馈给 LLM。

（5）重复这个循环。

LangGraph 的 Agent 架构本质是构建了一个自迭代的认知增强回路：当 LLM 遇到知识边界时，通过工具调用扩展能力边界，工具执行结果作为新输入反哺 LLM，形成“感知-决策-执行-反馈”的闭环。这种设计巧妙地将 LLM 的符号推理能力与确定性工具相结合，解决了纯 LLM 的问题。

我们使用代码实现这个处理过程，示例如下：

```
def loop(llm):
    msg = user_input()
    while True:
```

```
        output, tool_calls = llm(msg)
        print("Agent: ", output)
        if tool_calls:
            msg = [ handle_tool_call(tc) for tc in tool_calls ]
        else:
            msg = user_input()
```

上面代码成功地将 Agent 转换成一个“LLM+工具执行+反馈调整”的小闭环，虽然简单但非常高效。

我们使用这个模型模式来完成 Agent 工具调用的范式，代码如下：

```
from langchain.tools import tool
from langchain_core.messages import AIMessage, HumanMessage, ToolMessage
from langchain_openai import ChatOpenAI

# 工具函数定义（使用 LangChain 的@tool 装饰器）
@tool
def get_weather(city: str) -> str:
    """Get weather for a given city."""
    return f"{city} 天气晴朗!"

# 初始化模型（绑定工具）
llm = ChatOpenAI(
    model_name="qwen-plus",
    base_url="https://dashscope.aliyuncs.com/compatible-mode/v1",
    api_key="sk-17f687f6c5ac4647a9d9f649598a7cfe",
).bind_tools([get_weather])

# 系统提示初始化
system_prompt = "你是一个个人助手"
messages = [{"role": "system", "content": system_prompt}]

def user_input():
    """获取用户输入"""
    return input("User: ")

def handle_tool_call(tool_call):
    """执行工具调用并返回结果消息"""
    func_name = tool_call['name']
    args = tool_call['args']

    # 查找匹配的工具
    if func_name == "get_weather":
        result = get_weather.invoke(args)
        return ToolMessage(
            content=result,
            tool_call_id=tool_call['id'],
            name=func_name
        )
    return ToolMessage(
        content=f"未知工具: {func_name}",
        tool_call_id=tool_call['id'],
        name=func_name
    )
```

```
def loop(llm):
    """主循环处理交互逻辑"""
    msg = user_input()
    messages.append(HumanMessage(content=msg))

    while True:
        # 调用模型获取响应
        response = llm.invoke(messages)

        # 提取模型输出和工具调用
        output = response.content
        tool_calls = response.tool_calls if hasattr(response, 'tool_calls') else []

        print(f"Agent: {output}")

        if tool_calls:
            # 处理所有工具调用
            tool_responses = [handle_tool_call(tc) for tc in tool_calls]
            messages.append(response)  # 添加 AI 消息
            messages.extend(tool_responses)  # 添加工具结果
            print(f"工具调用结果: {[r.content for r in tool_responses]}")
        else:
            # 显示最终回复并等待新输入
            messages.append(response)
            msg = user_input()
            messages.append(HumanMessage(content=msg))

# 启动交互循环
loop(llm)
```

这种架构标志着从单次问答到持续认知进程的转变：

- 传统 Chat：input→LLM→output。
- LangGraph 范式：(input+state)→[LLM+Tools]→(output+new_state)。

最终形成具备自我演进能力的对话实体，其核心价值在于将离散的交互转换为持续的价值累积过程，每次工具调用都在扩展 Agent 的认知边界。当循环终止时，系统输出的不仅是答案，也是经过工具验证的知识轨迹。输出结果如下：

```
User: hi
Agent: Hello! How can I assist you today?
User: 今天 shanghai 的天气如怎么样
Agent:
工具调用结果: ['Shanghai 天气晴朗!']
Agent: 今天上海的天气是晴朗的!
User:
```

在解析这段 LangGraph 实现逻辑时，核心在于理解消息传递链与工具调用的协同机制。代码中的 loop()函数构建了交互主循环，其设计精髓体现在消息队列的动态维护上。每次的用户输入都会被封装为 HumanMessage 对象追加到 messages 列表，这个列表本质上是会话上下文的完整记录。当调用 llm.invoke(messages)时，模型会基于完整对话历史生成响应。这种设计确保了上下文连贯性，避免了传统对话系统常见的上下文丢失问题。

这种工具调用处理流程展现了典型的链式调用模式。当模型返回包含 tool_calls 的响应时，系统会遍历每个工具调用指令，通过 handle_tool_call()函数进行解析执行。这里值得注意的是工具路由机制：通过检查 tool_call['name']与已注册工具的匹配关系，实现了灵活的工具扩展能力。在实际开发中，这种模式可轻松扩展支持数据库查询、API 调用等复杂操作，只需按规范注册新的工具函数即可。

下面是使用预创建方式完成的 LangGraph 智能体代码：

```
from langchain.tools import tool
from langchain_core.messages import AIMessage, HumanMessage, ToolMessage
from langchain_openai import ChatOpenAI

def prompt(state):
    user_name = "xiaohua"
    system_msg = f"You are a helpful assistant. Address the user as {user_name}."
    return [{"role": "system", "content": system_msg}] + state["messages"]

# 工具函数定义（使用 LangChain 的@tool 装饰器）
@tool
def get_weather(city: str) -> str:
    """Get weather for a given city."""
    return f"{city} 天气晴朗!"

# 初始化模型（绑定工具）
llm = ChatOpenAI(
    model_name="qwen-plus",
    base_url="https://dashscope.aliyuncs.com/compatible-mode/v1",
    api_key="sk-17f687f6c5ac4647a9d9f649598a7cfe",
).bind_tools([get_weather])

from langgraph.prebuilt import create_react_agent
agent = create_react_agent(
    model=llm,  # 直接传入 LLM 实例
    tools=[get_weather],
    prompt=prompt
)

result = agent.invoke(HumanMessage(content="你好"))
```

代码运行结果请读者可以自行验证。

15.2.4　基于 LangGraph 与 Qwen3 完成聊天助手

接下来，我们使用 LangGraph 结合 Qwen3 来完成聊天助手。为了加深读者对实现过程的理解，我们将在聊天助手中额外添加天气查询工具，并通过条件节点的判断进行工具调用。代码如下：

```
from langchain.tools import tool
from langchain_core.messages import AIMessage, HumanMessage, ToolMessage
from langchain_openai import ChatOpenAI
from langgraph.prebuilt import ToolNode
```

```
# 初始化模型（绑定工具）
llm = ChatOpenAI(
    model_name="qwen-plus",
    base_url="https://dashscope.aliyuncs.com/compatible-mode/v1",
    api_key="sk-17f687f6c5ac4647a9d9f649598a7cfe",
)

from langchain.tools import tool
@tool
def get_weather(city: str) -> str:
    """Get weather for a given city."""
    return f"{city} 天气晴朗!"
tools = [get_weather]

# 工具节点
tool_node = ToolNode(tools=tools)

# 定义状态类型
from typing import Annotated
from typing_extensions import TypedDict
class State(TypedDict):
    messages: Annotated[list, lambda old, new: old + new]

# Chatbot 节点：LLM 响应（不绑定工具）
def chatbot(state: State):
    response = llm.invoke(state["messages"])
    return {"messages": [response]}

# 构建图
from langgraph.graph import StateGraph,END
from langgraph.prebuilt import ToolNode, tools_condition
graph_builder = StateGraph(State)
graph_builder.add_node("chatbot", chatbot)
graph_builder.add_node("tools", tool_node)

# 路由逻辑：LLM 判断是否调用工具
graph_builder.set_entry_point("chatbot")
graph_builder.add_conditional_edges("chatbot", tools_condition)
graph_builder.add_edge("tools", "chatbot")
graph_builder.add_edge("chatbot", END)

# 编译
graph = graph_builder.compile()

# 执行对话
config = {"configurable": {"thread_id": "1"}}
def stream_graph_updates(user_input: str):
    events = graph.stream(
        {"messages": [{"role": "user", "content": user_input}]},
        config,
        #stream_mode="values",
    )
    for event in events:
        for value in event.values():
            print("Assistant:", value["messages"][-1].content)
```

```
# 运行主循环
while True:
    try:
        user_input = input("User: ")
        if user_input.lower() in ["exit", "quit", "q"]:
            print("Goodbye!")
            break
        stream_graph_updates(user_input)
    except Exception as e:
        print(f"错误：{e}")
        break
```

读者可以自行运行代码验证结果。

15.2.5　进阶智能体构建

在上一小节中，我们使用基础的 LangGraph 组件完成了智能体的构建，其中自定义条件选择的实现方法如下：

```
# 更精确的工具调用检测
def should_continue(state: MessagesState) -> Literal["tools", END]:
    messages = state['messages']
    last_message = messages[-1]

    # 只对 AI 生成的消息检测工具调用
    if isinstance(last_message, AIMessage) and hasattr(last_message,
'tool_calls') and last_message.tool_calls:
        print("检测到工具调用，转到工具节点")
        return "tools"

    # 其他情况结束流程
    return END
```

在上面代码中，我们额外添加了对消息进行检测的方法，并返回调用工具。

完整的实现代码如下：

```
from typing import Literal
from langchain_core.messages import HumanMessage, AIMessage
from langchain_openai import ChatOpenAI
from langgraph.checkpoint.memory import MemorySaver
from langgraph.graph import END, StateGraph, MessagesState
from langgraph.prebuilt import ToolNode

from langchain.tools import tool


@tool
def get_weather(city: str) -> str:
    """这是一个对天气进行搜索并得到返回结果的工具."""
    return f"{city} 天气晴朗!"


tools = [get_weather]
```

```
    # 初始化模型（绑定工具）
    llm = ChatOpenAI(
        model_name="qwen-plus",
        base_url="https://dashscope.aliyuncs.com/compatible-mode/v1",
        api_key="sk-17f687f6c5ac4647a9d9f649598a7cfe",
    )

    # 工具节点
    tool_node = ToolNode(tools=tools)


    # 更精确的工具调用检测
    def should_continue(state: MessagesState) -> Literal["tools", END]:
        messages = state['messages']
        last_message = messages[-1]

        # 只对 AI 生成的消息检测工具调用
        if isinstance(last_message, AIMessage) and hasattr(last_message,
'tool_calls') and last_message.tool_calls:
            print("检测到工具调用，转到工具节点")
            return "tools"

        # 其他情况结束流程
        return END


    # 使用字典键访问消息
    def chatbot(state: MessagesState):
        # 绑定工具到 LLM
        llm_with_tools = llm.bind_tools(tools)
        response = llm_with_tools.invoke(state['messages'])
        return {"messages": [response]}


    # 构建图
    graph_builder = StateGraph(MessagesState)
    graph_builder.add_node("chatbot", chatbot)
    graph_builder.add_node("tools", tool_node)

    # 设置入口点
    graph_builder.set_entry_point("chatbot")

    # 正确设置条件边
    graph_builder.add_conditional_edges(
        "chatbot",
        should_continue,
        {
            "tools": "tools",  # 如果调用工具，转到工具节点
            END: END  # 否则结束
        }
    )

    # 工具节点执行后回到 chatbot
    graph_builder.add_edge("tools", "chatbot")
```

```
# 编译图
graph = graph_builder.compile()

# 执行图
final_state = graph.invoke(
    {"messages": [HumanMessage(content="上海的天气怎么样?")]},
    config={"configurable": {"thread_id": 929}}
)

# 输出结果
result = final_state["messages"][-1].content
print("最终结果:", result)
```

运行上面代码，结果如下：

```
检测到工具调用，转到工具节点
最终结果：上海的天气目前是晴朗的。
```

此外，我们还可以通过 LangGraph 添加额外的记忆力组件，从而使得智能体在运行时能够记忆原有的内容。添加记忆力组件的代码如下：

```
# 初始化内存以在图运行之间持久化状态
checkpointer = MemorySaver()

# 编译图
# 这将编译成一个 LangChain 可运行对象
# 这意味着你可以像使用其他可运行对象一样使用它
# 注意，我们（可选地）在编译图时传递内存
graph = graph_builder.compile(checkpointer=checkpointer)
```

完整代码如下：

```
from typing import Literal
from langchain_core.messages import HumanMessage, AIMessage
from langchain_openai import ChatOpenAI
from langgraph.checkpoint.memory import MemorySaver
from langgraph.graph import END, StateGraph, MessagesState
from langgraph.prebuilt import ToolNode

from langchain.tools import tool


@tool
def get_weather(city: str) -> str:
    """这是一个对天气进行搜索并得到返回结果的工具."""
    return f"{city} 天气晴朗!"

tools = [get_weather]

# 初始化模型（绑定工具）
llm = ChatOpenAI(
    model_name="qwen-plus",
    base_url="https://dashscope.aliyuncs.com/compatible-mode/v1",
    api_key="sk-17f687f6c5ac4647a9d9f649598a7cfe",
)
```

```
    # 工具节点
    tool_node = ToolNode(tools=tools)

    # 更精确的工具调用检测
    def should_continue(state: MessagesState) -> Literal["tools", END]:
        messages = state['messages']
        last_message = messages[-1]

        # 只对 AI 生成的消息检测工具调用
        if isinstance(last_message, AIMessage) and hasattr(last_message,
'tool_calls') and last_message.tool_calls:
            print("检测到工具调用，转到工具节点")
            return "tools"

        # 其他情况结束流程
        return END


    # 使用字典键访问消息
    def chatbot(state: MessagesState):
        # 绑定工具到 LLM
        llm_with_tools = llm.bind_tools(tools)
        response = llm_with_tools.invoke(state['messages'])
        return {"messages": [response]}


    # 构建图
    graph_builder = StateGraph(MessagesState)
    graph_builder.add_node("chatbot", chatbot)
    graph_builder.add_node("tools", tool_node)

    # 设置入口点
    graph_builder.set_entry_point("chatbot")

    # 正确设置条件边
    graph_builder.add_conditional_edges(
        "chatbot",
        should_continue,
        {
            "tools": "tools",  # 如果调用工具，转到工具节点
            END: END  # 否则结束
        }
    )

    # 工具节点执行后回到 chatbot
    graph_builder.add_edge("tools", "chatbot")

    # 初始化内存以在图运行之间持久化状态
    checkpointer = MemorySaver()

    # 编译图
    # 这将编译成一个 LangChain 可运行对象
    # 这意味着你可以像使用其他可运行对象一样使用它
    # 注意，我们（可选地）在编译图时传递内存
```

```
graph = graph_builder.compile(checkpointer=checkpointer)

# 执行图，使用可运行对象
final_state = graph.invoke(
    {"messages": [HumanMessage(content="上海的天气怎么样?")]},
    config={"configurable": {"thread_id": 929}}
)
# 从 final_state 中获取最后一条消息的内容
result = final_state["messages"][-1].content
print(result)
final_state = graph.invoke(
    {"messages": [HumanMessage(content="我问的那个城市?")]},
    config={"configurable": {"thread_id": 929}}
)
result = final_state["messages"][-1].content
print(result)
```

读者可以自行运行代码验证结果。

15.3　本章小结

在本章中，我们深入探索了 LangGraph 的核心应用，通过智能体案例展示了其基本组成结构和运行机制。案例演示清晰呈现了 LangGraph 如何驱动智能体完成文本交互和工具调用，展现了其将复杂流程转换为可编程图的独特价值。在 Qwen3 模型的集成方面，我们既可通过其原生 API 接口直接调用，也能利用 LangGraph 的统一调度框架实现更灵活的流程控制，这种双重接入方式为开发者提供了充分的自由度。

在工具调用方面，我们不仅实现了基础功能，而且通过自定义条件判断和工具节点设计，创建了智能化的触发机制——当用户输入包含“天气”等关键词时，系统能自动生成工具调用请求，这种设计显著提升了交互的自然度和效率。整个过程展示了 LangGraph 如何将多步骤、多工具的工作流转换为可管理的状态转移过程，其中状态对象的动态更新机制确保了对话上下文的连贯性。

通过实践验证，LangGraph 的核心优势在于其将复杂智能体工作流抽象为节点和边的能力。这种范式转换使得开发者能够像设计电路图一样编辑 AI 行为，将 LLM 的认知能力与确定性工具无缝结合。工具调用不再只是功能扩展手段，更成为智能体与环境交互的感知延伸。当天气查询工具返回“晴朗”时，这不仅是数据反馈，更是智能体对现实世界认知的更新。

第 16 章

基于 LangGraph 的高品质住宅投研智能体开发实战

深圳，这座蕴含着科技创新基因的未来之城，始终以“敢为天下先”的锐气勾勒着数字时代的天际线。从 5G 基站编织的数字经络，到无人机划过的智慧天际线；从云上代码构筑的云端宇宙，到刀片电池迸发的绿色能量，深圳企业以“硬核创新”为笔，在大湾区的版图上书写着中国智造的新范式。当代深圳以“科创引擎”的姿态，将人工智能的算力、基因测序的密码、量子计算的曙光熔铸成一座立体的创新矩阵——科技园的午夜灯火与创业咖啡馆的灵感迸发同频共振，前海湾的浪潮与科学城的射线交织共鸣，构建起全球瞩目的“基础研究＋技术攻关＋成果产业化”全链条创新生态体系。深圳智慧天际线宣传图如图 16-1 所示。

图 16-1　智慧天际线

基于前期学习和掌握的 LangGraph 的设计模式，本章将设计一套完整的针对深圳南山的高品质住宅投研助手。在实际应用场景中，用户不仅可以获得智能化投研分析，更能在多模态数据引擎中实时捕捉市场脉搏，真正实现“全链路投研支持，多维度决策赋能”的智能投研新范式。

16.1　搭建投研助手必备的知识维度

作为一名投研专业人士，在投研工作中，必须掌握所调研的垂直领域的知识。这就好比探险家深入未知领域，若没有对地形、气候等知识的了解，便极易迷失方向。投研亦是如此。只有深耕垂直领域，我们才能精准把握行业动态，挖掘潜在价值。

当前，高品质住宅正成为房产领域一颗冉冉升起的新星，吸引了众多住户和投资者的目光。它不再只是遮风挡雨的居所，更承载着人们对品质生活的追求。以低公摊面积为根本，从绿色环保的建筑材料，到智能化的家居系统；从人性化的社区规划，到贴心周到的物业服务，每一个细节都彰显其独特魅力。然而，要在这个新兴领域进行投研，就必须具备专业的垂直领域知识。我们要了解高品质住宅的设计理念、建筑标准、市场需求等，才能判断其发展前景与投资价值。

但投研工作并非局限于单一领域，我们还需要掌握投研所需的宽域方面内容。高品质住宅的发展，与宏观经济形势、政策法规、金融环境等息息相关。例如，国家对房地产市场的调控政策，会直接影响高品质住宅的供需关系；金融市场的利率波动，也会影响购房者的购买力和投资者的决策。因此，我们需要从宏观经济、政策法规、金融环境等多个角度，全面了解投研目标所涉及的相关领域内容。

在投研高品质住宅的道路上，专业垂直领域知识是我们的利刃，帮助我们披荆斩棘；宽域知识则是我们的望远镜，让我们高瞻远瞩。只有将两者有机结合，我们才能在复杂多变的市场中，精准捕捉投资机会，实现资产的稳健增值。

16.1.1　负公摊深析：解构高品质住宅的价值基底

作为特定对象的投研专业人士，需要了解和掌握相关垂直领域的知识。高品质住宅最核心的价值是低公摊面积甚至是负公摊。这一理念可以通过优化建筑设计、创新空间布局来实现，本质是提升得房率与居住体验。理解这一概念需从基础出发，结合技术路径与市场反馈展开分析。高品质住宅示意图如图 16-2 所示。

图 16-2　高品质住宅示意图

公摊面积的计算与政策密切相关，传统房地产中电梯井、走廊等公共区域被计入购房面积，而负公摊则通过设计调整将部分公摊剥离，甚至使实际使用面积超过购房面积。例如某项目通过全屋飘窗赠送、阳台及电梯厅按半面积计算，得房率可达103%~107.9%；部分高端房地产更实现约140%的超高得房率，这表明技术层面已具备可行性。

实现负公摊的关键在于建筑创新与政策适配。以南山为例，当地2024年发布的规划措施允许封闭阳台按水平投影面积的1/2计入建筑面积，这类政策调整为开发商优化设计提供了空间。此外，高品质住宅的出现进一步推动负公摊落地，南山地区通过6米挑高空中花园、超新规设计实现得房率超140%，这类产品融合绿色建筑理念，将公共空间转化为可利用的私有化区域。

作为投研使用者，我们还需要知道市场对负公摊房地产的反应，这直接关联其商业价值。购房者普遍对"多得房"模式表现出强烈兴趣，因其降低了单位面积成本并提升了居住舒适度，部分项目借此实现销售溢价。从投资视角看，这类房地产对二手房市场形成压力，新房凭借更低公摊、更高品质对周边二手房产生"碾压效应"，这暗示着未来区域新房与二手房价差可能进一步拉大。

作为投研使用者，我们需要了解政策环境是不可忽视的变量。尽管多地已尝试放宽公摊计算规则，但全国性标准尚未统一，需要关注的是住房城乡建设部门对建筑面积计算的调整方向。例如，某些地区的试点政策可能成为未来推广样本，而一线城市受限于容积率与公共配套要求，负公摊产品的普及速度或慢于二线。

技术层面的支撑同样重要。装配式建筑、模块化设计及新型材料的应用，使开发商能在控制成本的同时优化空间利用率。例如，某地部分项目通过结构创新实现接近零公摊的得房率，这类技术路径的复制能力将决定负公摊房地产的扩展潜力。

从投研角度，需结合区域政策、开发商能力与消费者偏好综合评估。而不同地区具有代表性的案例则说明不同城市的需求差异，其结果已展现市场活力。投资者应关注哪些房企率先布局负公摊产品，关注其项目利润率、销售去化速度及后续政策风险；同时对比传统房地产的财务模型，判断长期回报率是否更具优势。

从投研角度还需要对供需关系进行调研。它既反映消费者对居住品质的升级需求，也体现开发商在政策框架内争取竞争优势的策略。对于投研人员，需持续跟踪政策动态、技术迭代与市场反馈，才能准确评估投资价值。

16.1.2 搭建全域知识架构的投研认知体系

投研工作并非局限于单一领域，而是需要掌握广泛的跨领域图谱知识。高品质住宅的发展，与宏观经济形势、政策法规、金融环境等息息相关。

宏观经济方面，国家对房地产市场的调控政策会直接影响高品质住宅的供需关系。例如，当政府出台限购、限贷等政策时，购房者的购买力会受到限制，进而影响高品质住宅的销售情况。而金融市场的利率波动，也会影响购房者的购买力和投资者的决策。当利率上升时，购房者的贷款成本增加，可能会推迟购房计划；而投资者则会更加谨慎地考虑投资回报率。

政策法规方面，投研者需关注各地对房地产市场的具体政策措施。例如，某些地区对高品质住宅的规划、建设、销售等环节都有明确的规定，投研者需了解这些政策的具体内容及其对市场的影响。同时，还需关注政策的变化趋势，以便及时调整投研策略。

金融环境方面，投研者需了解金融市场的资金流向、融资成本等信息。例如，当金融市场资金充裕时，开发商更容易获得融资，从而加快高品质住宅的开发进度；而融资成本的上升，则会增加开发商的开发成本，进而影响房价和销售情况。

技术实现上，投研助手需整合 LangGraph 与 Qwen-Agent 框架，具备多步骤推理能力。例如，当输入“深圳南山市场前景”时，系统会自动抓取资料库中的区域报告以及租金趋势，结合政策文件生成分析报告。同时，模型需预设风险因子库，并通过历史回测验证策略稳健性。

技术实现上，投研助手需整合 LangGraph 与 Qwen-Agent 框架，具备多步骤推理能力。例如，当输入“深圳南山市场前景”时，系统会自动抓取资料库中的区域报告以及租金趋势，结合政策文件生成分析报告。同时，模型需预设风险因子库，并通过历史回测验证策略稳健性。

16.1.3　智居范式跃迁：重构技术驱动的居住品质生态

在高品质住宅的投研版图中，智居范式的跃迁正成为撬动行业变革的核心杠杆。当传统房地产仍聚焦于物理空间的得房率与建筑美学时，新一代智居产品已将技术基因融入空间肌理，重新定义居住品质的内涵。这种变革不仅体现在设备联网的表象层面，而且体现在技术如何深度重构人与空间、空间与城市、城市与自然的共生关系，从而为投研者开辟全新的价值评估维度。

技术驱动的居住品质升级，首先体现在空间效率的革命性突破。传统负公摊设计通过物理空间优化提升得房率，而智居系统则通过“时间维度”的拓展进一步释放空间价值。例如，某高端住宅项目引入“空间折叠”概念：客厅墙面通过电动升降系统在白天切换为办公模式，夜晚则降下投影幕布变身家庭影院；厨房岛台内置可伸缩电磁炉与水槽，在满足中西餐烹饪需求的同时节省了 30%的操作面积。这种“一空间多场景”的设计，本质是通过传感器与智能算法实现空间功能的动态分配，其背后是物联网、边缘计算与机械工程技术的深度融合。投研者需关注此类技术路径的商业化落地速度，以及它对传统户型设计的颠覆性影响。

健康与舒适度的技术赋能，则成为智居产品的核心竞争壁垒。传统房地产以“五恒系统”（恒温、恒湿、恒氧、恒静、恒洁）作为品质标杆，而新一代智居系统已进化至“生命体征感知”阶段。某项目通过毫米波雷达与 AI 算法，可实时监测居住者的心率、呼吸频率及睡眠质量，并联动空调、新风、灯光系统进行动态调节：当检测到用户进入深度睡眠时，自动将卧室温度降低 0.5℃并关闭窗帘缝隙；若发现用户长时间伏案工作，则通过智能座椅震动提醒并联动灯光切换至护眼模式。此类技术不仅提升居住体验，更通过健康数据的积累为保险公司、医疗机构等第三方提供增值服务接口，形成“居住-健康-金融”的生态闭环。投研者需评估此类技术对物业溢价能力的长期影响，以及数据隐私保护带来的合规风险。

能源与环境的智慧协同，则将智居产品推向可持续发展高地。传统绿色建筑依赖光伏板与储能系统实现能源自给，而新一代智居系统通过“光储直柔”技术构建微电网，并与城市能源网络双向互动。某生态社区项目实现 85%的能源自给率，其屋顶光伏系统不仅为家庭供电，还可将多余电力注入社区充电桩；当电网负荷高峰时，家庭储能设备反向放电获取收益。更值得关注的是，社区雨水回收系统与垂直绿化墙形成水循环网络，通过植物蒸腾作用调节局部微气候，使夏季室内温度较传统建筑降低 3℃~5℃。此类技术突破不仅降低了运营成本，也能通过碳积分交易、绿色金融等机制创造新的盈利点。投研者需关注此类项目的初始投资回报周期，以及政策补贴退坡后的持续盈利能力。

社区与城市的生态融合，则将智居范式推向更广阔的价值维度。传统住宅社区与城市基础设施相对孤立，而新一代智居社区通过数字孪生技术实现“虚实共生”。某智慧社区项目构建三维数字模型，实时映射物理空间的设备状态、人流密度与能源消耗，并与市政交通、安防、医疗系统数据互通：当系统检测到社区内突发疾病病例时，自动规划最优急救路线并联动交通信号灯优先放行；若发现垃圾处理压力增大，则通知市政部门调整清运频次。此类技术不仅提升了社区治理效率，更通过数据共享创造了新的商业模式。例如，向保险公司提供社区健康风险评估报告，或向零售商推送精准消费画像。投研者需评估此类项目的规模化复制能力，以及数据主权归属带来的法律争议。

在投研实践中，智居范式的跃迁要求投研者构建动态评估框架。一方面，需建立技术成熟度曲线模型，跟踪物联网、人工智能、新能源等关键技术的突破节点与商业化路径。例如，当毫米波雷达成本降低时，空间感知技术将迎来爆发式增长；当固态电池能量密度获得突破时，家庭储能系统将彻底改变能源格局。另一方面，需构建“政策-市场-技术”三角分析模型，预判各地政府对智居产品的扶持力度（如深圳将“智慧社区”纳入城市更新考核指标）、消费者接受度及技术迭代速度。

智居范式的跃迁，本质是技术对居住品质生态的重构。从空间效率到健康管理，从能源革命到社区治理，技术正以润物细无声的方式渗透至居住的每一个毛细血管。对于投研者而言，这既是挑战也是机遇：挑战在于需跨越建筑、科技、金融等多学科知识鸿沟；机遇则在于能提前布局具有技术护城河的优质标的。唯有以动态视角审视技术演进路径，以生态思维评估项目价值潜力，方能在智居革命的浪潮中捕捉真正的投资机会。

16.2 基于 Qwen3 的高品质住宅投研助手实战

在上一章中，我们结合 Qwen3 与 LangGraph 讲解了聊天助手智能体的全流程搭建过程。本节将更进一步，完成基于 LangGraph 的高品质住宅投研助手智能体，用于高品质住宅投资研究场景。

该智能体具备强大的数据整合能力，能够对高品质住宅市场数据进行深度挖掘与系统梳理。在此基础上，它通过多步骤的复杂分析与严谨的推理机制，精准生成具有前瞻性的房产投资观点，并输出专业详实的研究报告。

在具体实现上，我们要求投研助手整体运作流程紧密且有序：

（1）感知阶段，智能体如同敏锐的市场洞察者，广泛收集涵盖房价走势、区域规划、政策动态等全方位的房地产市场数据与信息，为后续分析奠定坚实基础。

（2）建模阶段，它运用先进的算法与模型，构建精准的内部世界模型，深入理解房地产市场的实时状态与潜在趋势。

（3）推理阶段，智能体凭借其强大的逻辑推理能力，生成多个具有可行性的候选房产投资方案，并对每个方案进行模拟推演，预测可能产生的结果。

（4）决策阶段，智能体综合考量各种因素，从众多候选方案中筛选出最优的房产投资观点。

（5）报告阶段，智能体将分析过程、决策依据以及最终的投资观点进行系统整合，生成一份完整、规范的房产研究报告，为投资者提供科学、全面的决策参考。

本节将依照上面的设计要求实现基于 Qwen3 的高品质住宅投研助手。

16.2.1　智能体流程功能的定义

要设计一个投研助手，需要一系列的流程，包括收集数据、对投研报告进行分析和论证。这里，我们依照本节开头所述的设计要求，首先对投研助手每一步骤的流程进行设计，并确定每一步骤的功能。代码如下：

```
import os
import json
from typing import Dict, List, Any, Literal, TypedDict, Optional, Union, Tuple
from pydantic import BaseModel, Field, validator
# 此处省略实例化大模型 llm 的相关代码，详细实现请读者参看本书配套代码
# 定义输出模型
class PerceptionOutput(BaseModel):
    """感知阶段收集的房地产市场数据和信息"""
    market_overview: str = Field(..., description="房地产市场概况和最新动态")
    key_indicators: Dict[str, str] = Field(..., description="关键房地产指标(房价、成交量、利率等)")
    recent_policies: List[str] = Field(..., description="近期房地产相关政策")
    regional_trends: Dict[str, str] = Field(..., description="不同区域房地产市场趋势分析")

class ModelingOutput(BaseModel):
    """建模阶段输出的整理后的数据"""
    market_state: str = Field(..., description="当前房地产市场状态评估")
    market_cycle: str = Field(..., description="房地产周期判断")
    risk_factors: List[str] = Field(..., description="主要风险因素")
    opportunity_areas: List[str] = Field(..., description="潜在机会区域/类型")
    supply_demand: str = Field(..., description="供需关系分析")


class ReasoningPlan(BaseModel):
    """推理阶段生成的候选房产投资方案"""
    plan_id: str = Field(..., description="方案 ID")
    investment_type: str = Field(..., description="投资类型(住宅/商业/工业等)")
    target_region: str = Field(..., description="目标区域")
    property_features: List[str] = Field(..., description="目标房产特征")
    investment_strategy: str = Field(..., description="投资策略")
    expected_return: str = Field(..., description="预期回报")
    confidence_level: float = Field(..., description="置信度(0-1)")
    pros: List[str] = Field(..., description="方案优势")
    cons: List[str] = Field(..., description="方案劣势")

class DecisionOutput(BaseModel):
    """决策阶段选择的最优房产投资观点"""
    selected_plan_id: str = Field(..., description="选中的方案 ID")
    investment_thesis: str = Field(..., description="投资观点")
    supporting_evidence: List[str] = Field(..., description="支持证据")
    risk_assessment: str = Field(..., description="风险评估")
    recommendation: str = Field(..., description="投资建议")
    timeframe: str = Field(..., description="投资时间框架")
```

上面代码定义了投研助手的工作步骤和流程。此外，我们还需要定义智能体状态，实现代码如下：

```
    # 定义智能体状态
    class RealEstateResearchState(TypedDict):
        """房产研究智能体的状态"""
        # 输入
        research_topic: str      # 研究主题
        region_focus: str        # 区域焦点
        time_horizon: str        # 时间范围(短期/中期/长期)

        # 处理状态
        perception_data: Optional[Dict[str, Any]]             # 感知阶段收集的数据
        world_model: Optional[Dict[str, Any]]                 # 内部世界模型
        reasoning_plans: Optional[List[Dict[str, Any]]]       # 候选分析方案
        selected_plan: Optional[Dict[str, Any]]               # 选中的最优方案

        # 输出
        final_report: Optional[str]  # 最终研究报告

        # 控制流
        current_phase: Literal["perception", "modeling", "reasoning", "decision",
"report"]
        error: Optional[str]  # 错误信息
```

16.2.2 智能体流程角色的设定

接下来，我们需要对投研助手的每个步骤设计对应的提示，其作用是定义每个步骤的作用，并通过 Qwen3 协助完成当前步骤。提示设计如下：

```
    # 提示模板
    PERCEPTION_PROMPT = """
        你是一个专业的房地产研究分析师，请收集和整理关于以下研究主题的房地产市场数据和信息：
        研究主题：{research_topic}
        区域焦点：{region_focus}
        时间范围：{time_horizon}
        请从以下几个方面进行房地产市场感知：
        1. 房地产市场概况和最新动态
        2. 关键房地产指标(房价、成交量、利率、空置率等)
        3. 近期高品质住宅相关政策（至少 3 条）
        4. 不同区域房地产市场趋势分析（至少针对 3 个区域）
        根据你的专业知识和经验，提供尽可能详细和准确的信息。
        输出格式要求为 JSON，包含以下字段：
        - market_overview: 字符串
        - key_indicators: 字典，键为指标名称，值为指标值和简要解释
        - recent_policies: 字符串列表，每项为一条重要政策
        - regional_trends: 字典，键为区域名称，值为趋势分析
    """

    MODELING_PROMPT = """
        你是一个资深房地产策略师，请根据以下房地产市场数据和信息，构建市场内部模型，进行深度分析：
        研究主题：{research_topic}
        区域焦点：{region_focus}
        时间范围：{time_horizon}
        房地产市场数据和信息：
        {perception_data}
        请构建一个全面的房地产市场内部模型，包括：
```

```
    1. 当前房地产市场状态评估
    2. 房地产周期判断
    3. 主要风险因素（至少 3 个）
    4. 潜在机会区域/类型（至少 3 个）
    5. 供需关系分析
    输出格式要求为 JSON，包含以下字段：
    - market_state: 字符串
    - market_cycle: 字符串
    - risk_factors: 字符串列表
    - opportunity_areas: 字符串列表
    - supply_demand: 字符串
"""

REASONING_PROMPT = """
    你是一个战略房地产投资顾问，请根据以下市场模型，生成 3 个不同的房产投资分析方案：
    研究主题: {research_topic}
    区域焦点: {region_focus}
    时间范围: {time_horizon}
    房地产市场内部模型:
    {world_model}
    请为每个方案提供:
    1. 方案 ID（简短标识符）
    2. 投资类型(住宅/商业/工业等)
    3. 目标区域
    4. 目标房产特征（至少 3 点）
    5. 投资策略
    6. 预期回报
    7. 置信度（0~1 的小数）
    8. 方案优势（至少 3 点）
    9. 方案劣势（至少 2 点）
    这些方案应该有明显的差异，代表不同的房产投资思路或策略。
    输出格式要求为 JSON 数组，每个元素包含以下字段：
    - plan_id: 字符串
    - investment_type: 字符串
    - target_region: 字符串
    - property_features: 字符串列表
    - investment_strategy: 字符串
    - expected_return: 字符串
    - confidence_level: 浮点数
    - pros: 字符串列表
    - cons: 字符串列表
"""

DECISION_PROMPT = """
    你是房地产投资决策委员会主席，请评估以下候选房产投资方案，选择最优方案并形成投资决策：
    研究主题: {research_topic}
    区域焦点: {region_focus}
    时间范围: {time_horizon}
    房地产市场内部模型:
    {world_model}
    候选房产投资方案:
    {reasoning_plans}
    请基于方案的投资类型、目标区域、特征、策略、预期回报、置信度以及优缺点，选择最优的房产投
资方案，并给出详细的决策理由。
    你的决策应该综合考虑投资潜力、风险水平和时间框架的匹配度。
```

```
    输出格式要求为 JSON，包含以下字段：
    - selected_plan_id：字符串
    - investment_thesis：字符串
    - supporting_evidence：字符串列表
    - risk_assessment：字符串
    - recommendation：字符串
    - timeframe：字符串
"""

REPORT_PROMPT = """
    你是一个专业的房地产研究报告撰写人，请根据以下信息生成一份完整的房产投资研究报告：
    研究主题：{research_topic}
    区域焦点：{region_focus}
    时间范围：{time_horizon}
    房地产市场数据和信息：
    {perception_data}
    房地产市场内部模型：
    {world_model}
    选定的房产投资决策：
    {selected_plan}
    请生成一份结构完整、逻辑清晰的房产投研报告，包括但不限于：
    1. 报告标题和摘要
    2. 房地产市场和区域背景
    3. 核心房产投资观点
    4. 详细分析论证
    5. 风险因素
    6. 投资建议
    7. 时间框架和预期回报
    报告应当专业、客观，同时提供足够的分析深度和洞见。
"""
```

在上面提示中，我们构建了不同角色的提示模板，作用是对投研助手各个阶段所需完成的功能进行定义，并对投研中各个步骤的工作细节进行设计。

16.2.3 投研智能体不同角色的组合与实现

在智能体流程的具体实施上，我们需要组合前面讲解的流程并赋予其对应的角色。例如，如果需要完成数据收集智能体，则需要使用如下定义与提示的组合。

1. 数据收集模块

```
# 第一阶段：感知 - 收集房地产市场数据和信息
def perception(state, llm):
    """感知阶段：收集和整理房地产市场数据和信息

    参数：
        state (dict)：当前分析状态字典，包含研究主题、关注区域和时间范围等信息
        llm：语言模型实例，用于处理自然语言查询和生成结构化输出

    返回：
        dict：更新后的状态字典，包含感知阶段收集的数据和当前阶段的标识
    """

    # 打印阶段提示信息
```

```
    print("1. 感知阶段：收集房地产市场数据和信息...")

    # 创建聊天提示模板
    prompt = ChatPromptTemplate.from_template(prompt_temple.PERCEPTION_PROMPT)

    # 构建处理链：提示模板 -> LLM 处理 -> JSON 格式解析器
    chain = prompt | llm | JsonOutputParser()

    # 准备输入数据字典，包含当前研究的关键参数
    input_data = {
        "research_topic": state["research_topic"],   # 当前研究的核心主题
        "region_focus": state["region_focus"],       # 重点关注的研究区域
        "time_horizon": state["time_horizon"]        # 研究的时间范围/视野
    }

    # 执行处理链，获取 LLM 生成的结果
    result = chain.invoke(input_data)

    # 更新状态字典并返回
    return {
        **state,  # 保留原有状态信息
        "perception_data": result,        # 添加感知阶段收集的数据
        "current_phase": "modeling"       # 更新当前阶段标识为“建模”
    }
```

上面这段代码实现了房地产市场数据分析智能体的第一个核心阶段——数据收集阶段，主要完成了以下功能：

（1）阶段初始化：

- 接收当前分析状态（state）和语言模型（llm）作为输入参数。
- 打印阶段开始提示，明确当前处理阶段。

（2）提示模板构建：

- 使用预定义的 PERCEPTION_PROMPT 模板创建聊天提示。
- 该模板应包含指导 LLM 如何收集房地产市场数据的具体指令。

（3）处理链构建：

- 将提示模板、LLM 处理和 JSON 解析器串联成处理管道。
- 这种链式处理是 LangGraph 框架的典型用法。

（4）输入数据准备：

- 从状态字典中提取关键参数：研究主题、关注区域和时间范围。
- 这些参数将指导数据收集的方向和范围。

（5）数据处理与状态更新：

- 执行处理链获取 LLM 生成的结果。
- 更新状态字典，添加收集到的数据并标记下一阶段为“建模”。

同样地，我们可以根据不同的功能和步骤依次完成后续其他不同角色的设定。

2. 内部研判模块

```
# 第二阶段：建模 - 构建内部研判模型
def modeling(state,llm):
    print("2. 建模阶段：构建房地产市场内部研判模型...")

    if not state.get("perception_data"):
        return {
            **state,
            "error": "建模阶段缺少感知数据",
            "current_phase": "perception"  # 回到感知阶段
        }

    # 准备提示
    prompt = ChatPromptTemplate.from_template(prompt_temple.MODELING_PROMPT)

    # 构建输入
    input_data = {
        "research_topic": state["research_topic"],
        "region_focus": state["region_focus"],
        "time_horizon": state["time_horizon"],
        "perception_data": json.dumps(state["perception_data"],
ensure_ascii=False, indent=2)
    }

    # 调用 LLM
    chain = prompt | llm | JsonOutputParser()
    result = chain.invoke(input_data)

    # 更新状态
    return {
        **state,
        "world_model": result,
        "current_phase": "reasoning"
    }
```

3. 方案生成模块

```
# 第三阶段：推理 - 生成候选房产投资方案
def reasoning(state,llm):
    """推理阶段：生成多个候选房产投资方案并模拟结果"""

    print("3. 推理阶段：生成候选房产投资方案...")

    # 确保世界模型已存在
    if not state.get("world_model"):
        return {
            **state,
            "error": "推理阶段缺少世界模型",
            "current_phase": "modeling"  # 回到建模阶段
        }

    # 准备提示
```

```
        prompt = ChatPromptTemplate.from_template(prompt_temple.REASONING_PROMPT)

        # 构建输入
        input_data = {
            "research_topic": state["research_topic"],
            "region_focus": state["region_focus"],
            "time_horizon": state["time_horizon"],
            "world_model": json.dumps(state["world_model"], ensure_ascii=False,
indent=2)
        }

        # 调用 LLM
        chain = prompt | llm | JsonOutputParser()
        result = chain.invoke(input_data)

        # 更新状态
        return {
            **state,
            "reasoning_plans": result,
            "current_phase": "decision"
        }
```

4. 投研决策模块

```
    # 第四阶段：决策 - 选择最优房产投资方案
    def decision(state,llm):
        """决策阶段：评估候选方案并选择最优房产投资观点"""

        print("4. 决策阶段：选择最优房产投资观点...")

        # 确保候选方案已存在
        if not state.get("reasoning_plans"):
            return {
                **state,
                "error": "决策阶段缺少候选方案",
                "current_phase": "reasoning"  # 回到推理阶段
            }

        # 准备提示
        prompt = ChatPromptTemplate.from_template(prompt_temple.DECISION_PROMPT)

        # 构建输入
        input_data = {
            "research_topic": state["research_topic"],
            "region_focus": state["region_focus"],
            "time_horizon": state["time_horizon"],
            "world_model": json.dumps(state["world_model"], ensure_ascii=False,
indent=2),
            "reasoning_plans": json.dumps(state["reasoning_plans"],
ensure_ascii=False, indent=2)
        }

        # 调用 LLM
        chain = prompt | llm | JsonOutputParser()
        result = chain.invoke(input_data)
```

```
        # 更新状态
        return {
            **state,
            "selected_plan": result,
            "current_phase": "report"
        }
```

5. 报告生成模块

```
    # 第五阶段：报告 - 生成完整的房产研究报告
    def report(state,llm):
        """报告阶段：生成完整的房产投资研究报告"""

        print("5. 报告阶段：生成完整的房产研究报告...")

        # 确保选定方案已存在
        if not state.get("selected_plan"):
            return {
                **state,
                "error": "报告阶段缺少选定方案",
                "current_phase": "decision"  # 回到决策阶段
            }

        # 准备提示
        prompt = ChatPromptTemplate.from_template(prompt_temple.REPORT_PROMPT)

        # 构建输入
        input_data = {
            "research_topic": state["research_topic"],
            "region_focus": state["region_focus"],
            "time_horizon": state["time_horizon"],
            "perception_data": json.dumps(state["perception_data"],
ensure_ascii=False, indent=2),
            "world_model": json.dumps(state["world_model"], ensure_ascii=False,
indent=2),
            "selected_plan": json.dumps(state["selected_plan"], ensure_ascii=False,
indent=2)
        }

        # 调用 LLM
        chain = prompt | llm | StrOutputParser()
        result = chain.invoke(input_data)

        # 更新状态
        return {
            **state,
            "final_report": result,
            "current_phase": "completed"
        }
```

6. 路由器模块

除了不同角色和流程的设计外，我们还需要额外添加一个路由器模块，用于对当前投研步骤完成后的下一步骤进行选择，代码如下：

```
# 路由函数 - 根据当前阶段决定下一步
def router(state) -> str:
    """根据当前阶段路由到下一步或结束"""

    # 如果有错误，则保持在当前阶段
    if state.get("error"):
        return state["current_phase"]

    # 根据当前阶段决定下一步
    current = state["current_phase"]

    if current == "perception":
        return "modeling"
    elif current == "modeling":
        return "reasoning"
    elif current == "reasoning":
        return "decision"
    elif current == "decision":
        return "report"
    elif current == "report":
        return END
    else:
        return END
```

从上面代码可以看到，我们完成了投研基本步骤所需要的各个模块，并添加了路由模块对工作流程进行判断，从而为投研过程中调度不同角色及其工作模块打下基础。

16.2.4　完整投研智能体的搭建与运行

目前我们已经把上面完成的工作整合成为一个完整的智能体投研助手。在整合过程中，我们需要对各个工作节点进行设置，最终创建智能体工作流图，代码如下：

```
# 创建智能体工作流图
def create_real_estate_research_workflow() -> StateGraph:
    """创建深思熟虑型房产研究智能体工作流图"""

    # 创建状态图
    workflow = StateGraph(process.RealEstateResearchState)

    # 添加节点
    workflow.add_node("perception", agents.perception)
    workflow.add_node("modeling", agents.modeling)
    workflow.add_node("reasoning", agents.reasoning)
    workflow.add_node("decision", agents.decision)
    workflow.add_node("report", agents.report)

    # 设置入口点
    workflow.set_entry_point("perception")

    # 设置边和转换条件
    workflow.add_edge("perception", "modeling")
    workflow.add_edge("modeling", "reasoning")
    workflow.add_edge("reasoning", "decision")
    workflow.add_edge("decision", "report")
```

```
    workflow.add_edge("report", END)

    # 编译工作流
    return workflow.compile()
```

从上面代码可以看到，我们通过设计工作流图，搭建完整的投研智能体，从数据收集节点开始，到最后的决策报告节点。而智能体运行的相关代码实现如下：

```
def run_real_estate_research(topic: str, region: str, horizon: str):
    """运行房产研究智能体并返回结果"""

    # 创建工作流
    agent = create_real_estate_research_workflow()

    # 准备初始状态
    initial_state = {
        "research_topic": topic,
        "region_focus": region,
        "time_horizon": horizon,
        "perception_data": None,
        "world_model": None,
        "reasoning_plans": None,
        "selected_plan": None,
        "final_report": None,
        "current_phase": "perception",
       "error": None
    }
    print("LangGraph Mermaid 流程图: ")

    # 运行智能体
    result = agent.invoke(initial_state)

    return result
```

上面代码用来启动智能体。接下来，我们实现一下投研的整体流程，代码如下：

```
# 用户输入
topic = input("请输入研究主题 (例如: 高品质房地产项目投资机会，聚焦于公摊面积为负的住宅):
")
region = input("请输入区域焦点 (例如: 杭州、深圳): ")
horizon = input("请输入时间范围 [短期/中期/长期]: ")

print("\n 房产智能投研助手开始工作...\n")

try:
        # 运行智能体
        result = run_real_estate_research(topic, region, horizon)

        # 处理结果
        if result.get("error"):
            print(f"\n 发生错误: {result['error']}")
        else:
            print("\n=== 最终房产研究报告 ===\n")
            print(result.get("final_report", "未生成报告"))
```

```
            # 保存报告
            timestamp = datetime.now().strftime("%Y%m%d_%H%M%S")
            filename = f"real_estate_report_{timestamp}.txt"

            with open(filename, "w", encoding="utf-8") as f:
                f.write(result.get("final_report", "未生成报告"))

            print(f"\n 报告已保存为: {filename}")

    except Exception as e:
        print(f"\n 运行过程中发生错误: {str(e)}")
```

运行上面代码，输入对应的提示内容，运行结果如下：

```
    请输入研究主题 (例如: 高品质房地产项目投资机会，聚焦于公摊面积为负的住宅): 高品质房地产项目
投资机会，聚焦于公摊面积为负的住宅
    请输入区域焦点 (例如: 杭州、深圳): 深圳
    请输入时间范围 [短期/中期/长期]: 短期

    房产智能投研助手开始工作...

    LangGraph Mermaid 流程图:
    ---
    config:
      flowchart:
        curve: linear
    ---
    graph TD;
        __start__([<p>__start__</p>]):::first
        perception(perception)
        modeling(modeling)
        reasoning(reasoning)
        decision(decision)
        report(report)
        __end__([<p>__end__</p>]):::last
        __start__ --> perception;
        decision --> report;
        modeling --> reasoning;
        perception --> modeling;
        reasoning --> decision;
        report --> __end__;
        classDef default fill:#f2f0ff,line-height:1.2
        classDef first fill-opacity:0
        classDef last fill:#bfb6fc

    1. 感知阶段: 收集房地产市场数据和信息...
    2. 建模阶段: 构建房地产市场内部研判模型...
    3. 推理阶段: 生成候选房产投资方案...
    4. 决策阶段: 选择最优房产投资观点...
    5. 报告阶段: 生成完整的房产研究报告...
    …
```

读者可以自行加入更多的投研内容。

16.2.5 在腾讯云上部署高品质住宅投研助手

在 10.3 节中，我们讲解了腾讯云的使用，并借助它完成了 MCP 服务的部署与使用。同样地，我们也可以使用腾讯云部署本章完成的高品质住宅投研助手，使用网页可视化能力来提高投研助手的用户易用性。

界面主体部分使用 gradio 的 Blocks 组件构建，采用两栏布局：左侧是输入区域，包含研究主题、区域焦点和时间范围的输入控件，以及提交按钮；右侧是输出区域，显示运行状态、研究报告和文件下载链接。界面设计注重用户体验，提供了示例输入功能，用户可以一键填充常见研究参数。提交按钮的处理逻辑分为 3 步：首先显示分析中的状态，然后调用报告生成函数，最后更新完成状态和时间戳。整个界面简洁直观，将复杂的房地产研究流程封装为用户友好的交互体验。完整代码如下：

```
import demo_1 as workflow
import gradio as gr
import json, datetime

create_real_estate_research_workflow =
workflow.create_real_estate_research_workflow
run_real_estate_research = workflow.run_real_estate_research

# gradio 界面函数
def generate_report(topic, region, horizon):
    """gradio 界面使用的报告生成函数"""
    try:
        # 运行智能体
        result = run_real_estate_research(topic, region, horizon)

        if result.get("error"):
            return f"❌ 发生错误: {result['error']}", None

        # 获取最终报告
        report = result.get("final_report", "未生成报告")

        # 保存报告到临时文件
        timestamp = datetime.datetime.now().strftime("%Y%m%d_%H%M%S")
        filename = f"real_estate_report_{timestamp}.txt"
        with open(filename, "w", encoding="utf-8") as f:
            f.write(report)

        return report, filename

    except Exception as e:
        return f"⚠ 运行过程中发生严重错误: {str(e)}", None

# 创建 gradio 界面
with gr.Blocks(title="房产研究智能体", theme=gr.themes.Soft()) as demo:
    gr.Markdown("# 🏠 房产研究智能体")
    gr.Markdown("输入研究参数，智能体将生成详细的房产研究报告")

    with gr.Row():
        with gr.Column():
            topic_input = gr.Textbox(
```

```
                    label="研究主题",
                    placeholder="例如：高品质房地产项目投资机会，聚焦于公摊面积为负的住宅",
                    max_lines=3
                )
                region_input = gr.Textbox(
                    label="区域焦点",
                    placeholder="例如：杭州、深圳",
                    max_lines=2
                )
                horizon_input = gr.Radio(
                    label="时间范围",
                    choices=["短期", "中期", "长期"],
                    value="中期"
                )
                submit_btn = gr.Button("开始研究", variant="primary")

            with gr.Column():
                status = gr.Textbox(label="运行状态", interactive=False)
                report_output = gr.Textbox(
                    label="研究报告",
                    interactive=False,
                    lines=20,
                    max_lines=30,
                    show_copy_button=True
                )
                file_output = gr.File(label="下载报告")

        # 提交处理
        submit_btn.click(
            fn=lambda: gr.Textbox(value="🔄 智能体正在分析，请稍候...",
interactive=False),
            outputs=status
        ).then(
            fn=generate_report,
            inputs=[topic_input, region_input, horizon_input],
            outputs=[report_output, file_output]
        ).then(
            fn=lambda report: f"✅ 报告生成完成 | 生成时间:
{datetime.datetime.now().strftime('%Y-%m-%d %H:%M:%S')}",
            outputs=status
        )

        # 示例输入
        gr.Examples(
            examples=[
                ["高端住宅市场投资机会分析", "上海", "长期"],
                ["学区房价格变动趋势研究", "北京", "中期"],
                ["商业地产租赁市场分析", "广州", "短期"]
            ],
            inputs=[topic_input, region_input, horizon_input],
            label="示例输入 (点击填充)"
        )

    # 启动界面
    if __name__ == "__main__":
```

```
    demo.launch()
```

上面代码实现了一个基于 gradio 的房地产研究智能体交互界面。首先导入必要的模块，包括自定义的工作流模块和 gradio 库，然后定义了两个核心函数：create_real_estate_research_workflow()和 run_real_estate_research()，分别用于创建和运行房地产研究工作流。generate_report()函数是界面的核心处理逻辑，它接收用户输入的研究主题、区域和时间范围，调用工作流运行函数获取结果，处理可能的错误，最终返回生成的报告和临时文件名。代码中还包含了异常处理机制，确保在出现错误时能向用户反馈明确的错误信息。运行界面如图 16-3 所示。

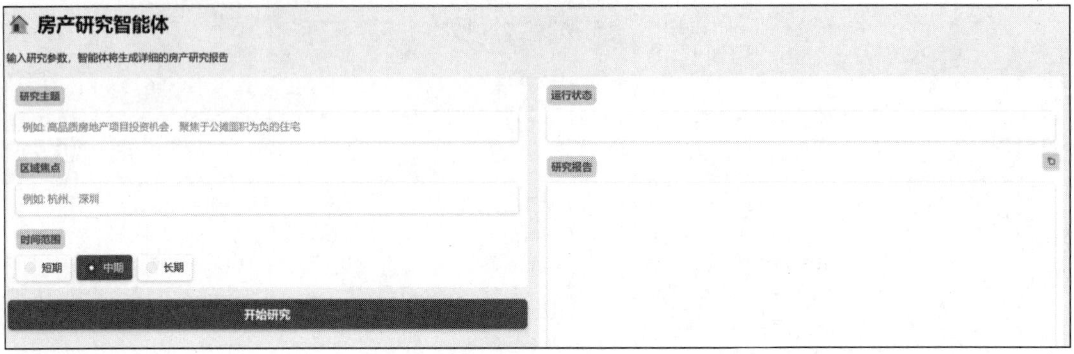

图 16-3　智能投研助手可视化页面

剩余的工作是云上部署投研助手，读者可以按照 10.3 节讲解的内容在腾讯云上部署，并使用托管方式运行，注意需要把对应的端口打开。读者也可以在本地局域网搭建 Ubuntu 虚拟机模拟云上部署。

16.3　本章小结

在本章中，我们系统讲解了使用 LangGraph 构建高品质住宅投研智能体的方法。从最初广泛涉猎不同维度的知识，深入钻研房地产行业专业知识、数据分析技术、自然语言处理原理，到全面掌握智能体运作流程的精妙架构，仔细规划每个环节的衔接与流转，再到精准定义智能体中各个角色的功能定位与交互逻辑，明确其职责边界与协作方式，这一系列严谨且深入的探索与实践，最终助力我们成功搭建起了这个高品质住宅投研助手。

投研助手不仅能够高效整合多源数据，还能运用先进的算法模型进行深度分析，为投资者提供专业、精准且具有前瞻性的住宅投资研究建议，成为房地产投资领域中得力的智能辅助工具。